普通高等教育规划教材

画法几何及阴影透视

第2版

潘陆桃 黄皖苏 编著

机械工业出版社

《画法几何及阴影透视》第 2 版内容在第 1 版的基础上对画法几何部分内容进行适当减少，强调实际绘制方法；对阴影和透视部分内容进行适当强化，增加部分图例。内容主要包括点、直线、平面及立体的投影，详细介绍了投影原理、性质及规律。

本书可作为高等院校建筑学、城市规划、风景园林建筑、室内设计、环境艺术及工业造型设计等专业开设“画法几何及阴影透视”课程的教材，也可作为从事建筑设计、产品外形及包装设计和美术工作者的自学参考书。

图书在版编目（CIP）数据

画法几何及阴影透视/潘陆桃，黄皖苏编著．—2 版．—北京：机械工业出版社，2010（2023.1 重印）

普通高等教育规划教材

ISBN 978-7-111-32388-4

Ⅰ.①画... Ⅱ.①潘...②黄... Ⅲ.①机械制图—画法几何—高等学校—习题②机械制图—透视投影—高等学校—习题 Ⅳ.①TH126-44

中国版本图书馆 CIP 数据核字（2010）第 212458 号

机械工业出版社（北京市百万庄大街 22 号 邮政编码 100037）
策划编辑：黄丽梅 责任编辑：黄丽梅
版式设计：霍永明 责任校对：刘志文
封面设计：赵颖喆 责任印制：单爱军
北京虎彩文化传播有限公司印刷
2023 年 1 月第 2 版第 11 次印刷
169mm×239mm · 18.25 印张 · 353 千字
标准书号：ISBN 978-7-111-32388-4
定价：49.00 元

电话服务	网络服务
客服电话：010-88361066	机 工 官 网：www.cmpbook.com
010-88379833	机 工 官 博：weibo.com/cmp1952
010-68326294	金 书 网：www.golden-book.com
封底无防伪标均为盗版	机工教育服务网：www.cmpedu.com

序

本书初版于2005年9月，已在我校建筑学等专业教学中使用了5年。随着教学改革的深入、计算机绘图软件的进一步完善和普及，本教材的内容已难以适应当前的教学要求，需要进行修订。

本次修订的主导思想是减少画法几何部分内容，强化阴影和透视部分内容。

对画法几何部分，在保持原有画法几何理论体系的前提下，根据时代要求，对该部分内容作以下调整：

1. 删除第3章第4节，仅举例说明综合性作图的方法。

2. 对第4章换面法也力求精简，着重在一次换面可以解决的问题。

3. 将第5章和第6章进行整合，合并为一章，回转面可结合回转体的形成进行介绍，将非回转直纹曲面及螺旋面等放在该章的一节作为简介。适当减少平面截组合回转体及求贯穿点的例题；在两平面立体相交部分增加同坡屋顶的投影，减少两曲面立体相贯的内容。

4. 对原第7章轴测投影图作适当精减，减少理论部分，强调实际绘制方法。只介绍在实际应用中最常用的正等测和斜二测的画法，删除正二测的相关内容。

对阴影部分，增加平面立体部分例题，适量减少曲面部分例题。

对透视部分作了以下调整：

1. 在原第14章透视图的基本画法里增加了一节内容：画面相交线灭点和迹点的求法。

2. 在透视图画法的应用里增加平面部分及立体部分的例题，并将复杂插图尽可能放大。

3. 原第17章的17.1.3画面平行光线下的透视阴影中直线落影的规律增加图例并对该章部分例题图例进行放大。

为配合教师课堂讲授的要求、开阔学生解题思路，阴影、透视两部分各精选2~3个典型例题，给出两个或两个以上的解法。

经过修订后，本书总篇幅基本保持不变。但画法几何部分，将从原来占总篇幅的1/2降到总篇幅的2/5。由于修订后本书的章节变动较大，因此，与之配套的习题集也要作相应的修订。

本书的修订由合肥工业大学潘陆桃、黄皖苏来完成。

由于编者水平有限，书中难免存在疏漏与不足之处，恳请广大读者给予指正。

编　者

前　言

本书可作为高等院校建筑学、城市规划、风景园林建筑、室内设计、环境艺术及工业造型设计等专业开设“画法几何及阴影透视”课程的教材，也可作为从事建筑设计、产品外形及包装设计和美术工作者的自学参考书。

本书的主导思想是注重实用、适于教学、方便自学。基于这一思想，在编写本书的过程中，力求做到以下几点：

1. 紧扣课程任务：从分析学生认识问题及学习的规律出发，适应目前学时紧缩的现实，注意保持画法几何及阴影透视理论的系统性和完整性，注意运用画法几何理论解决阴影透视的问题，在照顾各自不同特点的基础上使两者自然衔接。培养学生的空间想象能力、空间分析及解题能力和审美能力，使学生真正掌握阴影和透视图的绘制方法。

2. 合理安排课程内容：考虑内容的系统性和逻辑性以及方便教学。点、直线、平面及立体的投影为画法几何的核心部分，是空间构形逻辑思维的理论基础，也是阴影透视的理论基础，因此这一部分共6章，详细介绍了投影原理、性质及规律。针对学生读图困难的实际状况，在立体一章中增加了组合体的三投影图和用形体分析及线面分析法读组合体三投影图的内容，以培养和加强学生的读图能力，解决学生在学习阴影透视时的读图困难。阴影透视部分的编写强调实用，重点解决应该怎么做，而不要求了解为什么这样做。因此，除了必要，仅详细阐明各几何要素的落影、透视规律及性质。在例题的选择和解题说明中，尽量以通用理论和作法为主，同时兼顾落影和透视规律在实际绘图中的应用，以便学生开阔思路。

3. 本课程在大学课程中属较难的一类，本书在编写的过程中，充分考虑到系统性、科学性和实用性。从引导学生空间思维出发，尽力做到一步一图，投影图配直观图，由浅入深，由详到略，图文并茂，循序渐进，突出重点，明确难点。所举图例，难易适中，有利于教师在课时偏少的情况下组织教学。解题说明中尽量讲清楚每一步的解题根据，方便学生课后练习，并尽快掌握阴影透视的规律和性质。

本书由潘陆桃、黄皖苏编著。其中第1~4章、第11~15章、第16章的16.1节由潘陆桃编写；第5~10章、第16章的16.2节由黄皖苏编写。同时，我们还编写了《画法几何与阴影透视习题集》和本书配套使用。

在本书的编写过程中得到了合肥工业大学工程图学教研室许多同志的大力支

持，其中胡延平老师审核了画法几何部分并提出许多宝贵意见，在此表示衷心的感谢。

由于编者水平有限，书中难免存在疏漏与不足之处，恳请广大读者给予指正。

编　者

目　录

第 1 章　投影法的基本知识

1.1　概述

把空间形体表示在平面上，是以投影法为基础的。在日常生活中，灯光或阳光照射物体时会产生影子，利用这种现象，人们创造了用投影来表达物体形状的方法，这种方法就称为投影法。

1.2　投影法的分类

投影的方法分为两大类，即中心投影法和平行投影法。

1.2.1　中心投影法

如图 1-1 所示，设空间有一平面 *P* 和不在该平面上的一点 *S* 以及空间物体△*ABC*。假设光线从 *S* 点发出，则光线照射到被投射物△*ABC* 上，会在 *P* 面上留下影子△*abc*。我们称 *S* 为投射中心（光源），*P* 为投影面，△*ABC* 为被投影的空间物体，△*abc* 为△*ABC* 在 *P* 平面上的投影。光源、被投影物和投影平面是进行投影时不可缺少的条件，通常称为投影三要素。上述现象可抽象为经 *S* 和 *A*、*B*、*C* 各作一条直线 *SA*、*SB*、*SC*（*SA*、*SB*、*SC* 称为投射线），与 *P* 平面分别交于 *a*、*b*、*c* 三点。*a*、*b*、*c* 三点就是空间 *A*、*B*、*C* 三点在 *P* 平面上的投影。这种投射线都通过投射中心 *S* 点的投影，称为中心投影。同时规定，空间点用大写字母表示，投影点用其名称的小写字母表示。

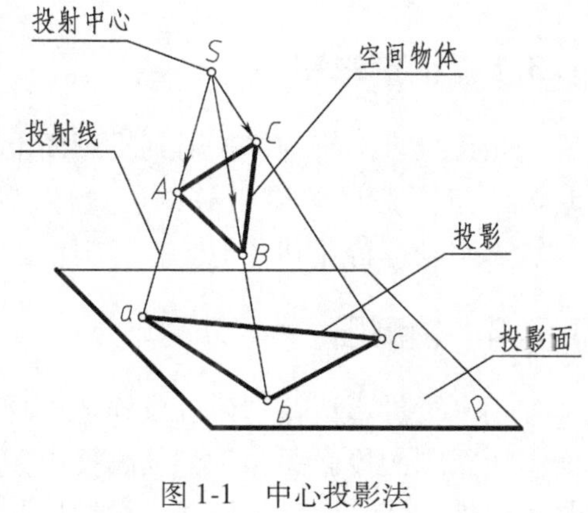

图 1-1　中心投影法

1.2.2　平行投影法

当投射中心 *S* 移到无穷远处时，投射线互相平行，这种投射线互相平行的投影方法称为平行投影法。投射线的方向称为投射方向，如图 1-2 所示。

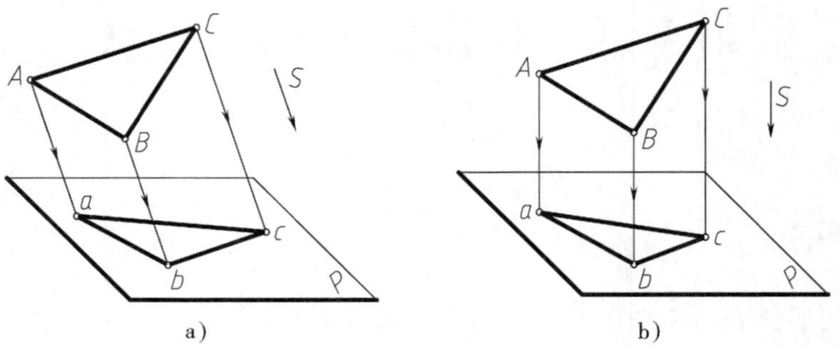

图 1-2　平行投影法

平行投影法又分为两种：

1. 斜投影法

若投射线与投影面 P 倾斜，称为斜投影，如图 1-2a 所示。

2. 正投影法

若投射线与投影面 P 垂直，称为正投影，如图 1-2b 所示。

正投影法是工程图样绘制中最常采用的一种方法。

1.3　工程上常用的几种投影图

1.3.1　正投影图

用正投影法将物体投射到投影面上所得到的图，称为正投影图（详见第 2 ~ 5 章）。正投影图具有很好的度量性，作图也较简便，因此广泛用于机械制造、建筑、水利等行业和其他工程部门，图 1-3 为物体的三面正投影图。

1.3.2　轴测图

用平行投影法将物体以及确定该物体空间位置的直角坐标系投射到单一投影面上所得到的投影图，称为轴测投影图（详见第 6 章），简称轴测图。它的优点是直观性较好，但度量性差，常用作各种工程上的辅助图，图 1-4 为工程上常用的轴测图。

1.3.3　透视图

用中心投影法将物体投射到单一投影面上所得到的图称为透视图（详见第

11~15章）。透视图具有较强的立体感，但由于不能真实地度量出物体的大小且作图繁琐，目前多在建筑等工程上使用（见图1-5）。

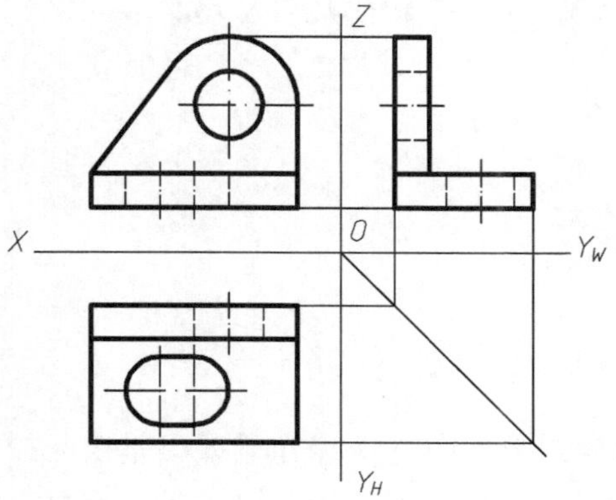

图1-3　三面正投影图

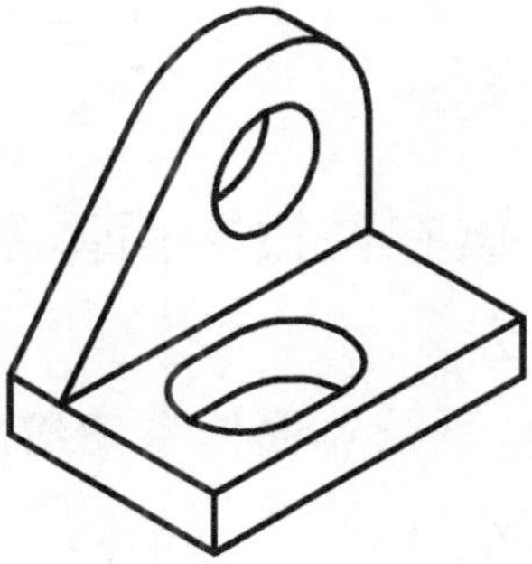

图1-4　轴测图

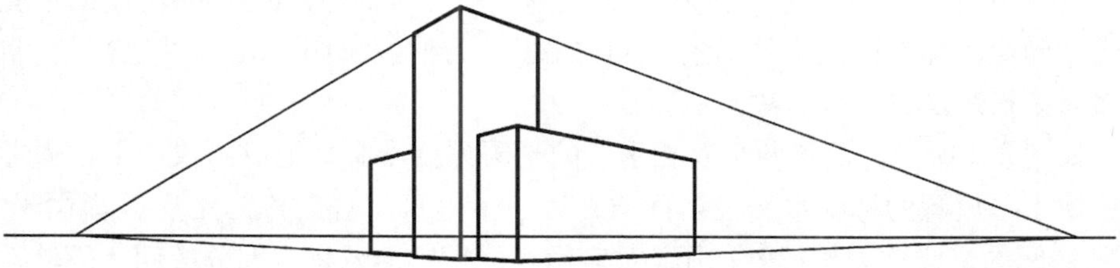

图1-5　透视图

1.3.4　标高投影图

用正投影法将物体投射在一个水平面上绘制并标出等高线的图，称为标高投影图。标高投影图常用以表示地形、道路和水利工程等，如图1-6所示，本书不作介绍。

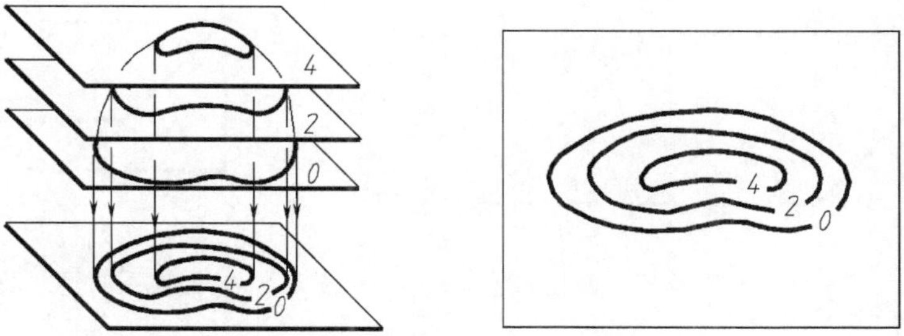

图1-6　标高投影图

第 2 章　点、直线、平面的投影

2.1　点在两投影面体系中的投影

2.1.1　两投影面体系的建立

如图 2-1 所示，已知空间点 A，P 为投影面，则过 A 点作垂线，垂线与投影面 P 的交点 a，即为空间点 A 在 P 面上的正投影 a，且 a 点是唯一的。反之，如已知 P 面上的正投影 b，要确定空间的对应点 B，则过 b 点作 P 面的垂线，其上的各点（如 B_1、B_2、B_3等）在 P 平面上的正投影均是 b，故空间 B 点的位置不能唯一确定，即单面投影不具有“可逆性”。为使投影图具有“可逆性”，常采用多面正投影的方法来解决。

如图 2-2 所示，设置两个互相垂直的平面为投影面，组成两投影面体系。其中一个水平放置的称为水平投影面 H，另一个垂直放置的称为正立投影面 V，V 面和 H 面的交线称为投影轴，用 OX 表示。两投影体系将空间分成四个区域，分别称为：第一分角、第二分角、第三分角和第四分角。目前世界上有第一角画法和第三角画法两种画法，我国规定采用第一角画法。

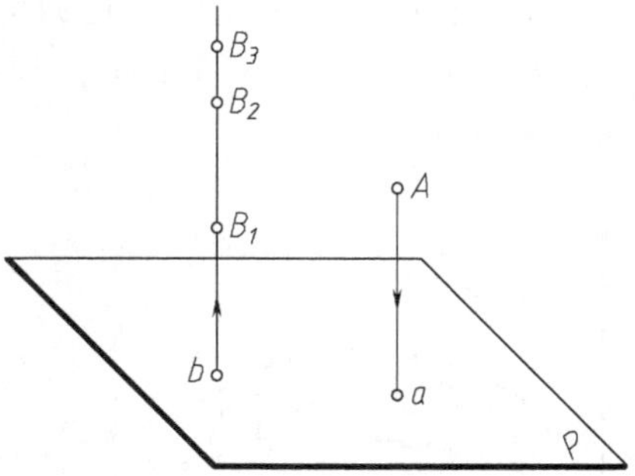

图 2-1　点的单面正投影及其可逆性问题

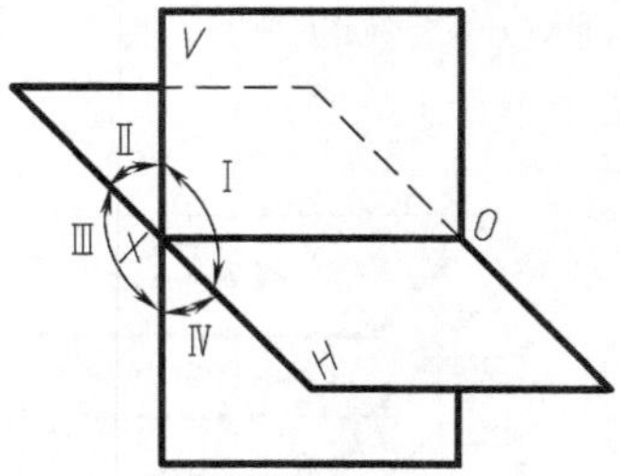

图 2-2　两面体系的建立及分角

2.1.2　点在第一分角内的两面投影

图 2-3 为空间点 A 在第一分角内的投影作图过程。为作出空间点 A 在 H 面、

V 面上的投影，过点 A 分别向 H 面、V 面引投射线（垂直于 H 面、V 面），交 H 面于 a，称为点 A 的水平投影；交 V 面于 a'，称为点 A 的正面投影。如图 2-3a 所示。

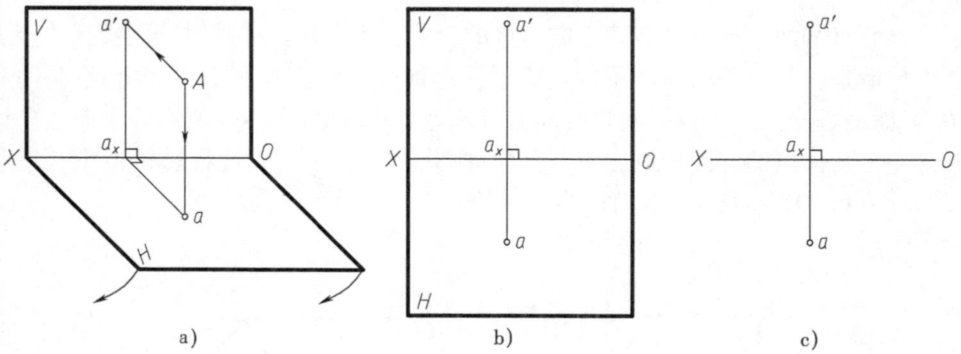

图 2-3　点在第一分角的两面投影

由于两条投射线 Aa、Aa'所确定的平面 Aaa'同时垂直于 H 面、V 面，根据立体几何知识，它们之间的交线 aa_X、$a'a_X$、OX 互相垂直，并交于点 a_X。四边形 $Aa a_X a'$为矩形，故 $a_X a = a'A$、$a_X a' = aA$，而 $a'A$ 为点 A 到 V 面的距离，aA 为点 A 到 H 面的距离。因此可得如下结论：

线段 $a_X a$ 为点 A 到 V 面的距离；线段 $a_X a'$为点 A 到 H 面的距离。

上述投影 a、a'分别位于 H 和 V 两个平面上，由于工程图样是画在图纸上的，因此最终的目的是要把它们表示在一个平面上。其方法是 V 面保持不动，将 H 面绕 OX 轴向下旋转 90°与 V 面重合，如图 2-3b 所示，称为点的两面投影图。在实际作图时，平面是不画边框线的，而投影图上的细实线 $a'a$ 称为投影连线，如图 2-3c 所示。

2.1.3　点的两面投影规律

1）点的正面投影与水平投影的连线 aa'垂直于 OX 轴（$a_X a \perp OX$ 的关系在旋转时未改变）。

2）点的正面投影到 OX 轴的距离等于空间点到 H 面的距离；点的水平投影到 OX 轴的距离等于空间点到 V 面的距离，即：$a_X a' = Aa$，$a_X a = Aa'$。

由点 A 的投影 a、a'，我们可确定点 A 的空间位置（作法：将 OX 轴下方的 H 面向上旋转 90°，由 a 作 H 面的垂线，由 a'作 V 面的垂线，两垂线的交点即为空间点 A 的位置）。也就是说，点的两面投影可以确定点的空间位置。

2.2 点在三投影面体系中的投影

2.2.1 三投影面体系的建立

虽然点的两面投影已能确定空间点的位置，但有些形体需要三面投影才能表达得更清楚，故在原两面体系的基础上，增加一个侧立投影面 W，并使 W 面与 H、V 面均垂直。三个投影面将空间分成八个分角，如图 2-4a 所示。下面主要讨论第一分角内点的三面投影。第一分角如图 2-4b 所示，在此投影体系中，三条投影轴 OX、OY、OZ 互相垂直，并交于 O 点。

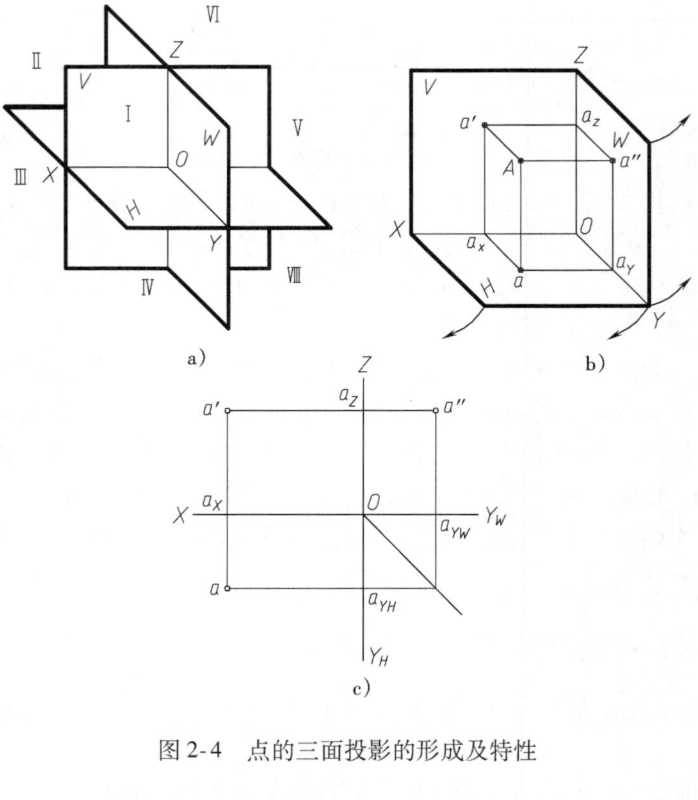

图 2-4 点的三面投影的形成及特性

2.2.2 点在第一分角内的三面投影

如图 2-4b 所示，为作出点 A 在 W 面上的正投影，过点 A 作投射线垂直于 W 面，交 W 面于 a''，称为点 A 的侧面投影。三条投射线每两条可确定一个平面，即平面 $Aa'a$、$Aa''a$、$Aa'a''$。它们分别与三投影轴 OX、OY、OZ 交于点 a_X、a_Y、a_Z。为将点 A 的三个投影 a、a'、a''都表示在同一个平面上，仍规定 V 面不动，

H 面向下、W 面向右分别转 90°，使 H、W 面旋转后与 V 面重合。这时，随 H 面旋转的 Y 轴用符号 Y_H 表示，随 W 面旋转的 Y 轴用符号 Y_W 表示，Y 轴上的 a_Y 点也相应地用 a_{YH}、a_{YW}表示。这样就得到如图 2-4c 所示的三面投影图。为方便作图，可过 O 点作一条45°的辅助线，aa_{YH}、$a''a_{YW}$延长后交于该辅助线，如图2-4c 所示。与两面体系一样，平面不画边框，用互相垂直的两条线表示空间的三个平面。

2.2.3 点的三面投影规律

1）点的投影连线垂直于相应的投影轴，即：$aa' \perp OX$；$a'a'' \perp OZ$。

2）点的投影到投影轴的距离等于空间点到相应投影面的距离，即：$a_Xa' = a_{YW}a'' = Aa$，$a_Za' = a_{YH}a = Aa''$，$a_Xa'' = a_Xa = Aa'$。

以上特性说明，在三面投影图中，点的每两个投影均具有一定的联系，致只要给出一点的任意两个投影，即可作出其第三投影。

利用点在三面投影体系中的投影规律，根据点的两面投影，能求出点的第三面投影（简称为二求三）。

【例 2-1】 已知点的正面投影 a'和水平投影 a（见图 2-5a），试求点的侧面投影 a''。

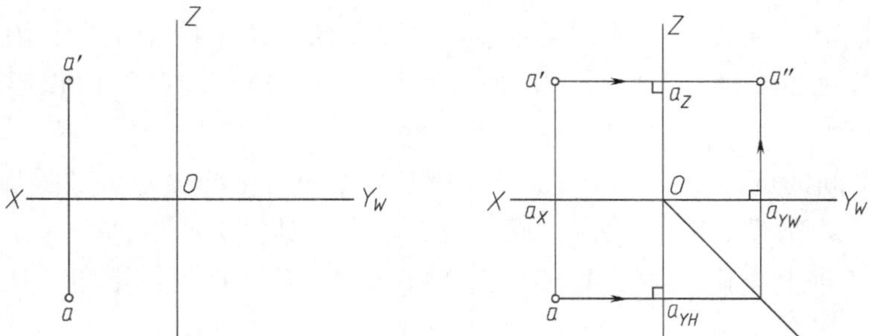

图 2-5 已知点的两投影求第三投影

【解】 作图步骤如下（见图 2-5b）。

1）作直线 $a'a'' \perp OZ$。

2）过 O 点作 45°辅助线。

3）过 a 作直线垂直于 OY_H 并与 45°直线交于一点，过此点作垂直于 OY_W 轴的直线，并与 $a'a_Z$的延长线交于 a''（$a_Xa = a_Z a''$）。a'' 即为所求。

2.2.4 点的投影与其直角坐标的关系

如图 2-6a 所示，若把三投影面看作三个坐标面，则三投影轴就相当于三个坐标轴，三轴的交点 O 相当于坐标原点。在这样一个直角坐标系中，空间点 A 到三个投影面的距离就等于它的三个坐标，即 Aa''（点到 W 面的距离）$=X$ 坐标；Aa'（点到 V 面的距离）$=Y$ 坐标；Aa（点到 H 面的距离）$=Z$ 坐标。

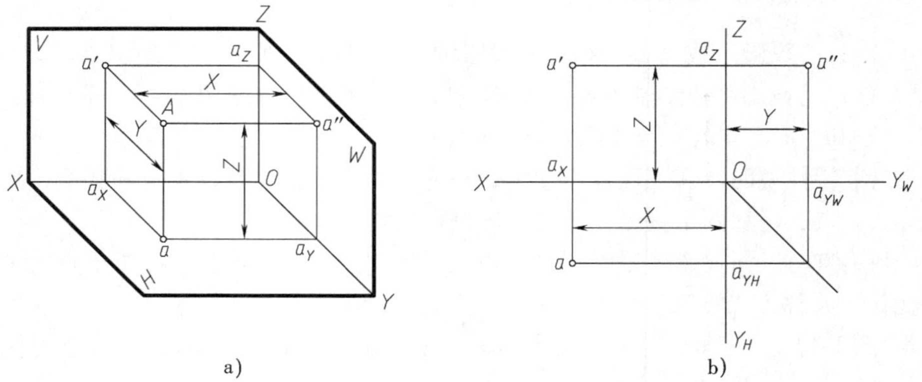

图 2-6 点的投影与直角坐标

由图 2-6b 可看出：点 A 的一个投影可以反映点 A 的两个坐标。因此，当空间点 A 的位置由坐标（X，Y，Z）所给定后，就可以作出其三面投影；反之亦然。

如果空间的点位于某一投影面上，则它的某一坐标必为零。如图 2-7a 中，A 点在 H 面上，则 $Z=0$；如果点在某一投影轴上，其坐标必有两个为零。图 2-7a 中点 B 在 Z 轴上，其 $X=0$，$Y=0$。图 2-7b 是 A、B 两点的投影图。凡位于投影

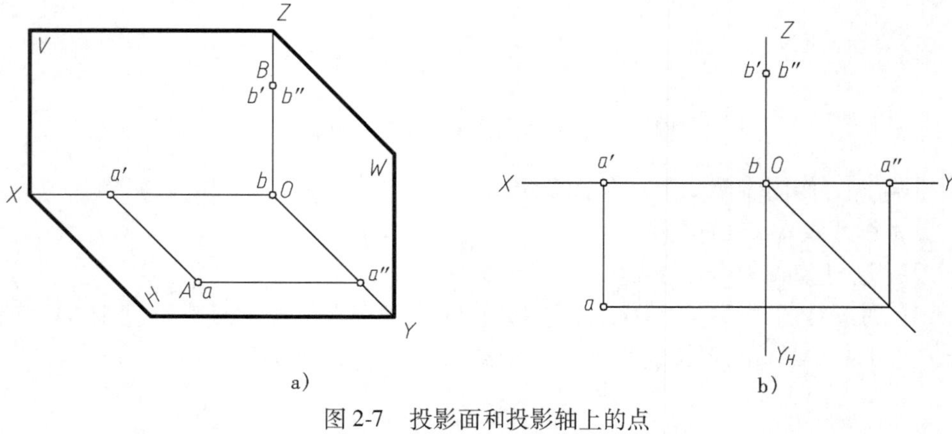

图 2-7 投影面和投影轴上的点

面或投影轴上的点，通常称为特殊位置点，其投影特性请读者自行分析。

【例 2-2】 已知点 A 的坐标为（20，10，15），求作点 A 的三面投影图（图样中的尺寸以 mm 为单位时，不需标注计量单位）。

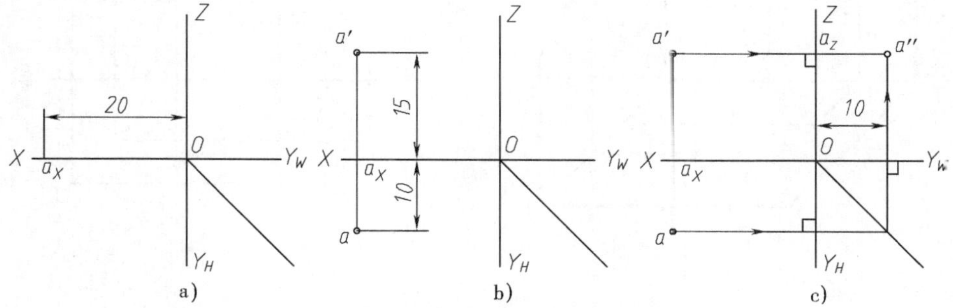

图 2-8 根据点的三个坐标作点的三面投影

【解】 如图 2-8 所示，作图步骤如下：

1）作投影轴，沿 OX 轴取 $Oa_X=20\text{mm}$，得 a_X 点，如图 2-8a 所示。

2）过点 a_X 作 OX 轴的垂线，在此垂线上自 a_X 向下取 $aa_X=10\text{mm}$，向上取 $a'a_X=15\text{mm}$，得点的水平投影 a 和正面投影 a'，如图 2-8b 所示。

3）过 a' 作 OZ 轴的垂线，在其上向右取 $a''a_Z=10\text{mm}$，得点的侧面投影 a''。也可利用 45°辅助线求作 a''，如图 2-8c 中箭头所示。

2.3 两点的相对位置及重影点

2.3.1 两点的相对位置

两点的相对位置是指两点在空间的上下、左右、前后的位置关系。

如图 2-9a 所示，点 A 在点 B 的左方、上方、后方。在投影图 2-9b 中，可从坐标值的大小来判别。X 值大者在左方，Y 值大者在前方，Z 值大者在上方。

【例 2-3】 已知点 A 的三面投影，如图 2-10a 所示．点 B 在点 A 左 15mm、前 10mm、下 5mm，求点 B 的三面投影。

【解】 如图 2-10b 所示，作图步骤如下：

1）自 a_X 沿 OX 轴向左量取 15mm 得 b_X，自 a_{YH}沿 OY_H轴向前量取 10mm 得 b_{YH}，自 a_Z 沿 OZ 轴向下量取 5mm 得 b_Z。

2）过 b_X、b_{YH}、b_Z 分别作各轴的垂直线，两两相交于 b、b'、b''三点，即为所求点 B 的三面投影。

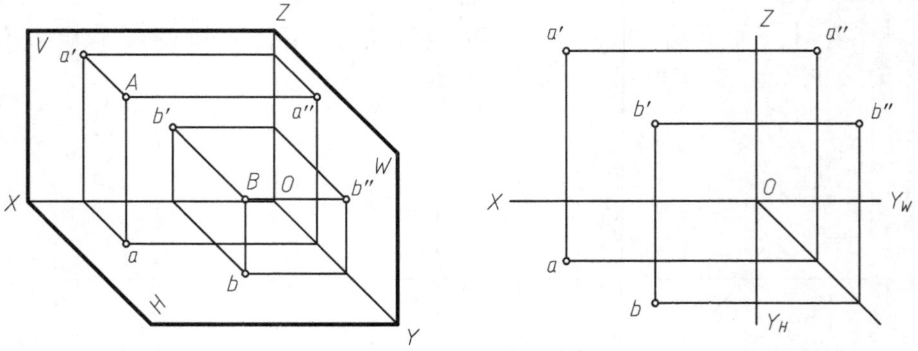

a) b)

图 2-9 两点的相对位置

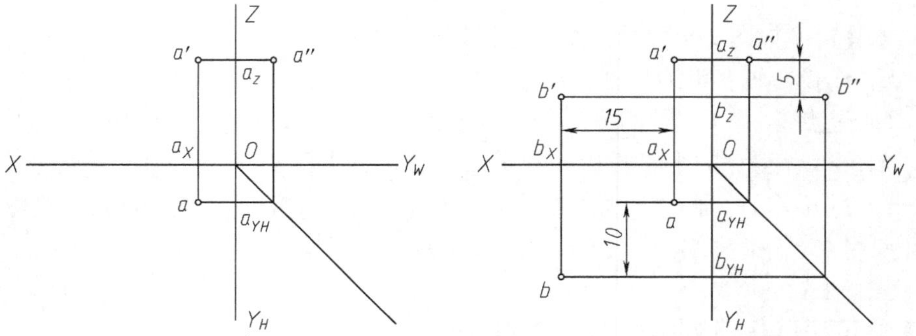

a) b)

图 2-10 由两点的相对位置求点的投影

2.3.2 重影点

空间两点如果位于某投影面的同一条投射线上，则它们在该面的投影必重合，如图 2-11a 中，*A*、*B* 两点在一条垂直于 *H* 面的投射线上，故 *a* 与 *b* 重合，点 *A* 和点 *B* 称为对 *H* 面的重影点。如果沿投影方向从上往下看，显然是先看见 *A* 点，后看见 *B* 点，*B* 点不可见。点的不可见的投影，约定用一对圆括号括起来，如图 2-11b 中点 *B* 的水平投影用（*b*）表示。

如图 2-11b 所示，在投影图上，可根据两点的坐标来判断重影点的可见性。*A*、*B* 两点的 *X*、*Y* 坐标均相同，第三坐标 *Z* 大者可见。综上所述，判断重影点可见性的方法如下：

1）若两点的水平投影重合（两点 *X*、*Y* 坐标对应相等），则 *Z* 坐标值大者可见。

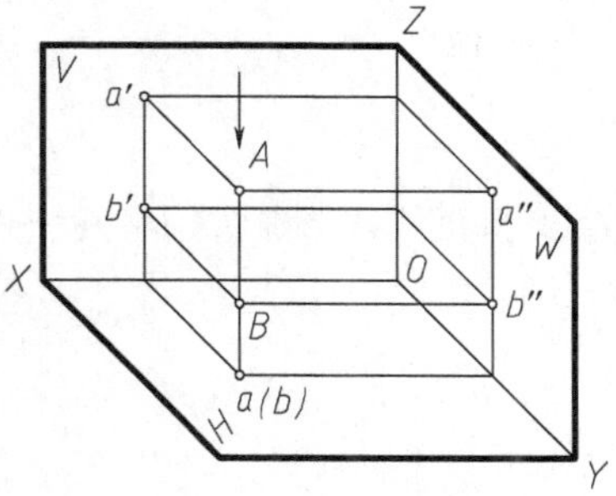

a)

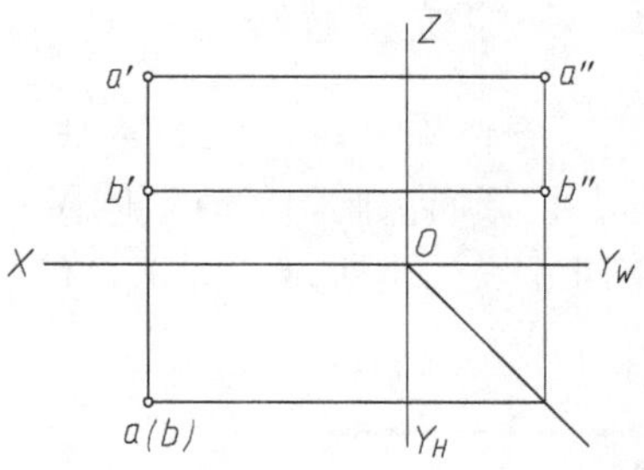

b)

图 2-11　重影点

2）若两点的正面投影重合（两点 X、Z 坐标对应相等），则 Y 坐标值大者可见。

3）若两点的侧面投影重合（两点 Z、Y 坐标对应相等），则 X 坐标值大者可见。

2.4　直线的投影

空间两点决定一直线，两点的同面投影连线即为直线的投影（两点在同一投影面上的投影称为同面投影）。如图 2-12 所示，过直线 AB 上各点的投射线形成的平面 $ABab$ 与 H 面的交线，即为直线 AB 在 H 面的水平投影 ab。

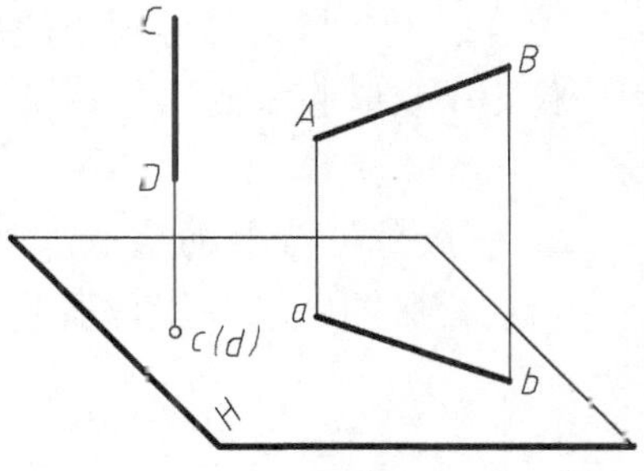

图 2-12　直线的投影

由此，可得到如下结论（见图 2-12）：

1）平面与平面的交线一定是直线，所以直线的投影一般情况下仍是直线。

2）当直线与投影面垂直时，投影为一点，如 CD 线（过直线上任意点所作该面的投射线，都是同一条线。）

2.5　直线对投影面的相对位置

直线对投影面的相对位置可分为三种：倾斜、平行、垂直。后两种统称为特殊位置直线。下面分别讨论。

2.5.1 一般位置直线

1. 一般位置直线的投影特性

与各投影面都倾斜的直线叫做一般位置直线。直线对投影面 H、V、W 的倾角分别用 α、β、γ 表示。如图 2-13a 中的直线 AB。

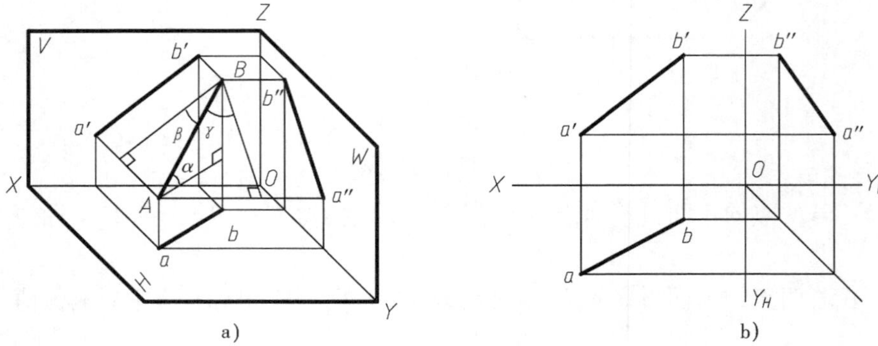

图 2-13 一般位置直线的投影特性

从图中可看出，直线 AB 的各个投影的长度：$ab = AB\cos\alpha$、$a'b' = AB\cos\beta$、$a''b'' = AB\cos\gamma$，均小于实长 AB。同时，由于 A、B 两点的相应坐标均不相等，故直线 AB 的三个投影与投影轴均倾斜。图 2-13b 是其投影图。

综合以上分析，可得到一般位置直线的投影特性：三面投影均与投影轴倾斜；投影不反映直线的实长；投影与投影轴的夹角不反映空间直线对投影面的倾角。

2. 一般位置直线的实长及倾角

为在投影图中求一般位置直线的实长和倾角，分析一下图 2-14a 中的直线

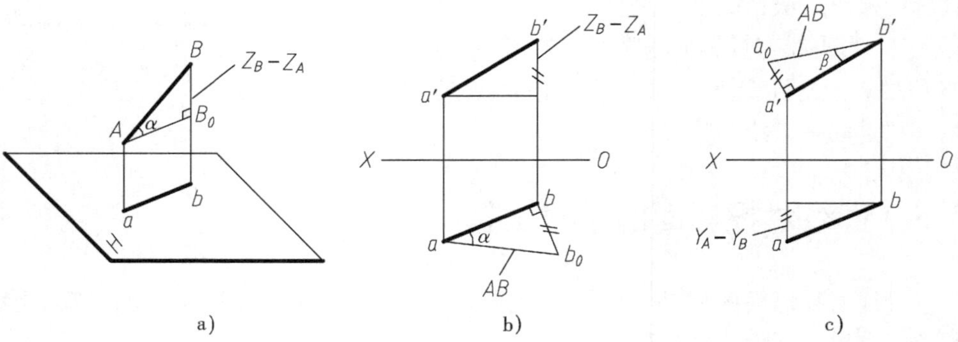

图 2-14 求一般位置直线的实长及夹角

AB 及水平投影 ab，找出解决这个问题的方法。如图 2-14a 所示，在图中过点 A 作一条辅助线 $AB_0 /\!/ ab$，则 ABB_0 是一直角三角形。其斜边是 AB 实长，斜边与 AB_0 的夹角是倾角 α，而两直角边 $AB_0=ab$、$BB_0=Bb-Aa$（也就是 A、B 两点到 H 面的距离差，即 Z 坐标差 Z_B-Z_A）。对该直角三角形而言，两条直角边的长度可从投影图中量得。因此，在图 2-14b 中，直接利用 AB 的水平投影 ab 为一直角边，Z_B-Z_A 为另一直角边作一直角 $\triangle abb_0$，则斜边即为 AB 实长，斜边与水平投影 ab 的夹角即为直线对 H 面的真实倾角 α。这种用直角三角形求线段实长和倾角的方法称为直角三角形法。

同理，在投影图上求直线的倾角 β，是以直线的正面投影 $a'b'$、Y_A-Y_B（A、B 两点的 Y 坐标差）为两直角边作一直角 $\triangle a'a_0b'$，如图 2-14c 所示。其中斜边 a_0b' 为直线实长；$\angle a_0b'a'=\beta$。

求倾角 γ 请读者自行分析。

综上所述，在投影图上求直线实长及倾角的方法是：以直线在某面的投影为一直角边，以直线的两端点到该面的距离差（即坐标差）为另一直角边，作一直角三角形。此直角三角形的斜边是直线的实长，斜边和投影的夹角就是直线对该投影面的倾角。

【例 2-4】 已知直线 AB 的水平投影 ab，点 A 的正面投影 a' 以及直线 AB 与 V 面的倾角 $\beta=25°$，求作直线 AB 的正面投影（见图 2-15a）。

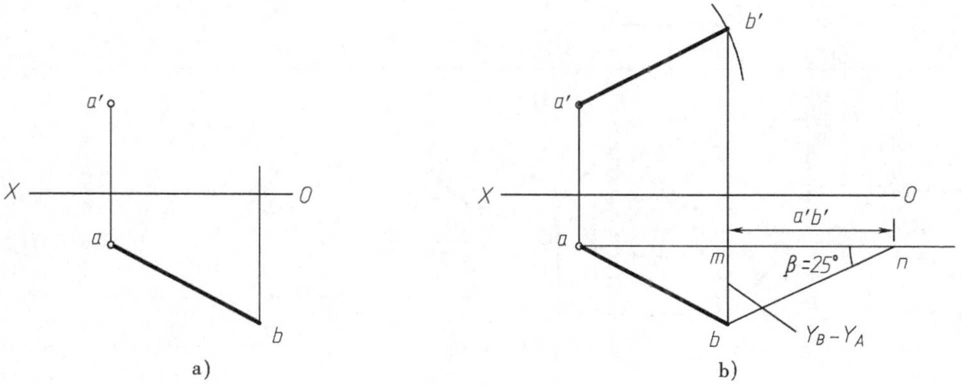

图 2-15 根据直线 AB 的 β 角求投影

【解】 分析：因题目给出直线 AB 与 V 面的倾角 β，故只可用求 β 角的直角三角形来解题。而由已给题图可得 A、B 两点的 Y 坐标差，故已知直角三角形的两个条件，该直角三角形即可作出。

如图 2-15b 所示，作图步骤如下：

1）过 a 作线 am 平行 OX 轴，过 b 作 OX 轴的垂直线，两线相交得 m，bm 为

A、B 两点的 Y 坐标差。

2）过 b 作斜线 bn，使其与 am 线夹角为 25°，两线相交于点 n，则 mn 为 AB 直线的正面投影长 $a'b'$。

3）以 a'为圆心，$a'b'$长为半径作弧交 bm 的延长线，得点 b'（有两解）。

4）连 a'和 b'得直线 AB 的正面投影 $a'b'$。

2.5.2 投影面的平行线

平行于一个投影面而与另外两个投影面倾斜的直线，称为投影面平行线。

平行于 H 面的直线，称为水平线；平行于 V 面的直线，称为正平线；平行于 W 面的直线，称为侧平线。

表 2-1 列出了这三种平行线的投影图及其投影特性。

表 2-1 投影面的平行线

名称	立体图	投影图	投影特性
水平线（AB//H）	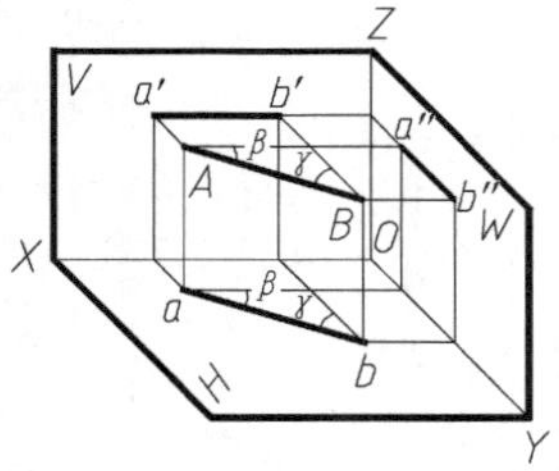	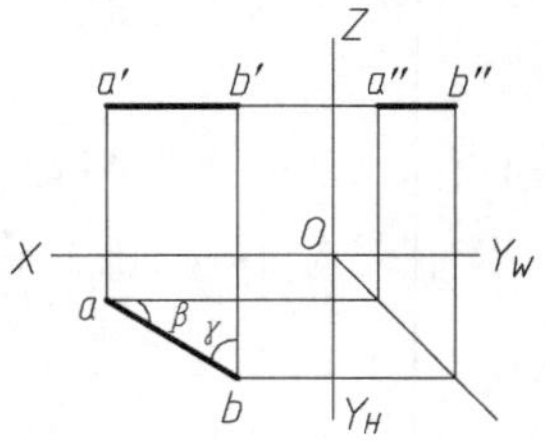	1. $a'b'$ // OX $a''b''$ // OY_W 2. $ab = AB$ 3. 反映 β、γ 角大小
正平线（AB//V）	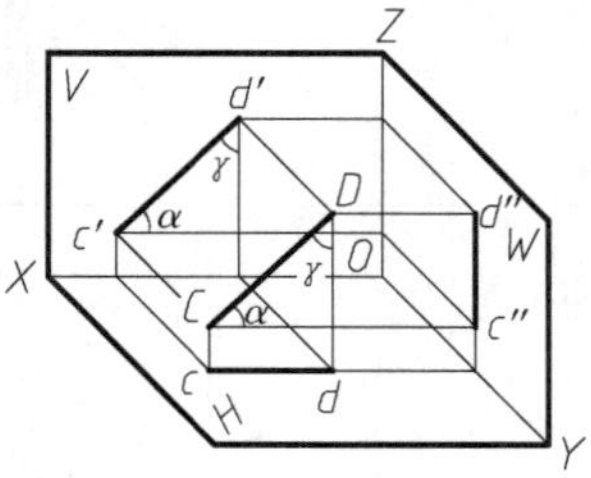	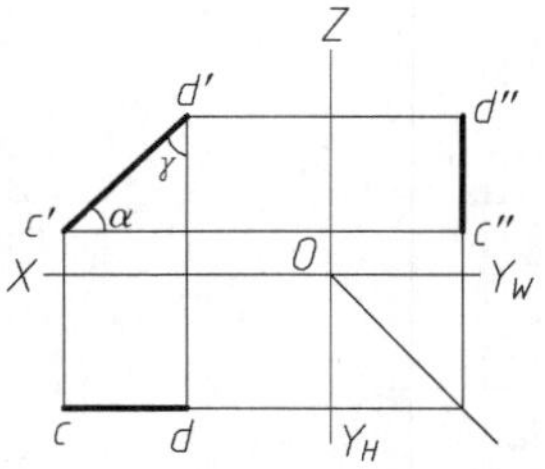	1. cd // OX $c''d''$ // OZ 2. $c'd' = CD$ 3. 反映 α、γ 角大小
侧平线（AB//W）	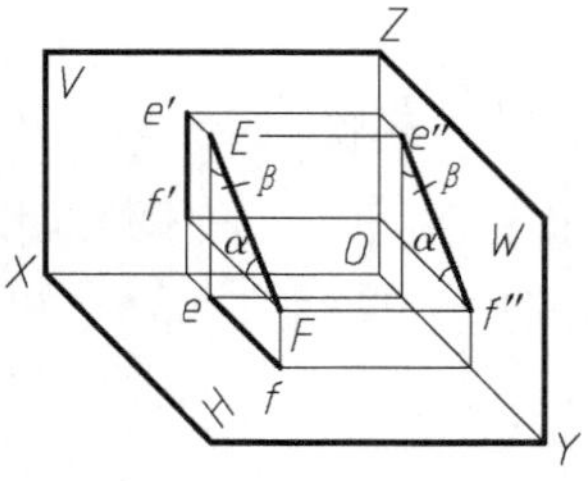	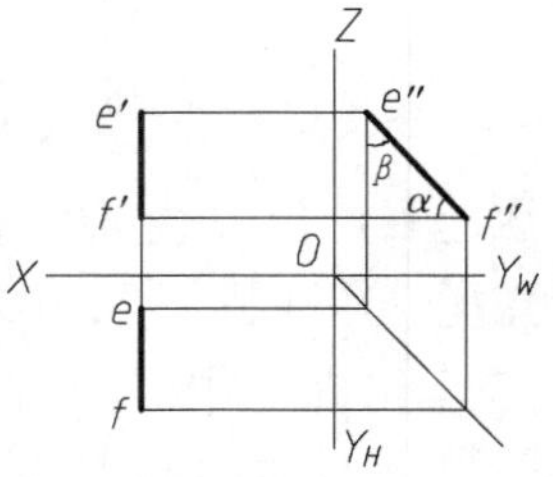	1. $e'f'$ // OZ ef // OY_H 2. $e''f'' = EF$ 3. 反映 α、β 角大小

分析表 2-1，可归纳出投影面平行线所具有的共性：

1）直线平行于某个投影面，则在该面的投影：反映直线的实长、反映直线对另两个投影面的倾角。

2）另外两个投影平行于相应的投影轴，不反映实长。

2.5.3 投影面的垂直线

垂直于一个投影面而平行另外两个投影面的直线，称为投影面垂直线。

垂直于 H 面的直线，称为铅垂线；垂直于 V 面的直线，称为正垂线；垂直于 W 面的直线，称为侧垂线。

表 2-2 列出了这三种垂直线的投影图及其投影特性。

表 2-2 投影面的垂直线

<table>
<tr><th>名 称</th><th>立 体 图</th><th>投 影 图</th><th>投 影 特 性</th></tr>
<tr><td>铅垂线
($AB \perp H$)</td><td>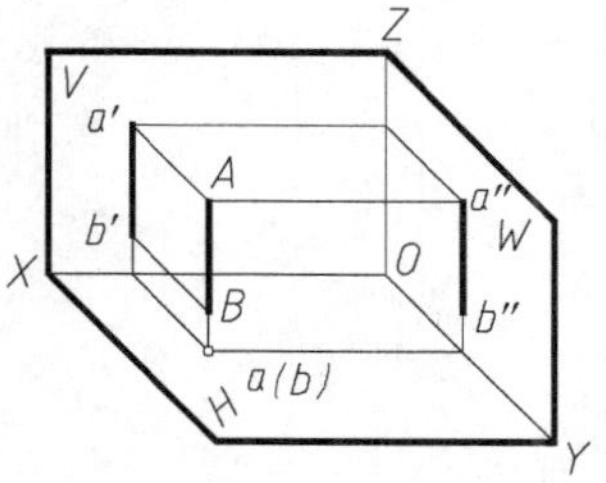
</td><td>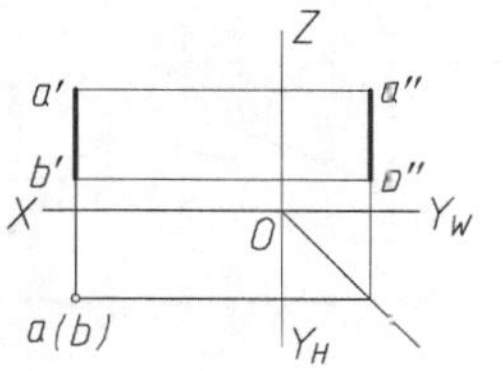
</td><td>1. ab 积聚为一点
2. $a'b' \perp OX$
$a''b'' \perp OY_W$
3. $a'b' = a''b'' = AB$</td></tr>
<tr><td>正垂线
($AB \perp V$)</td><td>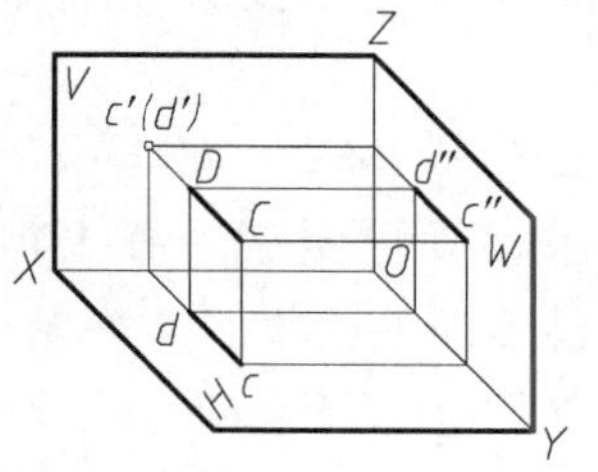
</td><td>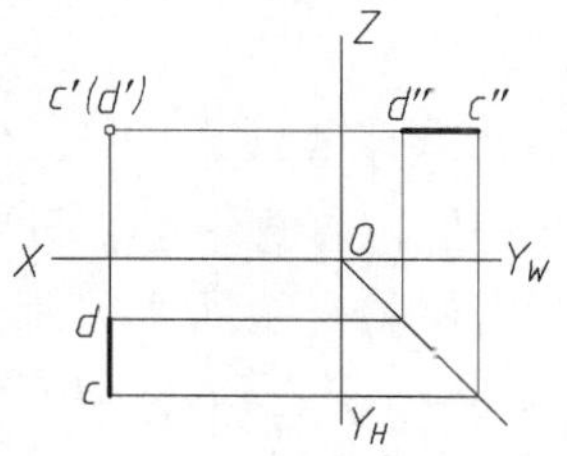
</td><td>1. $c'd'$ 积聚为一点
2. $cd \perp OX$
$c''d'' \perp OZ$
3. $cd = c''d'' = CD$</td></tr>
<tr><td>侧垂线
($AB \perp W$)</td><td>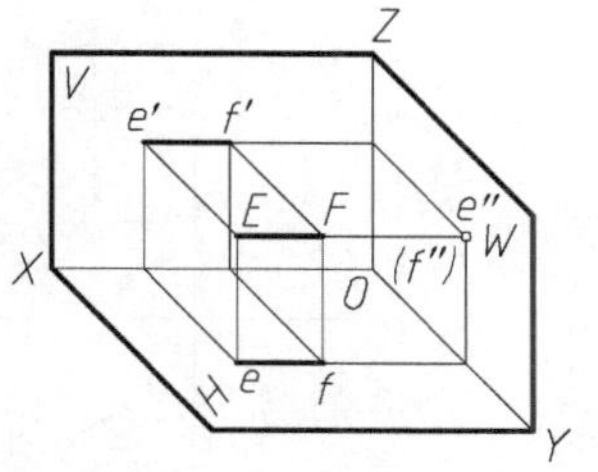
</td><td>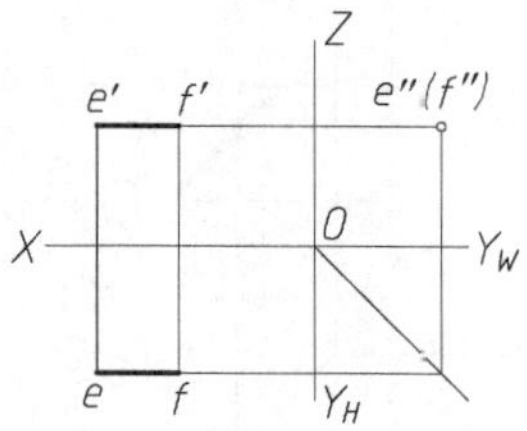
</td><td>1. $e''f''$ 积聚为一点
2. $ef \perp OY_H$
$e'f' \perp OZ$
3. $ef = e'f' = EF$</td></tr>
</table>

分析表 2-2，可归纳出投影面垂直线所具有的共性：

1）直线在它所垂直的投影面上的投影积聚为一点。

2）另外两个投影垂直于相应的投影轴，并反映实长。

2.6 属于直线的点

2.6.1 属于直线上的点的投影性质

1）从属性：点在直线上，其三面投影分别在直线的同面投影上，且符合点的投影规律。

如图2-16所示，如果 $C \in AB$，则 $c \in ab$，$c' \in a'b'$，$c'' \in a''b''$（图中未画出侧面投影）。

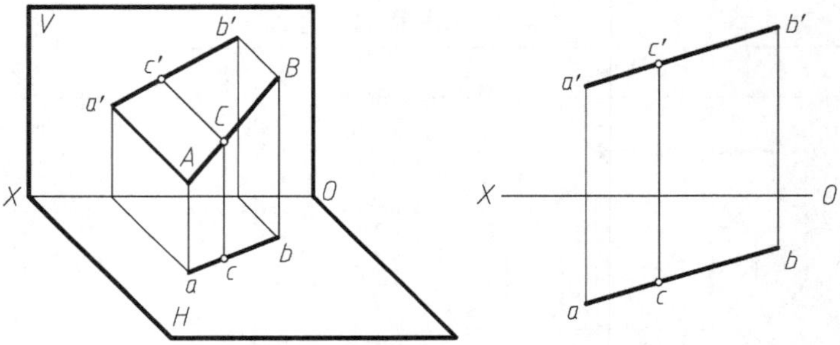

图2-16 直线上的点

2）定比性：点将线段分成某一比例，则该点的各个投影分该线段的同面投影也成相同的比例。

如图2-16中，C 点属于直线，则 $AC:CB = ac:cb = a'c':c'b' = a''c'':c''b''$。

要判断点是否在一般位置直线上，只要检验两面投影就能作出判断；但是对于投影面平行线，则需检验直线所平行那个投影面上的投影。如图2-17a所示，EF 为侧平线，虽然 $k \in ef$，$k' \in e'f'$，但 $k'' \notin e''f''$，故点 $K \notin EF$。图2-17b是利用

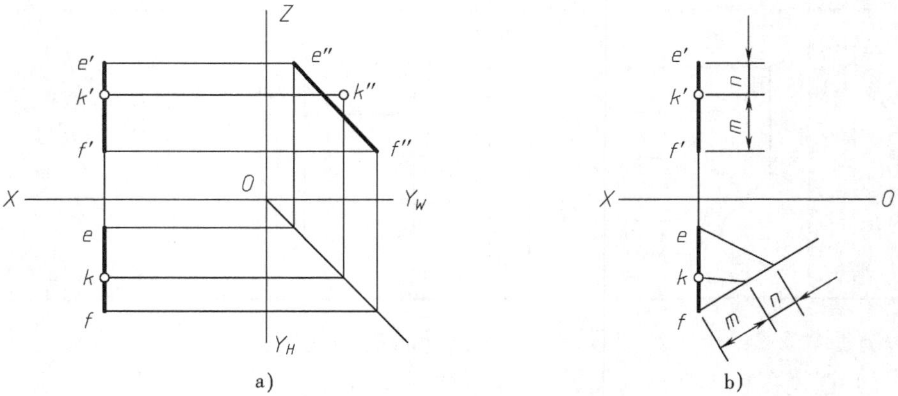

图2-17 判断点是否在侧平线上

定比性判断点 K 是否在侧平线上，因为 $ek:kf \neq e'k':k'f'$，故 K 不属于 EF。

【例 2-5】 在线段 AB 上取一点 C，使 $AC:CB=3:2$，再取一点 D，使 $AD=15\text{mm}$（见图 2-18a）。

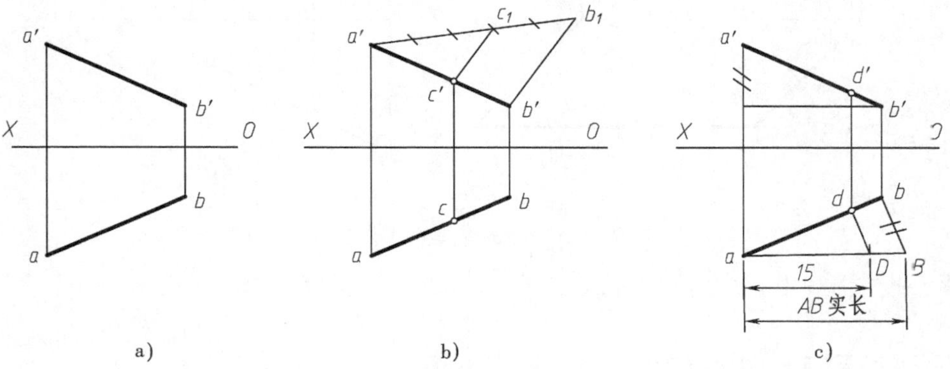

图 2-18 线段上取点

【解】 1）取点 C 的作图步骤（见图 2-18b）：

① 过 a' 任作一直线，在其上取 $a'c_1:c_1b_1=3:2$；

② 连 $b'b_1$，作 $c_1c' /\!/ b'b_1$ 交 $a'b'$ 于 c' 点，由 c' 求出 c。

2）取点 D 的作图步骤（见图 2-18c）：

① 用直角三角形法求出直线 AB 的实长。

② 在 AB 实长上截取线段，使 $aD=15\text{mm}$ 得点 D，作 $Dd /\!/ Bb$ 交 ab 于点 d，由 d 求出 d'。

2.6.2 直线的迹点

直线与投影面的交点，称为该直线的迹点。一般位置直线有三个迹点；投影面平行线有两个迹点；投影面垂直线仅有一个迹点。

如图 2-19a 所示，在两面体系中，直线 AB 与 H 面交于水平迹点 M，与 V 面交于正面迹点 N；迹点既在直线上，又在投影面上，则其投影具有两个特性：

1）属于直线，其投影必属于直线的同面投影，即 m、n 在 ab 上，m'、n' 在 $a'b'$ 上。

2）属于投影面，则一个投影必在投影轴上（m'、n 在 X 轴上），另一个投影与迹点本身重合（m 与 M 重合、n' 与 N 重合）。

由此得出求迹点投影的作图方法，如图 2-19b 所示。

1）求水平迹点，延长直线正面投影 $a'b'$ 与 OX 轴相交，交点为水平迹点 M 的正面投影 m'，由 m' 求出 m，m 与 M 重合。

2）求正面迹点，延长直线水平投影 ab 与 OX 轴相交，交点为正面迹点 N 的

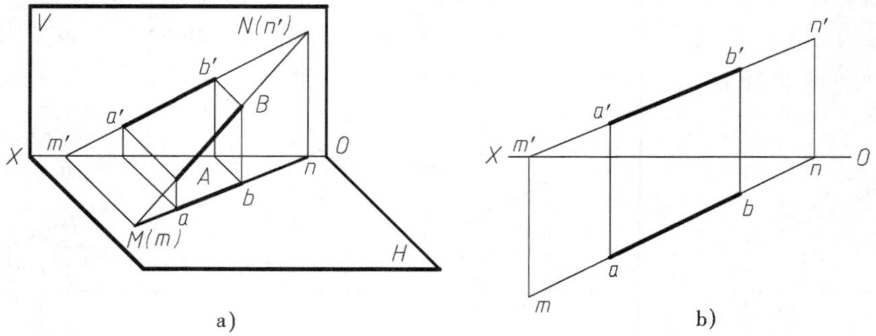

a) b)

图 2-19 直线的迹点

水平投影 n，由 n 求出 n'，n'与 N 重合。

2.7 两直线的相对位置

两直线在空间所处的相对位置有三种：平行、相交和交叉，如图 2-20 所示。

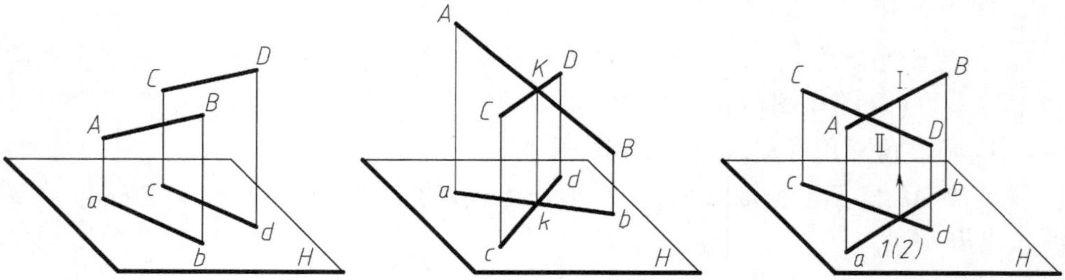

a) b) c)

图 2-20 两直线的三种相对位置

a）平行两直线 b）相交两直线 c）交叉两直线

2.7.1 平行两直线

如图 2-20a 所示，当空间两直线 AB 和 CD 平行时，过两直线上各点的投射线形成的平面 $ABab$、$CDcd$ 相互平行。因此，它们与 H 面的交线（即两直线的投影）$ab /\!/ cd$，且 $AB:CD = ab:cd$。同理可证它们的 V 面、H 面投影也具有相同的性质。

故可得如下结论：两直线平行，则它们的同面投影也一定平行且成比例。图 2-21a 为平行两直线的投影图。

2.7.2 相交两直线

如图 2-20b 所示，点 K 为空间相交两直线 AB 和 CD 的交点。点 K 在两直线上，其投影也应在两直线的同面投影上。因此，相交两直线的投影也必相交，交点即点 K 的投影。

故可得如下结论：两直线相交，它们的同面投影也相交，交点符合点的投影规律。图 2-21b 为相交两直线的投影图。

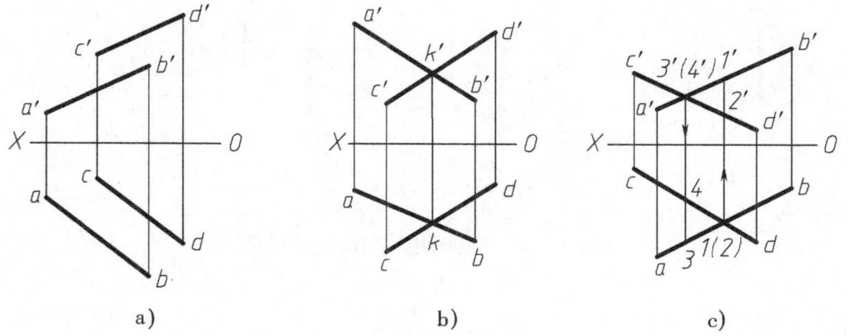

图 2-21　两直线的三种相对位置的投影图

a）平行两直线　b）相交两直线　c）交叉两直线

2.7.3　交叉两直线

既不平行也不相交的直线是交叉两直线。所以，凡不符合平行和相交两直线的投影特性的，即处于交叉位置。

如图 2-20c 所示，虽然 ab 与 cd 也有交点，但其交点实际上是 AB、CD 直线上的Ⅰ、Ⅱ两点的重影点。

图 2-21c 为交叉两直线 AB、CD 的投影图，其同面投影的交点不符合点的投影规律。如水平投影 ab 与 cd 的交点，是直线 AB 上的Ⅰ点和直线 CD 上的Ⅱ点水平投影的重影点；正面投影 $a'b'$ 与 $c'd'$ 的交点，是直线 AB 上的Ⅲ点和直线 CD 上的Ⅳ点正面投影的重影点。重影点的可见性如图 2-21c 所示，其判断方法可参看 2.3.2 重影点。

【例 2-6】　判断 AB、CD 两直线的相对位置（见图 2-22a）。

【解】　分析：一般情况下，只要看两直线的两个投影即可判断两直线是否平行，但是当两直线同时平行某投影面时，通常应将该面的投影（即反映实长的那个投影）作出，才能判断两线是否平行。如图 2-22b 所示，AB、CD 均为侧平线，因此 $ab /\!/ cd$、$a'b' /\!/ c'd'$，但反映实长的 $a''b''$、$c''d''$ 并不平行，故 AB 与 CD 不平行，是交叉两直线。

【例 2-7】　过点 C 作正平线 CD 与侧平线 AB 相交（见图 2-23a）。

【解】　分析：因 CD 直线为正平线，故可先作水平投影 cd，根据点 D 在 AB 直线上，作出 d'，其作图方法有两种：

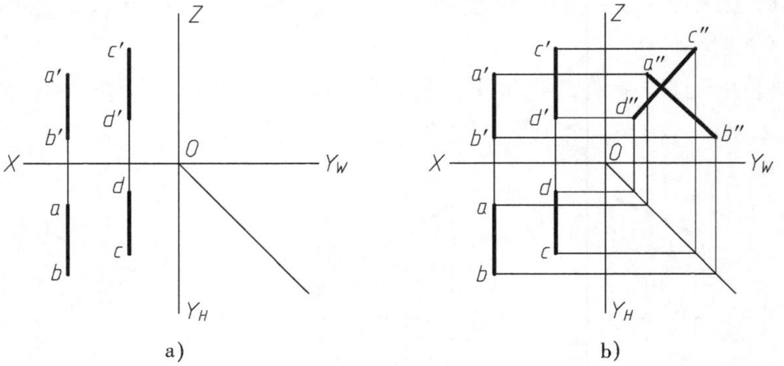

图 2-22 判断两直线的相对位置

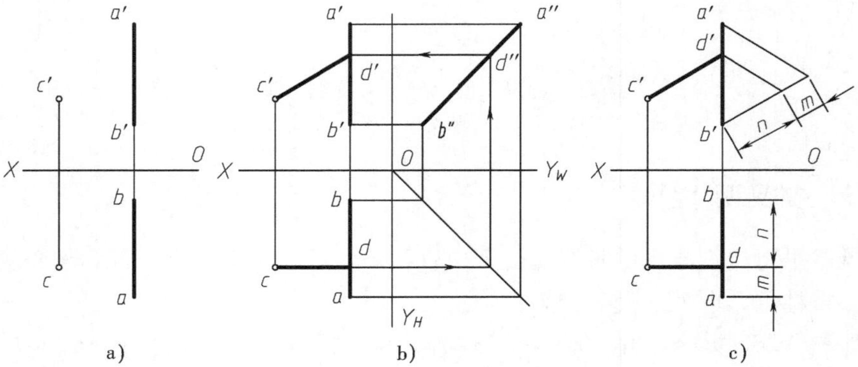

图 2-23 过点作线与侧平线相交

1）作出直线 AB 的侧面投影，根据从属性，在 $a''b''$ 上作出 d'' 后再求出 d'，如图 2-23b 所示。

2）利用水平投影 d 分 ab 的比为 $m:n$，根据定比性，在 $a'b'$ 上作出 d'，如图 2-23c 所示。

2.8 直角投影定理

相交两直线间的夹角，一般情况下，只有当此角的两边都平行于某投影面，在该面的投影才反映夹角的真实大小。只要有一边倾斜于某一投影面，则投影不能反映夹角的真实大小。但如果相交两直线间夹角为直角（两直线垂直），且有一边平行于某一投影面，则它们在该投影面的投影仍是直角。直角的这一投影特性，称为直角投影定理。

证明：

如图 2-24a 所示，已知$\angle ABC$为直角，$AB /\!/ H$面。

因为$AB /\!/ H$面，而$Bb \perp H$面，故$AB \perp Bb$，所以$AB \perp$平面$BCcb$（AB同时垂直该平面上两条相交直线）。又因为$AB /\!/ ab$，故$ab \perp$平面$BCcb$。于是$ab \perp bc$，$\angle abc$仍是直角。图 2-24b 是其投影图。

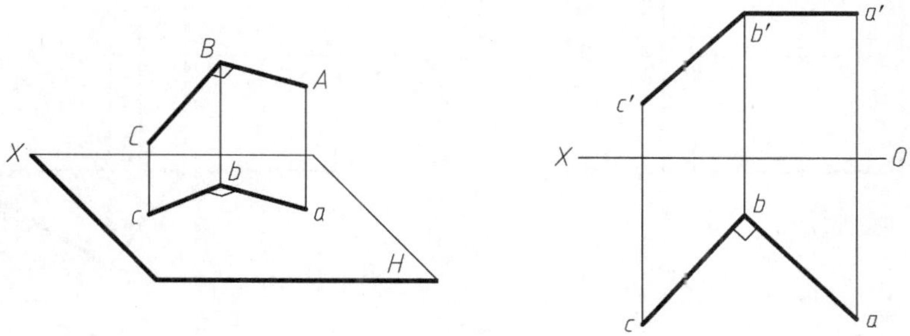

a)　　　　b)

图 2-24　一边平行于投影面的直角的投影（1）

也可将上述定理推广到异面垂直的情况，如图 2-25a 所示，交叉两直线$AB \perp MN$，且$AB /\!/ H$面，过直线AB上任一点B作直线$BC /\!/ MN$，则$BC \perp AB$。由上述证明可知，$ab \perp bc$。因$BC /\!/ MN$，则其投影$bc /\!/ mn$，故$ab \perp mn$。图 2-25b 为相应投影图。

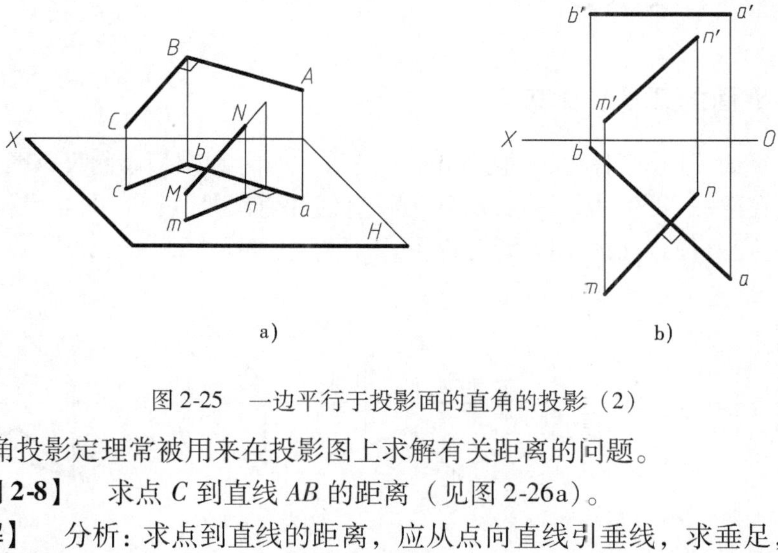

a)　　　　b)

图 2-25　一边平行于投影面的直角的投影（2）

直角投影定理常被用来在投影图上求解有关距离的问题。

【例 2-8】　求点C到直线AB的距离（见图 2-26a）。

【解】　分析：求点到直线的距离，应从点向直线引垂线，求垂足，点与垂足间的距离即为所求。因为AB是一条正平线，由点C向AB所引垂线，其正面投影与$a'b'$反映垂直关系。

如图 2-26b 所示，作图步骤如下：

1）过点c'作$a'b'$的垂线得交点d'。

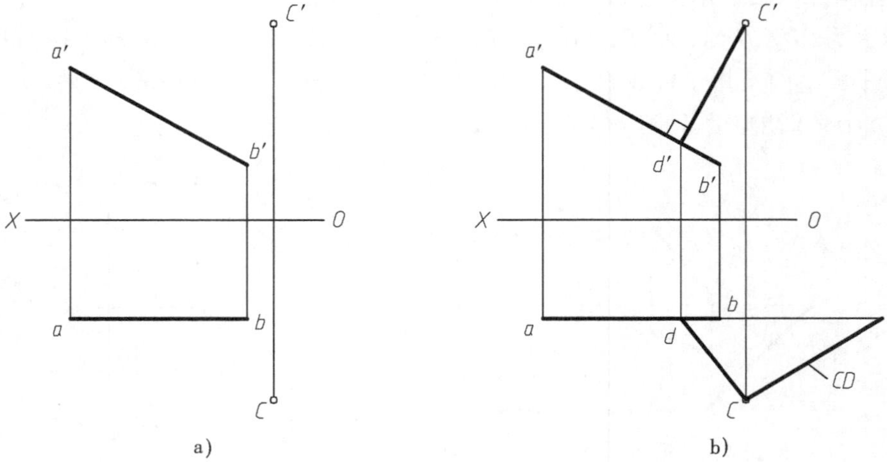

图 2-26 求点 C 到直线 AB 的距离

2）由 d' 向下作垂线，在 ab 上得点 d，D 点即为垂足。

3）连 cd 和 $c'd'$ 即为所求距离的两个投影，再利用直角三角形法求出 CD 的实长。

2.9 平面的表示法

2.9.1 平面的几何元素表示法

空间平面可用下列任意一组几何元素表示（如图 2-27 所示的投影图），其中图 a 为不在同一直线上的三点；图 b 为一直线和直线外一点；图 c 为相交两直线；图 d 为平行两直线；图 e 为任意平面图形。

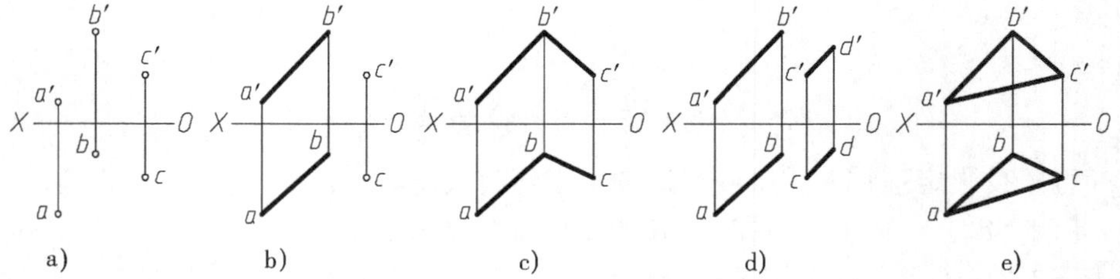

图 2-27 平面的几何元素表示法

2.9.2 平面的迹线表示法

平面与投影面的交线，称为平面的迹线。图 2-28a 中，平面 P 与 H 面的交线称为水平迹线，记作 P_H；与 V 面的交线称为正面迹线，记作 P_V；与 W 面的交线称为侧面迹线，记作 P_W。平面迹线如果相交，交点必在投影轴上，即为 P 平面与三投影轴的交点，相应记作 P_X、P_Y、P_Z。由于平面迹线是属于某一投影面的直线，所以它的该面投影和迹线自身重合，另外两个投影必重合在相应的投影轴上，例如水平迹线，它的 H 面投影和迹线自身重合，V、W 投影分别与 OX、OY_W 轴重合，在投影图上，通常只需将迹线自身重合的投影画出，并作标注（P_H），其他与投影轴重合的投影省略标注，如图 2-28b 所示。

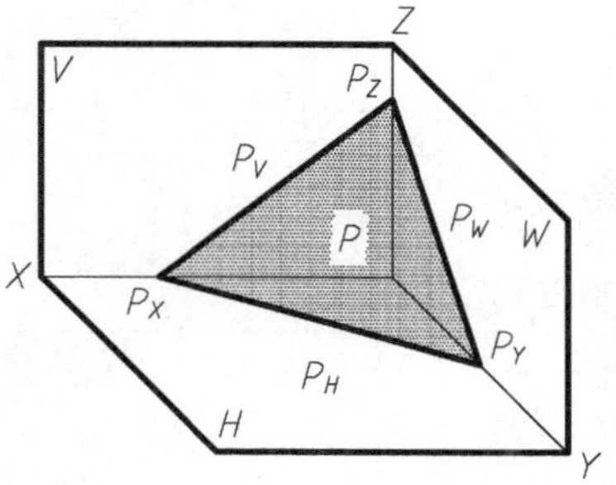

a)

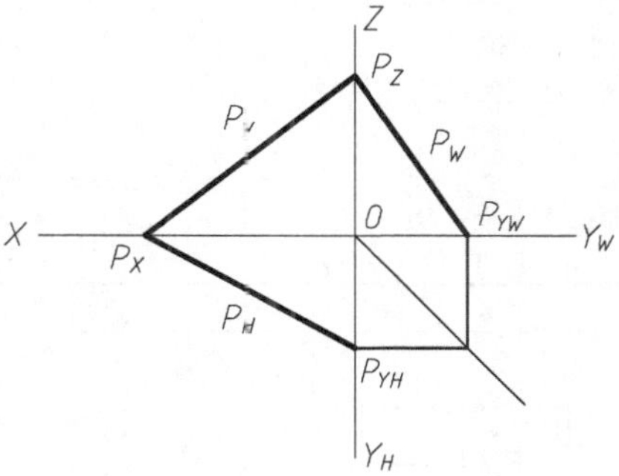

b)

图 2-28　平面的迹线表示法

2.10　平面对投影面的相对位置

平面对投影面的相对位置可分为三种：倾斜、垂直、平行。后两种统称为特殊位置平面。下面分别讨论。

2.10.1　一般位置平面

倾斜于各投影面的平面称为一般位置平面。平面与投影面 H、V、W 的倾角用 α、β、γ 表示。如图 2-29a 中用 $\triangle ABC$ 所表示的平面。

对照图 2-29a、b 两图，可得一般位置平面的投影特性如下：三面投影小于空间平面实形、类似于空间平面实形；三面投影均不反映空间平面对投影面的倾角。

2.10.2　投影面的垂直面

垂直于一个投影面而倾斜于另外两个投影面的平面，称为投影面垂直面。垂直于 H 面的平面，称为铅垂面；垂直于 V 面的平面，称为正垂面；垂直于 W 面的平面，称为侧垂面。

表 2-3 列出了这三种垂直面的投影图和投影特性。

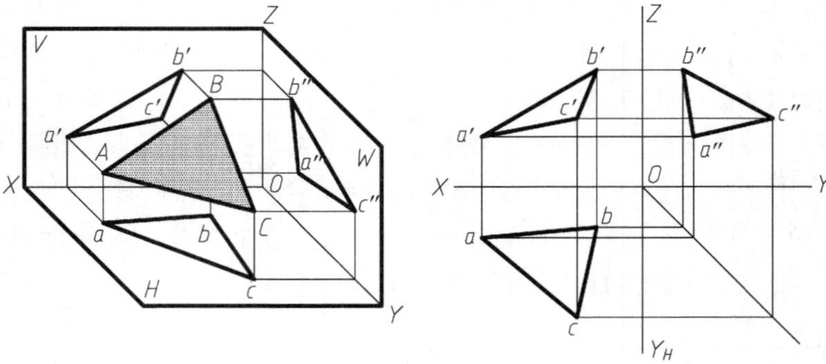

a)　　b)

图 2-29　一般位置平面

表 2-3　投影面垂直面

名称	立体图	投影图	投影特性
铅垂面	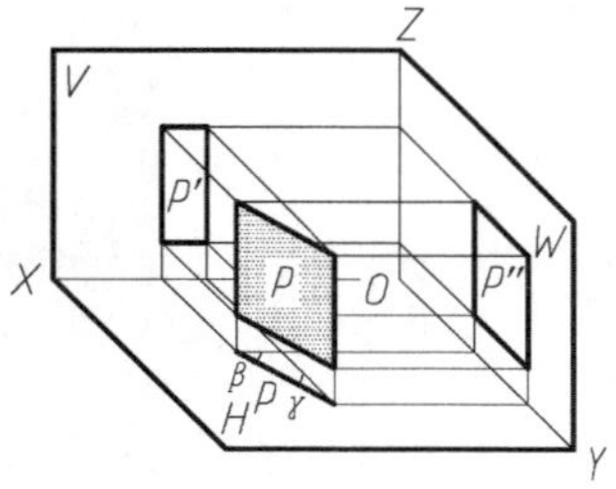	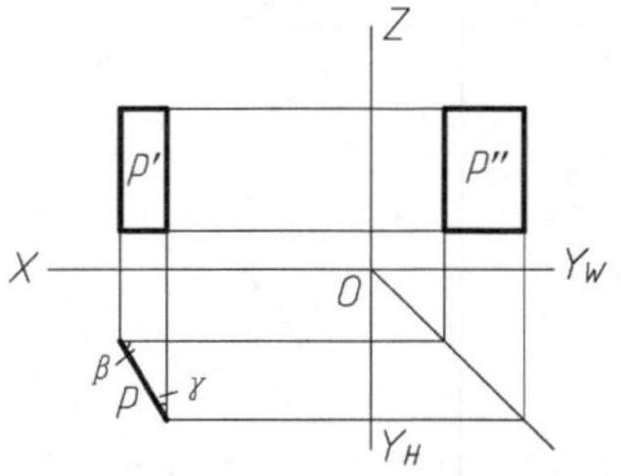	1. 水平投影 p 积聚成直线，并反映真实倾角 β 和 γ 2. 正面投影 p' 和侧面投影 p'' 不反映实形
正垂面	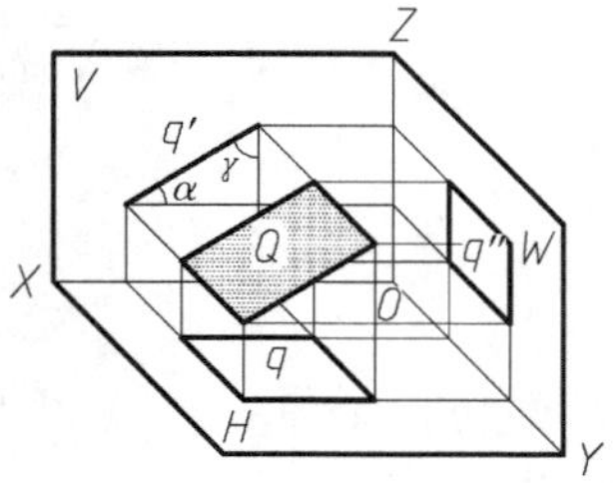	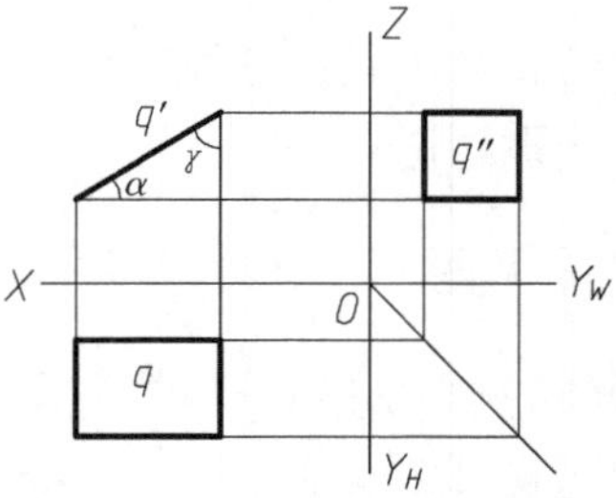	1. 正面投影 q' 积聚成直线，并反映真实倾角 α 和 γ 2. 水平投影 q 和侧面投影 q'' 不反映实形
侧垂面	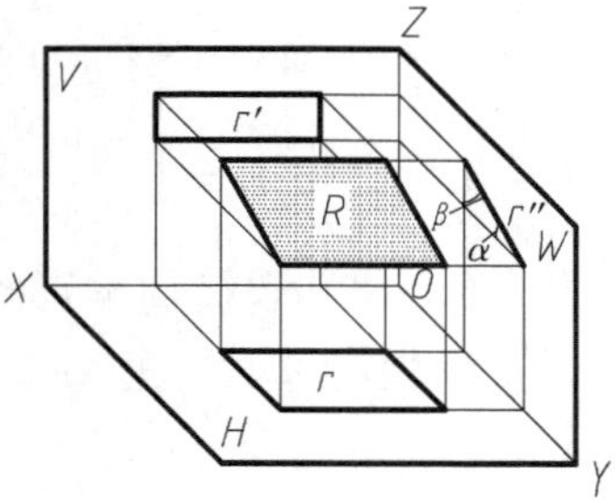	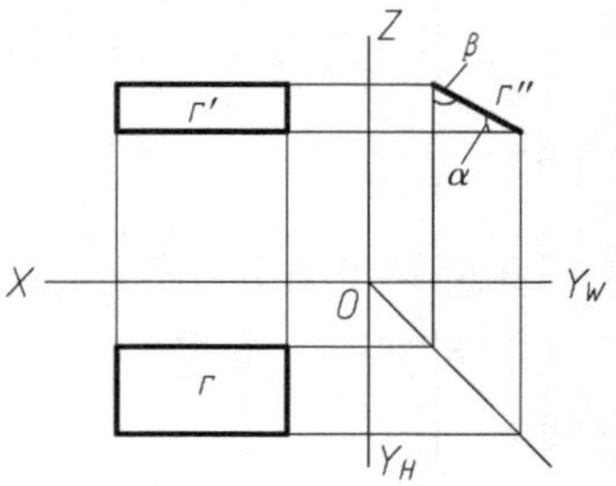	1. 侧面投影 r'' 积聚成直线，并反映真实倾角 β 和 α 2. 水平投影 r 和正面投影 r' 不反映实形

分析表2-3，可归纳出投影面垂直面所具有的共性：

1）平面在它所垂直的投影面上的投影积聚为一条直线，该直线与投影轴的夹角反映该平面对相应投影面的倾角。

2）平面在另外两个投影面上的投影，均为小于空间平面图形实形的类似形。

2.10.3 投影面的平行面

平行于一个投影面而垂直于另外两个投影面的平面，称为投影面的平行面。平行于 H 面的平面，称为水平面；平行于 V 面的平面，称为正平面；平行于 W 面的平面，称为侧平面。

表2-4列出了这三种平行面的投影图和投影特性。

表2-4 投影面平行面

名称	立 体 图	投 影 图	投 影 特 性
水平面	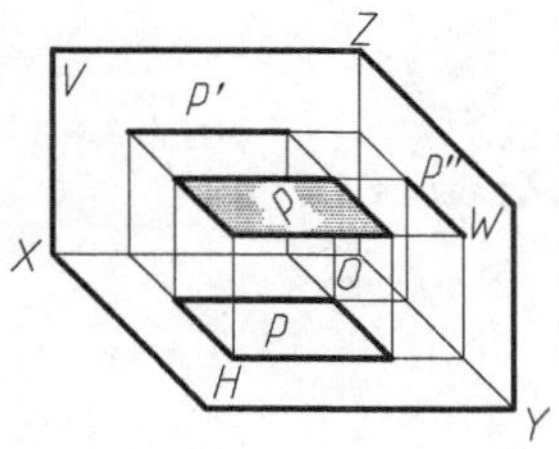	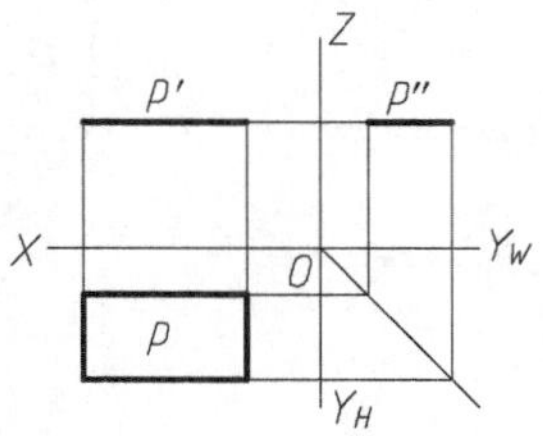	1. 水平投影 p 反映实形 2. 正面投影 p' 和侧面投影 p'' 积聚成直线，且 p' // OX 轴、p'' // OY_W 轴
正平面	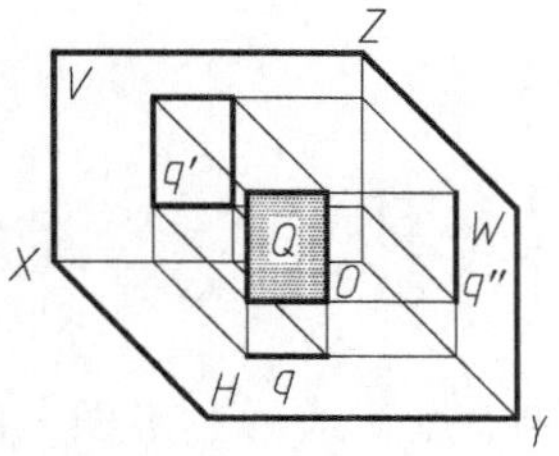	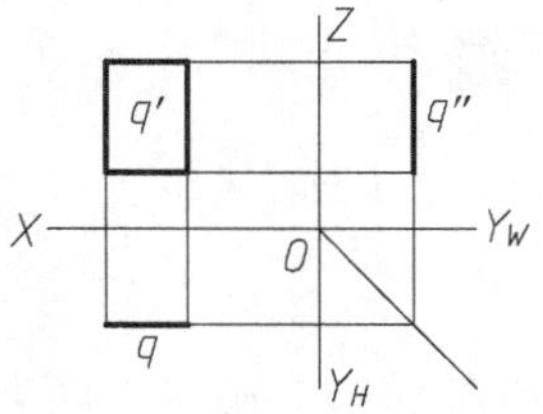	1. 正面投影 q' 反映实形 2. 水平投影 q 和侧面投影 q'' 积聚成直线，且 q // OX 轴、q'' // OZ 轴
侧平面	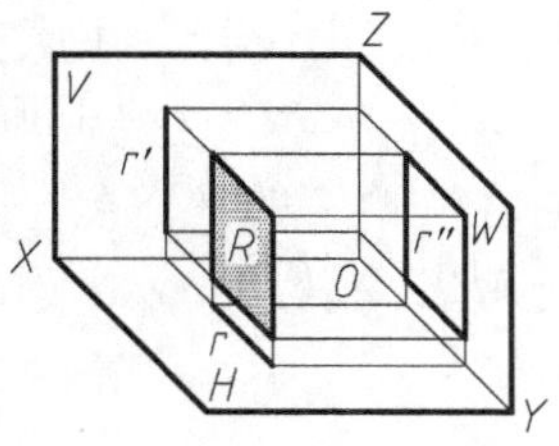	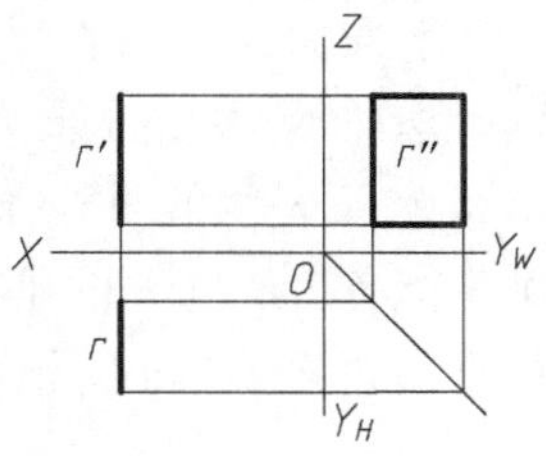	1. 侧面投影 r'' 反映实形 2. 正面投影 r' 和水平投影 r 积聚成直线，且 r' // OZ 轴、r // OY_H 轴

分析表2-4，可归纳出投影面平行面所具有的共性：

1）平面在它所平行的平面上的投影，反映空间平面图形的实形。

2）平面在另外两个投影面上的投影积聚成直线（符合垂直面的投影特性），并分别平行于相应的投影轴。

2.10.4 特殊位置面的迹线表示法

当平面垂直于投影面时，如不考虑平面的几何形状，而只考虑它在空间的位置，则在投影图中，其有积聚性的投影（一条直线）可表明该平面所处位置。实际上，该直线可看成是垂直面扩大后与它所垂直的投影面的交线，即平面的迹线。在投影图上，平面的迹线可用细实线加符号表示。图2-30a中正垂面 P 用正面迹线 P_V 表示。图2-30b中正平面 Q 用水平迹线 Q_H 表示。因正平面同时垂直于 W 面，故也可用侧面迹线 Q_W 表示。

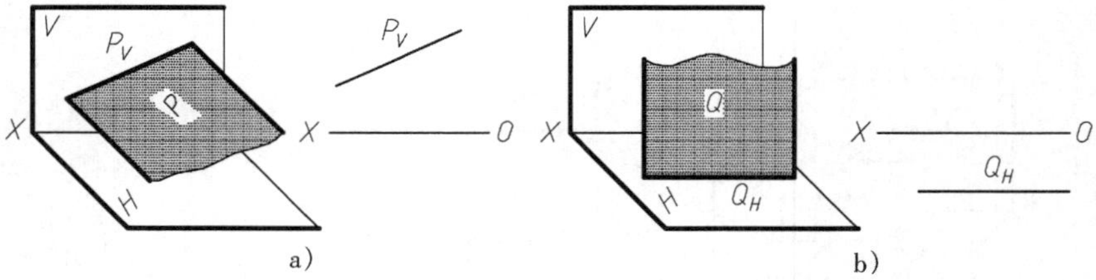

图2-30 用迹线表示特殊位置面

a）正垂面的表示法 b）正平面的表示法

2.11 平面上的直线和点

2.11.1 平面上的直线

直线在平面上的几何条件是：通过平面上的两个点；或通过平面上的一个点且平行于这个平面上的另一条直线。

根据上述几何条件就可以在投影图中作出已知平面上的直线。

如图2-31a所示，已知平面由相交两直线 AB、BC 给定。若要在该平面上作一条直线，可在 AB 直线上取一点 M，投影为 m、m'；在 BC 直线上取一点 N，投影为 n、n'；则由 mn、$m'n'$ 所表示的直线 MN 必在所给定的平面上。或者，在直线 BC 上取一点 N，过 N 点作 AB 直线的平行线 MN，投影 $mn /\!/ ab$、$m'n' /\!/ a'b'$，则 MN 也在所给平面上，如图2-31b所示。

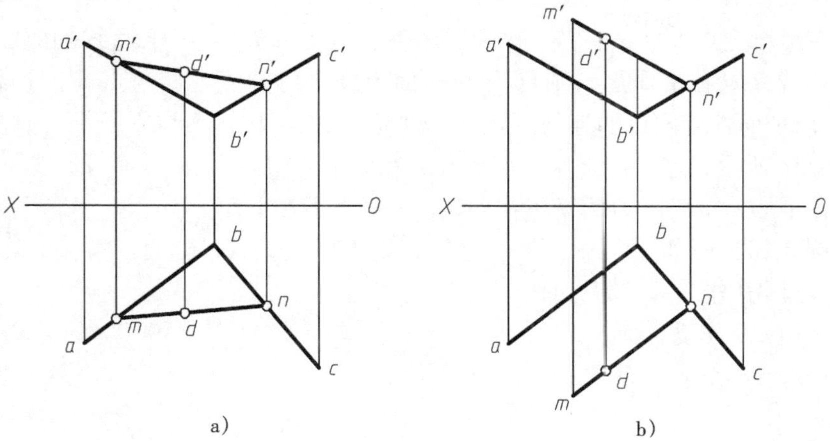

图 2-31 平面上的点和直线

2.11.2 平面上的点

点在平面上的几何条件是：点在平面的一条直线上。

若要在平面上取点，需分两步进行：

1）在平面上作一条辅助线，如图 2-31 中 *MN* 直线。

2）再在此辅助线上取点，如图 2-31 中点 *D*。

【例 2-9】 如图 2-32a 所示，已知平面△*ABC* 及点 *D* 的两面投影，要求：

1）在平面上作一条正平线 *EF*，使 *EF* 距 *V* 面为 20mm。

2）判断点 *D* 是否在平面上。

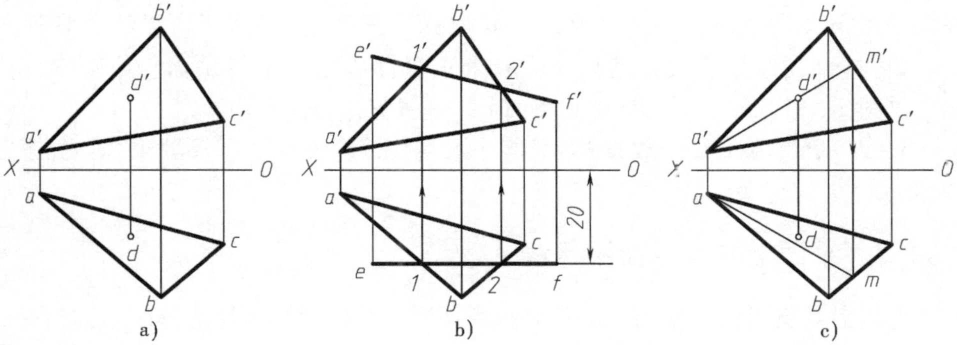

图 2-32 在平面上取线及判断点是否在平面上

【解】 分析及作图：

1）所作 *EF* 线必须既在平面上同时又平行 *V* 面。由正平线的投影特性可知，*EF* 的水平投影应平行 *OX* 轴，故可先从水平投影作图。如图 2-32b 所示，作 *ef*

平行 OX 轴，使其到 OX 轴距离为20mm。ef 与 ab、bc 分别交于点1、2，在 $a'b'$、$b'c'$ 上作出对应点1′和2′，连1′和2′即得 $e'f'$。ef、$e'f'$ 即为 EF 直线的两面投影。

2）若点 D 在平面上，则点 D 与平面上任一已知点，如与点 A 的连线 AD，必属于该平面，若两点的连线不属于该平面，则点 D 就不在平面上。判断方法如图2-32c所示，连 $d'a'$ 交 $b'c'$ 于点 m'，在 bc 上作出 m' 的对应点 m，连 am，则 AM 必在平面△ABC 上，而 d 不在 am 上，故 D 不在平面上。

【例2-10】 如图2-33所示，已知直线 AB、CD、EF 的两面投影，要求：

1）过 AB 作一般位置平面。

2）过 CD 作垂直面。

3）过 EF 作平行面。

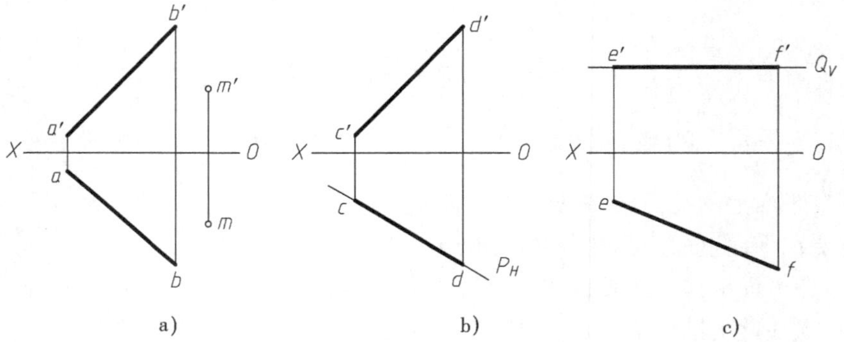

图2-33 过直线作平面

【解】 分析及作图：

1）如无附加条件，过一直线可作无数个平面。如图2-33a所示，直线 AB 和线外一点 M 即可表示一平面。因为点 M 位置可任意定，所以可作无数个平面。

2）过直线作垂直面，则只能作一个正垂面、或一个铅垂面、或一个侧垂面。如图2-33b所示，过 CD 作铅垂面 P，迹线 P_H 应与 cd 重合。

3）因 EF 为水平线，故过 EF 只能作水平面，迹线 Q_V 应与 $e'f'$ 重合，如图2-33c所示。

2.11.3 平面上的投影面平行线

平面上既属于已知平面，又具有投影面平行线的投影特性的直线，称为平面上的投影面平行线。平面上的投影面平行线有平面上的水平线、正平线和侧平线三种情况。

如图2-34a所示，平面 P 内的水平线（P_H 迹线是其中之一）均互相平行，因此它们的同面投影必相互平行。同理，平面内正平线或侧平线的同面投影也分别相互平行。

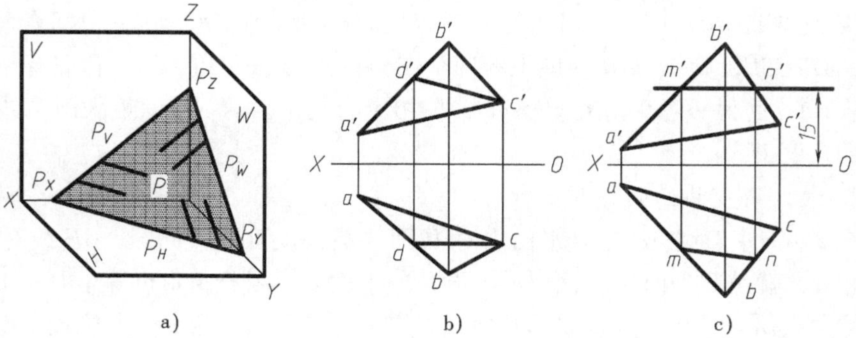

图 2-34 平面上的投影面平行线

图2-34b 中，若要过点 C 作面内正平线 CD，先作 $cd // OX$ 轴，再按平面上取线的作图方法，求出 $c'd'$。图 2-34c 中，若要在 $\triangle ABC$ 平面内，作距离 H 面 15mm 的水平线 MN，先作 $m'n' // OX$ 轴，且距 OX 轴 15mm，再按从属对应关系确定 mn。

2.11.4 平面上的对投影面的最大斜度线

1. 最大斜度线的定义

平面上垂直于该面上投影面平行线的直线，称为平面上对投影面的最大斜度线。它们可分为三种：垂直于面内水平线的直线，称作平面对 H 面的最大斜度线；垂直于面内正平线的直线，称作平面对 V 面的最大斜度线；垂直于面内侧平线的直线，称作平面对 W 面的最大斜度线。

如图2-35a 所示，在 P 平面内，CD 为水平线，作 CD 的垂线 AE，则 AE 为 P 平面内对 H 面的最大斜度线。称最大斜度线的原因是，属于 P 平面的所有直线中，该直线相对 H 面的倾角 α 是最大的，证明如下：

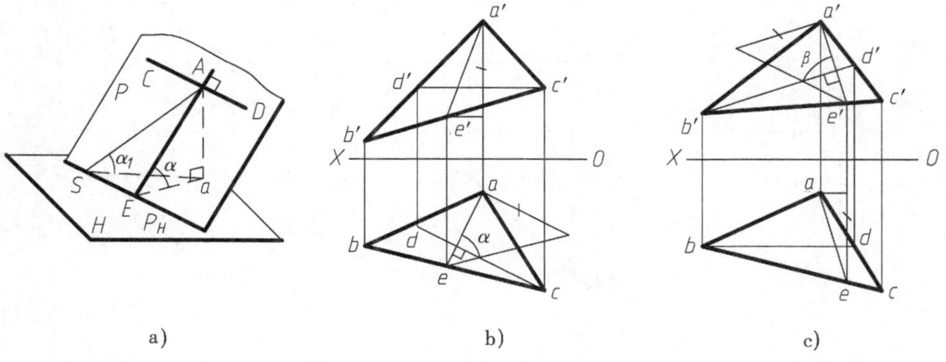

图 2-35 平面上的对投影面的最大斜度线

过点 A 作最大斜度线以外的属于平面 P 的任意直线 AS。它与 H 面的夹角为 α_1。只要证明 $\alpha_1<\alpha$ 即可。因 $AE\perp CD$，且 $SE/\!/CD$，故 $AE\perp SE$。根据直角投影定理，$aE\perp SE$，则 $aS>aE$。图中有两个直角三角形 ASa 和 AEa，它们有相等的直角边 Aa，而另一对直角边 $aS>aE$，故相应的锐角 $\alpha_1<\alpha$，即最大斜度线对投影面的角度最大。

2. 最大斜度线的几何意义

图 2-35a 中直线 AE 是 P 平面内对 H 面的最大斜度线，同时，AE 线对 H 面的倾角 α，就是 P 平面与 H 面所成二面角的平面角，因此 α 角也等于 P 平面对 H 面的倾角。所以，最大斜度线的几何意义之一，在于用来测定一般位置平面对某投影面的倾角。

如图 2-35b 所示，已知 $\triangle ABC$ 平面，为求出该平面对 H 面的倾角 α，先作平面上对 H 面的最大斜度线。为此，在 $\triangle ABC$ 平面内任作水平线 CD（cd，$c'd'$），再根据直角投影定理，在 $\triangle ABC$ 平面内作 $AE\perp CD$，即作 $ae\perp cd$，AE（ae，$a'e'$）即是平面内对 H 面的最大斜度线。最后可运用直角三角形法求出线段 AE 对 H 面的倾角 α，即等于 $\triangle ABC$ 平面对 H 面的倾角 α。

如果求平面对 V、W 面的倾角 β、γ，则应分别利用平面对 V、W 面的最大斜度线作图。如图 2-35c 中，AE 为 $\triangle ABC$ 平面对 V 面的最大斜度线，求出 AE 对 V 面的倾角 β，即等于 $\triangle ABC$ 平面对 V 面的倾角 β。

【例 2-11】 已知直线 AB 为某平面对 V 面的最大斜度线，AB 线与 H 面的倾角 $\alpha=30°$，求作该平面，如图 2-36a 所示。

【解】 分析及作图：

根据已知条件（直线 AB 的正面投影及 AB 线与 H 面的倾角 α）可以作出直

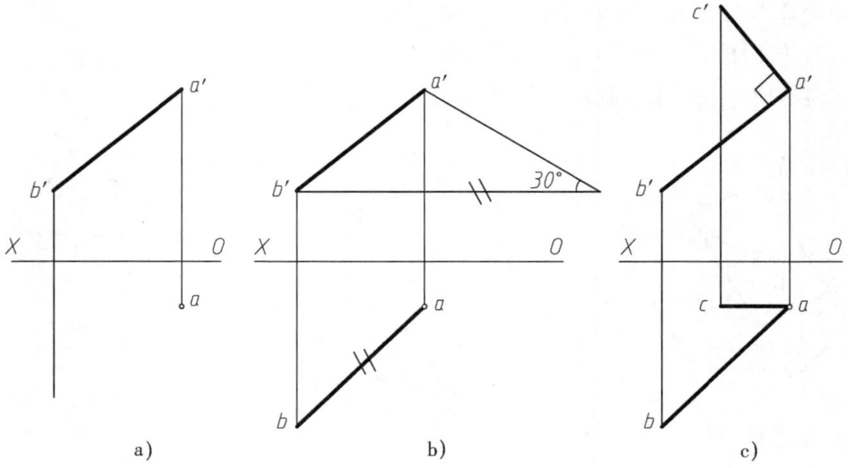

图 2-36 利用最大斜度线作平面

线的水平投影 ab。因为 AB 为平面上对 V 面的最大斜度线，故其应垂直于平面上的正平线，由此即可作出该平面。

作图步骤如下：

1）用直角三角形法，根据正面投影及 AB 线与 H 面的倾角 $\alpha=30°$，作出 AB 直线的水平投影长 ab，如图 2-36b 所示。

2）过直线 AB 上任意一点作正平线与直线 AB 垂直，图中是过点 A 作 $AC \perp AB$，如图 2-36c 所示。

直线 AC 与 AB 确定的平面为所求平面。

2.11.5 平面上的圆

圆属于平面曲线，是工程中应用最多的一种平面曲线。根据圆所在平面的位置不同，其投影有如下三种情况：投影反映圆的实形；投影积聚为一直线段，且直线段的长度等于圆的直径；投影为一椭圆。

1. 投影面平行面上圆的投影

当圆所在平面平行于投影面时，在该投影面上的投影反映圆的实形；另两个投影积聚为两条平行于投影轴的直线段，且直线段的长度等于圆的直径。

2. 投影面垂直面上圆的投影

当圆所在的平面垂直于投影面时，在该投影面上的投影积聚为一条倾斜于投影轴的直线段，且直线段的长度等于圆的直径。在另外两个投影面上投影均为椭圆。如图 2-37 所示，一半径为 R 的正垂圆，其正面投影积聚为一条直线，长度等于 $2R$；水平投影为一椭圆，其长轴为过圆心并垂直于 V 面的直径 AB 的水平投影 ab，短轴为与 AB 垂直并平行于 V 面的直径 CD 的水平投影 cd。

【例 2-12】 已知半径为 R 的圆位于正垂面 P 内，并已知圆心 O 的两面投影 o 和 o' 及正垂面 P 的积聚投影 P_V，试求该圆的两面投影，如图 2-37a 所示。

【解】 1）圆位于正垂面 P 内，圆的正面投影应在正垂面 P 的积聚投影上，是以 o' 为中心，长度为 $2R$ 的直线段。在 P_V 上作 $c'o'=o'd'=R$。

2）圆的水平投影为一椭圆，其长轴 AB 是正垂线，短轴 CD 是正平线。利用其投影特性作出 ab 和 cd，$ab \perp OX$ 且 $ao=ob=R$，$cd // OX$，如图 2-37b 所示。

3）根据椭圆的长短轴，常用的画椭圆方法有四心扁圆法（近似画法），如图 2-37c 所示。

① 连接 bc，以 o 为圆心，ob 为半径画圆弧交短轴 cd 于点 E。

② 以点 c 为圆心，cE 为半径画圆弧交 bc 于点 F。

③ 作 bF 的垂直平分线，分别交长、短轴于点 1 和 2，并求出点 1、2 的对称点 3 和 4。

④ 分别以点 1、2、3、4 为圆心，以 $1b$、$2c$、$3a$、$4d$ 为半径画弧，并相切

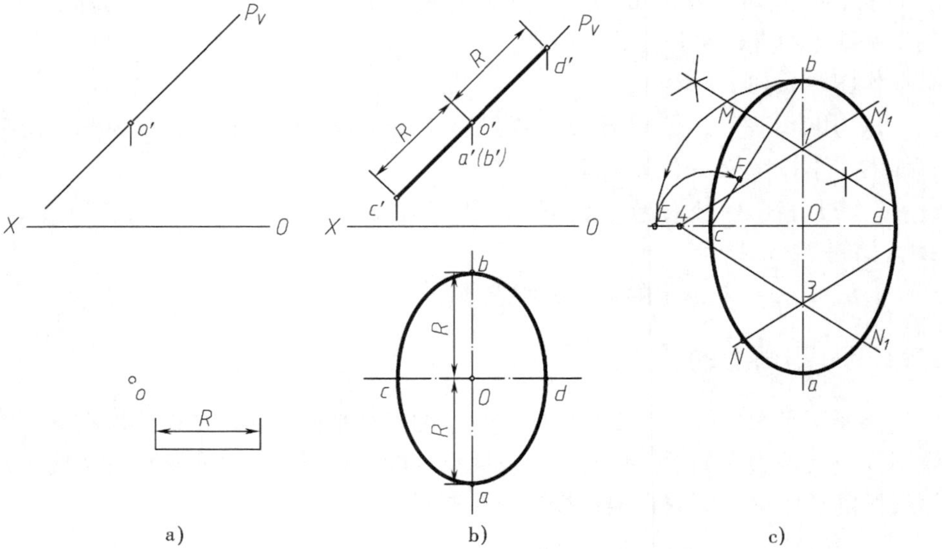

图 2-37　投影面垂直面上圆的投影

于点 M、N、N_1、M_1，即得近似椭圆。

3. 一般位置圆的投影

当圆所在的平面为一般位置平面时，圆的三个投影均为椭圆。圆上任意一对相互垂直的直径，其投影一般并不垂直，但是当其中有一条直径是某投影面平行线时，则垂直的两直径在该面的投影反映垂直关系（直角投影定理），这样的两条互相垂直的直径在该投影面的投影也就是圆在此投影面投影椭圆的长轴和短轴。由此我们可知，当圆投影为椭圆时，其长轴是与投影面平行的直径在该投影面上的投影；短轴为与之垂直即位于圆所在平面上对该投影面最大斜度线上的直径的投影，因此，可以先求出椭圆的长短轴。然后再根据长短轴画出圆的投影椭圆。

【例 2-13】　已知半径为 R 的圆位于一般位置平面 P 上，并知圆心 O 的两面投影 o 和 o'，试求该圆的两面投影，如图 2-38a 所示。

【解】　一般位置平面上的圆，其两面投影均为椭圆。

作图步骤如图 2-38b 所示。

圆的水平投影椭圆：

1）其长轴是水平线 AB 的投影 ab，短轴是对 H 面最大斜度线 CD 的水平投影 cd。过圆心 o 作平面 P 上的水平线 Ⅰ Ⅱ，在 Ⅰ Ⅱ 的水平投影 1 2 上截取 $ao = ob = R$，得 a、b，进而作出 a'、b'。

2）过圆心 O 作平面 P 内对 H 面的最大斜度线 Ⅲ Ⅳ，Ⅲ Ⅳ的水平投影 $3\ 4 \perp 1\ 2$。

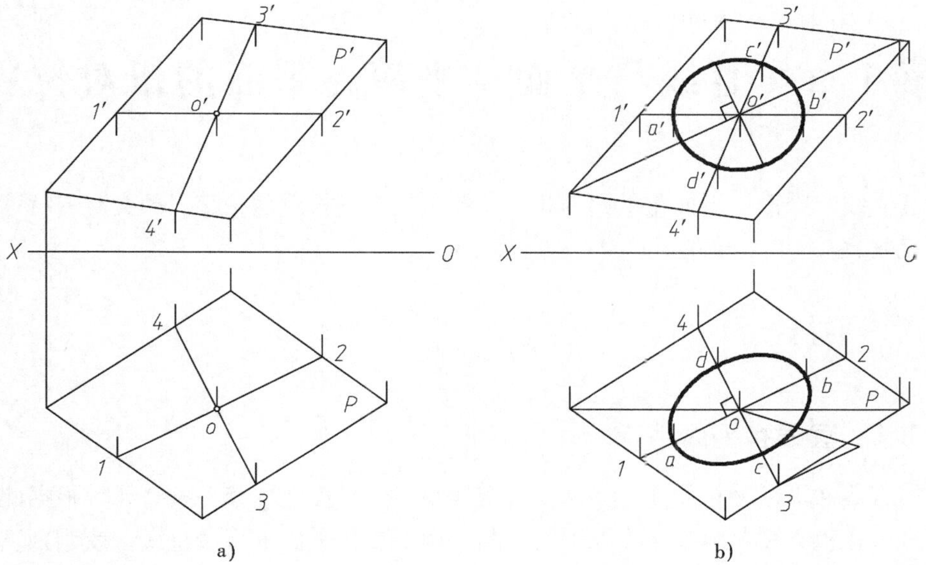

图2-38　一般位置平面上圆的投影

3）利用直角三角形法在3 4上求出 c、d，进而作出 c'、d'。

4）以椭圆的长轴和短轴用四心扁圆法画椭圆。

圆的正面投影椭圆：

其长轴的方向是正平线的正面投影方向，短轴是对 V 面最大斜度线的正面投影方向。其长度的确定可参考水平投影椭圆的画法（作图过程略）。

第3章　直线与平面、平面与平面的相对位置

直线与平面、平面与平面的相对位置可能是平行或者相交。相交时的特殊情况是垂直。

3.1　平行

3.1.1　直线和平面平行

直线和平面平行的几何条件是：直线平行于平面上的某一条直线。根据此条件，可在投影图上解决作直线平行于某平面，或作平面平行某直线，或判别直线是否平行平面等作图问题。

【例3-1】　过已知点 D 作正平线 DE 与平面 $\triangle ABC$ 平行（见图3-1）。

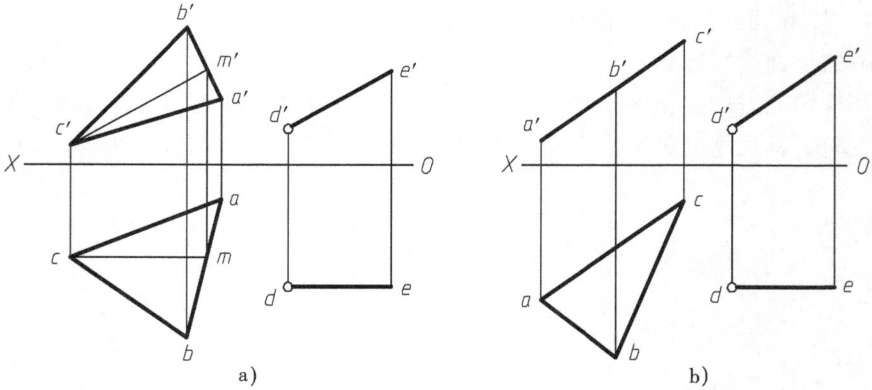

图3-1　过点作直线平行于平面

a）平面为一般位置　b）平面为特殊位置

【解】　分析及作图：过点 D 可作无数条直线平行于已知平面，但其中只有一条正平线，故可先在平面上取一条辅助正平线。

如图3-1a所示，$\triangle ABC$ 为一般位置平面，在其上任作一条正平线 CM。过点 D 作 $DE /\!/ CM$（$de /\!/ cm$，$d'e' /\!/ c'm'$），则 DE 满足题目要求。

图3-1b中，$\triangle ABC$ 为正垂面。因此，在 $\triangle ABC$ 上所作的任何直线的正面投影，都与平面的投影 $a'b'c'$ 重合（因 $a'b'c'$ 积聚为一直线），故可直接过点 D 作一

条正平线 *DE*，使 $d'e' // a'b'c'$，则 *DE* 平行△*ABC*。

该例说明，当直线与特殊位置平面平行时，平面有积聚性的投影和直线的同面投影平行。

【例 3-2】 已知 *EF* 平行△*ABC* 平面，求作△$a'b'c'$（见图 3-2a）。

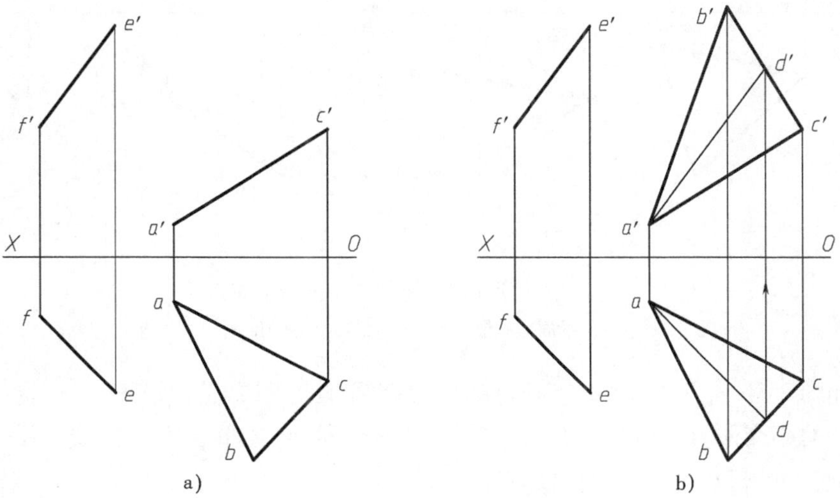

图 3-2 根据已知条件补全平面图形

【解】 分析及作图：

若 *EF* 平行△*ABC*，则在△*ABC* 上可作出一条直线和 *EF* 平行。故可先过已知点 *A*（或 *AC* 线上任意一点）作一辅助线 *AD* // *EF*，则由相交两直线 *AD*、*AC* 确定的平面必平行于直线 *EF*，在该平面上作出点 *B* 即可完成△*ABC*，作图过程如图 3-2b 所示。

3.1.2 两平面平行

两平面平行的几何条件是：一平面上的相交两直线对应平行于另一平面上的相交两直线。

根据上述几何条件，可在投影图上解决作平面平行于某平面，或判别两平面是否平行等作图问题。

【例 3-3】 过点 *D* 作平面平行于平面△*ABC*（见图 3-3）。

【解】 分析及作图：过点 *D* 只要作相交两直线分别平行于△*ABC* 上的任意两相交直线即可。

如图 3-3a 所示，△*ABC* 为一般位置平面。为简便作图，过 *D* 点作 *DM*、*DN* 分别平行于△*ABC* 上两已知直线 *AC*、*AB*，则平面 *MDN* 即为所求。

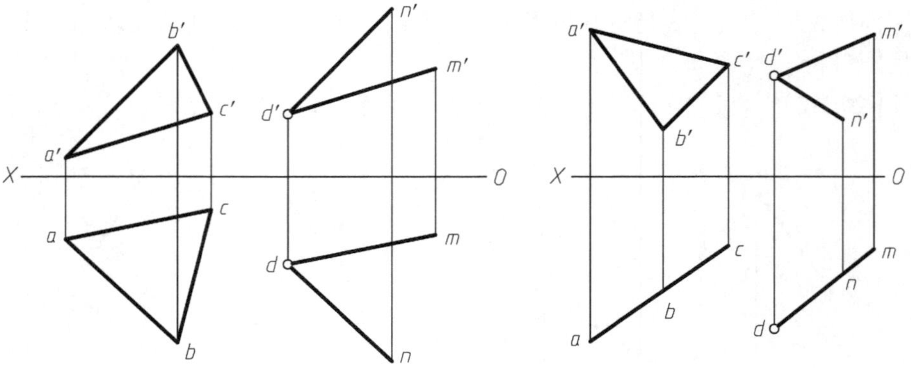

a) b)

图3-3 过点作平面平行于已知平面

a）平面为一般位置 b）平面为特殊位置

如图3-3b所示，△*ABC*为铅垂面，其水平投影积聚成直线*abc*。因此，过*D*点所作的相交两直线*DM*、*DN*的水平投影*dm*和*dn*也重合为一直线，并平行于*abc*，而*d'm'*和*d'n'*的方向可任意。

该例说明：两平面同时垂直于某平面时，如有积聚性的两个投影互相平行，则两平面平行。

3.2 相交

直线与平面、平面与平面相交有交点或交线。交点是直线与平面的共有点，交线是平面与平面的共有线。本节主要讨论如何在投影图上求交点和交线。

3.2.1 直线和特殊位置平面相交

如图3-4a所示，直线*ED*与铅垂面△*ABC*相交于点*K*。由于△*ABC*的水平投影*abc*积聚成一直线，交点*K*是平面上的点，故*k*应落在*abc*上。同时*K*也是直线*ED*上的点，故*k*也应在*ed*上。因此，*ed*和*abc*的交点*k*就是空间交点*K*的水平投影，*K*的正面投影必在*e'd'*上，据此可作出*k'*，如图3-4b所示。

为了增加图形的清晰性，需在投影图中对直线与平面投影重叠的部分判别其可见性。由于该平面的水平投影是一条线，和直线*ED*的水平投影不存在重叠部分，故该题是对直线的正面投影*e'd'*在△*a'b'c'*内的一段作出判断。判断的方法一是利用正面投影上的重影点来判别。如*a'b'*与*e'd'*的交点1'（2'）即是一个重影点。分别在*ab*和*ed*上求出对应点1和2，由于点Ⅰ的*Y*坐标值大，故1'可见，

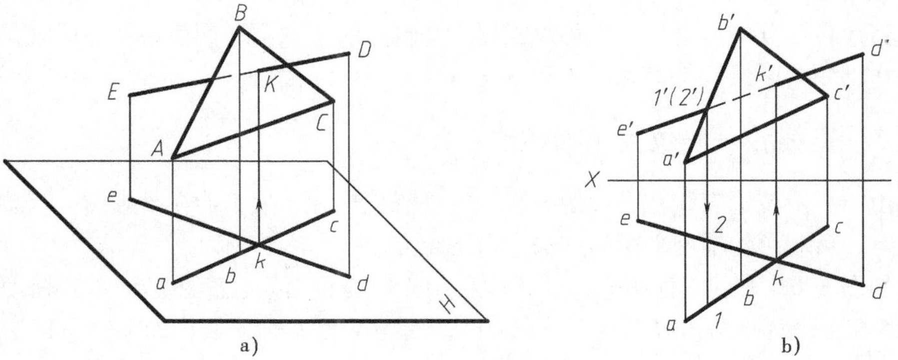

a) b)

图 3-4 直线和垂直面相交

2′不可见，所以 $k'2'$ 在 $\triangle a'b'c'$ 内的一段为不可见，画成虚线。而交点 K 是可见与不可见的分界点，故 $d'k'$ 为可见，画成实线，如图 3-4b 所示。若平面有积聚性，则也可利用平面的积聚性直接判断。如该图中平面的水平投影有积聚性，从水平投影可看出直线 KD 段在平面前方，因此 KD 的正面投影应可见。

3.2.2 一般位置平面和特殊位置平面相交

如图 3-5a 所示，平面 $\triangle ABC$ 和铅垂面 DEF 相交，交线为 MN。显然，M、N 分别是 $\triangle ABC$ 的两边 AC、BC 与铅垂面 DEF 的交点。如图 3-5b 所示，利用求直线与特殊位置平面的交点的作图方法，求出交点 m、n，对应得 m'、n'。连接 $m'n'$、mn，即为交线的两面投影。

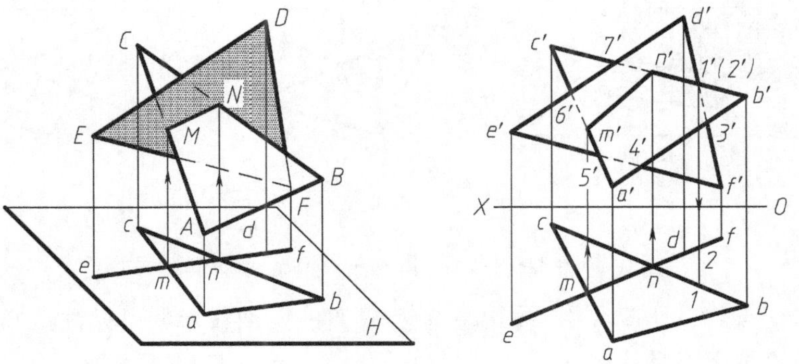

a) b)

图 3-5 $\triangle ABC$ 平面和铅垂面 $DEFG$ 相交

对该图正面投影的重叠部分要判别可见性，可利用其中一个重影点 1′（2′）来判别。由于直线 $b'c'$ 上的 1′可见，故 $n'1'$ 可见，（2′）3′不可见；因为 DF 与

AB 两线交叉，所以 *a′b′*线可见，而 *AB* 与 *EF* 线交叉，故 4′5′不可见；依次可推断出其余各部分的可见性；也可以根据水平投影所示的两平面前后相对位置，直观地作出判断，最后结果如图 3-5b 所示。

3.2.3 直线和一般位置平面相交

由于一般位置直线和平面的投影均不具有积聚性，故不能在投影图上直接定出交点，可利用作辅助平面的方法来求出交点。

如图 3-6a 所示，直线 *DE* 与平面△*ABC* 相交。如果过直线 *DE* 作一辅助面 *P*，则该辅助面 *P* 与△*ABC* 交于直线 *MN*，因 *MN* 和 *DE* 都在 *P* 面上，所以必交于一点 *K*，点 *K* 既在 *MN* 上，则必在平面△*ABC* 上。因此点 *K* 是直线 *DE* 与平面△*ABC* 的共有点，也就是所要求的点。

综上所述，用辅助平面法求交点的作图步骤如下：

1）过直线 *DE* 作辅助面 *P*。为使作图简便，所作辅助面应选垂直面。如图 3-6b 所示，辅助面为铅垂面（用迹线 P_H表示），当然也可以选正垂面为辅助面。

2）求辅助面 *P* 与已知平面△*ABC* 的交线 *MN*。图中由 *mn*、*m′n′*表示。

3）求交线 *MN* 与已知直线 *DE* 的交点 *K*，点 *K* 即为直线 *DE* 与平面△*ABC* 的交点，如图 3-6c 所示。

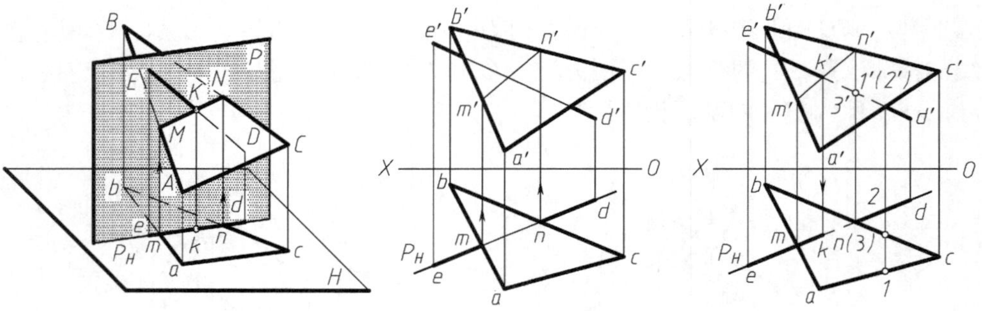

a） b）

图 3-6 直线和一般位置平面相交

求出交点后，还应利用重影点分别判断直线两面投影的可见性。如图中重影点Ⅰ、Ⅱ和重影点Ⅲ、*N*。

3.2.4 两个一般位置平面相交

只要求出两个一般面的两个共有点，其连线即为交线。求交线的方法有两种：

1. 线面交点法

对两个一般位置的平面来说，同样也可用属于一平面的直线与另一平面求交点的方法来确定共有点。但直线与一般位置平面的交点必须用上节所述的三个作图步骤才能作出。

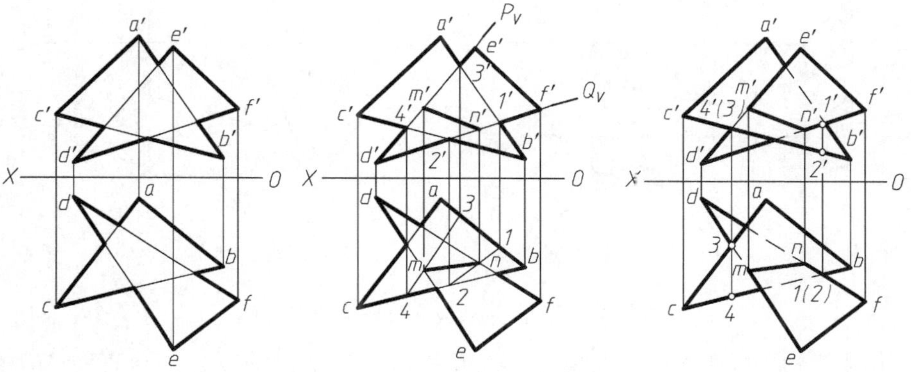

a)　　b)　　c)

图 3-7　两个一般位置平面相交

如图 3-7a 所示，已知两个一般位置平面△*ABC* 和△*DEF*，为求出它们的交线，可分别求出属于△*DEF* 的线段 *DE* 和 *DF*，与△*ABC* 平面的两个交点 *M*、*N*，连线 *MN* 就是所求两个三角形平面的交线。由于 *DE*、*DF* 以及△*ABC* 均处在一般位置。因此每次求线、面交点时，均应采用前面所述辅助平面法的三个作图步骤，如图 3-7b 所示，分别包含直线 *DE*、*DF* 作辅助正垂面（P_V及 Q_V），求出交点 *M*、*N*，连线 *MN* 即为所求。

交线求出后，应判明平面投影的可见性，交线的投影一定可见，并且是平面投影可见性的分界线，利用重影点Ⅰ、Ⅱ和Ⅲ、Ⅳ，分别判断正面投影和水平投影的可见性，如图 3-7c 所示。

2. 三面共点法

图 3-8a 是用三面共点法求两平面共有点的几何原理，图中已给两平面 *R* 和 *S*。为求该两平面的共有点，取任意辅助平面 *P*，它与 *R*、*S* 分别相交于直线ⅠⅡ和Ⅲ Ⅳ，而ⅠⅡ和Ⅲ Ⅳ的交点 *M* 为 *P*、*R*、*S* 三面所共有，当然是 *R*、*S* 两平面的共有点。同理，作辅助平面 *Q* 可再找出一个共有点 *N*。*MN* 即为 *R*、*S* 两平面的交线。图 3-8b 为相应投影图。

辅助平面 *P*、*Q* 是任意取的，为了作图方便，应取特殊位置面为辅助面，这里取的是水平面。若取正平面或其他特殊平面，则作图过程也是一样的。

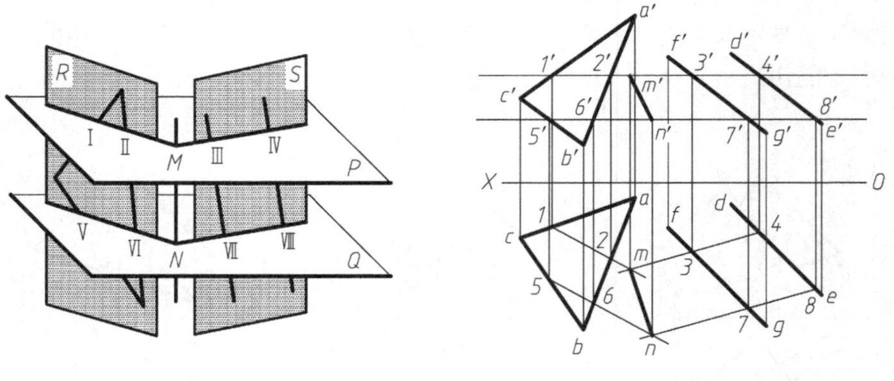

图 3-8 三面共点法求两平面的交线

【例 3-4】 过点 F 作直线与 $\triangle CDE$ 所给定的平面平行，并与直线 AB 相交（见图 3-9a）。

【解】 分析：欲过定点 F 作一直线平行于已知平面 $\triangle CDE$，有无穷多解。这些直线的轨迹为一过点 F 且平行于 $\triangle CDE$ 的平面 Q（见图 3-9b）。根据题目要求，所作线既在 Q 面上又要和直线 AB 相交，则所作线必须经过直线 AB 与平面 Q 的交点 K。由于交点 K 是唯一的，因此，FK 为所求的唯一直线。

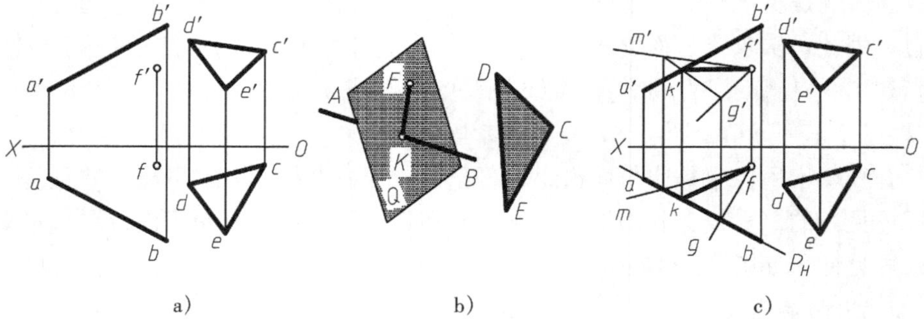

图 3-9 作与一平面平行与一直线相交的直线

作图步骤如下：

1）过点 F 作平面平行于已知平面 $\triangle CDE$（见图 3-9c）。为此，作直线 $FM /\!/ CD$（$fm /\!/ cd$，$f'm' /\!/ c'd'$）和 $FG /\!/ CE$（$fg /\!/ ce$，$f'g' /\!/ c'e'$）。相交两直线 FM 和 FG 确定一平面，该平面平行 $\triangle CDE$。

2）作出直线 AB 与 FM 和 FG 所确定平面的交点。因该平面处于一般位置，

故利用过直线 AB 的辅助铅垂面 P_H，求得交点 K（k，k'）。

3）连点 F（f，f'）和 K（k，k'），直线 FK 即为所求。

3.3 垂直

3.3.1 直线与平面垂直

直线与平面垂直的几何条件是：如果一直线垂直于一平面内两条相交直线，则此直线垂直于该平面。

如果一直线垂直于一平面，则此直线必垂直于该平面内一切直线（含交叉垂直）。如图 3-10a 所示，直线 MN 垂直于 P 平面，必垂直于 P 面内一切直线，其中包括相交的正平线 AB 和水平线 CD。

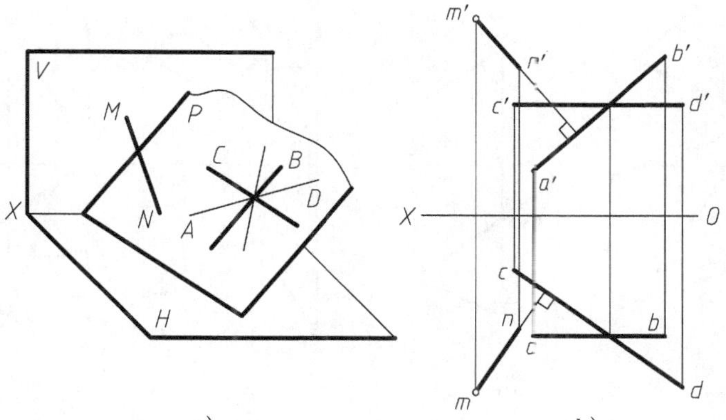

a)　　b)

图 3-10　直线与平面垂直

投影图中，利用直线与平面上水平线及正平线的垂直关系，并根据直角投影定理，可以得出以下定理：如果一直线垂直于一平面，则直线的水平投影必垂直于平面上水平线的水平投影，该直线的正面投影必垂直于平面上正平线的正面投影。

图 3-10b 中，由于直线 MN 垂直于相交的水平线 AB、正平线 CD 所决定的平面，故 $mn \perp ab$、$m'n' \perp c'd'$。这样，可以解决线面垂直的作图问题。

反之，其逆定理为：如果一直线的水平投影，垂直于一平面上水平线的水平投影，同时直线的正面投影，垂直于该平面上正平线的正面投影，则此直线必垂直于该平面。该逆定理可以用来解决线面垂直的判别问题。

根据以上定理可以在投影图上解决下列三个基本作图：

1）过空间点作直线垂直于平面。

2）过空间点作平面垂直于直线。

3）过空间点作直线垂直于一般直线。

【例3-5】 求点 M 到平面的距离：

1）平面为一般位置平面，如图3-11a所示。

2）平面为正垂面，如图3-11b所示。

【解】 分析及作图：

求点到平面的距离其作图方法为：过点作平面的垂线，求出垂足，再求出点与垂足之间线段的实长。

1）如图3-11c所示，在平面△ABC 上任作一正平线 AE 和水平线 CF；过 m 作 $mn \perp cf$，过 m' 作 $m'n' \perp a'e'$，则 MN（mn，$m'n'$）即为所求垂线；求出垂线 MN 与平面的交点 N（用求一般位置线与一般位置面交点的方法求出），N 点即为垂足。用直角三角形法求出 MN 线段的实长即为所求距离。

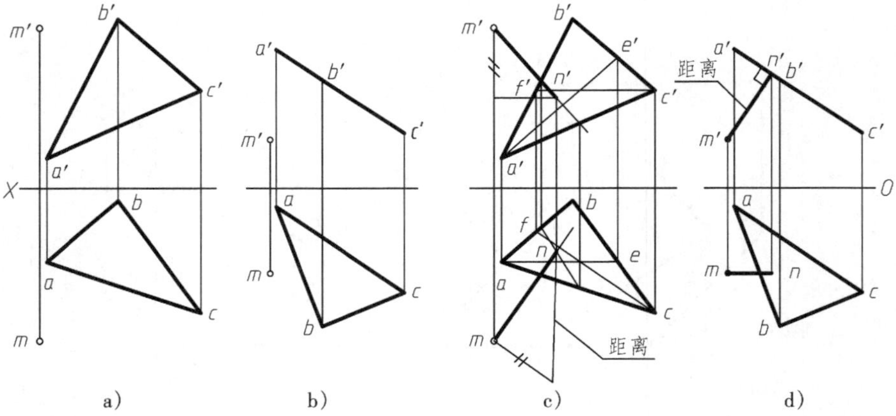

图3-11 求点到平面的距离

2）当平面为投影面垂直面时，如果直线和该面垂直，则直线必平行于该平面所垂直的投影面，并且直线在该投影面的投影，必垂直平面的积聚性投影。如图3-11d所示，过 m' 作 $m'n' \perp a'b'c'$，交点为 n'。过 m 作线 $/\!/ OX$ 轴，在其上求出 n' 的对应点 n，则 MN 为平面垂线，N 为垂足。因 MN 为正平线，故 $m'n'$ 反映线段实长，即为所求点到平面的距离。

【例3-6】 求点 A 到直线 BC 的距离，如图3-12a所示。

【解】 分析及作图：求点到直线的距离，应从点向直线引垂线，求垂足，点与垂足间的距离即为所求。由于 BC 线为一般位置直线，和其垂直的直线通常也处于一般位置，由直角投影定理可知，此时两直线的投影均不反映直角关系，因此在投影图中无法直接作垂线。如图3-12b所示，过点 A 并与 BC 垂直的线一定在与 BC 垂直的过点 A 的平面 P 上，在平面 P 上找出与 BC 相交的且过点 A 的

直线 AK，AK 也就是点 A 到直线 BC 的距离 。

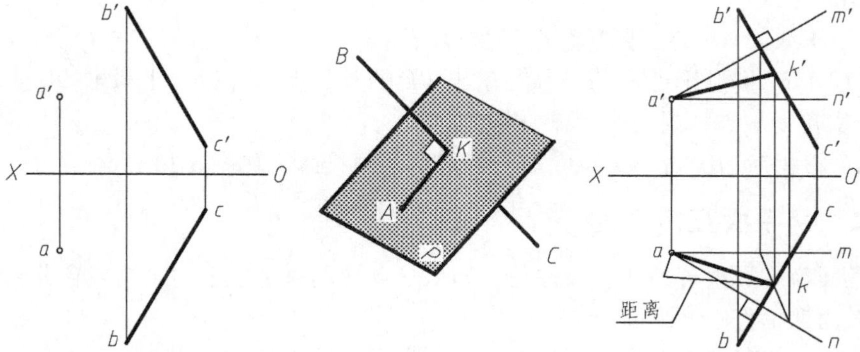

a)　　b)　　c)

图 3-12　求点到一般位置直线的距离

如图 3-12c 所示，作图步骤如下：

1）过点 A 作正平线 AM，使 $a'm' \perp b'c'$，过点 A 作水平线 AN，使 $an \perp ab$，则 AM 和 AN 两相交直线所确定的平面垂直于直线 BC。

2）求直线 BC 和所作垂面的交点 K（求一般位置线、面交点的作图）。

3）连 $a'k'$、ak，求出 AK 的实长即为点到直线的距离。

【例 3-7】　已知正方形的一边 AB 的两面投影、邻边 BC 的正面投影方向为 $b'e'$，求作正方形 $ABCD$ 的两面投影，如图 3-13a 所示。

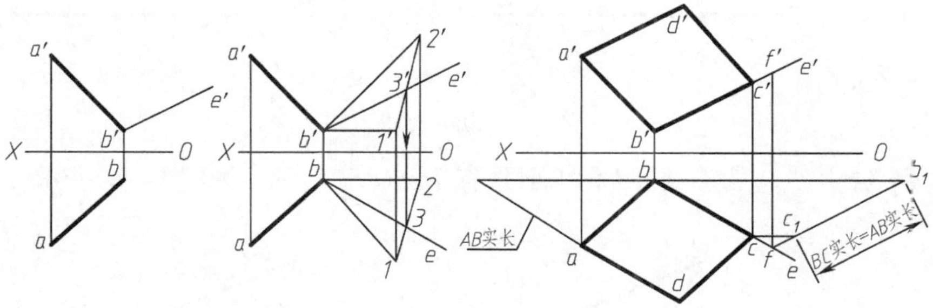

a)　　b)　　c)

图 3-13　根据已知条件作平面图形

【解】　分析：由初等几何可知：正方形的相邻两边相互垂直，各边长相等。根据 BC 与 AB 垂直，则 BC 应该在一个过点 B 所作的垂直于 AB 的平面上，据此可以作出 BC 线的水平投影方向；然后再根据边长相等的关系确定点 C 的位置。

作图步骤如下：

1）如图 3-13b 所示，作水平线 $1B$、正平线 $2B$ 分别垂直于直线 AB，则由相

交两直线 $2B$、$1B$ 决定的平面垂直于直线 AB，用面上取线的方法作出 be，be 为 BC 的水平投影方向。

2）求线段 AB 的实长（直角三角形法）。

3）在 BE 线上任取一点 F，并求出 BF 的实长 b_1f；在 b_1f 上量取 BC 实长等于 AB 实长得 c_1 点，对应求得 c、c' 点。

4）根据对边平行的关系完成正方形的两面投影，如图 3-13c 所示。

3.3.2 两平面互相垂直

平面与平面垂直的几何条件是：如果一直线垂直于一平面，则包含此直线的所有平面都垂直于该平面。

反之，如两平面垂直，则由属于第一个平面的任意一点向第二个平面所作的垂线一定属于第一个平面。故可用下述方法作互相垂直的平面：

1）所作平面 Q 包含有垂直于平面 P 的直线 AB，如图 3-14a 所示。

2）所作平面 Q 垂直于平面 P 上的某条直线 AB，如图 3-14b 所示。

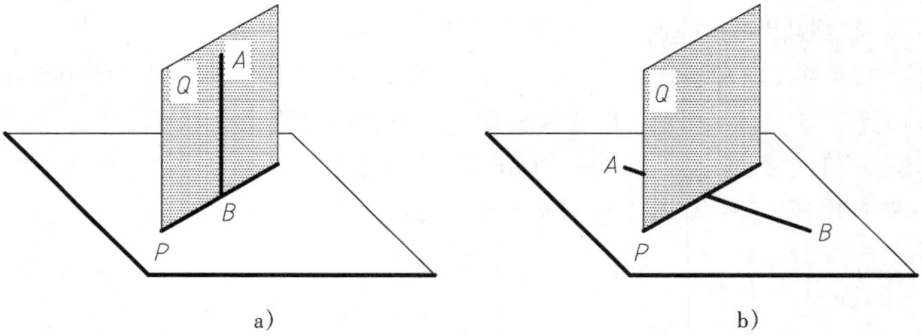

图 3-14 两平面垂直

【例 3-8】 包含直线 AB 作平面垂直于△CDE 平面，如图 3-15a 所示。

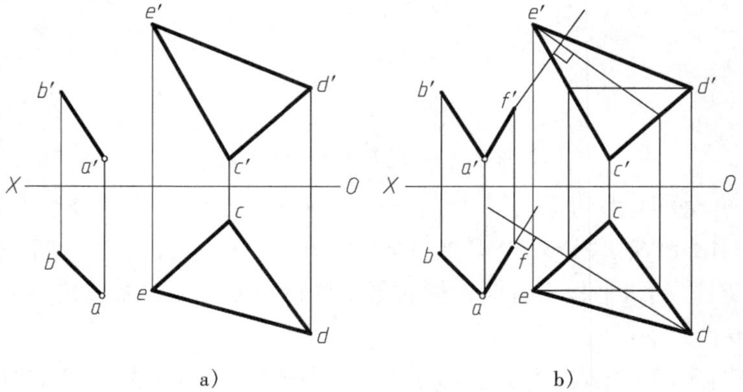

图 3-15 包含直线作平面垂直于已知平面

【解】 分析及作图

由上述作图方法1）可知，所作的平面必须包含一条与 *CDE* 平面垂直的直线。为此，可过直线 *AB* 上任一点（如 *A* 点）作线 *AF* 垂直于 *CDE* 平面，则相交两直线 *AB* 和 *AF* 决定的平面即为所求。具体作图如图 3-15b 所示。其中，作线 *AF* 垂直于 *CDE* 的方法同上节例 5 所述。

【例 3-9】 过点 *A* 作正垂面 *ABC* 与平面△*DEF* 垂直，如图 3-16a 所示。

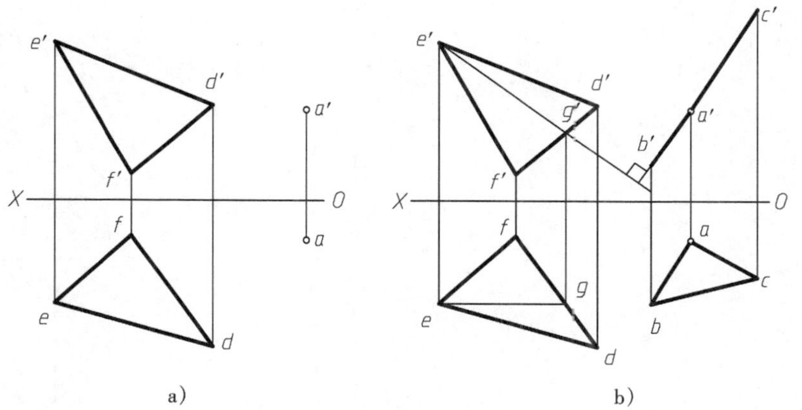

图 3-16 过点作铅垂面与已知平面垂直

【解】 分析及作图

由上述作图方法2）可知，所作平面只要垂直于△*DEF* 上的某一条直线即可。由于和正垂面垂直的直线一定是正平线，因此必须在△*DEF* 平面内作一条正平线，再过点 *A* 作面与该正平线垂直，作图步骤如图 3-16b 所示。其中，作 *ABC* 平面垂直于 *EG* 的方法可参看上节例 5。

【例 3-10】 以直线 *AB* 为底边作一等腰三角形 *ABC*，使其顶点 *C* 在直线 *EF* 上（见图 3-17a）。

【解】 分析：问题的实质就是要在直线 *EF* 上求得一点 *C*，使 *C* 与 *A*、*B* 两点等距离。而与 *A*、*B* 两点等距离的点形成了一个轨迹，该轨迹是直线 *AB* 的中垂面。这个中垂面与直线 *EF* 的交点就是 *C* 点。

作图步骤如下（见图 3-17b）：

1）过直线 *AB* 的中点 *D* 作直线 *AB* 的垂面，为此，过点 *D* 作正平线 $DM\perp AB$（使 $d'm'\perp a'b'$），过点 *D* 作水平线 $DN\perp AB$（使 $dm\perp ab$），则由相交两直线 *DM*、*DN* 所决定的平面垂直于直线 *AB*。

2）求作直线 *EF* 与所作垂面的交点 *C*（用一般位置直线与一般位置平面求交点的辅助平面法求解）。

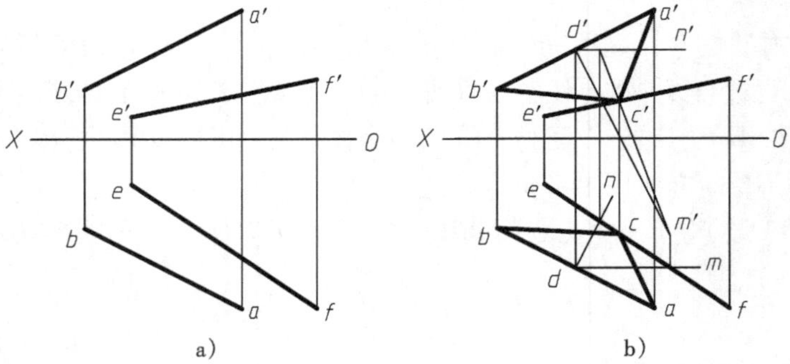

图 3-17　以 *AB* 为底，作一顶点 *C* 在直线 *EF* 上的等腰三角形

3）△*ABC* 即为所求。

第4章　投影变换

4.1　基本概念

通过前面各章的讨论可知：直线或平面如果与投影面处于特殊位置，则投影可以直接反映几何要素的某种特性（如实长、实形、倾角等）；并且可方便地解决某些定位和度量问题（如求距离、交点、交线等）。本章着重介绍用投影变换的方法，使空间的一般位置直线或平面处于有利于作图的位置。

为实现这种变换，常用的有以下三种基本方法：

1）空间几何元素的位置保持不变，用新的投影面来代替旧的投影面，使空间几何元素对新投影面的相对位置变成有利于解题的位置，然后找出其在新投影面上的投影。这种方法称为换面法。

2）投影面保持不动，使空间几何元素绕某一轴旋转到有利于解题的位置，然后找出其旋转后的新投影。这种方法称为旋转法。

3）空间几何元素和投影面都保持不动，采用斜投影法使空间几何元素投影到原体系的某一投影面上的投影具有积聚性，有利于解题。这种方法称为斜投影法。

本章着重介绍换面法和旋转法。

4.2　换面法

4.2.1　基本概念

如图4-1所示，直线AB在V/H体系中为一般位置直线。现用一新的投影面V_1来代替V面，使V_1面与原投影面H保持垂直关系的同时，又平行于直线AB。这样，直线AB在V_1/H这个新的投影体系中，变成了V_1面的平行线，它在V_1面上的正投影$a_1'b_1'$便反映了AB直线的实长，与投影轴O_1X_1的夹角反映出直线AB与H投影面的倾角α。

如图4-2所示，$\triangle ABC$在V/H体系中处于一般位置。现用一新的V_1投影面来代替V面，使V_1面与原投影面H保持垂直关系的同时，又垂直于$\triangle ABC$。这样，$\triangle ABC$在V_1/H这个新的投影体系中，变成了V_1面的垂直面，它在V_1面上的正投影积聚成直线，与投影轴 O_1X_1 的夹角反映出 $\triangle ABC$ 与投影面 H 的倾角 α。

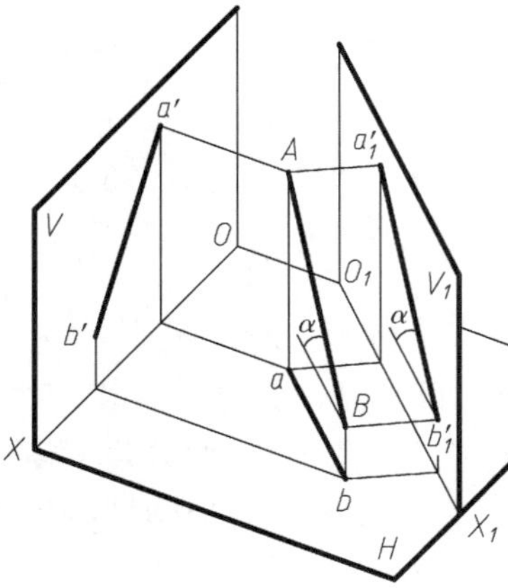

图 4-1 直线的换面

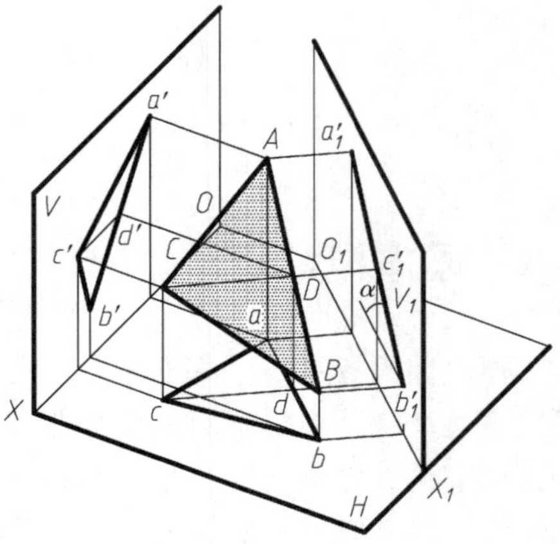

图 4-2 平面的换面

由以上例子可以看出，保持原有几何要素之间的相对位置不变，适当地用一个新的投影面代替原有投影面，便可使原来较复杂的投影问题简化。这种方法就称为换面法。

在 $V/H \rightarrow V_1/H$ 的换面过程中，V/H 称为原投影体系；OX 称为原投影轴，简称原轴；V_1/H 称为新投影体系；O_1X_1 称为新投影轴，简称新轴；V_1 面称为新投影面；H 面称为保留投影面；被替换的 V 面称为被换投影面；在新投影面上的投影 $a_1'b_1'$ 称为新投影；在保留投影面上的投影 ab 称为保留投影；在被换掉的投影面上的投影 $a'b'$ 称为被换投影或旧投影；被换掉的投影轴 OX 称为被换轴或旧轴。

由上可知，换面法的关键是如何选择新的投影面，实质是如何确定新轴的位置。新投影面的选择必须符合以下两个条件：

1. 与保留投影面垂直

因换面法必须根据原投影面中的投影来求作新投影，所以新投影面必须与保留投影面垂直。组成新的两面投影体系后，便可按点在两面投影体系中的投影规律，由旧投影求出新投影。

2. 使空间几何元素处于有利于解题的位置

一般地说，是将原投影体系中的一般位置的线、面，变换成新投影体系中的特殊位置的线、面。

4.2.2 点的换面

点是最基本的几何元素，故先研究点在换面时的投影规律。

1. 点的一次换面

图 4-3a 是点 A 的两面投影 a、a'。现用一新投影面 V_1，且使 $V_1 \perp H$，代替原 V 面，则形成一新投影体系 V_1/H。过点 A 作投射线垂直 V_1，得点 A 在 V_1 面的正投影 a_1'。则 a' 是被换的投影，a 是保留投影，a_1' 是新投影。

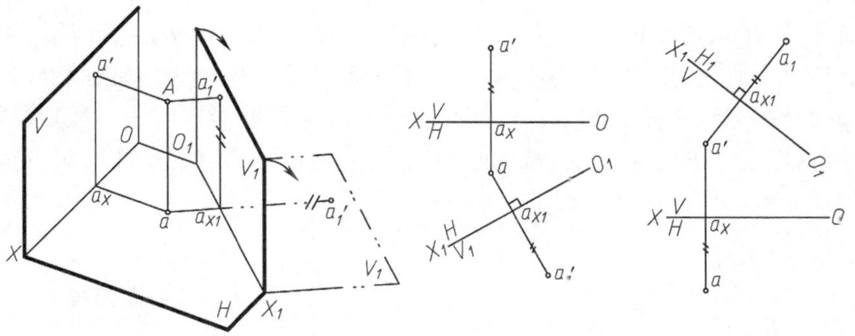

a)　　　　b)　　　　c)

图 4-3　点的一次换面

从图 4-3a 可以看出，V_1 面按图所示箭头方向，先绕新轴 O_1X_1 旋转 90°，后随 H 面绕旧轴 OX 旋转 90°（a_1'随同 V_1 面一起旋转），得到点 A 的新投影图（见图 4-3b）。根据点的两面投影规律可知：$aa_1' \perp O_1X$，$a_1'ax_1 = a'ax$，即得点的换面规律如下：

1）点的新投影和保留投影的连线垂直于新轴，即 $aa_1' \perp O_1X_1$。

2）点的新投影到新轴的距离等于旧投影到旧轴的距离，即 $a_1'ax_1 = a'ax$。

由点的换面规律，可根据点原有的投影作出其新投影。

图 4-3b 是由点的原投影求作新投影的投影图，其作图步骤如下：

1）在适当位置作新轴 O_1X_1（因 O_1X_1 相当于 V_1 面的迹线，故可表示 V_1 面的位置）。

2）自保留投影 a 作 O_1X_1 的垂线，交 O_1X_1 于 ax_1。

3）在垂线上截取 $a_1'a_{x1} = a'a_x$，a_1' 即为所求。

以上讨论的是投影体系从 V/H 变换为 V_1/H 时，求点的新投影的作图方法。若投影体系从 V/H 变换为 V/H_1，其作图方法与上述相似。此时，新面 $H_1 \perp V$ 面，V 面为保留投影面，H 面为被更换的投影面。图 4-3c 表示了更换 H 面求点的新投影的作图方法。

2. 点的两次换面

上述新投影体系（V/H_1 或 V_1/H）是经过更换一个投影面（H 或 V）形成的，故称为一次换面。而在实际解题时，往往一次换面仍不能方便地解决一些作图问题，故需进行两次换面。

两次换面是在一次换面的基础上进行的，所更换的投影面应不同于前一次，如第一次更换 V 面，第二次应更换 H 面；或第一次更换 H 面，第二次则应更换 V 面。

如图 4-4a 所示，在第一次换面的基础上，再设立一新投影面 V_2，使 $V_2 \perp H_1$，则 V_2 和 H_1 形成新体系 V_2/H_1。其变换过程为：$V/H \rightarrow V/H_1 \rightarrow V_2/H_1$。第二次换面，$V/H_1$ 是原体系，O_1X_1 为原轴；V_2/H_1 为新体系，O_2X_2 为新轴；相应地各投影面及投影的名称也随之改变：V_2 面是新面，a_2' 为新投影；H_1 面是保留投影面，a_1 是保留投影；V 面是被换的投影面，a' 是被换的投影。点的一次投影变换规律同样适用于点的两次换面，即：

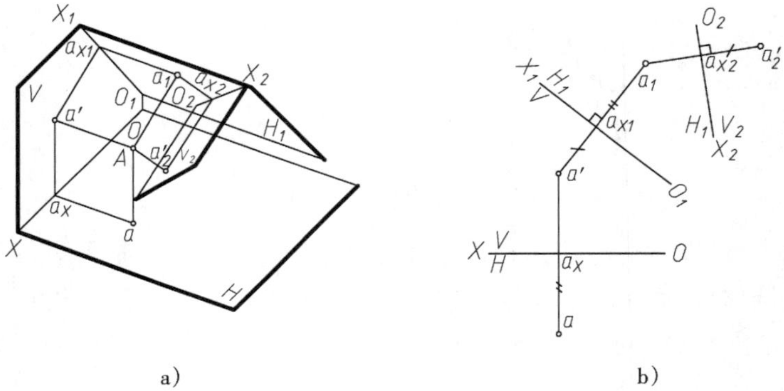

图 4-4　点的两次换面

1）点的新投影和其保留投影的连线垂直于新轴（$a_2'a_1 \perp O_2X_2$）。

2）点的新投影到新轴 O_2X_2 的距离，等于被换的投影到原轴 O_1X_1 的距离（$a_2'a_{X2} = a'a_{X1}$）。

其作图过程如图 4-4b 所示。

当然，也可按 $V/H \rightarrow V_1/H \rightarrow V_1/H_2$ 来进行两次换面，其作图原理相同。

4.2.3　基本作图

用变换投影面法解答各种作图问题，可归结为下列四种基本作图。

1. 将一般位置直线变换成新面的平行线

如图 4-5 所示，AB 直线在 V/H 体系中是一般位置直线，其投影不反映实长和倾角。用 V_1 面代替 V 面，使 V_1 垂直于 H 面并平行直线 AB，则 AB 在新体系 V_1/H 中是 V_1 面的平行线，投影 $a_1'b_1'$ 反映实长，$a_1'b_1'$ 与 O_1X_1 轴的夹角即为直线对 H 面的倾角 α。

图 4-5a 是其投影图，作图步骤如下：

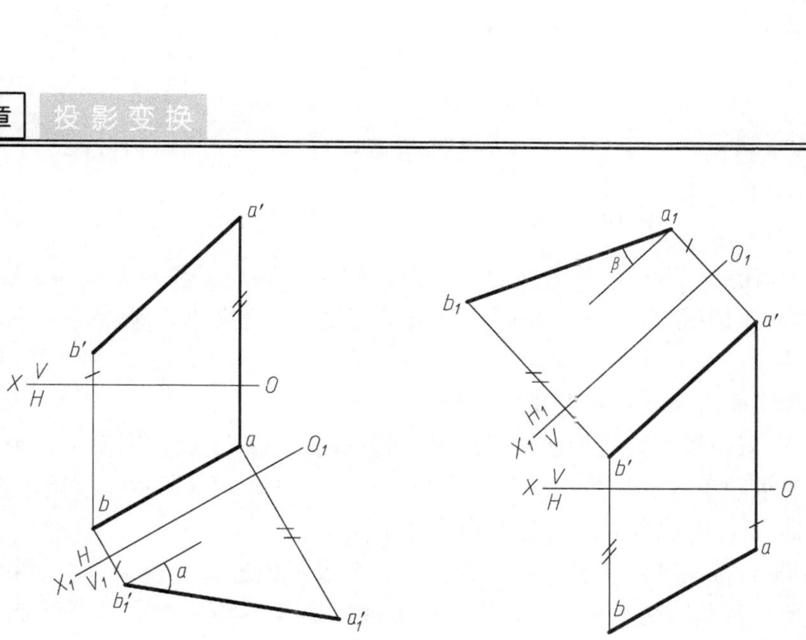

a） b）

图4-5 一般位置直线变换成新面的平行线

1）作 $O_1X_1 /\!/ ab$（根据投影面平行线的投影性质）。

2）根据点的换面规律，分别作出 A、B 两点的新投影 a_1'和 b_1'。

3）连接 a_1'、b_1'，则 $a_1'b_1' = AB$ 实长，$a_1'b_1'$与 O_1X_1的夹角即为 AB 对 H 面的倾角 α。

图4-5b 是用 H_1面代替 H 面，将直线 AB 变换成 H_1面的平行线的投影图。

2. 将投影面平行线变换成新面的垂直线

当直线是某投影面的平行线时，和其垂直的平面一定是垂直面（参看直线和平面垂直相交部分）。

如图4-6a 所示，直线 AB 是水平线，和水平线垂直的是铅垂面，故应该用 V_1面代替 V 面，V_1同时垂直 H 面和直线 AB。则直线 AB 在 V_1面的新投影 $a_1'b_1'$积聚为一点。

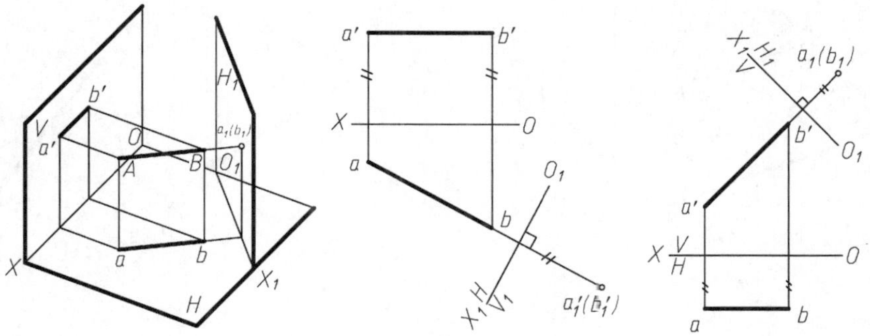

a） b） c）

图4-6 投影面平行线变换成新面的垂直线

图4-6b的作图步骤如下：

1）作 $O_1X_1 \perp ab$。

2）作出A、B两点在V_1面的新投影a_1'和b_1'，显然a_1'和b_1'重合为一点。

图4-6c是用H_1面代替H面，将正平直线AB变换成H_1面的垂直线的投影图。

直线换面时需注意以下几点：

1）一般位置直线变换成平行线时，若仅需求直线实长，则换V面或H面均可。若要求倾角α，则保留H面，用V_1代替V，如图4-5a所示；求倾角β，则应保留V面，用H_1代替H，如图4-5b所示。

2）平行线变换成垂直线时，选择哪一个投影面进行变换，应由所给直线的位置而定。若所给是水平线，则应变换V面，如图4-6b所示；若所给是正平线，则应变换H面，如图4-6c所示。

3）一般位置直线如需变换成垂直线，则需进行两次换面。第一次换成平行线，第二次将平行线换成垂直线。这实际上是上述两种变换方法的连续运用。

3. 将一般位置平面变换成新面的垂直面

如图4-7a所示，$\triangle ABC$为一般位置平面，要使它在新体系中成为新面的垂直面，新投影面必须和平面$\triangle ABC$垂直。由立体几何可知，若平面内一直线垂直于另一平面，则此两平面垂直。又因为新面必须与保留投影面垂直，所以与新面垂直的直线必平行于保留投影面。在图4-7a中，H面为保留投影面，CD为一条水平线，则新面$V_1 \perp CD$，即新轴$O_1X_1 \perp cd$。这样V_1既垂直于H面，又垂直于$\triangle ABC$平面。

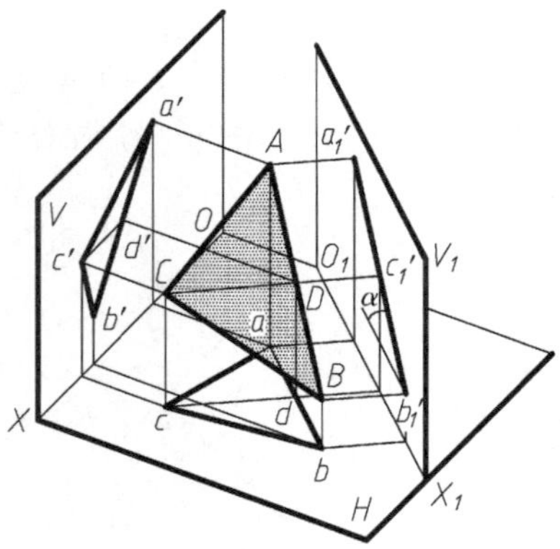

a）

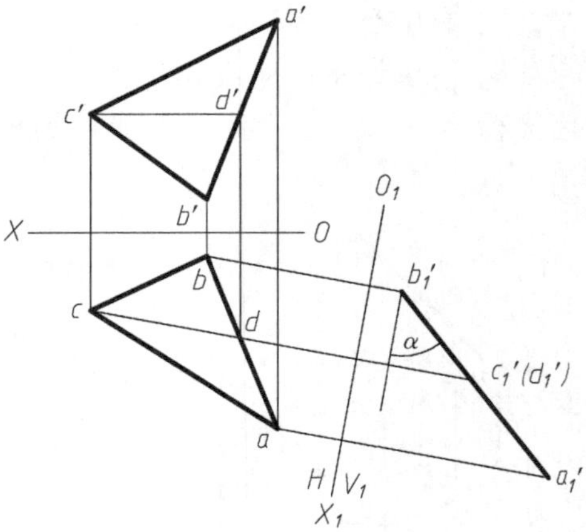

b）

图4-7 一般位置平面变换成V_1的垂直面

图 4-7b 的作图步骤如下：

1）在平面△ABC 上任取一条水平线 CD，由投影 cd、$c'd'$表示。

2）作 $O_1X_1 \perp cd$ 。

3）作出各点的新投影，则 $a_1'b_1'c_1'$积聚成一直线，它与 O_1X_1的夹角即为平面△ABC 对 H 面的倾角 α。

4. 将投影面垂直面变换成新面的平行面

当平面是某投影面的垂直面时，和其平行的平面也一定是垂直面，并且有积聚性的投影互相平行（参看两平面平行部分）。如图 4-8a 中平面△ABC 是铅垂面，故可取新面 V_1代替 V 面，使 V_1同时平行于△ABC 和垂直于 H 面。平面在 V_1面的新投影即可反映△ABC 的实形。

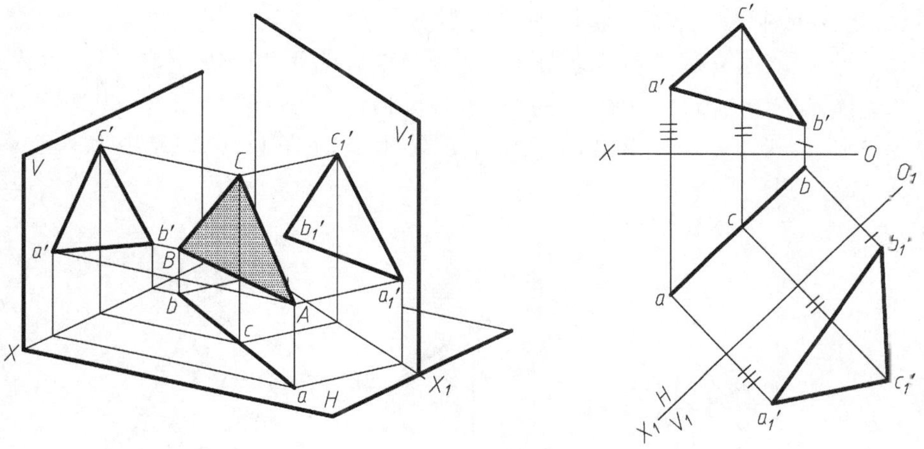

a)　　　　　　　　　　　　b)

图 4-8　铅垂面变换成 V_1 面的平行面

图 4-8b 的作图步骤如下：

1）作 $O_1X_1 /\!/ abc$（两面平行的性质）。

2）分别作出各点在 V_1 面的新投影 a_1'、b_1'和 c_1'。

3）连 a_1'、b_1'和 c_1'，得△$a_1'b_1'c_1'$，△$a_1'b_1'c_1'$反映△ABC 的实形。

平面换面需注意以下几点：

1）一般位置平面变换成垂直面时，除可如图 4-7 中用 V_1代替 V 外，也可用 H_1代替 H 面，此种变换应在平面上先取一条正平线，平面在新面 H_1的投影有积聚性，并反映平面对 V 面的倾角 β。

2）垂直面变换成平行面，若是铅垂面，则如图 4-8 用 V_1代替 V；若是正垂面，则用 H_1代替 H 面。

3）一般位置平面需经两次换面才能换成平行面。即第一次将其换成垂直面，第二次再将垂直面换成平行面。

4.2.4 换面法应用举例

【例4-1】 已知点 C 及直线 AB 的两面投影，求点 C 到直线 AB 的距离及投影（见图4-9）。

【解】 分析：如图4-9a所示，若所给直线 AB 是一条铅垂线，则从点 C 向直线 AB 所作垂线 CD 一定是水平线，它的水平投影 cd 反映距离实长。（若直线为正垂线，距离则为正平线，正面投影反映距离实长。）

由于该题直线 AB 是一般位置直线，故可利用两次换面将 AB 直线变换成新投影面的垂直线，在新体系中求出距离再返回到原体系中。

如图4-9c所示，作图步骤如下：

1）作 $O_1X_1 // a'b'$（为节省图面和方便作图，O_1X_1 与 $a'b'$ 重合），则直线 AB 在 V/H_1 体系中为 H_1 面平行线，分别求出 a_1b_1 和 c_1。

2）作 $O_2X_2 \perp a_1b_1$，求出 $a_2'b_2'$ 和 c_2'，则直线 AB 在 V_2/H_1 体系中为 V_2 面垂直线，$b_2'(a_2')$ 积聚为一点。

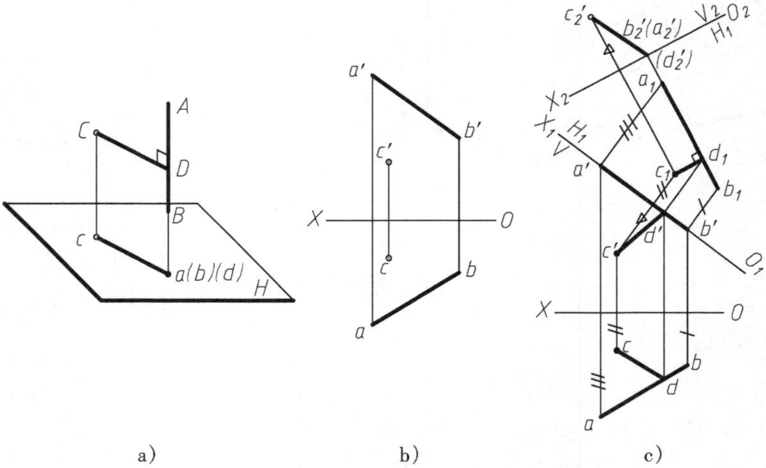

图4-9 求点到直线距离

3）在 V_2/H_1 体系中，从点 C 作直接 AB 的垂线 CD，即作 $c_1d_1 \perp a_1b_1$（平行 O_2X_2）。c_2' 和 $b_2'(a_2')$ 的连线为距离实长。

4）将垂足 d_1 返回原体系，得 d' 和 d，连接 cd、$c'd'$，得点 C 与直线 AB 间距离的两面投影。

【例4-2】 已知平面△ABC、空间点 D 的正面投影 d'，以及点 D 到平面的

距离 DK，如图 4-10a 所示。求点 D 的水平投影和垂线 DK 的投影。

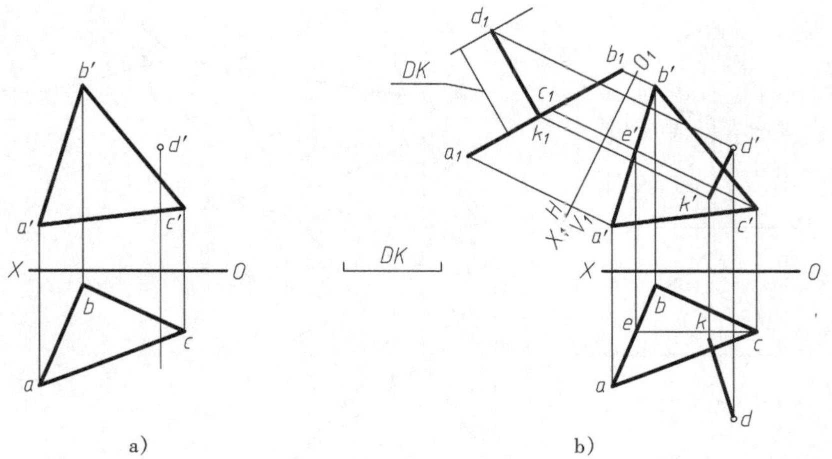

图 4-10 已知点到面之距离，作垂线

【解】 分析：该题平面为一般位置，因此可进行一次换面将平面变换为新面垂直面，这样平面的垂线方向即可确定（参看 3.3.1 例 5），同时也可以反映点到平面的距离。

如图 4-10b 所示，作图步骤如下：

1）在平面 $\triangle ABC$ 上取正平线 CE。

2）作 $O_1X_1 \perp c'e'$，求出平面的新投影 $a_1b_1c_1$，$a_1b_1c_1$积聚成一条直线。

3）作一条与 $a_1b_1c_1$相距为定长 DK 的平行线，该平行线与过 d'所作的垂直于 o_1x_1的投影线相交于点 d_1。

4）过 d_1作 $a_1b_1c_1$的垂线，交于垂足 k_1，返回原体系，求出 $d'k'$及 dk。（$d'k'$应平行于 O_1X_1）。

【例 4-3】 已知$\triangle ABC$ 和$\triangle ABD$ 的两面角为60°，用换面法作其水平投影，并判别平面的可见性（见图 4-11a）。

【解】 分析：当两个平面的交线是投影面的垂直线时，它们同时垂直该投影面，两平面在该面的投影均积聚为直线，此两线的夹角即为两面角。由题可知，两面的交线 AB 线为一般位置线，故此题需用两次换面求解。

如图 4-11b 所示，作图步骤如下：

1）一次换面将直线 AB 变换为 H_1面的平行线。

2）两次换面将直线 AB 变换为 V_2面的垂直线，则平面 ABC 积聚为 $a_2'b_2'c_2'$线。

3）根据两面角 60°作出 $a_2'b_2'd_2'$的方向，在其上定出 d_2'（由已给点 D 的正面投影 d'可得 d_2'点到 X_2 轴的距离）。

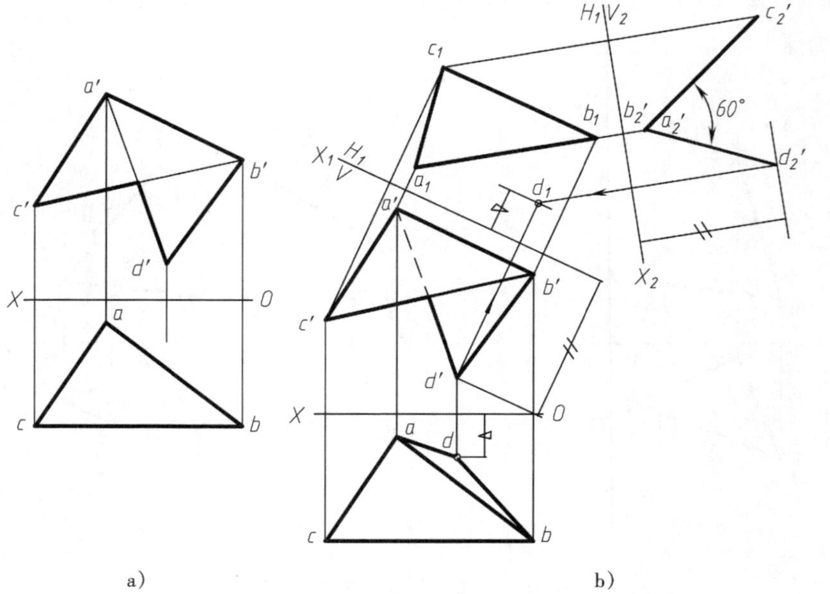

图4-11　根据两面夹角求平面投影

4）将 d_2'点按投影关系返回到原体系，作出点的两面投影 d、d'，完成 ABD 的水平投影。

5）判别平面的可见性：两平面的水平投影均可见，正面投影的可见性如图4-11b所示。

【例4-4】　已知半径为 R 的圆位于一般位置平面 P 上，并知圆心 O 的两面投影 o 和 o'，用换面法求该圆的两面投影，如图4-12a 所示。

【解】　分析；该题在2.11.5 节中已利用最大斜度线求解过，作图比较复杂。本节中用换面法可将一般位置面换为新面的平行面，则圆可以反映实形，再按投影关系返回到原体系，作出投影椭圆。

如图4-12b 所示，作图步骤如下：

1）作新轴 X_1垂直平面上的正平线 CD 的正面投影 $c'd'$，一次换面将平面变换为 H_1面的垂直面 P_1。

2）作新轴 X_2平行于 P_1，则平面变换为 V_2面的平行面，圆的新投影反映圆的实形；过圆心 o_2'作半径为 R 的圆（该题主要是作圆的投影，故平面上的其余线可省去）。

3）在圆上取若干点，按投影关系返回原体系，将各点光滑连接，完成两投影椭圆的作图。

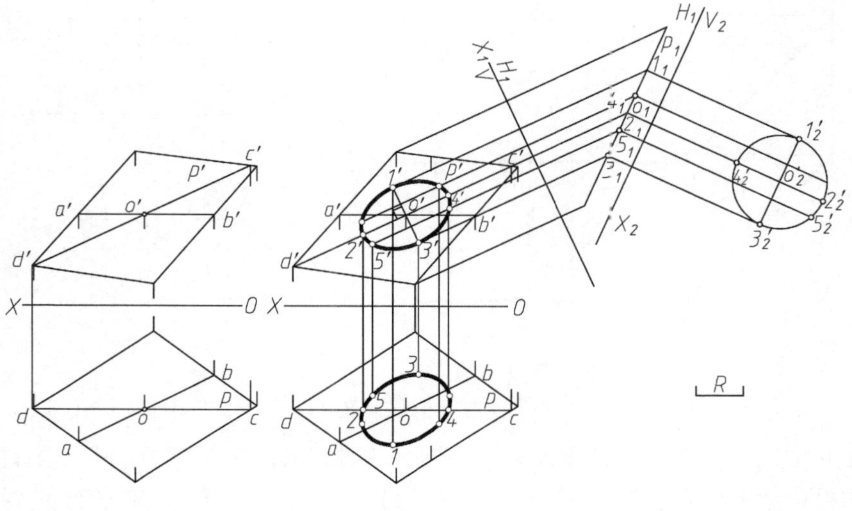

a)　　b)

图 4-12　作一般位置平面上圆的投影

4.3　旋转法

4.3.1　基本概念

旋转法是使投影面保持不动，将空间几何元素绕某一根轴线旋转一个角度后，使其处于有利于解题的位置后，再向投影面作投影。旋转法中所选定的旋转轴通常为投影面的垂直线或投影面的平行线，本节只介绍以投影面的垂直线为旋转轴的旋转，也称其为绕垂直轴旋转法。

如图 4-13a 所示，空间一点 A 绕垂直于 H 面的 O_1O_2 轴旋转。则点 A 为旋转点，O_1O_2 轴为旋转轴，点 A 的旋转轨迹是一个圆，该圆所在的平面 Q 称为旋转平面，该平面垂直于旋转轴并交于点 O，点 O 为旋转中心，点 A 到点 O 的距离为旋转半径。旋转平面平行于 H 面，因此其在 H 面上的投影反映实形，在 V 面上的投影则是一条平行于 OX 轴的直线。当点 A 旋转任意 θ 角后到 A_1 位置时，其水平投影 a 也旋转 θ 角到 a_1 的位置，其正面投影 a' 平移到 a_1' 的位置，$a'a_1'$ 的连线平行于 OX 轴。图 4-13b 是其投影图。

同理，当旋转轴为正垂线时，旋转平面平行于 V 面，其在 V 面上的投影反映实形，在 H 面上的投影则是一条平行于 OX 轴的直线。

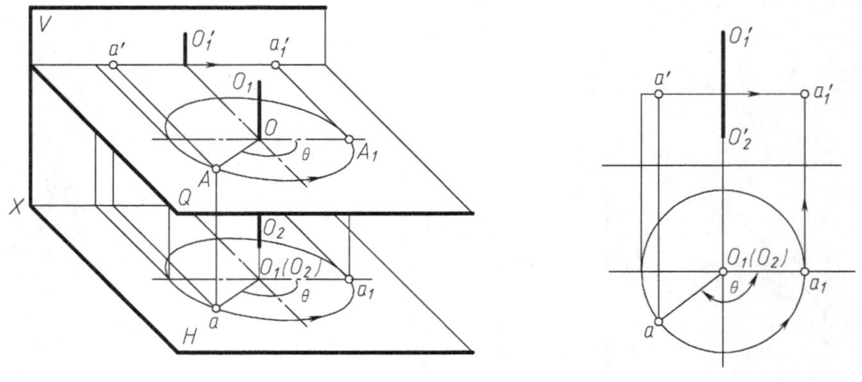

a) b)

图 4-13 点的旋转

由此可见，当点绕垂直于投影面的轴旋转时，其投影规律为：点在垂直于旋转轴的投影面上的投影作圆周运动，点的另一投影则作与 OX 轴平行的直线移动。

掌握了点的投影旋转规律，就可以解决直线、平面和几何形体的旋转。应当注意的是，旋转必须遵循“同轴、同方向和同角度”的三同原则。这样，空间几何要素上任意两点间的相对位置，在旋转过程中才能始终保持不变。

运用旋转法解决空间几何问题，如果旋转一次不能解决问题，还可以进行两次旋转或多次旋转。

4.3.2 基本作图

用旋转法解答各种作图问题，可归结为下列四个基本作图。

1. 将一般位置直线旋转成投影面的平行线

图 4-14a 表明在空间把一般位置直线 AB 旋转成正平线的情形，旋转轴为过点 A 的铅垂线，旋转时点 A 位置不变，只要旋转直线上另一点 B 即可。当直线旋转到 $A_1B_1 /\!/ V$ 面时，新水平投影 $a_1b_1 /\!/ OX$ 轴，新正面投影 $a_1'b_1'$反映 AB 实长，$a_1'b_1'$与 OX 轴的夹角为 AB 对 H 面的倾角（在绕铅垂轴旋转过程中 α 角始终不变），在投影图中的作图步骤如图 4-14b 所示：

1）以 a 为圆心，ab 为半径，把 ab 旋转到 ab_1，使 $ab_1 /\!/ OX$ 轴。

2）过 b'作 OX 轴的平行线，自 b_1作 OX 轴的垂线与之交于 b_1'。

3）连 a_1b_1、$a_1'b_1'$即为直线 AB 旋转后的新投影。$a_1'b_1'$反映直线 AB 的实长，$a_1'b_1'$与 OX 轴的夹角反映直线 AB 与 H 面的倾角 α。

同理，也可以正垂线为轴，将一般位置直线旋转成水平线，从而求出线段实长和对 V 面的倾角 β。图 4-14c 所示为直线 AB 绕过点 A 的正垂线为轴旋转的投

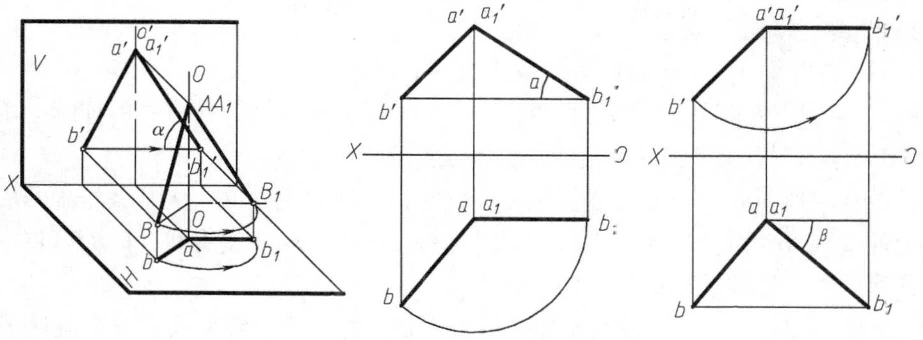

a)　　　　b)　　　　c)

图 4-14　一般位置直线旋转成投影面的平行线

影图。

2. 将投影面平行线旋转成投影面的垂直线

如图 4-15a 所示，正平线 *AB* 以过点 *A* 的正垂线为轴，旋转成铅垂线，作图步骤如图 4-15a 所示：

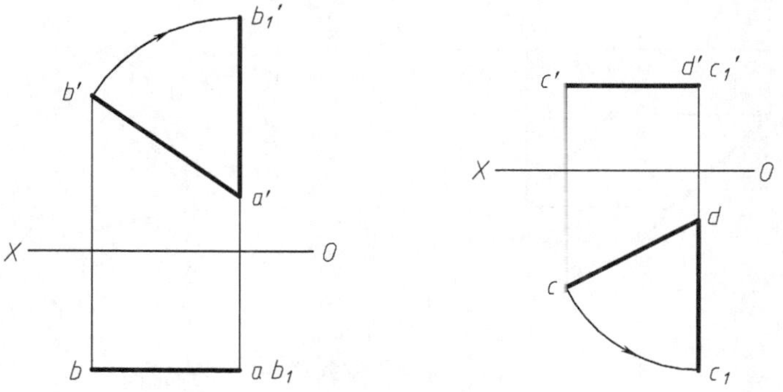

a)　　　　b)

图 4-15　投影面平行线旋转成投影面的垂直线

1）以 a'为圆心，$a'b'$为半径，把 $a'b'$旋转到 $a'b_1'$，使 $a'b_1' \perp OX$ 轴。

2）b 点平行于 OX 轴移动至 a 点，与 a 点重合 。

同理，水平线 *CD* 也可以铅垂线为轴，旋转成正垂线。如图 4-15b 所示。

直线旋转需注意以下几点：

1）一般位置直线旋转成平行线时，若仅需求直线实长，则绕铅垂线或正垂线旋转均可。若要求倾角 α，则应绕铅垂线旋转，如图 4-14b 所示；若要求倾角 β，则应绕正垂线旋转，如图 4-14c 所示。

2）平行线旋转成垂直线时，选择绕哪条线进行旋转，应由所给直线的位置而定。若所给是正平线，则应绕正垂线旋转，如图 4-15a；若所给是水平线，则应绕铅垂线旋转，如图 4-15b。

3）如果是一般位置直线旋转成垂直线，则需进行两次旋转。第一次转成平行线，第二次将平行线转成垂直线，这实际上是上述两种旋转方法的连续运用。

3. 将一般位置平面旋转成投影面垂直面

要将一般位置平面旋转成投影面垂直面，关键是把平面内的某条线旋转成投影面的垂直线。由前所述，平行线只需旋转一次即可转成垂直线，因而可将平面上任意一条平行线旋转成投影面垂直线。

如图 4-16a 所示，以过点 A 的正垂线为轴，将一般位置平面$\triangle ABC$ 旋转成铅垂面，作图步骤如下：

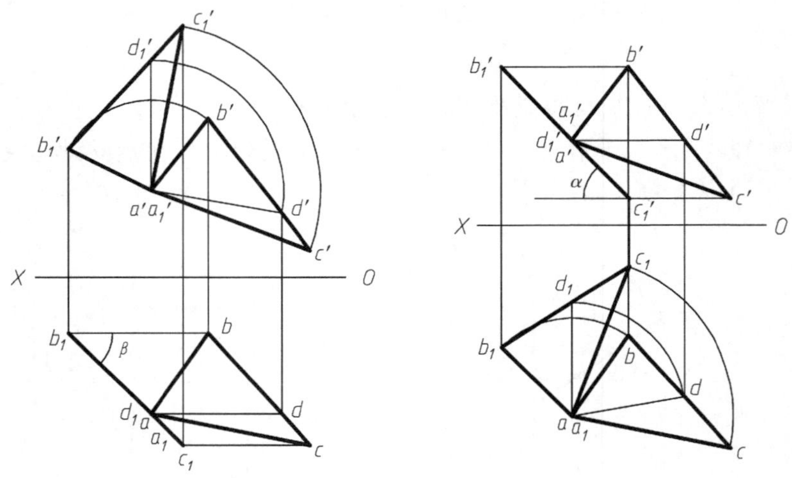

a)　　　　b)

图 4-16　一般位置平面旋转成投影面垂直面

1）在$\triangle ABC$ 内取一正平线 AD。

2）将 $a'd'$绕过点 A 的正垂轴旋转到 $a'd_1'$，使 $a'd_1' \perp OX$ 轴；同时，点 b'和 c' 也同轴、同向、同角度地旋转到 b_1'和 c_1'。

3）旋转后，因直线 AD 为铅垂线，所以，$\triangle A_1B_1C_1$ 为铅垂面，其水平投影 $a_1b_1c_1$必积聚成一直线，且 $a_1b_1c_1$与 OX 的夹角反映$\triangle ABC$ 与 V 面的倾角 β。

同理，如果以铅垂线为旋转轴，则可将一般位置平面旋转成正垂面，可反映平面与 H 面的倾角 α，如图 4-16b 所示。

4. 将投影面垂直面旋转成投影面平行面

如图 4-17 所示，以过点 A 的铅垂线为轴，将铅垂面$\triangle ABC$ 旋转成正平面，作图步骤如下：

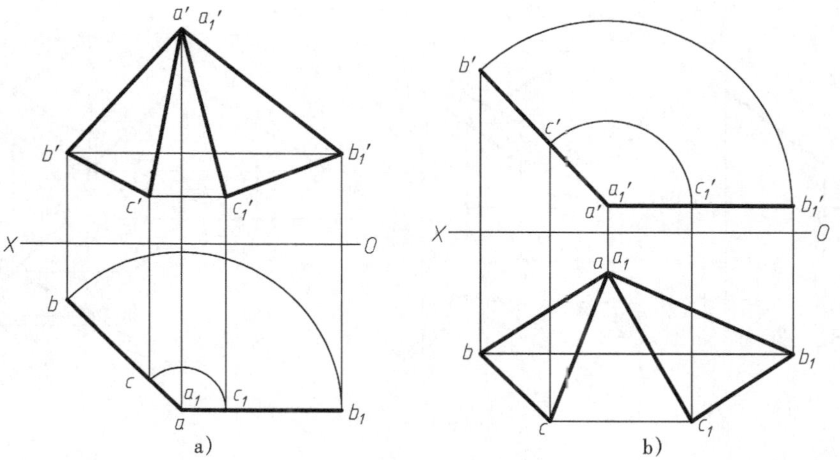

a) b)

图 4-17 投影面垂直面旋转成投影面平行面

1）以 a 为圆心，将 abc 旋转到 $a_1b_1c_1$，使 $a_1b_1c_1 /\!/ OX$ 轴。

2）按旋转法作图规律求得 $a_1'b_1'c_1'$，$\triangle a_1'b_1'c_1'$反映$\triangle ABC$ 的实形。

同理，也可将正垂面绕正垂线为轴旋转成水平面，如图 4-17b 所示。

平面旋转需注意以下几点：

1）一般位置平面旋转成垂直面时，若要求倾角 β，则应绕正垂线旋转，如图 4-16a 所示；若要求倾角 α，则应绕铅垂线旋转，如图 4-16b 所示。

2）垂直面旋转成平行面时，选择绕哪条线进行旋转，应由所给平面的位置而定。若所给是铅垂面，则应绕铅垂线旋转，如图 4-17a 所示；若所给是正垂面，则应绕正垂线旋转，如图 4-17b 所示。

3）如果是一般位置平面旋转成平行面，则需进行两次旋转。第一次转成垂直面，第二次将垂直面转成平行面，这实际上是上述两种旋转方法的连续运用。

4.3.3 旋转法应用举例

【例 4-5】 已知点 C 及直线 AB 的两面投影，求点 C 到直线 AB 的距离及投影（见图 4-18a）。

【解】 本题有多种解法。当直线 AB 旋转成投影面平行线时，就可利用直角投影定理求出距离的投影，再求出其实长；也可利用求平面实形的方法求解该题。

图 4-18b 作图步骤：

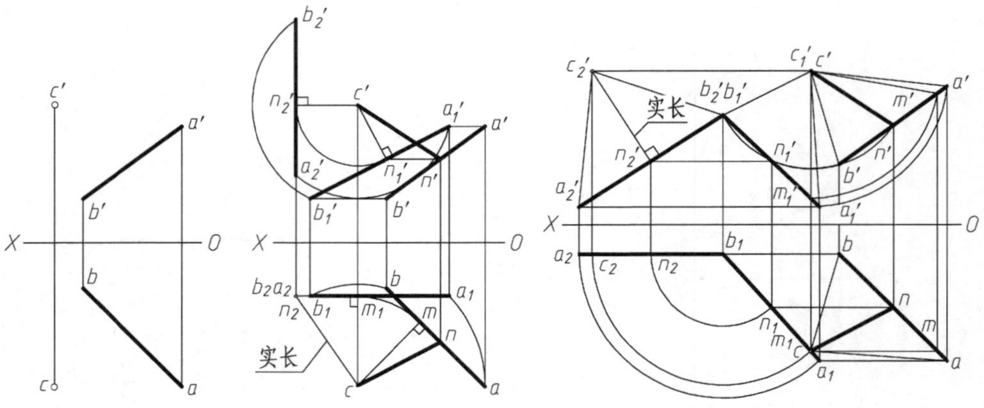

a)　　　　b)　　　　c)

图 4-18　求点 C 到直线 AB 的距离及投影

1）以过点 C 的铅垂线为轴，将直线 AB 旋转成正平线。为此，作辅助线 $cm \perp ab$，若将 cm 旋转到 cm_1 的位置，使 $cm_1 \perp OX$ 轴，则 $a_1b_1 /\!/ OX$ 轴，同时求出 $a_1'b_1'$。

2）作 $c'n_1' \perp a_1'b_1'$，N 即垂足。

3）以过点 C 的正垂线为轴，把直线 CN 旋转成水平线，则直线 AB 旋转为 H 面的垂直线（该线的投影 $a_2'b_2'$ 可以不作，图中已作出）。将 $c'n_1'$ 旋转到 $c'n_2'$，使 $c'n_2' /\!/ OX$ 轴，求出 cn_2 即为距离实长。

4）将垂足 N_1 在 AB 直线上的对应点求出，即作 $n_1'n' /\!/ OX$ 轴，得 n'，在 ab 上求出 n，连接 cn、$c'n'$，得点 C 与 AB 间距离的两面投影。

图 4-18c 所示为先绕过点 C 的正垂线旋转、再绕过点 C 的铅垂线旋转，求出 AB 与 C 所表示平面的实形。其作图步骤如下：

1）将直线 AB 和点 C 连成平面 $\triangle ABC$，以过点 C 的正垂线为轴，将平面 $\triangle ABC$ 旋转成铅垂面，作图方法参看图 4-16a。

2）以过点 B 的铅垂线为轴将平面进行第 2 次旋转，使其转为正平面，作图方法参看图 4-17a。

3）在反映实形的投影 $\triangle a_2'b_2'c_2'$ 内过 c_2' 点作 $c_2'n_2' \perp a_2'b_2'$，则 $c_2'n_2'$ 即为距离实长。

4）将垂足 N_2 在 AB 直线上的对应点求出，得点 C 与 AB 间距离的两面投影。

第5章 立 体

立体由其表面围成，根据其表面性质不同，可分为两类：表面均为平面的称平面立体；表面为曲面或曲面与平面围成的称曲面立体。

本章主要介绍立体的投影画法与识别；立体表面取点；与平面相交时交线的画法；两立体相交时交线的画法。

5.1 平面立体

平面立体是由若干多边形围成的。常用的平面立体有棱柱（主要是棱边与底面垂直的直棱柱）和棱锥（包括锥台）。由于多边形是由边和顶点围成的，多边形的边是平面立体的棱线，也是平面立体两相邻棱面的交线。所以画平面立体投影图，也可归结为画组成平面立体的所有多边形顶点、边的投影。并规定可见的线用粗实线画；不可见的线用虚线画；当粗实线与虚线重合时，应画粗实线。

5.1.1 棱柱

1. 棱柱的三面投影

棱柱由两个底面和若干个棱面组成，棱面与棱面的交线称作棱边，棱柱的各棱边相互平行。棱边与底面垂直的称作直棱柱。底面为多边形，多边形的边数就是棱柱称谓数，如三棱柱、四棱柱、…。

画棱柱的投影就是画棱柱所有棱边、棱面、顶点的投影。如图5-1a所示，为棱边垂直于水平投影面的六棱柱的三面投影形成的过程。从图5-1b六棱柱的三面投影中可以看出，其顶面和底面为水平面，所以其水平投影反映实形，正面投影和侧面投影积聚为一条水平直线。最前与最后两棱面为正平面，所以其正面投影反映实形，而水平投影和侧面投影积聚为一直线；棱柱的另外四个侧面都为铅垂面，因此，水平投影积聚为斜线，而正面投影和侧面投影均为类似的矩形。

图5-2表示三种常见的棱柱的三面投影，从中分析可知当棱边为垂直线时，棱柱三面投影：一个投影为多边形，另两投影为矩形。多边形的边数就是棱柱称谓数。如图5-1b为六边形就是六棱柱。这就是识别棱柱的依据。

2. 在棱柱表面上取点

在棱柱表面取点与在平面上取点的方法相同，需要注意的是必须在投影图上，分清待求点是在棱柱的哪个表面上，才能求出点的其他投影，然后再判别可见性。

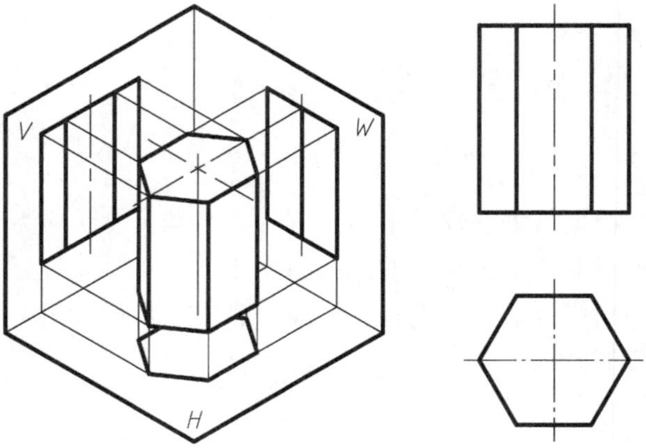

a)　　b)

图 5-1　六棱柱投影的形成

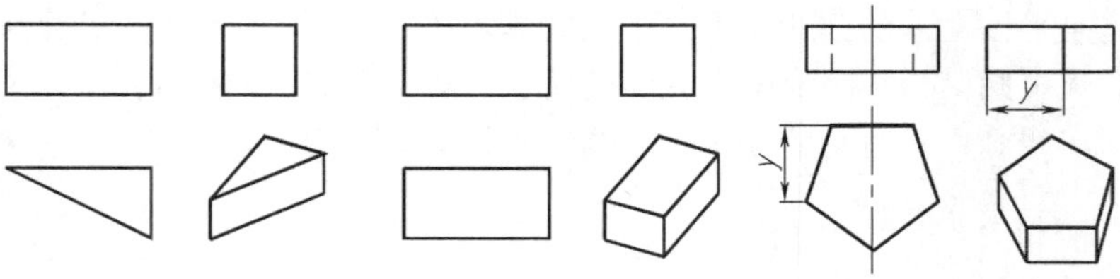

图 5-2　常见棱柱的三面投影

【例 5-1】　如图 5-3 所示，已知四棱柱表面上点 K、L、F 的正面投影 k'、l'、f'，求其水平投影和侧面投影。

【解】　从正面投影可知，各点都在四棱柱的棱面上，各棱面的水平投影具有积聚性，各点的水平投影必在相应棱面的水平投影积聚线上。由 k'、f'可见，K、F 两点必在左前、右前棱面上，其水平投影在积聚线上；l'不可见，L 点必在左后棱面上，其水平投影在积聚线上。各点的第三（侧面）投影可根据点的投影性质，由它们的正面和水平投影求得。如：由 k'、k 求得 k''。判别可见性：水平投影都可见；侧面投影因 k、L 在左侧棱面上，k''、l''可见 。F 在右侧棱面上，f''不可见。

作图如图 5-3 投影连线所示：

1）由 k'、l'、f'分别向下引垂直线与相应棱面的水平积聚投影线相交的交点，即是各点的水平投影 k、l、f。

2）由 k'、l'、f'分别引高平齐的水平线与由各点水平投影和侧面投影量取的 y 坐标相等的垂直线相交的交点，即是 k''、l''、f''。

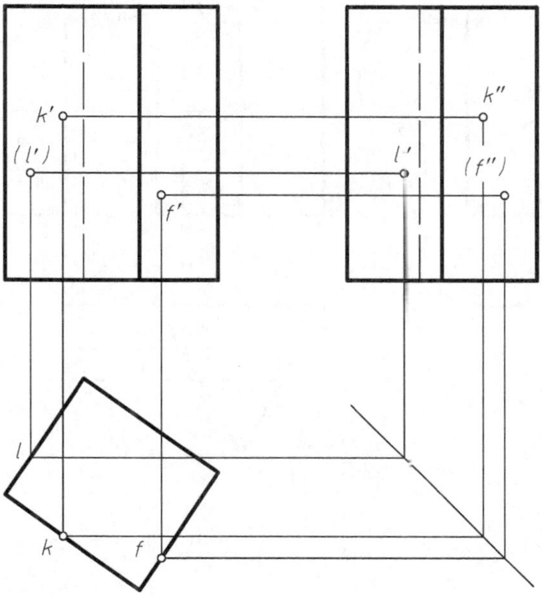

图 5-3 在四棱柱表面上取点

棱柱表面取点法称积聚性求点法，步骤是由待求点的已知投影向所在面的积聚性投影引线，求点的第二投影，再由点的第二投影求得点的第三投影，最后判可见性。

在棱柱的表面取线，与平面取点的方法相同，关键也是分清线在哪个棱面上，求出投影，再判别可见性：可见棱面上的线可见，不可见棱面上的线不可见。

【例 5-2】 如图 5-4a 所示，已知三棱柱的两投影和其上折线 ABC 的正面投影 a'、b'、c'，求作其侧面投影及其表面上折线 ABC 的水平投影和侧面投影。

【解】 由三棱柱的两面投影可以看出，其顶面和底面为水平面，前左、前右两棱面为铅垂面，后棱面为正平面，棱线为铅垂线。故由线面的二求三即可求得三棱柱的侧面投影。由于折线 ABC 的线段 AB、BC 的正面投影 $a'b'$、$b'c'$都可见，则线段 AB、BC 必分别位于其正面投影可见的棱面上，B 点位于最前方的棱线上，可用点在线上原理直接求得 b、b''；再用积聚性求点法求出 a、a''、c、c''投影，然后分别连接 ab、bc 和 $a''b''$、$b''c''$即可。

作图如图 5-4b 所示：

1）作三棱柱的侧面投影：在其正面投影右方适当位置处画铅垂线，作为后棱面的积聚性侧面投影；再由上底平面和下底平面及最前棱线的正面和水平投影，分别求出它们的侧面投影，完成该三棱柱的侧面投影。

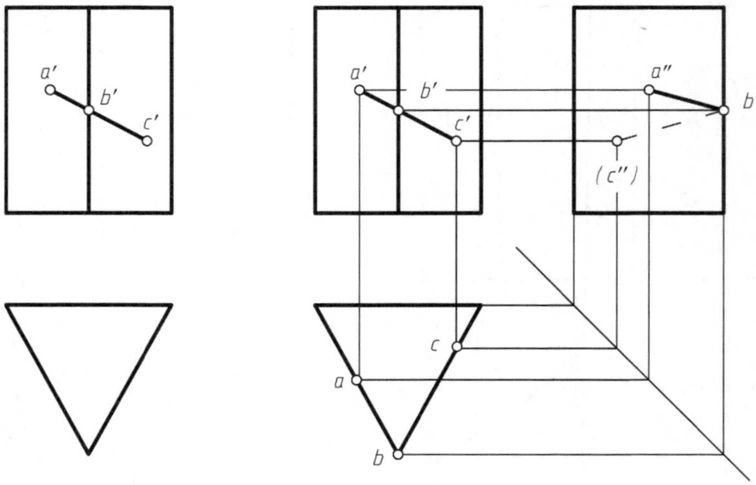

a) b)

图 5-4 在三棱柱表面上取线

2）用积聚性求点法求 A、B、C 三点的水平投影和侧面投影：先由 a'、b'、c'三点向所在面的积聚性的水平投影引垂直线得交点，即为水平投影 a、b、c；再由点的两投影求出点的侧面投影 a''、b''、c''。

3）将对应投影连线求折线的两投影并判别可见性：折线 ABC 的水平投影 abc 已积聚在相应棱面的积聚线上，已连得，且都可见；折线侧面投影连 a''、b'' 和 b''、c''可得到，由于 $a''b''$所在棱面可见，应画成粗实线，而 $b''c''$所在棱面不可见，故 $b''c''$应画成虚线。

5.1.2 棱锥

1. 棱锥体的三面投影

棱锥由一个底面和几个棱面组成。棱面与棱面的交线称作棱边，棱锥的特征是棱边相交于一点，这一点叫做棱锥的顶点。底面为多边形，多边形的边数就是棱锥称谓数，如三棱锥、四棱锥、…。

图 5-5a 所示为一底面处于水平位置的三棱锥三面投影图的形成。从棱锥三投影图（见图 5-5b）可以看出底面为一水平面，故其水平投影反映底平面的实形，正面投影与侧面投影积聚为一直线，后棱面为一侧垂面，因此侧面投影积聚为一直线。另两个侧棱面为一般位置平面，它们的三个投影均为类似形。

图 5-6 所示为三种常见的棱锥的三面投影，从中分析可知当棱锥底平面为投影面平行面时，棱锥三面投影的一个投影的最外轮廓线为多边形，另外两投影的最外轮廓线为三角形。多边形的边数就是棱锥称谓数。这就是识别棱锥的依据。

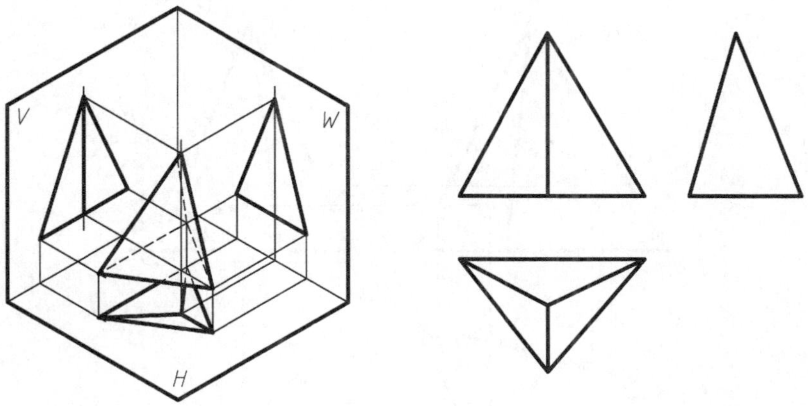

a） b）

图 5-5 三棱锥的三面投影

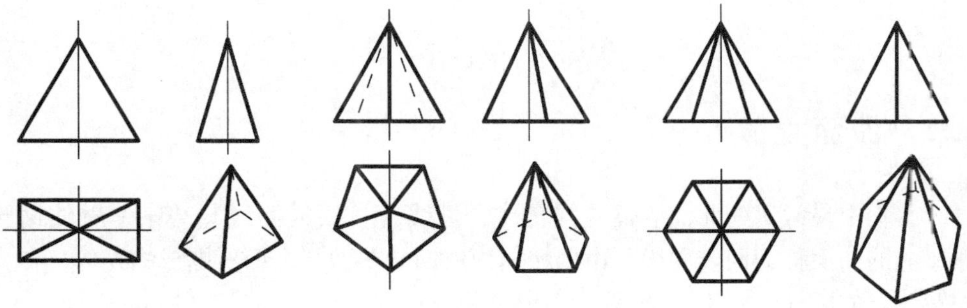

a） b） c）

图 5-6 常见棱锥的三面投影

2. 在棱锥体表面上取点

在棱锥表面取点的方法也与平面上取点方法相类似，关键也是要分析清楚点是在哪个平面上，才能确定点的投影位置。

【例 5-3】 如图 5-7 所示，在三棱锥 *S—ABC* 的表面上有两点 *M*、*N*，知其侧面投影 m''、n''，求其水平及正面投影 m，m'；n，n'。

【解】 由 m''的位置分析，*M* 可能位于棱面 *SAB* 或 *SBC* 上，再由 m''的可见性分析，可知 *M* 应位于左前棱面 *SAB* 上。同样分析可知，*N* 应位于 *SBC* 面上。据此再利用平面上取点的方法就可以求得 m、n 及 m'、n'。常用的辅助线有两种：

1）包含已知投影过锥顶作辅助线，如 *M* 点。

2）包含已知投影作该棱面某一边的平行线，如 *N* 点。

由上两例可知，平面立体表面取点的关键是要分析清楚点所位于的立体其表面，求取方法与平面上取点的方法相同。用辅助线表面取点法的要点是先作辅助线的两投影，再求点的第二投影。

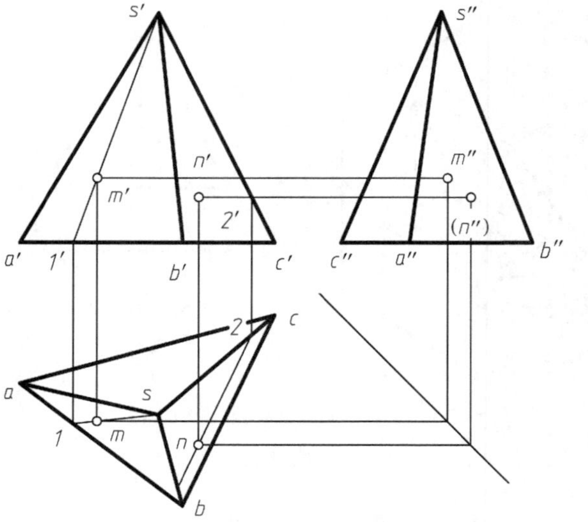

图 5-7 在三棱锥表面上取点

5.2 曲面立体

工程中最常用的曲面立体是回转体。母线（直线或曲线）绕某一轴线回转而形成的曲面称为回转曲面。由回转曲面或回转曲面与平面所围成的立体，称为回转体，如圆柱、圆锥、圆球、圆环等。

5.2.1 圆柱

圆柱是由圆柱面和两个圆底平面围成的，如图 5-8a 所示。

1. 圆柱的三面投影

图 5-8a 所示为一置于三投影面体系中，轴线处于铅垂位置的圆柱，由于圆柱面垂直于水平面，故其水平投影积聚为一圆。圆柱上底平面与下底平面都处于水平的位置，故它们的水平投影都反映实形，投影为一圆，与圆柱面的积聚性投影相重合。而上底平面与下底平面在正面与侧面的投影都积聚为一直线。圆柱面的正面投影和侧面投影是大小相同的矩形，两矩形的上下两边是圆柱上下两底平面的积聚性投影。正面投影矩形左右两边是圆柱最左、最右两条素线 AA_1、BB_1 的投影 $a'a_1'$、$b'b_1'$；它也是前半个可见圆柱与后半个不可见圆柱的分界线、圆柱左右最大范围界线，所以称 AA_1、BB_1 为圆柱正面转向轮廓线。在侧面投影上矩形垂直两边是圆柱最前、最后两条素线 CC_1、DD_1 的投影 $c''c_1''$、$d''d_1''$，它也是左半个可见圆柱与右半个不可见圆柱的分界线，所以称 CC_1，DD_1 为圆柱侧面转向轮廓线。轴线的投影用点画线画出，恰为两矩形对称线。这里要注意的是 AA_1、

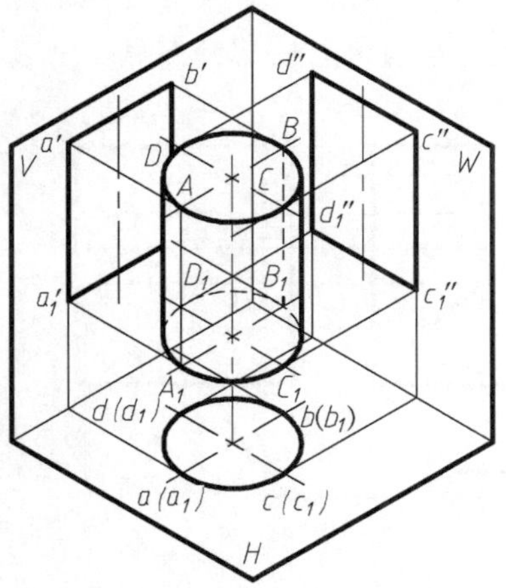

a)

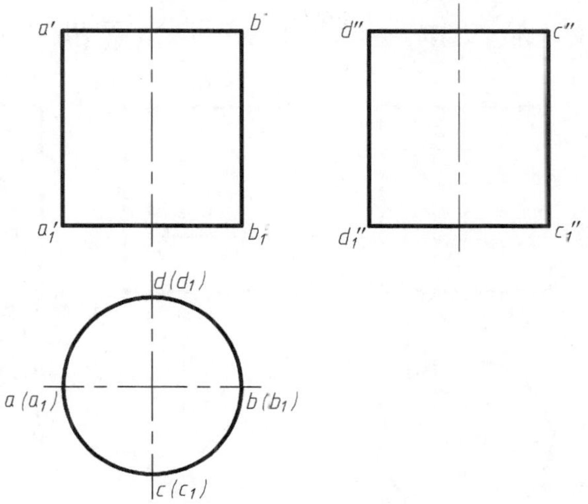

b)

图 5-8 圆柱三面投影的形成和投影

BB_1的侧面投影 $a''a_1''$、$b''b_1''$，和 CC_1、DD_1的正面投影 $c'c_1'$、$d'd_1'$，都分别重合于侧面和正面投影的中心点画线上，而且均不画出，如图 5-8b 所示。简言之：轴线垂直于投影面的圆柱的投影为两个矩形对个圆。

圆柱可见性的判别为：对于正面投影，圆柱面的前半部分是可见的，后半部分不可见；对于侧面投影，圆柱面的左半部分可见，右半部分不可见。

2. 在圆柱体表面上取点和线

由于圆柱可视为棱线为无穷多的正棱柱，所以在圆柱表面上取点和线，可以利用圆柱面投影的积聚性来求取。

如图 5-9a 所示，已知圆柱表面上点 A 和 B 的正面投影 a'和 b'，求点 A、B 的水平投影 a、b 和侧面投影 a''、b''。由于 a'不在圆柱的顶面和底面上，且 a'为可见，可知点 A 应位于圆柱右侧面的前半部分，依据点的投影规律，点 A 的水平投影 a，可在圆柱的水平投影的前半圆周对应得到，根据 a'和 a，求出 a''，由于点 A 位于圆柱面的右半部分，故 a''为不可见。从 b'的位置可知，点 B 位于圆柱前后转向轮廓线上；由 b'不可见可知，点 B 应在最后一条素线上，而该素线的投影位置已知，可直接求得 b、b''。

求圆柱表面线段的方法，实际上是圆柱表面求点方法的运用。如图 5-9b 所示，在圆柱表面上有一线段 AD 及线段 EF，且已知其正面投影 $a'd'$、$e'f'$。

AD 的 V 面投影与圆柱的轴线不平行，因此为一曲线段。曲线投影的求法是先求出线段上一系列点的投影，再将这些点的投影依次光滑地连接起来。在 AD 上我们取点 A、B、C、D，依据前述取点的方法，先求出它们的水平投影，再用点的二求三方法求出它们的侧面投影，然后光滑地连接起来。*AB* 段位于圆柱的右半部分，故其侧面投影为不可见，而 *BD* 段可见，*B* 为可见性的分界点。

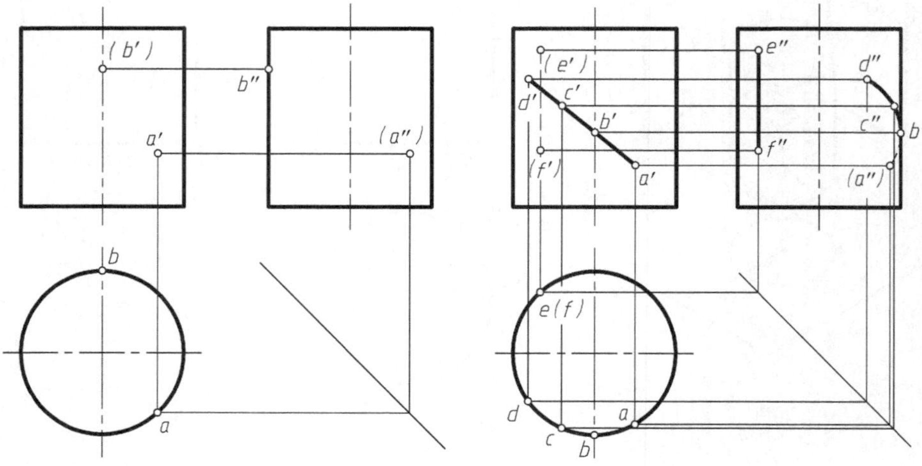

a) b)

图 5-9 圆柱表面取点、取线

另一线段 *EF*，其投影与圆柱一素线重合，为一铅垂线。由于正面投影不可见，故水平的积聚投影在圆周的左边的后半部分，侧面投影可见。

5.2.2 圆锥

圆锥由圆锥面和底圆平面围成，如图 5-10a 所示。

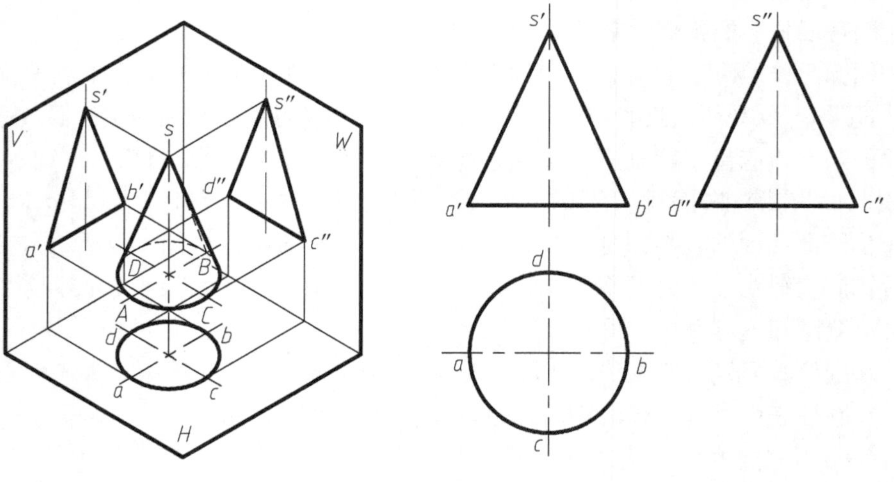

a) b)

图 5-10 圆锥三面投影的形成和投影

1. 圆锥的三面投影

图5-10b为一轴线处于铅垂位置的正圆锥，圆锥的底平面处于水平位置，故其水平投影反映圆的实形，其正面和侧面投影均积聚成一直线，圆锥面的正面和侧面投影也是分别画出其投影范围的转向轮廓线。正面投影的转向轮廓线就是最左、最右的两条素线 SA、SB 的投影 $s'a'$、$s'b'$，侧面投影的转向轮廓就是最前、最后的两条素线 SC、SD 的投影 $s''c''$、$s''d''$。这里要注意的是 SA、SB 的侧面投影 $s''a''$、$s''b''$和 SC、SD 的正面投影 $s'c'$、$s'd'$都分别重合于侧面和正面投影对称的点画线上，均不画出。

圆锥可见性的判别为：对于圆锥的正面投影，圆锥面前半部分的投影可见，后半部分的投影不可见，对于圆锥面的侧面投影，圆锥面左半部分的投影可见，右半部分的投影不可见。

2. 在圆锥表面取点和线

圆锥表面取点的方法有辅助素线法和辅助纬圆法两种。

如图5-11a所示，在圆锥表面上有两点 A、B，已知点 A、B 的水平投影 a、b，求点 A、B 的正面投影和侧面投影。

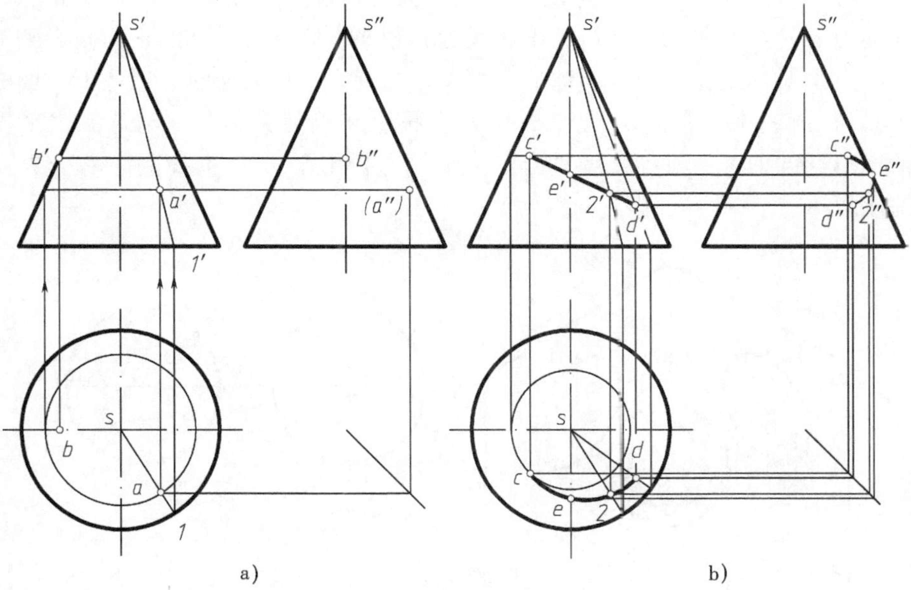

图5-11 在圆锥表面上取点和取线方法

1）辅助素线法：在水平投影上过 a 和 s 作一素线 $s1$，I 点位于底面圆周上，点 A 位于 SI 上，求出 SI 的正面投影 $s'1'$和侧面投影 $s''1''$，则 a'必在 $s'1'$上，a''必在 $S''1''$上。点 A 位于圆锥面的右半部分，故 a''为不可见。

2）辅助纬圆法：在此题中，也可以过点 A 在圆锥表面作一平行于圆锥底面的辅助纬圆，并求出该圆的各个投影如图 5-11 所示，则点 A 的各个投影也必在该圆的各个同面投影上。其要点是纬圆圆心与底圆圆心投影重合，直径是与两转向线交点之距。

由点 B 的水平投影可知，点 B 位于圆锥最左转向轮廓素线上，其正面投影和侧面投影也应位于圆锥最左素线的相应投影上。

圆锥表面线段投影的求法也是其表面取点方法的运用，如图 5-11b 所示。求出线段 CD 上一系列点，其中 D、Ⅱ两点是采用辅助素线法求出，而点 C 是用辅助纬圆法求出（注意求出左右分界的转折点 E），然后将这些点光滑地连接起来。ED 段位于圆锥面的右半部分，故其侧面投影为不可见。

5.2.3 圆球

以半圆为母线，半圆的直径为轴线，回转一周所形成的立体就是圆球。

1. 球的三面投影

由于圆球是关于球心中心对称的回转体，故圆球的三个投影均为圆，且直径等于球径。如图 5-12 所示，球的水平投影圆 l_1，是圆球面上平行于 H 面的大圆 L_1（赤道圆）的水平投影，L_1的正面投影和侧面投影分别与球的正面投影和侧面投影的上下对称线相重合。圆球的正面投影的圆 l_2'，是圆球面上平行于 V 面的大圆 L_2（主子午圆）的正面投影，L_2的水平投影和侧面投影分别与球的水平投影和侧面投影的前、后对称线相重合。同理可分析出平行于 W 面的左右分界大圆 L_3的投影。

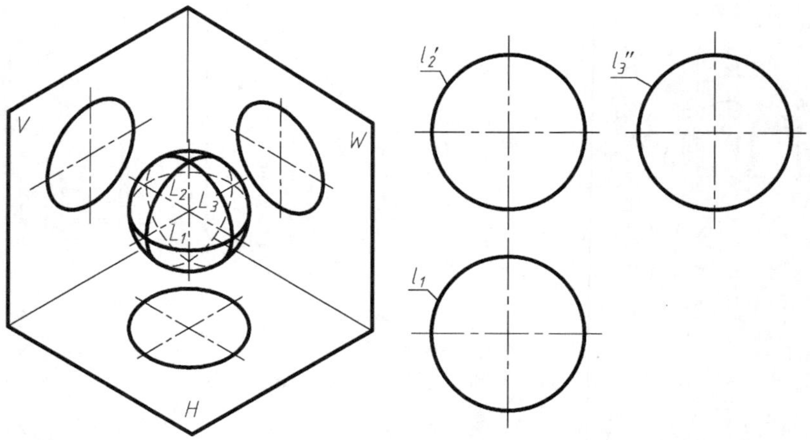

a）　　b）

图 5-12　球的三面投影

圆球面可见性的判别为：圆球的水平投影，圆球上半部分的投影是可见的，下半部分投影是不可见的；圆球的正面投影，圆球前半部分的投影是可见的，后半部分的投影是不可见的；圆球的侧面投影，圆球左半部分的投影是可见的，圆球右半部分的投影是不可见的。

2. 在球面上取点和线

球面取点的方法只能用辅助纬圆法，值得一提的是可以在三个投影上作圆。如图 5-13a 所示，已知球面上两点 A、B 的正面投影 a'、b'，且 a'为可见，b'为不可见。求 a、a''、b、b''。

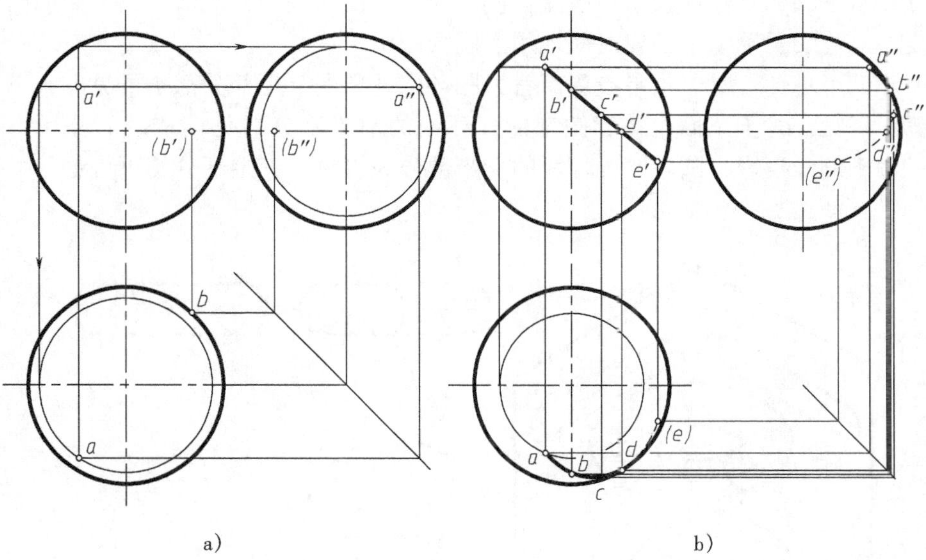

图 5-13 在圆球表面上取点和取线的方法

过点 A 作一辅助的水平纬圆。点 A 位于球表面的该圆周上，其投影也必位于该圆周的各同面投影上。因此作出该圆的水平投影，a 应在此圆的水平投影的圆周上，且因 a'可见，a 点应在该圆水平投影的前半部分。由 a、a'即可求得 a''。也可以过 a'作正平方向的辅助圆（如图）或侧平方向的辅助圆，作图方法与此相类似。

由点 B 的正面投影 b'可知，点 B 位于球的上下分界的赤道圆上。b'不可见，点 B 的水平投影可直接对应到球的水平投影轮廓的后半部分上，再利用点的二求三方法求得侧面投影。

球面上求线段的方法也是求线段上一系列点的投影，然后依序光滑地连接各点的同名投影。如图 5-13b 所示，为了方便地判别其投影的可见性，应求出线段在水平和侧面转向轮廓线上的特殊点 D 和 B，这两个点可以直接求得。在水平投影中 de 段为不可见，在侧面投影中 $b''c''d''e''$线段为不可见。

5.2.4 圆环

1. 圆环面的投影

圆母线绕与它共面但不通过圆心的轴线回转一周所围成的立体就是圆环，如图5-14a所示。图5-14b为一轴线处于铅垂位置的圆环，圆环的水平投影为两个同心圆和一个点画线圆，小圆是内圆环的转向轮廓线，也是上下两半环面可见性分界线的水平投影；大圆为外圆环转向轮廓线，也是上下两半环面可见性分界线的水平投影；正面投影由两个正平的素线小圆的正面投影与内外环面的上、下两个分界水平圆的积聚性投影所组成。侧面投影与正面投影相类似。投影圆周的中心线、对称线、轴线也都要对应地用点画线画出。

环的可见性：对于水平投影而言，圆环内外环的上半部分都是可见的，下半部分不可见；对于正面投影，圆环的外环面的前半部分可见，其余部分均不可见；对于侧面投影，圆环的外环面的左半部分为可见，其余部分均不可见。

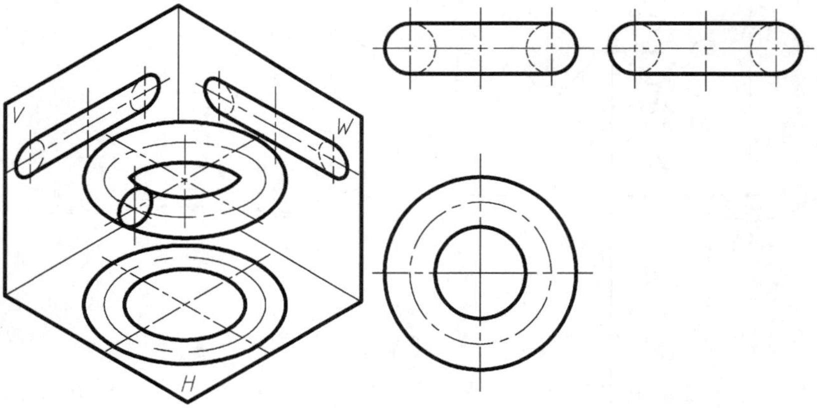

a)　　　b)

图5-14 圆环三面投影的形成和投影

2. 在圆环表面上取点

在圆环表面取点主要是利用辅助纬圆法求出。如图5-15所示，已知环面上有两点 M、N，知其正面投影 m'、n'，求点 M、N 的水平投影和侧面投影，首先过点 M 在环面上作一平行于水平面的辅助纬圆，并求出其水平和侧面投影。则点 M 的水平和侧面投影也必位于该圆的水平和侧面投影上。由于 m' 可见，所以点 M 位于右半外环面下半部上，故点 M 的水平投影 m' 及侧面投影 m'' 均不可见。点 N 的 V 面投影 n' 为不可见。则点 N 可能位于前左内环面、后左内环面或后左外环面上，这样本题就有三解，过点 N 作两个纬圆，一个在外环面上，另一个在内环面上。由于点 N 的 V 面投影在环面的左边上半部，所以点 N 的水平投影三个解都可见，而侧面投影处于外环面上的一个解可见，在内环面上的两个解为不可见，如图 5-15 所示。

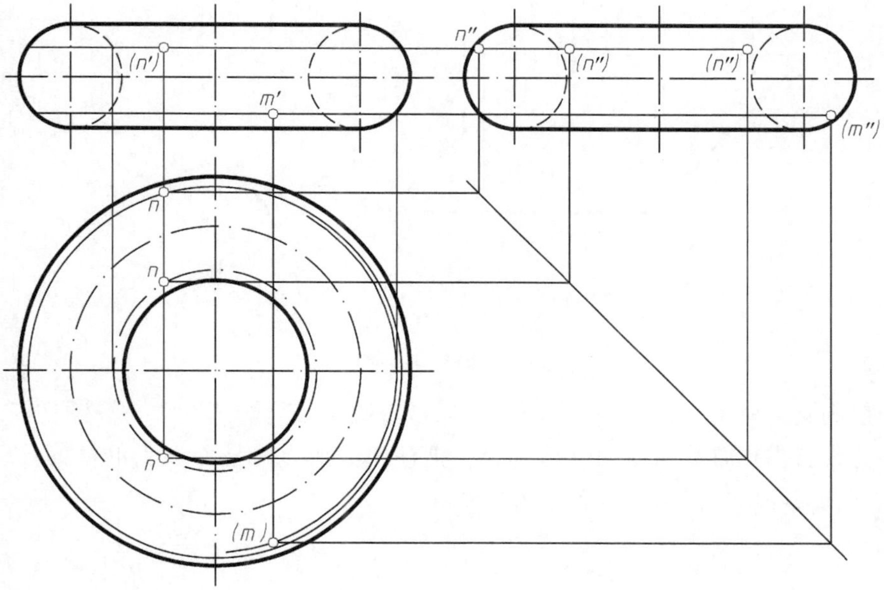

图 5-15　在圆环表面上取点

5.2.5 柱面和锥面

柱面和锥面均是可展直纹曲面。

1. 柱面

柱面由直母线沿着曲导线运动，并始终平行于一直导线所形成的曲面。柱面的形成及投影如图 5-16 所示。柱面的投影图通常要画出曲导线及位于曲导线始末端的素线，即轮廓线的投影，同时还要画出柱面转向轮廓线的投影，如图 5-16 中的曲线 AB、A_1B_1 和素线 AA_1、BB_1；轮廓线 CC_1 的正面投影 $c'c_1'$ 是曲面正面投影可见不可见的分界线，由于轮廓线 AA_1 的正面投影 $a'a_1'$ 处于曲面不可见的部分，所以 $a'a_1'$ 画成虚线。柱面的所有素线均相互平行，由于直导线 MN 为铅垂线，所以该柱面的所有素线都垂直于水平面，因此此柱面的水平投影积聚为曲线 ab。属于柱面的所有点（如柱面上的 E 点）的水平投影都属于曲线 ab。

柱面一般是以垂直于轴线的正截交线的形状来命名。如图 5-17a、b 所示正

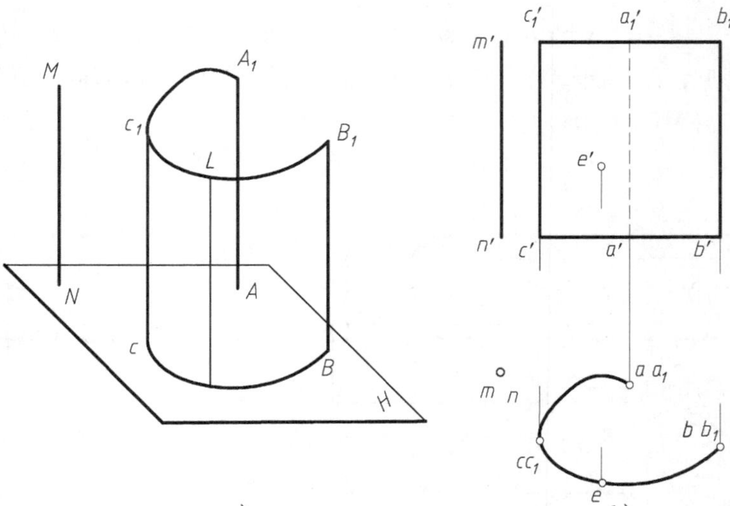

a) b)

图 5-16 柱面的形成及投影

截交线为圆，称为圆柱面。如图 5-17c 所示正截交线为椭圆，称为椭圆柱面。另外，还常常根据轴线与底面是否垂直，把柱面分成直的柱面和斜的柱面。5-17b 所示的轴线与底面倾斜，称为斜圆柱面。

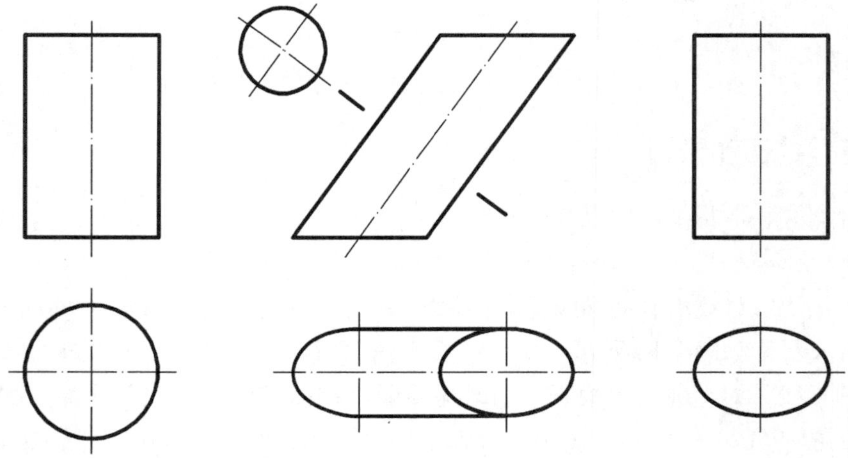

a) b) c)

图 5-17 各种柱面

2. 锥面

锥面是由直母线沿着一曲导线运动，并始终通过一定点所形成的曲面。锥面的形成及投影如图5-18a所示，图中 AB 为曲导线，SC 为母线 L 的任一位置，称为素线。锥面的所有素线均相交于一点，该点称为锥顶，如图中的点 S。锥面的投影图通常要画出曲导线及位于曲导线始末端的素线，即轮廓线的投影，如图5-18中的曲线 AB 和素线 SA、SB；同时还要画出柱面的转向轮廓线的投影，该锥面的正面投影只有右边的一条转向轮廓线，它是曲面正面投影可见不可见的分界线，由于轮廓线 SB 的正面投影 $s'b'$ 有一部分处于曲面不可见的部分，所以画成虚线。水平投影左右各有一条转向轮廓线，轮廓线 SB 的水平投影 sb 全部处于曲面不可见的部分，所以画成虚线；曲导线 AB 的水平投影处于左边轮廓线 SA 的水平投影 sa 和左边转向轮廓线之间的一段为不可见也应画成虚线，如图5-18b所示。

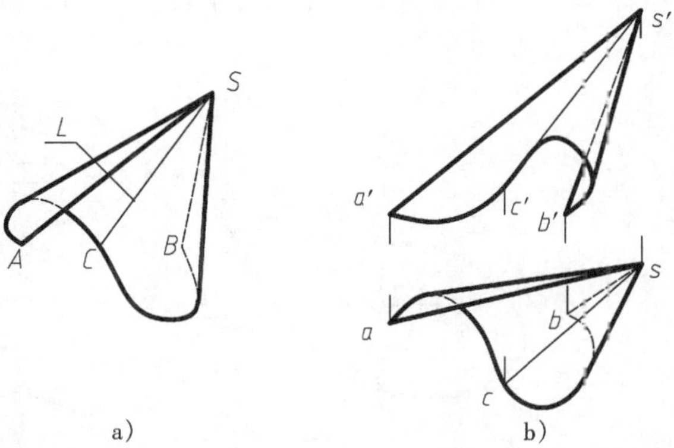

图5-18 锥面的形成及投影

同柱面一样，锥面一般也是以垂直于轴线的正截交线的形状来命名。图5-19a、b所示正截交线为圆，所以称为圆锥面。图5-19c所示正截交线为椭圆，称为椭圆锥面。另外，还常常根据轴线与底面是否垂直，把锥面分成直的锥面和斜的锥面。图5-19b所示的轴线与底面倾斜，因此称为斜圆锥面。

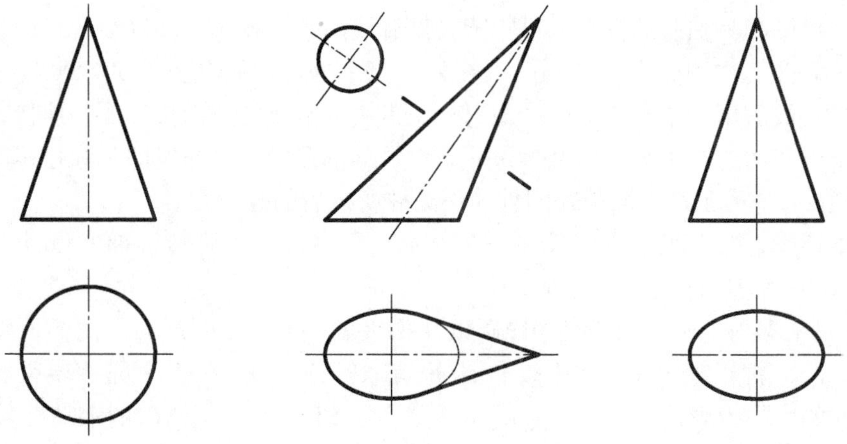

图5-19 各种锥面

5.2.6 圆柱螺旋线和正螺旋面

点绕一轴线作匀速旋转运动，并同时沿轴线方向作匀速直线运动所形成的曲线为圆柱螺旋线，如图5-20a所示。正螺旋面是由直母线沿着两曲导线（均为圆柱螺旋线）连续运动，并始终平行于一与圆柱螺旋线轴线垂直的导平面所形成的曲面，如图5-20a所示。

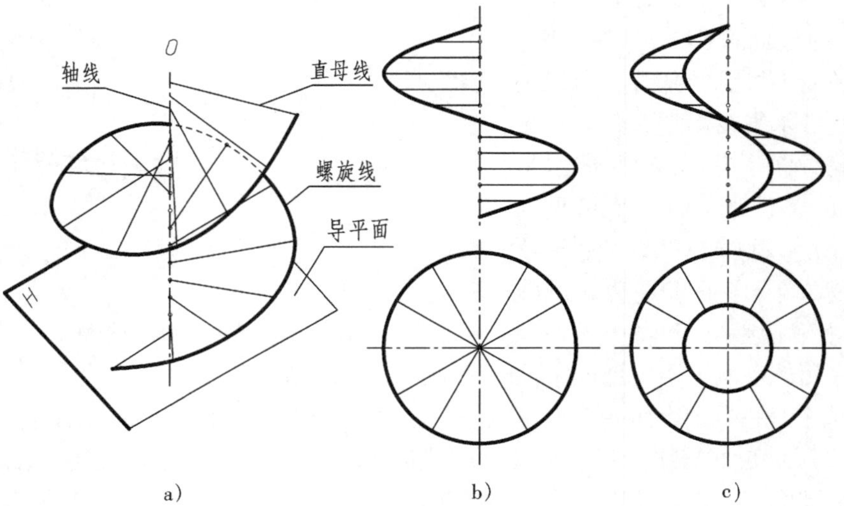

图5-20 正螺旋面

圆柱螺旋线和正螺旋面的投影作图方法如图5-20b所示：先画出圆柱螺旋线的水平投影和其轴线的投影，再将圆柱螺旋线的水平投影圆和轴线的正面投影分成若干等分（本图分为12等分），在每一等分处画出一条素线的水平投影和正面投影。最后用一条光滑的曲线把每一条素线远端点的正面投影顺序连接，从而完成正螺旋面的投影图。而经过每一条素线远端点的光滑曲线即为圆柱螺旋线。

图5-20c为正螺旋面被一同轴的小圆柱所截后的投影图。

正螺旋面在工程中应用较多，在土木工程中常用于旋转楼梯的设计。图5-21所示为旋转楼梯投影图的画法：

1）根据内外圆柱的半径、螺距以及梯级数，画出正螺旋面的两面投影（见图5-21a）。把正螺旋面的水平投影圆分成12等分，每一等分就是旋转楼梯上一个踏面的水平投影。如 b_1b_2（c_2）（c_1）为第一级踏面 $B_1B_2C_2C_1$ 的水平投影。

2）画第一步级的正面投影（见图5-21b）。第一级踢面 $A_1A_2B_2B_1$ 的水平投影积聚为一水平线段（a_1）（a_2）b_2b_1，踢面的底线 A_1A_2 是平螺旋面的一根素线，求出其正面投影 $a_1'a_2'$，过 a_1' 和 a_2' 分别向上画一竖直线，截取一个踢面的高度，

得 b_1' 和 b_2'。连 $b_1'b_2'$，矩形 $a_1'a_2'b_2'b_1'$ 就是第一级踢面的正面投影。

第一级踏面 $B_1B_2C_2C_1$ 的正面投影积聚为一水平线段 $b_1'b_2'c_2'(c_1')$，其中 (c_1') c_2' 是第二级踢面 $D_1D_2C_2C_1$ 底线 C_1 C_2 的正面投影。

3）画第二步级的正面投影（见图5-21c）。过点 c_1' 和 c_2' 分别向上画一竖直线，截取一个踢面的高度，得点 d_1' 和 d_2'。矩形 $c_1'c_2'd_2'd_1'$ 就是第二级踢面 $C_1C_2D_2D_1$ 的正面投影。

第二级踏面 $D_1D_2E_2E_1$ 的正面投影积聚为一水平线段 $d_1'd_2'e_2'(e_1')$，其中 (e_1') e_2' 可由水平投影 e_1e_2 定出。

如此类推，可以画出其余各级的踢面和踏面的三面投影。但必须注意的是，第四级和第十级踢面平行于侧投影面，它的正面投影积聚为一竖直线段。第五至第九的踢面，由于被旋转楼梯本身所遮挡，它们的正面投影不可见。

4）画旋转楼梯底面的投影（见图5-21d）。梯板底面也是一个正螺旋面，其形状和大小与形成梯级的正螺旋面完全一样，只是在竖直方向上相差一梯板沿竖直方向的厚度。梯板底面的水平投影与各梯级的水平投影重合，正面投影可将梯级螺旋面上各点沿竖直方向向下平移一个梯板的厚度即可。

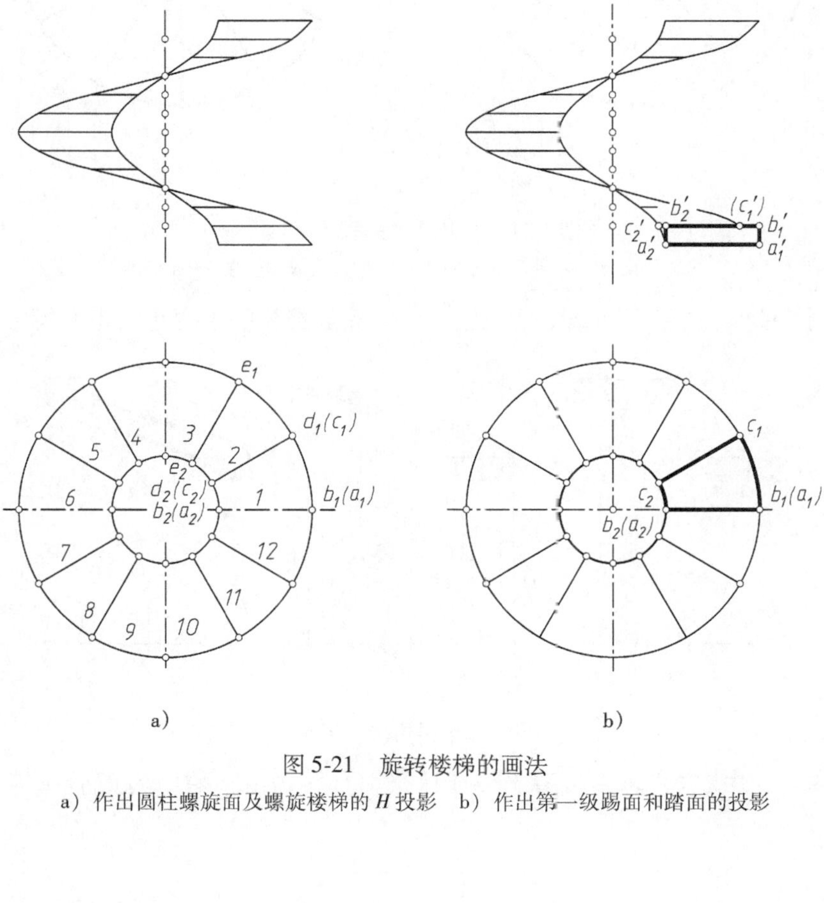

a）　　　　　　　　b）

图5-21　旋转楼梯的画法

a）作出圆柱螺旋面及螺旋楼梯的 H 投影　b）作出第一级踢面和踏面的投影

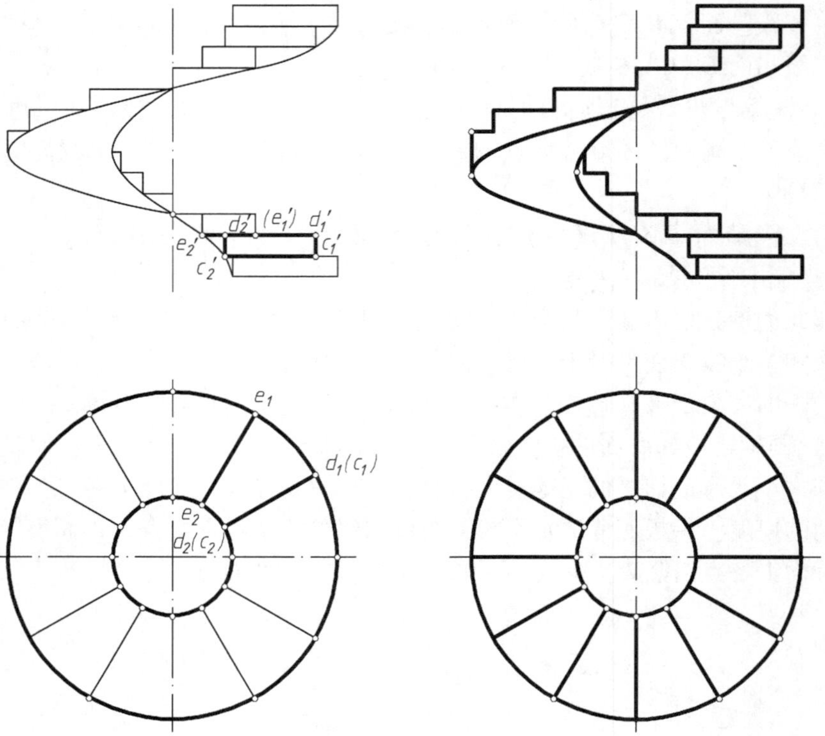

c) d)

图 5-21 旋转楼梯的画法（续）

c）作出第二级踢面和踏面的投影 d）完成螺旋楼梯的投影

【例 5-4】 根据图 5-22a 所给的条件，完成楼梯扶手弯头的正面投影。

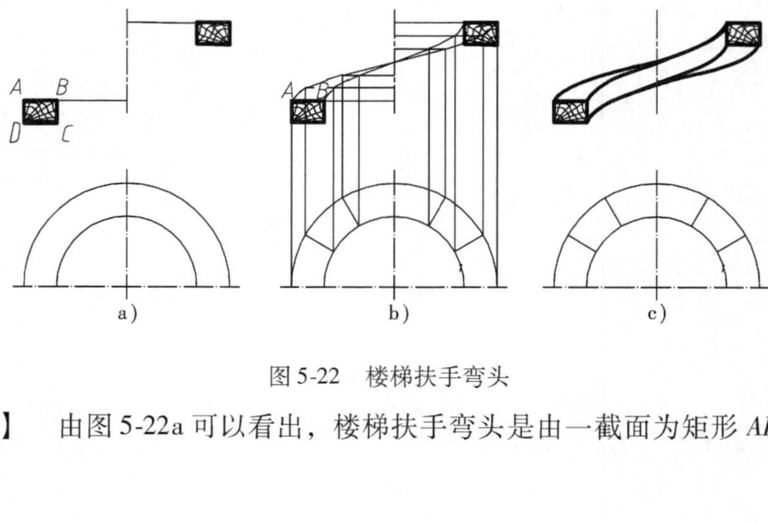

a) b) c)

图 5-22 楼梯扶手弯头

【解】 由图 5-22a 可以看出，楼梯扶手弯头是由一截面为矩形 *ABCD* 绕轴线作螺旋运动而形成。矩形的 *BC* 、*AD* 边的运动轨迹形成内、外圆柱面的一部分。*AB*、*CD* 两边则形成两条正螺旋面。根据正螺旋面的画法，把半圆等分为 6 等分，画出 *AB* 边所形成的正螺旋面，如图 5-22b 所示。然后用同样的方法画出 *CD* 边所形成的正螺旋面，并判别可见性，完成楼梯扶手弯头的正面投影，如图 5-22c所示。

5.3 平面与立体表面相交

当平面与立体相交时，在立体的表面就会产生交线，称为截交线。该平面称为截平面，截交线围成的平面图形，称为截形或断面。由于立体形状的不同，截平面数量和截切位置的不同，截交线的形状、性质也不同，但都具有以下两个基本性质：

1）立体具有一定的范围，所以截交线一定是封闭的平面折线或曲线。

2）截交线是截平面与被截立体的共有线，所以截交线上每一点都是截平面与立体表面的共有点。

因此，求截交线可归结为求截平面和立体表面一系列共有点的投影问题。当截平面和立体表面投影有积聚性时，可利用积聚性直接求解共有点；没有积聚性时可以用换面法和辅助平面法求之，然后依次光滑连接，并判别可见性。

5.3.1 平面与平面立体相交

由于平面立体的表面都是由平面组成的，所以平面与平面立体的截交线实际上是由截平面与平面立体各表面交线组成的，为封闭的平面折线。求平面立体截交线可归结为求平面立体的各条棱边与截平面的交点，再连接成封闭的平面折线的问题。

1. 平面与棱柱相交

图 5-23a 所示为一正垂面 *P* 与正六棱柱截交的情况，由图 5-23a 中的正面投影可以看出，截平面 *P* 与棱柱的六个棱面及顶面相交，所以截交线是由七段折线围成的七边形。七边形的七个顶点就是截平面 *P* 与六棱柱左半部的五条棱边及顶面的两条边线的交点，每段折线是截平面与棱面及上底平面的交线。所以求出这些交点依次连接，即得到截交线。由于 *P* 为正垂面，所以截交线的正面投影积聚在 P_V上，可以直接定出。正六棱柱的棱边均为铅垂线，顶面为水平面，可以利用投影特性定出其余两面投影。作图步骤如图 5-23b 所示：

1）先定出七边形的正面投影 $a'b'$ (g') c' (f') d' (e')。截平面与六条侧棱的交点分别为 *A*、*B*、*C*、*F*、*G*，与顶面两条边线的交点为 *D*、*E*，*DE* 为正垂线。

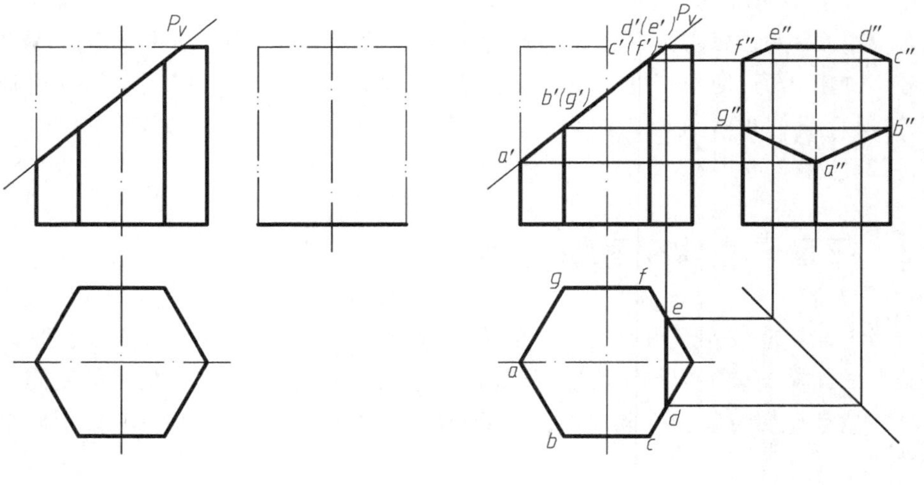

a) b)

图 5-23 平面截切六棱柱

2）因棱边均为铅垂线，利用积聚性定出 A、B、C、F、G 的水平投影 a、b、c、f、g。分别过 a'、b'、c'、(f') (g') 作水平线求出 a''、b''、e'' 、f''、g''。

3）分别过 d'、e'作竖直线求出 d、e，进而求出 d''、e''。

4）将 A、B、C、D、E、F、G 的各面投影依次连接起来，即可得到截交线的投影。六棱柱最左边的棱边被截去一部分，但最右边的棱边未被截到，故 a'' 以上画成虚线，表示最右边侧棱的投影。

2. 平面与棱锥相交

图 5-24a 所示为一带切口的三棱锥。由正面投影可以看出，该切口是由一水平面 P 和一正垂面 Q 截断后形成的，但它们均未截断三棱锥，两截平面相交于一条正垂线 CD。所以其切口由截平面与三棱锥的截交线 AF、AD、FC 和 BE、BD、EC 以及 P、Q 的交线 CD 所组成。作图步骤如图 5-24b 所示：

1）由于截平面 P 和 Q 的正面投影积聚为两条直线，所以正面投影为已知，不用求。

2）求出截平面 P 与三棱锥的截交线的侧面投影及水平投影。由于截平面 P 为平行于三棱锥底面的水平面，截平面 P 和 Q 的交线 CD 为正垂线，可利用其投影特性定出截交线的投影。截交线的侧面投影与三棱锥底平面的侧面积聚性投影平行，积聚为一线段；组成截交线各线段的水平投影分别与该线段所在棱面底边的水平投影平行。

3）求出截平面 Q 与三棱锥的截交线的侧面投影及水平投影。点 A、F 的侧面投影和水平投影可直接得到；点 C、D 的水平投影可如图中所示通过过点 E 和

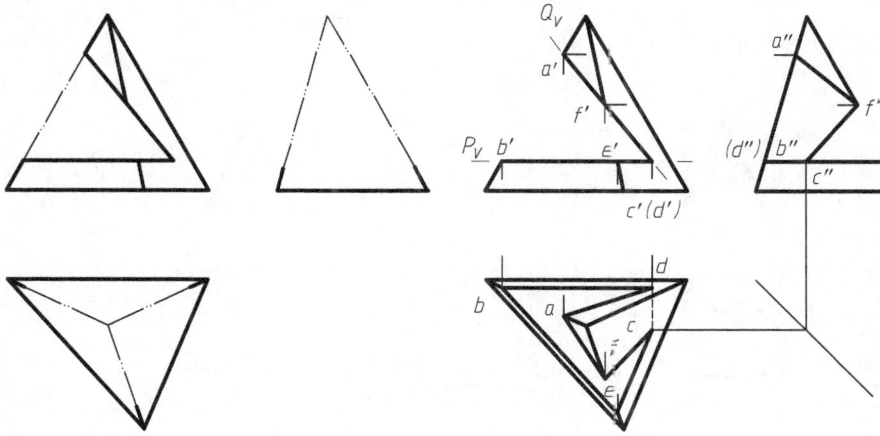

a) b)

图 5-24 带切口的三棱锥

B 的水平面与三棱锥的截交线得到，点 C 的侧面投影可根据“宽相等”得到。

4）判别其可见性。截平面 P 和 Q 的交线 CD 的水平投影 cd 不可见，画成虚线；侧面投影中，三棱锥最左、最前侧棱被截切，最右侧棱未被截切，$e''f''$之间没有图线。

判别截交线的可见性时，可根据相交两几何要素的可见性来判定。若相交两几何要素中有一个可见，则其上截交线亦可见；若相交两几何要素都不可见，则截交线亦不可见。

5.3.2 平面与回转体相交

平面与回转立体相交时，其截交线为封闭的平面曲线，或平面曲线与直线的组合及平面多边形。求回转体截交线可以归结为求回转体表面上一系列素线或纬圆与截平面的交点问题。

常用的求回转体截交线方法主要有两种：辅助素线或纬圆法和辅助平面法。

图 5-25a 所示平面 P 与圆锥相交，其截交线上的点 I 可以看成是素线 SA 与截平面的交点；也可以看成是圆锥面上的纬圆 L 与截平面的交点。通过求辅助素线或辅助纬圆与截平面的交点可以求出截交线上的点。

图 5-25b 所示为辅助平面法的作图过程和原理。首先作一系列辅助平面，如图 5-25b 中的垂直于圆锥轴线的辅助平面 Q，Q 平面与圆锥相交于一纬圆，而与截平面 P 相交于一直线 Ⅰ Ⅱ，纬圆与交线 Ⅰ Ⅱ 交于两点 Ⅰ 、Ⅱ。Ⅰ 、Ⅱ 两点是截平面 P、辅助平面 Q 和圆锥面三个面的公共点，因此 Ⅰ 、Ⅱ 两点即是截交线上的一组点。在选择辅助平面时，应注意所选的辅助平面与曲面立体交线的投影应

是简单而易画的圆或直线。分别求出辅助平面与立体和截平面的交线，这两条交线的交点即为所求截交线上的点。

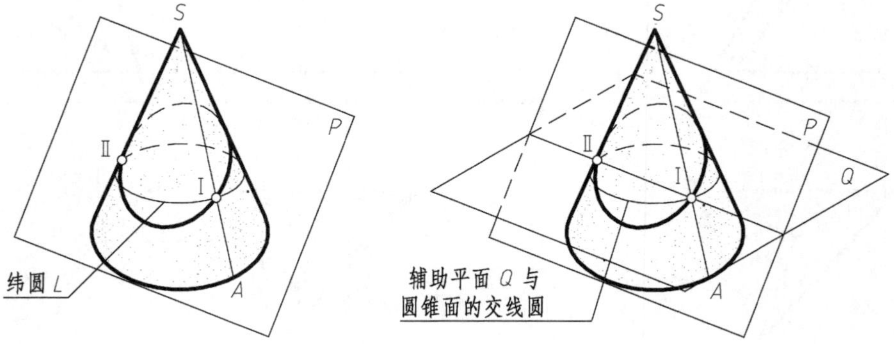

a)　　b)

图 5-25　求曲面立体截交线上点的方法

1. 平面与圆柱相交

平面截切圆柱时，根据截平面与圆柱轴线的位置不同，截交线有三种形状，见表 5-1，即矩形、圆和椭圆。

表 5-1　圆柱上的截交线

截平面位置	平行于轴线	垂直于轴线	倾斜于轴线
截交线形状	矩形	圆	椭圆
立体图	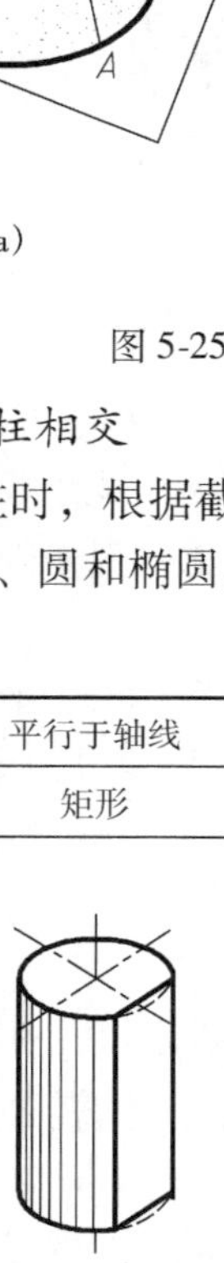	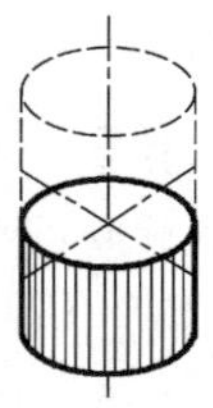	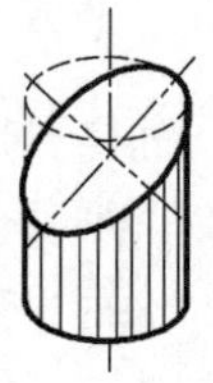
投影图	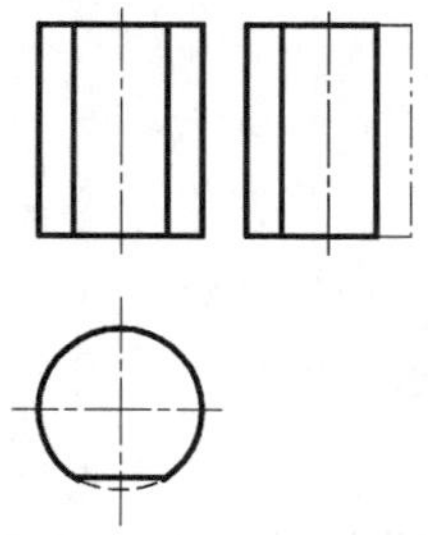	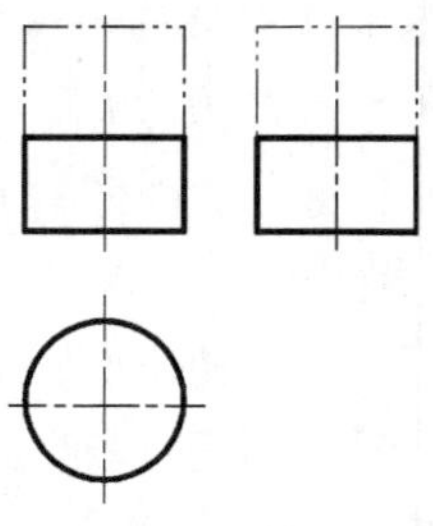	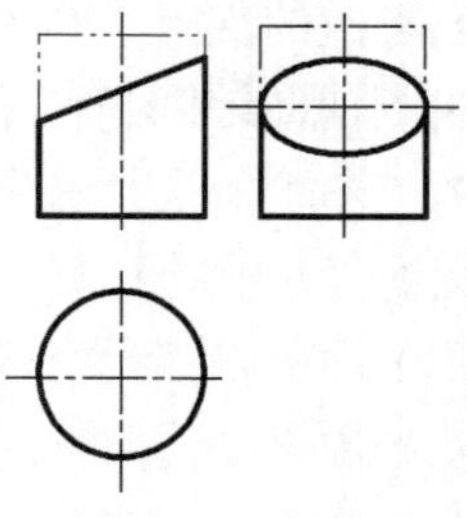

求作圆柱截交线的投影可以利用圆柱的积聚性求取。

【例5-5】 图5-26a是一圆柱被平面切出上、下两个缺口，已知圆柱的正面投影，如图5-26b所示，试求被切圆柱的水平投影和侧面投影。

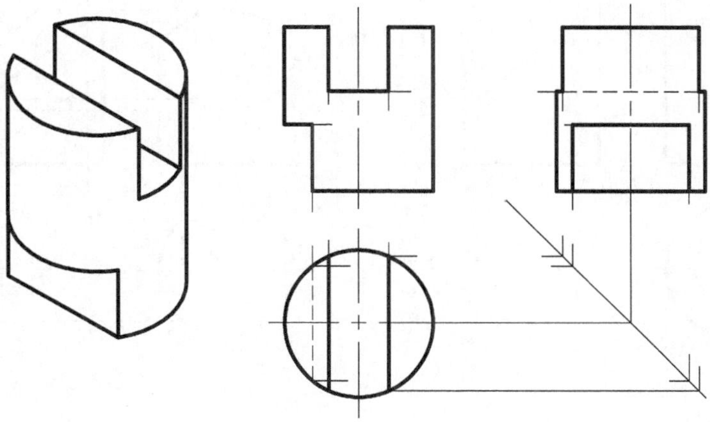

a) b)

图5-26 带切口的圆柱

【解】 此为圆柱被组合截平面所截切的情况，圆柱的下缺口由水平面和侧平面截切而形成，由表5-1可知，截交线的形状分别为部分水平圆和一侧平的矩形。侧平矩形的侧面投影反映矩形实形，水平投影则积聚成为一段不可见的虚线。对照正面投影可分别作出该矩形的侧面投影和水平投影。两截平面交线为正垂线，投影与两平面积聚性投影重合。

圆柱上端缺口由水平面和两个侧平面截切而形成，水平截切面截切所形成的截交线为水平圆的中间前后两段圆弧，水平投影反映实形，侧面投影积聚为一水平线段。上端左右截平面平行轴线截切所形成的截交线为左右两个侧平的矩形。它们侧面投影反映实形，而水平投影积聚成两直线段。依照截平面各自投影的对应关系，就可完成被截圆柱的三面投影。图中表示出了各点的投影对应关系，切记作图时要量准，作图时每个截形都应满足面的投影特性，且截平面间的交线都为正垂线。

【例5-6】 已知圆柱被一侧垂面 P 所截（见图5-27a）。求其截交线的投影和断面的实形。

【解】 由于截平面倾斜于圆柱的轴线，其截交线为椭圆。截平面为侧垂面，故椭圆的侧面投影积聚为一条斜线。椭圆的正面投影长轴 AB 为侧垂线且长度等于圆柱的直径，椭圆的正面投影短轴 CD 为侧平线；点 A、B、C、D 分别位

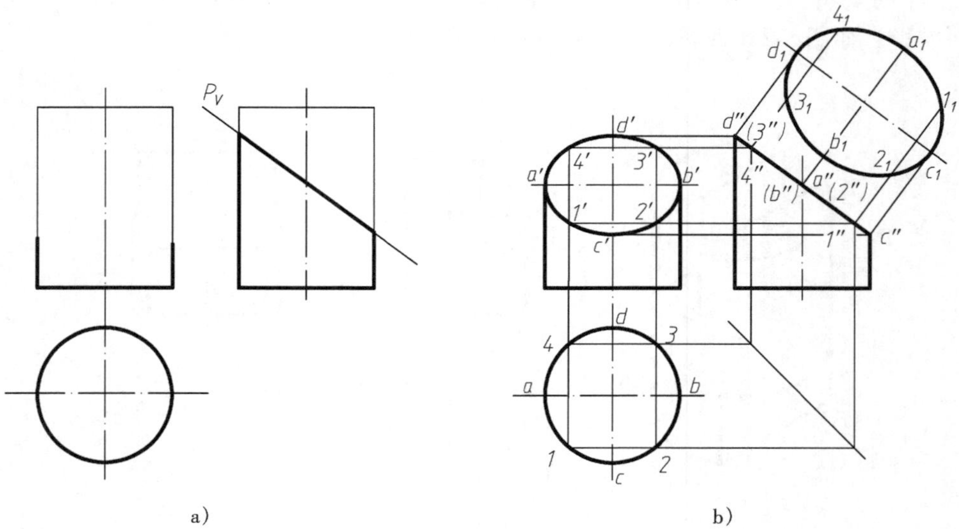

图 5-27 被侧垂面截切后的圆柱体

于圆柱面的最左、最右、最前、最后的素线上。椭圆的水平投影积聚在圆周上，正面投影仍为椭圆，不反映实形，可用换面法求出其实形。作图步骤如图 5-27b 所示：

1）求特殊点：由椭圆长、短轴端点 A、B、C、D 的侧面投影 a''、b''、c''、d''，求出正面投影 a'、b'、c'、d'。

2）求一般点：求椭圆上若干个一般点，一般取对称点，如Ⅰ、Ⅱ和Ⅲ、Ⅳ，求出各点的三面投影。由水平投影 1、2、3、4 和侧面投影 $1''$、$2''$、$3''$、$4''$，求出正面投影 $1'$、$2'$、$3'$、$4'$。

3）连接各点，在正面投影中依次光滑连接 a'、$1'$、c'、$2'$、b'、$3'$、d'、$4'$、a'各点，即为椭圆截交线的正面投影。

4）求断面实形，在 W 面上设立平行于截平面的辅助投影面 V_1，求出各点在 V_1面上的投影 a_1、1_1、c_1、2_1、b_1、3_1、d_1、4_1，再依次光滑连接成椭圆，即为所求断面实形。

2. 平面与圆锥相交

平面与圆锥相交，由于截平面的位置不同，根据几何学原理可知其截交线有三角形、圆、椭圆、抛物线、双曲线等，详见表 5-2，求解时三种曲线求法类似。

表 5-2 圆锥上的截交线

截平面位置	过锥顶	不过锥顶			
		垂直于圆锥轴线	与圆锥所有素线相交	平行于圆锥的一条素线	平行于圆锥的两条素线
截交线形状	两相交素线及与底面交线	圆	椭圆	抛物线及与底面交线	双曲线及与底面交线
立体图	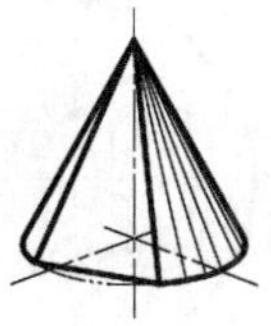				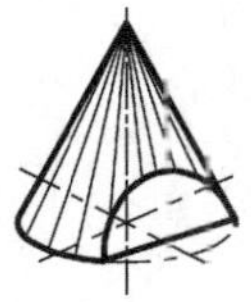
投影图	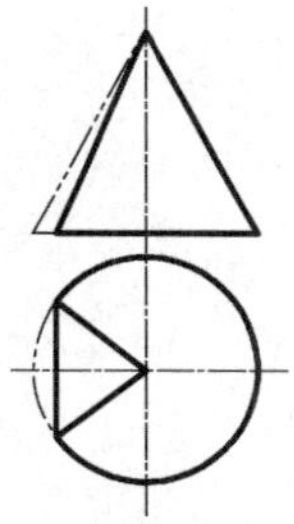	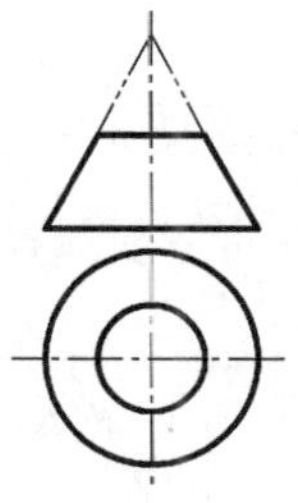	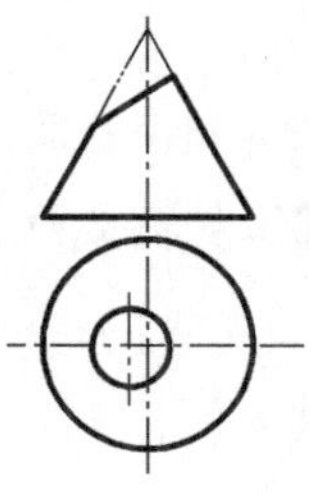	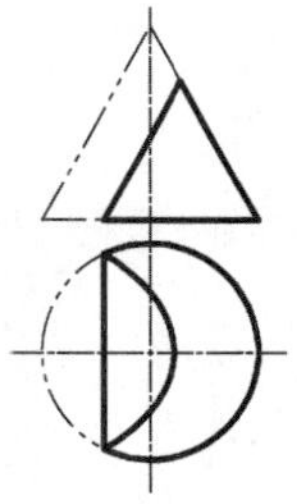	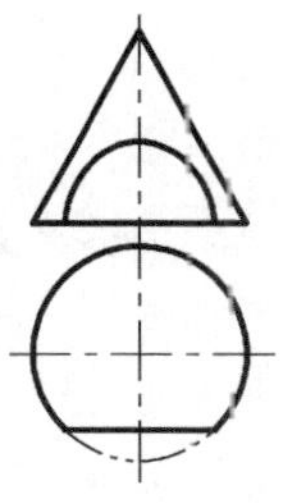

【例 5-7】 已知圆锥被正垂面 P 所截，如图 5-28a 所示，求截交线的投影。

【解】 截平面 P 和圆锥的所有素线相交，由表 5-2 知，其截交线为椭圆。椭圆的长轴 AB 为正平线，两端点 A、B 为截平面 P 和圆锥最左、最右素线的交点。短轴 CD 为过 AB 中点的正垂线。椭圆的正面投影积聚在截平面 P 的积聚投影上，其水平投影仍为椭圆。椭圆的长、短轴仍为投影椭圆的长、短轴。作图步骤如下：

1）求特殊点。由椭圆长轴 AB 的正面投影 $a'b'$ 求出水平投影 ab，可根据椭圆短轴 CD 的正面投影 c'（d'）用素线法或纬圆法求出其水平投影 cd，如图 5-28b 所示。

2）求一般点。可根据截平面和圆锥最前、最后素线的交点 E、F 的正面投影 e'（f'），用纬圆法求出其水平投影 e、f。对于截交线上的一般点 G、H，可根据其正面投影 g'（h'），用素线法或纬圆法求出其水平投影 g、h，如图 5-28c 所示。

3）连接各点。在水平投影中依次光滑连接 a、g、c、e、b、f、d、h、a 各点，即为截交线的水平投影，如图 5-28d 所示。

4）判别可见性，本题投影全可见。

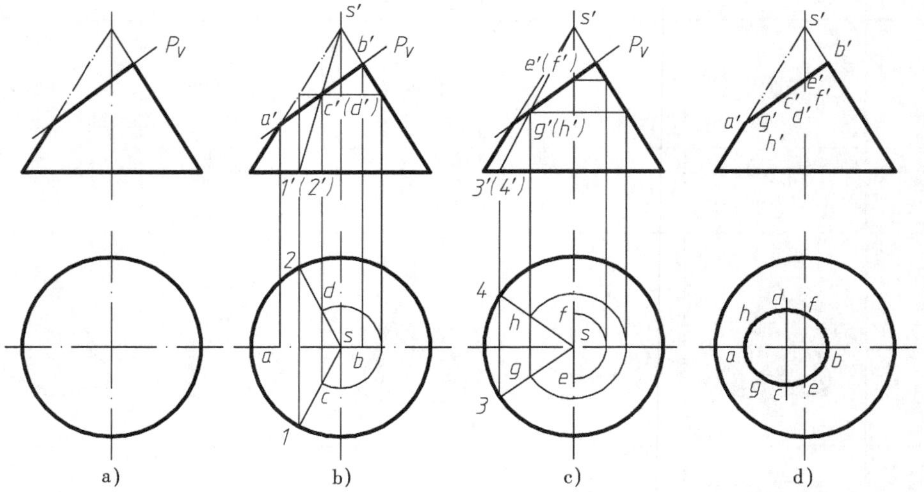

图 5-28　平面与圆锥截交

【例 5-8】　作平面 P 与圆锥的截交线（见图 5-29）。

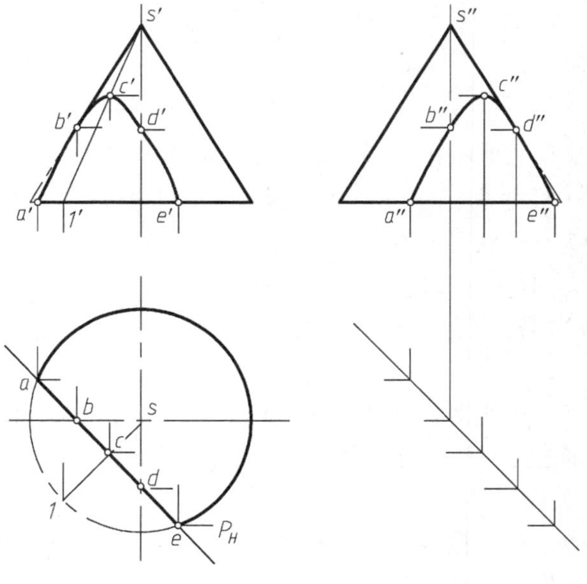

图 5-29　铅垂面 P 与圆锥截切

【解】　图中 P 为一铅垂面。由于 P 平面平行于圆锥的轴线，故平面与圆锥的截交线为双曲线之一叶。截交线的水平投影与 P_H 重合，如图示为 ae 段。先在平面积聚性投影上选取特殊点 a、b、c、d、e，再根据这些点也属于圆锥面，分别用在圆锥面上取纬圆或素线法作出 A、B、C、D、E 的正面投影和侧面投影。

其中 c 为 ae 段的中点，因距锥顶最近，故空间 C 为截交线的最高点，亦即空间双曲线的顶点。因取点已较密，否则尚需求一些一般点。依序连接各同面投影点，并判别可见性。值得注意的是正面投影左转向轮廓线终止于 b'，侧面投影前转向轮廓线终止于 d''。

3. 平面与圆球相交

用平面截切圆球时，无论截平面的位置如何，其截交线总是圆。当截平面与某一投影面平行时，截交线在该投影面上的投影反映实形；当截平面与某投影面垂直时，截交线在该投影面上的投影积聚为一长度为截交线圆直径的直线段；当截平面倾斜于投影面时，截交线在该投影面上的投影为椭圆。

【例 5-9】 已知圆球被正垂面 P 所截，如图 5-30a 所示，求截交线的投影。

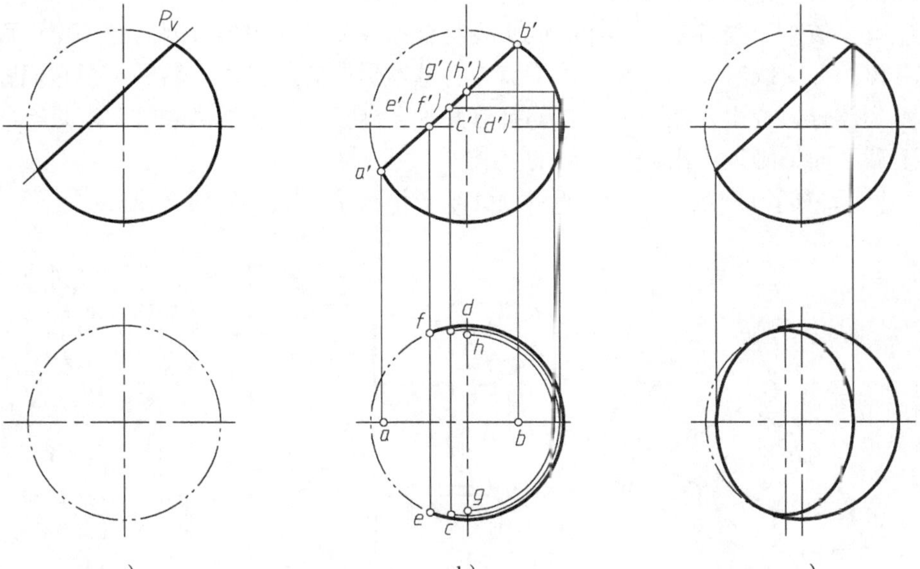

图 5-30 正垂面 P 与圆球截交

【解】 截平面 P 为正垂面，其截交线的正面投影积聚为一长度为截交线圆直径的直线段。其水平投影为椭圆，椭圆的短轴为正平线 AB 的水平投影 ab，两端点 A、B 是截交线圆的最左、最低与最右、最上点。其正面投影 a'、b' 为截平面与圆球正面投影轮廓线的交点。过 AB 中点的正垂线 CD 的水平投影，为投影椭圆的长轴，两端点 C、D 是截交圆的最前与最后点。作图步骤如下：

1）求椭圆的长、短轴。由 A、B 的正面投影 a'、b' 求出水平投影 a、b。由 C、D 的正面投影 c'（d'）用纬圆法求出其水平投影 c、d，如图 5-30b 所示。

2）求截平面与水平最大圆的交点 E、F。由 E、F 的正面投影 e'（f'）求出

其水平投影 e、f，如图 5-30b 所示。

3）求截平面与侧平最大圆的交点 G、H。由 G、H 的正面投影 g'（h'），用纬圆法求出其水平投影 g、h，如图 5-30b 所示。

4）连接各点。在水平投影中依次光滑连接 a、e、c、g、b、h、d、f、a 各点，即为截交线的水平投影，如图 5-30c 所示。

5）判别可见性　水平投影全部为可见。

6）完善轮廓　球的正面投影转向轮廓线终止于 a'，b'，水平投影转向线终止于 e，f。

5.3.3　平面与组合体相交

由几个基本形体组合而成的形体称为组合体。平面与组合体相交所形成的截交线就是该平面与各基本形体的截交线组合而成的平面图形。因而在求作平面与组合体的截交线时先是分别求截平面与各基本形体的截交线，然后再把它们在两基本形体分界处组合在一起。其连接点又称分界点，必须准确求得。若是有两个以上截平面，必须作出截平面间的交线。

【例 5-10】　求作图 5-31 所示顶针组合体被平面截切的截交线。

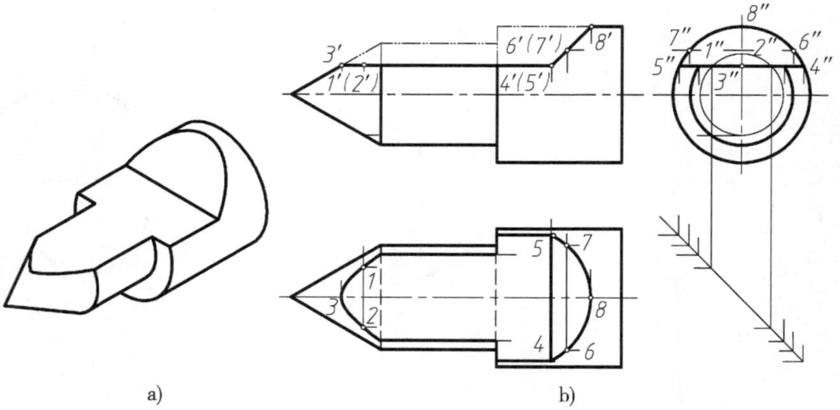

图 5-31　顶针的三面投影

【解】　由图可知，该组合体由同轴的一个圆锥和两段圆柱所组成，这种几个回转体共同拥有一根轴线的组合体称作同轴回转体。

截平面由水平和正垂面两部分组成。水平面平行于轴线，左部与圆锥的截交线是双曲线；与小圆柱及大圆柱的截交线都是矩形。截交线的求法与例 5-5 方法相同，如图 5-31 中的Ⅰ、Ⅱ点是利用辅助纬圆法求得。由于三段截交线位于同一平面内，故它们之间不画分界线。同一平面只画边框表示，图中框内所画虚线是下半部分组合体的不可见轮廓投影。可见圆柱截交线矩形不完整了，因矩形另两边是截平面与圆柱底面的交线，本题中圆柱的底没有了。正垂截面与圆柱轴线倾斜，截交线为部分椭圆，图中表示出Ⅳ、Ⅴ、Ⅵ、Ⅶ、Ⅷ点的求法。两截平面相交于一条正垂线，这条交线的水平投影45必须画出，侧面投影重合在水平面上。

5.4 立体与立体相交

两立体表面相交时，它们表面的交线称为相贯线。由于立体分为平面立体与曲面立体，故立体与立体相交可分为三种情况：

1）两平面立体相交，如图5-32a所示。

2）平面立体与曲面立体相交，如图5-32b所示。

3）两曲面立体相交，如图5-32c所示。

由于两相交立体的相互位置和尺寸大小不同，相贯的情况可以分为全贯和互贯两种。两立体全贯时，相贯线为两支，如图5-32b所示；两立体互贯时相贯线连成一支，如图5-32a所示。但如两立体全贯，而不穿透时，相贯线这时也只有一支。因此相贯线的形状受相交两立体的形状、大小和相互位置的影响。但是由于相贯是两立体表面共有的交线，所以任何两立体的相贯线都具有下列两个基本特性：

（1）共有性　相贯线是相交两立体表面的共有线，也是相交两立体表面的分界线，相贯线也可以说是两立体表面的共有点的集合。

（2）封闭性　由于立体都有一定的范围，所以相贯线都是封闭的，一般为封闭的空间折线或空间曲线。

所以，求相贯线实质上是求两立体表面一系列共有点，然后依次光滑连接，并判明可见性。一般地说这些共有点是一个立体的素线与另一立体表面的交点，也称为贯穿点。

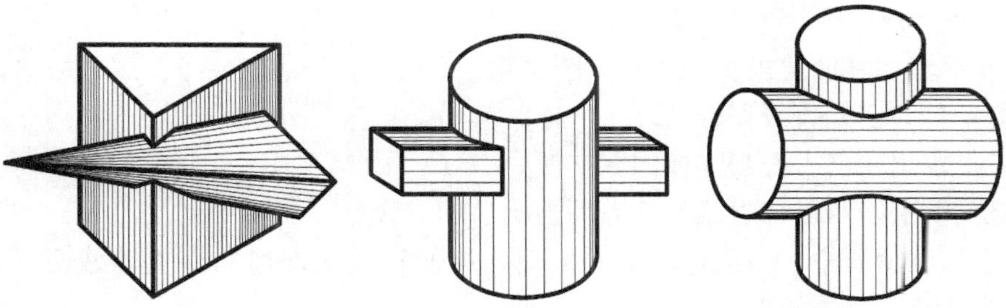

a)　　b)　　c)

图5-32　立体与立体相交

5.4.1 直线与曲面立体相交

直线与立体相交，其交点称为贯穿点，是直线与立体的共有点和分界点，也是直线穿入和穿出点（体内部分不画线）。直线与平面立体表面交点的求法，实际上是直线与平面交点的求法，这里就不再赘述。本节主要讨论直线与曲面立体表面贯穿点的求法。

根据直线与曲面立体形状和位置的不同，直线贯穿点的求法也有所不同。

1. 利用积聚性求贯穿点

当直线或立体表面的某投影具有积聚性时，则在具有积聚性的投影上，可得到贯穿点的第一个投影，再用面上或线上取点法，求作贯穿点的其余投影。

【例5-11】 求作直线与圆柱的贯穿点（见图5-33）。

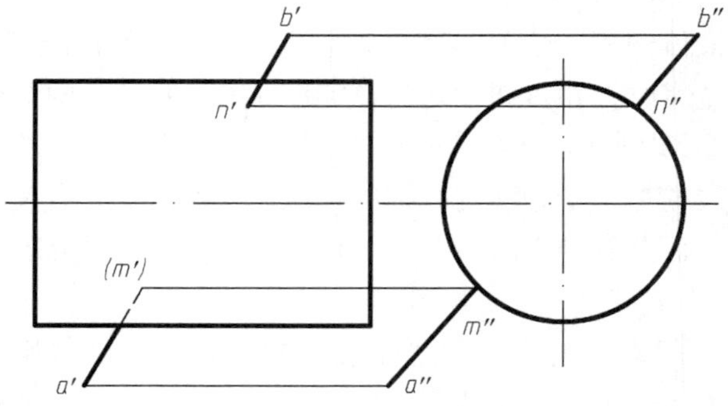

图5-33 利用积聚性求贯穿点

【解】 由于圆柱侧面投影积聚成一圆周，所以直线 AB 与圆柱贯穿点的侧面投影必落在此圆周上，可直接找出贯穿点 M、N 的侧面投影 m''、n''，再对应到直线正面投影上求出正面投影 m'、n'。根据贯穿点的位置判别正面投影的可见性。n' 可见，m' 不可见，故 $a'm'$ 被圆柱遮挡部分画虚线，MN 穿入实体部分不画线。

2. 利用辅助平面法求贯穿点

利用辅助平面法求贯穿点时作图步骤：

1）包含已知直线作辅助面。

2）求出辅助平面与立体的截交线。

3）截交线与已知直线的交点即为所求的贯穿点。

应该注意的是：在选择辅助平面时，应使辅助平面与曲面立体截交线的投影，为简单而易画的直线或圆。

【例5-12】 求作直线 AB 与圆锥的贯穿点（见图5-34）。

【解】 由于直线 AB 是一般位置线，所以我们可以包含 AB 作过顶点 S 的辅助平面△SAB，辅助平面与圆锥的截交线为两条素线 SⅠ、SⅡ，水平投影为 $s1$、$s2$，$s1$、 s2 与直线 AB 的水平投影 ab 的交点 c，d，即为贯穿点的水平投影，对应到直线的正面投影、侧面投影上即可作出贯穿点的正面投影 c′、d′和侧面投影 c″、d″。

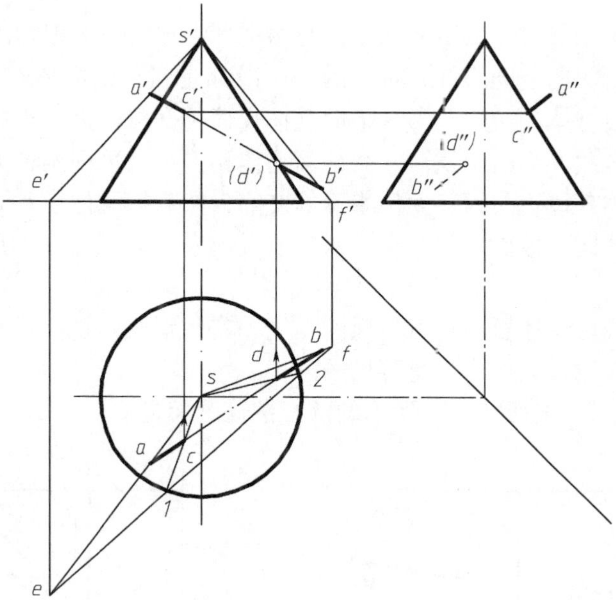

图 5-34 辅助平面求贯穿点方法

判别可见性时，由于 BD 段位于圆锥后半部分，故正面投影中，d′到圆锥轮廓线间一段为不可见；同理 BD 段位于圆锥右半部分，故侧面投影中 b″d″不可见。

3. 利用换面法求贯穿点。

当一般位置直线与曲面立体相交时，如果包含已知直线作辅助平面与曲面立体相交，所得截交线的投影不是直线或圆时，我们可以采用换面法解决。

【例 5-13】 求作一般位置直线 AB 与圆球的贯穿点，如图 5-35 所示。

【解】 我们先作一次换面 V_1/H，使包括 AB 的辅助面 P 与球面的截交线在 V_1 投影面中反映实形圆。$a_1'b_1'$与之的交点，即为 AB 与球面的贯穿点在 V_1 面中的投影 m_1'、n_1'，返回到 H 投影面中，可求得 m、n，再返回到 V 投影面中，可对应求得

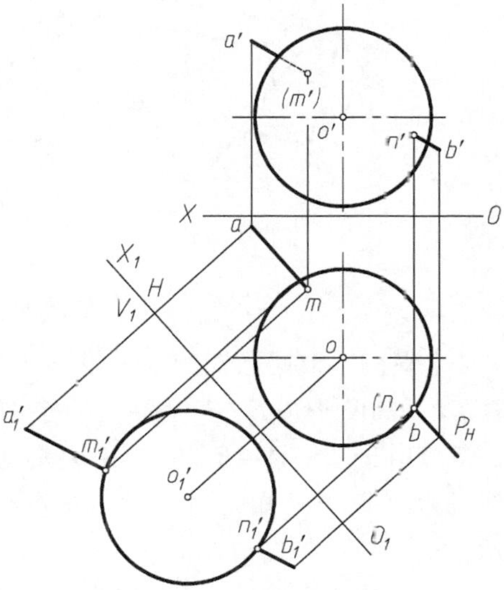

图 5-35 利用换面法求贯穿点

m'、n'。此题的可见性判别方法同前所述，n、m'为不可见。

5.4.2 两平面立体相交

两平面立体相贯时，由于平面立体是由平面组成的，一般情况下，两平面立体的相贯线是封闭的空间折线，折线的每一段都是两平面立体有关棱面的交线，折点是某一平面立体的棱边与另一平面立体表面的交点。因此求两平面立体相贯线的实质就是求两平面的交线。求两平面立体相贯线常采用两种方法：一种方法是求出某一立体各棱边与另一立体表面的交点，然后把既位于一立体同一棱面上又位于另一立体同一棱面上的两交点依次连接起来；另一种方法是求两立体有关棱面的交线。

求出相贯线后，还要进行可见性的判别，其判别原则是：只有位于两立体都可见棱面上的交线，其投影才是可见的。

【例5-14】 求作图5-36a所示的两三棱柱的相贯线。

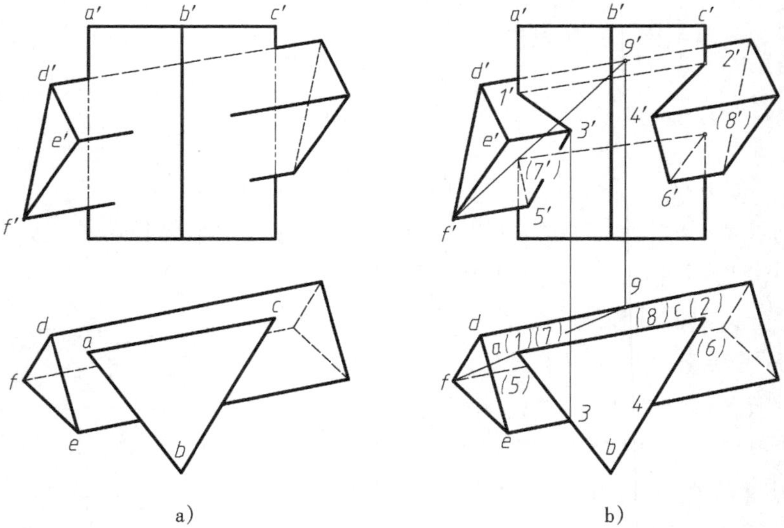

图5-36 两三棱柱相贯

【解】 根据已知的水平投影并参照正面投影可以看出两立体为互贯，三棱柱 DEF 的两条边 E、F 贯穿三棱柱 ABC；而三棱柱 ABC 的棱边 A、C 贯穿三棱柱 DEF。由于三棱柱 ABC 的侧棱面都为铅垂面，其水平投影有积聚性，因此相贯线的水平投影已知，只要求出相贯线的 V 面投影即可。作图步骤如图5-36b所示：

1）利用积聚性，可直接定出三棱柱 DEF 两条棱边 E、F 上的贯穿点Ⅲ、Ⅳ和Ⅴ、Ⅵ的水平投影3、4和5、6。再求出其正面投影3′、4′、5′、6′。

2）而三棱柱 *ABC* 的棱边 *A*、*C* 上的贯穿点Ⅰ、Ⅶ和Ⅱ、Ⅷ的水平投影 1、7 和 2、8 也直接定出，再利用立体表面取点法求出它们的 *V* 面投影 1′、7′和 2′、8′。为使图面清晰，图 5-36b 仅保留了求作贯穿点Ⅶ的 *V* 面投影 7′的作图线。

3）连接贯穿点。根据连线原则，在正面投影中，分别依次连接 1′、3′、5′、7′、8′、6′、4′、2′、1′，即为相贯线的 *V* 面投影。

4）判别可见性。根据可见性的判别原则，由于棱面 *AB* 和 *BC* 及棱面 *DE* 和 *EF* 的正面投影可见，所以交线 1′3′、3′5′和 2′4′、4′6′可见；由于棱面 *AC*、*DF* 的正面投影不可见，所以 5′ 7′、7′8′ 、8′6′ 和 1′2′不可见。

5） 补全投影。

【例 5-15】 完成如图 5-37a 所示的四棱柱和六棱锥相贯线的投影。

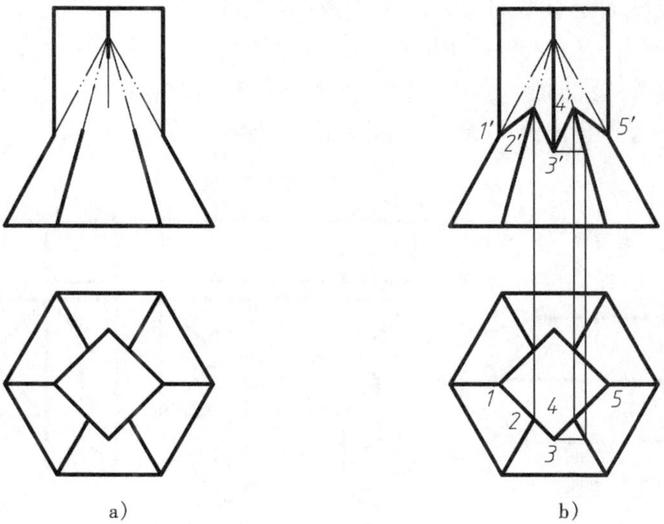

a） b）

图 5-37 四棱柱和六棱锥相贯

【解】 由图 5-37a 所示，可以看出两相贯立体前后、左右对称，两立体表面形成的相贯线必然也前后、左右对称。因此只要求出相贯线的四分之一部分，其余的可利用对称性画出。四棱柱的四个表面都垂直于水平投影面，所以相贯线的水平投影已知，要求的是相贯线的正面投影。作图步骤如下（本题仅求出相贯线的前半部分，后半部分的正面投影与前半部分重合）：

1）利用积聚性，四棱柱的四个表面与六棱锥的六个棱面交线的水平投影已知。相贯线前半部折线各端点Ⅰ、Ⅱ、Ⅲ、Ⅳ、Ⅴ的水平投影可直接求出，如图 5-37b所示。

2）根据属于直线上点的投影性质，求出Ⅰ、Ⅱ、Ⅳ、Ⅴ点的正面投影 1′、2′、4′、5′。再根据在平面上取点的方法求出Ⅲ点的正面投影 3′。

3）依次连接1′、2′、3′、4′、5′各点，完成相贯线的正面投影。

4）完善轮廓线。结果如图5-37b所示。

求坡屋面的交线是工程中常见的两平面立体相交实例。若同一屋面上所有坡屋面与地面的倾角均相同，则称为同坡屋面。

同坡屋面具有如下特性；

1）若同坡屋面的前后檐口平行且等高时，则两坡屋面必交于水平的屋脊线。屋脊线的水平投影平行于两檐口线的水平投影，且与两檐口线等距。

2）檐口线相交的两相邻坡屋面必交于倾斜的斜脊或天沟。斜脊或天沟的水平投影平分两檐口线水平投影的夹角。斜脊位于凸墙角处，天沟位于凹墙角处，如图5-38a所示。

3）如果屋面上有两斜脊、两天沟或一斜脊一天沟交于一点，则必有第三条屋脊线通过该点。这一点就是相邻屋面的公共点。

特别需要注意的是，当建筑物的外形不是矩形时，应按整体处理屋面，如图5-38b所示。否则会出现平天沟，如图5-38c所示。

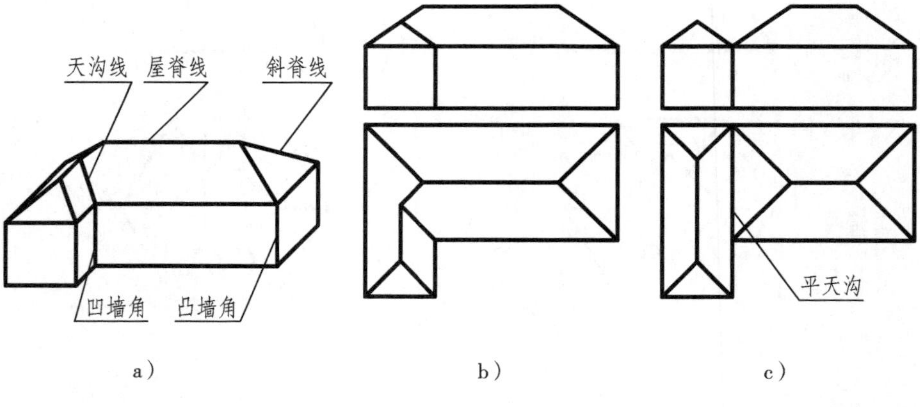

图5-38 同坡屋面

【例5-16】 已知同坡屋面房屋的水平投影如图5-39a所示，倾角为α。求作它的正面投影并画出屋面交线。

【解】 1）根据同坡屋面特性2，画出所有檐口交线的角平分线，如图5-39b所示。这些线即为斜脊线或天沟线。

2）根据同坡屋面特性1，画出三条屋脊线12、34、56，连接23、45，则折线123456即为所求屋脊线的水平投影，如图5-39b所示。

3）以$1/2ab$为直角边、α角为锐角作一直角三角形，则另一直角边为檐口线AC和屋脊线ⅤⅥ正面投影的距离。由此画出屋面的正面投影，如图5-39c所示。

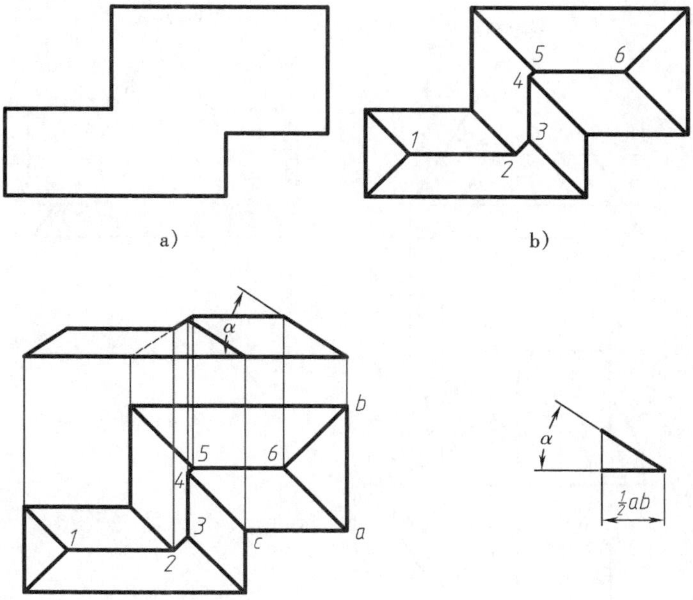

a)　b)　c)

图 5-39　同坡屋面交线的求法

5.4.3　平面立体与曲面立体相交

平面立体与曲面立体相贯时，由于平面立体是由平面组成的，这些平面与曲面立体的相贯线实质就是平面与曲面立体的截交线，整个相贯线是由封闭的若干段平面截交线组成的，而两段截交线连接点是平面立体棱边与曲面立体的贯穿点。因此求平面立体与曲面立体的相贯线，可归纳为求平面与曲面立体的截交线和直线与曲面立体贯穿点的问题。

【例 5-17】　求作三棱柱与圆锥的相贯线（见图 5-40）。

【解】　1）由图 5-40 可以看出三棱柱的所有棱边均为正垂线，并全贯到圆锥体内。由于三棱柱正面投影具有积聚性，因此相贯线正面投影已知，故只需求出水平和侧面投影。棱面 *AC* 为水平面，与圆锥的截交线应为圆的一部分；棱面 *BC* 平行圆锥的一条素线，它与圆锥的截交线为抛物线的一部分；棱面 *AB* 与圆锥的截交线应为椭圆的一部分。各段截交线相交于三棱柱的棱边上。

2）求特殊点，先求棱边对于圆锥的贯穿点。棱边 *B* 对于圆锥的贯穿点位于圆锥的最前与最后素线上，因此它的水平投影和侧面投影可直接求出。对棱边 *A* 和 *C*，可用包含棱边 *A* 和 *C* 作的辅助水平面 *P* 截圆锥得纬圆，从而对应地求得贯穿点Ⅶ、Ⅷ、Ⅸ、Ⅹ的投影。圆弧 7-9 和圆弧 8-10 也为 *AC* 棱面与圆锥面的截

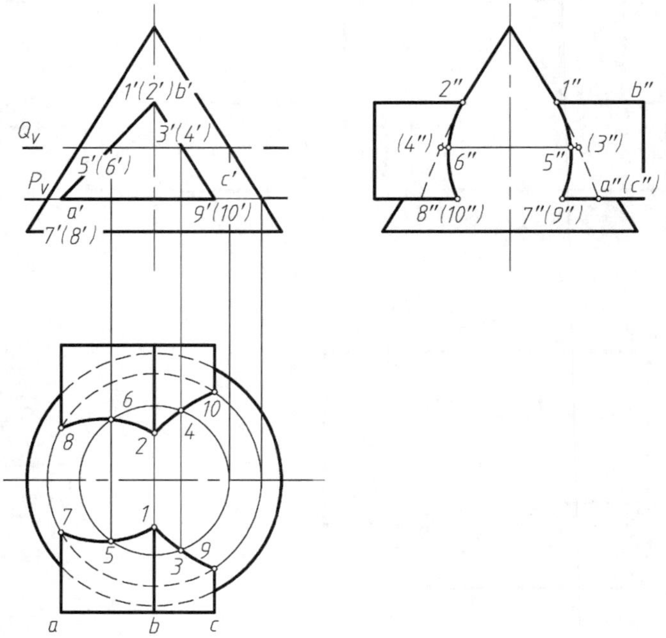

图 5-40 三棱柱与圆锥相贯

交线。再求圆锥的转向线与三棱柱的贯穿点。图中已求出，即为棱边 B 对于圆锥的贯穿点Ⅰ、Ⅱ。

3）求一般点，对于一般位置的点的数量可根据待求交线的复杂性和准确性确定。要求应多选几点，以能确定交线形状为准。本图仅选Ⅲ、Ⅳ、Ⅴ、Ⅵ点为例说明之，即在截平面的积聚性投影上选取 3′、4′、5′、6′得点的第一投影，保证点在截平面上；再包含 3′、4′、5′、6′作辅助水平面 Q，求取点的第二投影 3、4、5、6，最后用二求三求得点的第三投影 3″、4″、5″、6″。

4）连点判断可见性，求出相贯线上若干点后，依次光滑连接各点的同面投影，即得相贯线的另两投影。AC 棱面的相贯线位于棱柱下方，故其水平投影为不可见。对于侧面投影，棱柱和圆锥右部的相贯线为不可见。其余都可见，对不可见的投影用虚线画出。

5）完善立体轮廓，三棱柱水平投影和侧面投影只剩前后两段，圆锥侧面投影转向线中段被贯去。

【例 5-18】 求作圆锥基础的相贯线（见图 5-41a）。

【解】 由图 5-41a 可以看出，圆锥基础由四棱柱与圆锥面相交而形成。四棱柱各棱面平行于圆锥轴线，因此相贯线是由四段双曲线组成的空间封闭曲线。此空间曲线的转折点是四棱柱的四条棱边与圆锥面的交点。由于棱柱中心线与圆

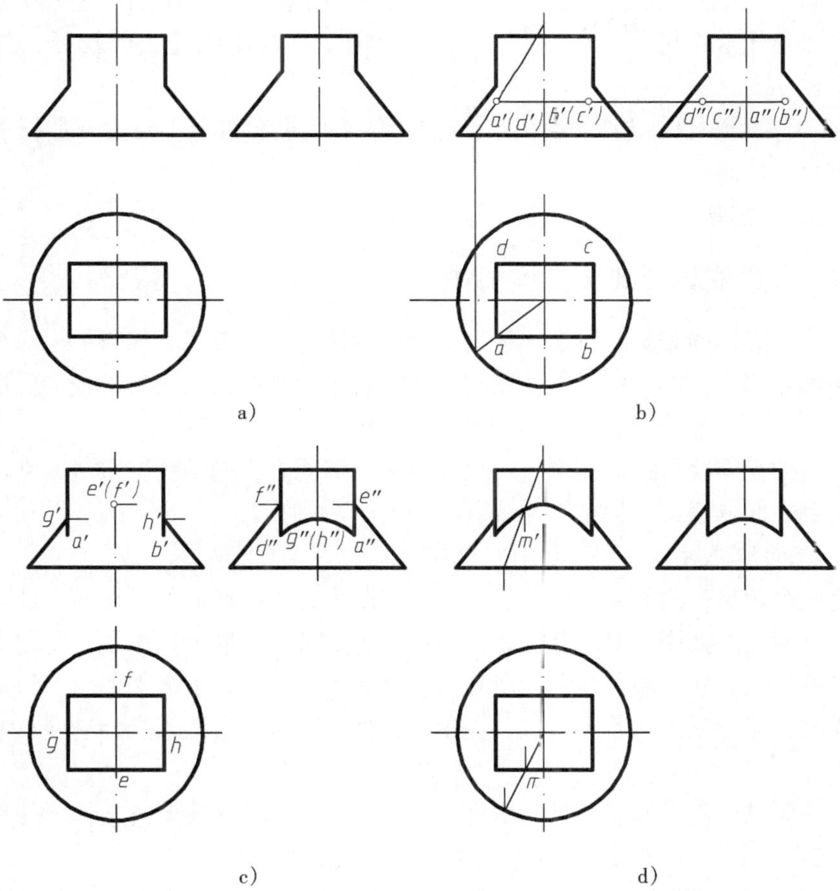

图 5-41 求圆锥基础的相贯线

锥轴线重合，且前后、左右对称，因此相贯线的前、后双曲线的正面投影重合，左、右双曲线的侧面投影重合，相贯线的水平投影与四棱柱的水平投影重合。作图步骤如下：

1）求相贯线的转折点。转折点 A、B、C、D 是四棱柱孔的棱边与圆锥面的交点，其水平投影 a、b、c、d 可以直接定出，用素线法求出其正面投影 a'（d'）、b'（c'）和侧面投影 a''（b''）、d''（c''），如图 5-41b 所示。

2）求双曲线的最高点。前、后双曲线的最高点 E 和 F，是圆锥面最前、最后素线与四棱柱棱面的交点，可以直接定出其侧面投影 e''、f''，进而求出正面投影 e'（f'）。左、右双曲线的最高点 G、H 是圆锥面最左、最右素线与四棱柱棱面的交点，可以直接定出其正面投影 g'、h'，进而求出侧面投影 g''（h''），顺序连接 a''、g''、d''画出左右双曲线的侧面投影，如图 5-41c 所示。

3）求一般点。在水平投影上任选一点 m，用素线法求出其正面投影 m'。在正面投影上光滑连接 a'、m'、e'、f'，画出前、后双曲线的正面投影，如图 5-41d 所示。

4）判别可见性。相贯线的前后双曲线的正面投影重合，左右双曲线的侧面投影重合，均画成实线。

5）完善轮廓线。

5.4.4 曲面立体与曲面立体相贯

两曲面立体的相贯线，在一般情况下是封闭的空间曲线，相贯线上每个点都是两曲面立体表面的共有点。作图时要作出若干个共有点的投影，把它们的同面投影依次光滑地连接起来，即得相贯线的投影。

两曲面立体相贯线的作图方法根据不同的情况有不同的作图方法，常用的作图方法有表面取点法、辅助平面法等几种。

1. 表面取点法

当两个相贯的曲面立体中，有一个是轴线垂直于投影面的圆柱时，此时圆柱在该投影面上的投影积聚为圆，因此相贯线上所有点的同名投影也在此圆上。根据相贯线的共有性，相贯线上的所有点也必属于另一立体表面上的点。于是可在相贯线的已知投影上取若干个点，利用在曲面上取点的方法，求出这些点的其他投影。

当曲面立体表面的投影具有积聚性时，可以利用积聚投影直接作出相贯线。

【例 5-19】 求作两正交圆柱的相贯线（见图 5-42a）。

【解】 由图 5-42a 可知，小圆柱的轴线为铅垂线，圆柱面的水平投影积聚

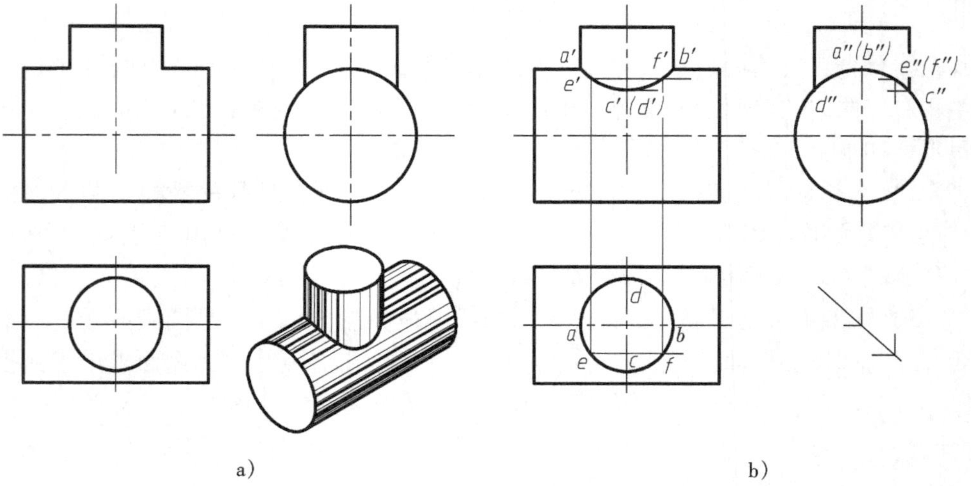

图 5-42 两正交圆柱的相贯线

为一圆周，相贯线的水平投影积聚在此圆周上。大圆柱的轴线为侧垂线，圆柱面的侧面投影积聚为一圆周，相贯线的侧面投影也积聚在该圆周上。只需求出相贯线的正面投影即可。作图步骤如图 5-42b 所示：

1）求相贯线上的最高点。相贯线上的最高点是大圆柱的最上素线与小圆柱的贯穿点 A 和 B，可以直接定出 A、B 两点的投影。

2）求相贯线上的最低点。相贯线上的最低点是小圆柱的最前、最后素线与大圆柱的贯穿点 C 和 D，其投影也可直接定出。

3）求一般点 E 和 F。在相贯线的水平投影上任取点 e 和 f，由此得侧面投影 e''（f''），进而作出 e'和 f'。

4）连接各点。在正面投影中，依次光滑地连接 a'、e'、c'（d'）、f'、b'各点，即为相贯线的正面投影，它是一条前后重合的曲线，画成实线。

【例 5-20】 求作图示圆柱与圆锥的相贯线（见图 5-43）。

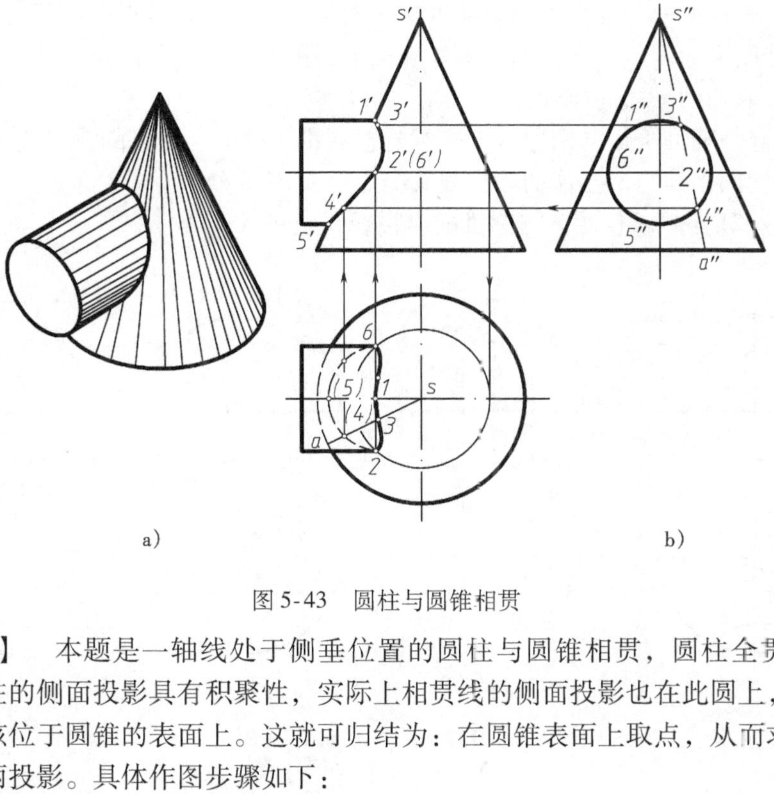

图 5-43 圆柱与圆锥相贯

【解】 本题是一轴线处于侧垂位置的圆柱与圆锥相贯，圆柱全贯到圆锥中，圆柱的侧面投影具有积聚性，实际上相贯线的侧面投影也在此圆上，而相贯线也应该位于圆锥的表面上。这就可归结为：在圆锥表面上取点，从而求相贯线的其余两投影。具体作图步骤如下：

1）求特殊点。分析侧面投影，可直接求得最高和最低点Ⅰ、Ⅴ两点。最前和最后两点Ⅱ、Ⅵ的侧面投影 2″、6″已知，过Ⅱ、Ⅵ两点在圆锥面上作一纬圆，该纬圆的水平投影反映实形，它与圆柱水平投影的转向轮廓线交于 2、6 两点。最后用二求三方法求出Ⅱ、Ⅵ两点的正面投影 2′、6′。

2）求一般点，确定两个一般位置点Ⅲ、Ⅳ。过3″、4″点在圆锥表面作辅助素线$s''a''$，利用圆锥表面取点的方法，作出Sa，对应求出3、4点。最后用二求三方法求得点的正面投影。

3）依次光滑地将各同面投影点连接起来，即得到相贯线的另两投影。

4）判别可见性。相贯线为前后对称图形，所以正面投影前半部可见，后半部与之重合。对应水平投影相贯线的上半部分为可见，即2、3、1、6段，下半部分为不可见，即2、4、5、6段 。

5）完善两立体轮廓投影。相贯线是两立体表面的分界线，当其求出之后两立体的范围明确，必需补齐各自的轮廓投影。除其贯去部分的轮廓投影。圆柱正面投影上、下转向线终止于1′、5′，水平投影前后转向线终止于2、6。圆锥正面投影左转向轮廓线也终止于1′、5′。

2. 辅助平面法

该法是选取一个辅助平面去截取两相贯的曲面立体，所得两段截交线的交点既在该辅助平面内，又在两曲面立体表面上，因而是三面共有点，故是相贯线上的点。选取辅助平面的原则为：

1）要使辅助平面与两曲面截交线的投影都是简单、易画的直线或圆。

2）辅助平面与两立体的截交线有交点（见图5-45b）。

【例5-21】 求作圆球与圆锥的相贯线（见图5-44）。

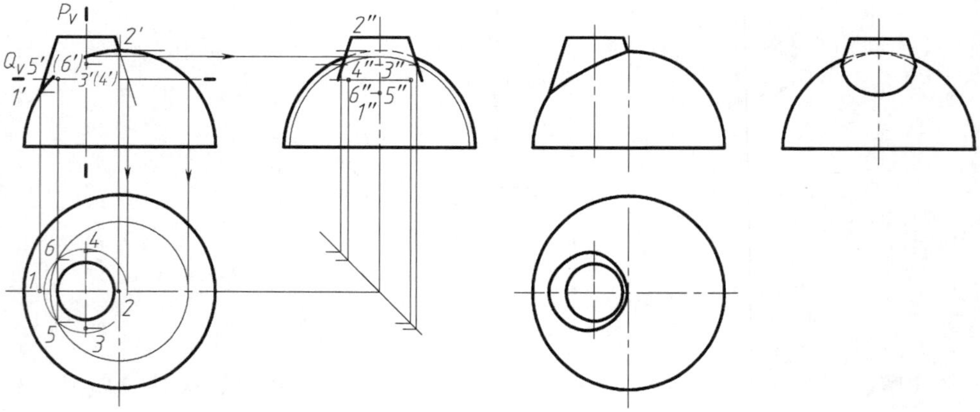

a)　　b)

图5-44　圆球与圆锥相贯

【解】 该题是圆球与圆锥相贯，球面与圆锥面的投影都没有积聚性，故不能用前述的积聚性表面取点法求点，可利用辅助平面法求相贯线，具体作法如下：

1）求特殊点，圆球与圆锥具有公共的前后对称面，对称面上的相贯点Ⅰ(1，1′)、Ⅱ(2，2′) 可直接得到。过圆锥的轴线作辅助侧平面P，P面与圆球和圆锥的截交线分别为圆和圆锥侧面投影的两条转向轮廓线，在侧面投影上均反映实形，它们交点即为相贯线上的点的侧面投影3″、4″，引水平线与P_V相交，求得其正面投影3′、4′，再根据点的两投影，求出水平投影3、4（见图5-44a）。

2）求一般点，选取适当位置作水平辅助面Q，Q面与圆球和圆锥的截交线分别为球面和圆锥面上的纬圆，纬圆的水平投影均反映实形，它们的交点即为相贯线上点的水平投影5、6，从5、6两点分别引垂直线求出对应的正面投影5′、6′，再根据点的两投影，求出它们的侧面投影5″、6″（见图5-44a）。

3）依次将相贯线上各点的同面投影光滑地连接起来，水平投影顺序为1、5、3、2、4、6、1；正面投影前后重影顺序为1′、5′、3′、2′；侧面投影顺序为1″、5″、3″、2″、4″、6″、1″。

4）判别可见性，正面投影后半部不可见并与1′5′3′2′重影，虚线不画。位于圆锥的右半部的相贯线部分，其侧面投影3″、2″、4″段不可见，画成虚线。

5）完善轮廓投影，圆球正面主子午圆的轮廓终止于1′、2′两点。圆锥正面投影左、右轮廓线也终止于1′、2′两点，侧面投影前、后两轮廓线终止于3″、4″两点。球的侧面投影转向轮廓线在圆锥前后两轮廓线之间的部分不可见，画成虚线（见图5-44b）。

【例5-22】 求作两轴线交叉垂直相交圆柱体的相贯线（见图5-45a）。

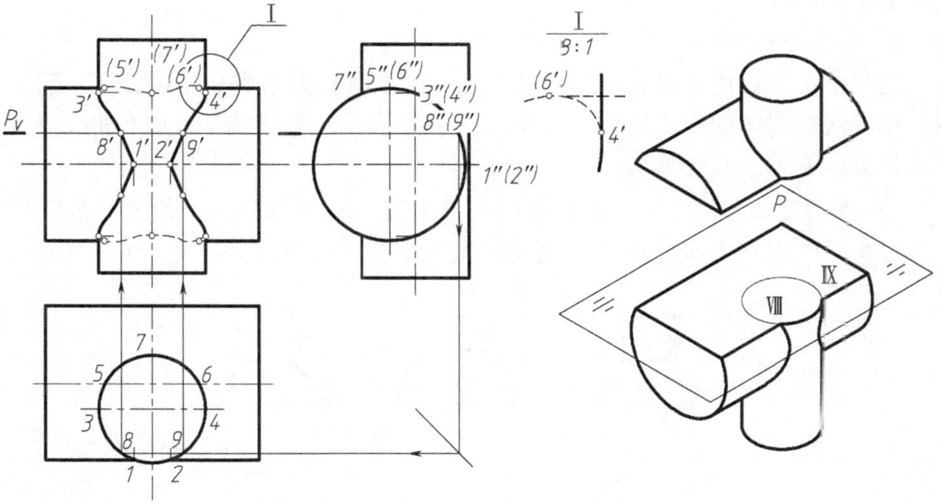

图5-45 轴线交叉垂直相交的二圆柱相贯

【解】 由图中可以看出，大圆柱的轴线垂直于侧投影面，其侧面投影具有积聚性；小圆柱轴线垂直水平投影面，其水平投影具有积聚性。水平投影和侧面投影在两圆柱投影的公共部分积聚性投影上，可以确定出相贯线的水平投影和侧面投影。正面投影可以利用辅助平面法来求出。具体作图步骤如下（由于相贯线的正面投影上下、左右对称，故本题仅说明上半部的作图方法）：

1）求特殊点。相贯线上的最前点Ⅰ（1，1′，1″）、Ⅱ（2，2′，2″）点，最左点Ⅲ（3，3′，3″），最右点Ⅳ（4，4′，4″），最高点Ⅴ（5，5′，5″）、Ⅵ（6，6′，6″）以及小圆柱后方的转向轮廓线上的Ⅶ（7，7′，7″）点，可通过投影直接求得。

2）求一般点。作辅助水平面 P，P 平面与大圆柱的截交线为两根素线，与小圆柱的截交线为圆（见图5-45b），在水平投影上都反映实形，求出它们的交点8和9。由8、9两点分别向上作铅垂线，对应到正面投影可求得各自的正面投影8′、9′。

3）将求得各点的同面投影依次光滑地连接起来，即得到相贯线上半部的正面投影。由于两圆柱具有公共的水平对称面，故相贯线的正面投影下半部分与上半部分对称。

4）判别可见性，由水平投影可以看出相贯线的Ⅲ、Ⅴ、Ⅶ、Ⅵ、Ⅳ段位于小圆柱的后半部分，故正面投影中3′、5′、7′、6′、4′段为不可见，下半部与此相同。

5）完善轮廓线，上半部大圆柱 V 面转向线终止于5′、6′，且由5′向左、6′向右到小圆柱轮廓线的两段为不可见。小圆柱 V 面转向线终止于3′、4′点。下半部与上半部对称。

3. 两曲面立体相贯的特殊情况

相贯线的形状由上可知取决于两曲面体的形状、大小和相互位置，一般情况下，相贯线为封闭的空间曲线，但在特殊情况下，可能会蜕变为平面曲线或直线段。常见的有如下几种情况：

1）当两回转体同轴时，其相贯线为一垂直于该轴线的圆，若公共轴线平行于某投影面，则相贯线在该投影面上的投影积聚为一直线段，如图5-46所示。

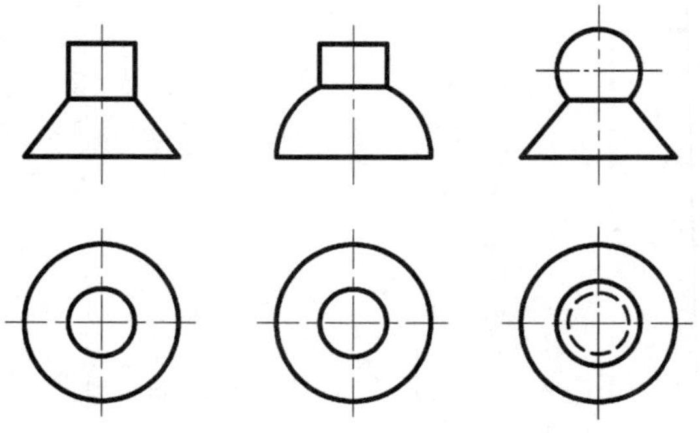

a)　　b)　　c)

图5-46　相贯线为圆

图5-46a为共轴的圆柱和圆锥台，图5-46b为共轴的圆柱和半圆球，图5-46c为共轴的圆球和圆锥台，它们的交线都为水平圆，正面投影均积聚为一条直线。

2）两个二次曲面外切于同一球面时，其相贯线是平面二次曲线，并在公共对称平面平行的投影面上的投影积聚成一直线段。如图5-47所示，图5-47a所示为两直径相等的正交圆柱，图5-47b为一圆柱与圆锥轴线正交且同时外切于同一球面，图5-47c为两轴线正交的圆锥且同时外切于同一球面，它们的交线都为椭圆。若两轴线所构成的平面与某一投影面平行，则交线椭圆在该投影面上的投影积聚为一直线。

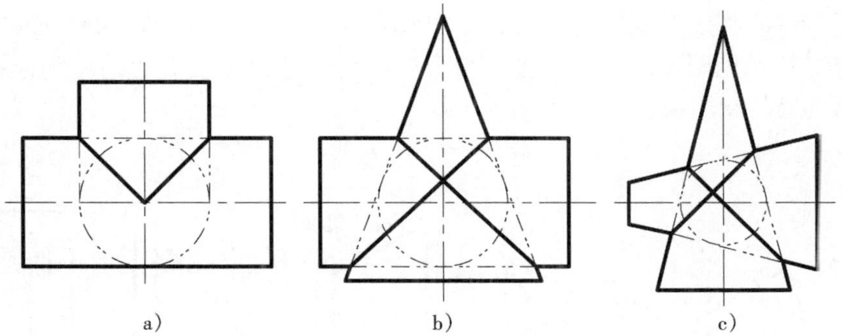

图5-47 相贯线为平面二次曲线

3）当两个圆柱体的轴线平行或两锥面共锥顶时，其相贯线为一对直素线。如图5-48所示，图5-48a为两轴线平行的圆柱面，其相贯线为平行于轴线的两素线；图5-48b为一正圆锥和一椭圆锥相交且两锥面共锥顶，其相贯线为过锥顶的两素线。

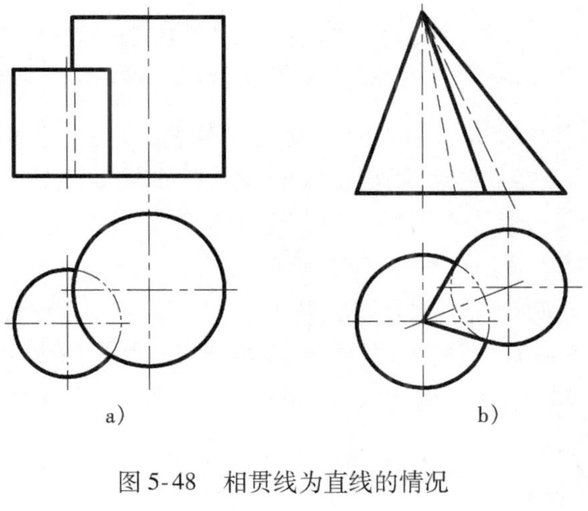

图5-48 相贯线为直线的情况

5.5 组合体

任何建筑形体，一般都可看作是由简单立体（称为基本体），如棱柱体、棱锥体、圆柱、圆锥、圆球和圆环等组合而成的。由两个或两个以上的基本几何体组成的形体，称为组合体。

5.5.1 组合体的组合形式及投影图

组合体的组成形式一般有叠加（见图 5-49）、切割（见图 5-50）或既有叠加又有切割（见图 5-51）等类型。组合体在组合过程中表面间的相互连接关系可分为共面、相切和相交三种情况。

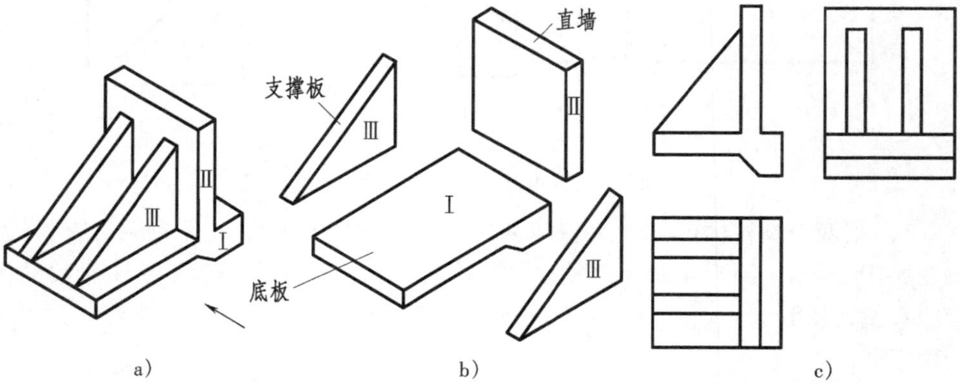

图 5-49 挡土墙的组合形式及其三投影图

a）立体图 b）挡土墙的组合方式 c）挡土墙的三投影图

（1）相交 当两形体相邻表面相交时，其表面的交线（截交线或相贯线）是它们的分界线，故在相交处画出交线的投影，如图 5-52 所示。

（2）相切 当两形体表面相切时，由于相切处两表面圆滑过渡，故在投影图中切线的投影不应画出，如图 5-53 所示。

（3）共面 当两个基本体叠加，各有一平面对齐共面时，共面处的两形体已经融合为一，不应有分界线，如图 5-54 中所示。

画组合体的投影就是画构成组合体的所有轮廓线、表面、顶点的投影，如图 5-52 ~ 图 5-54 所示。

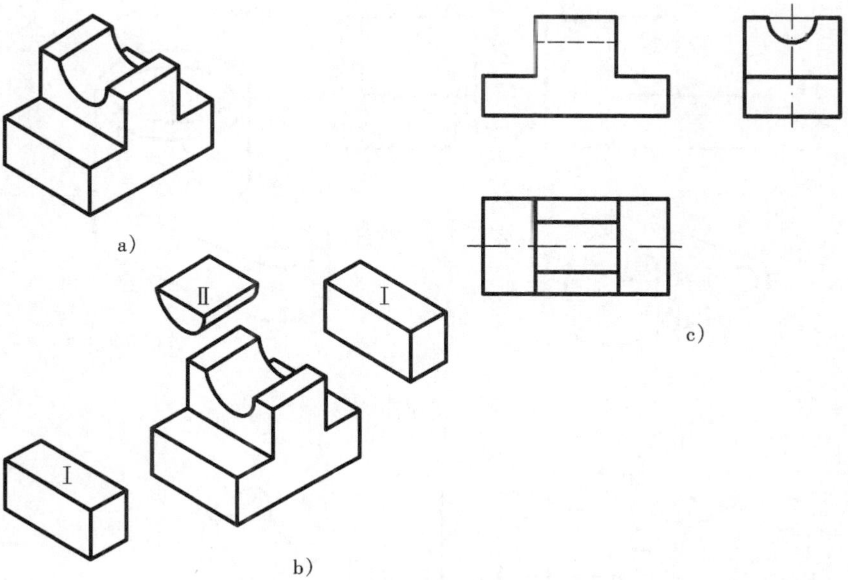

图 5-50 用切割法生成的组合体及其三投影图

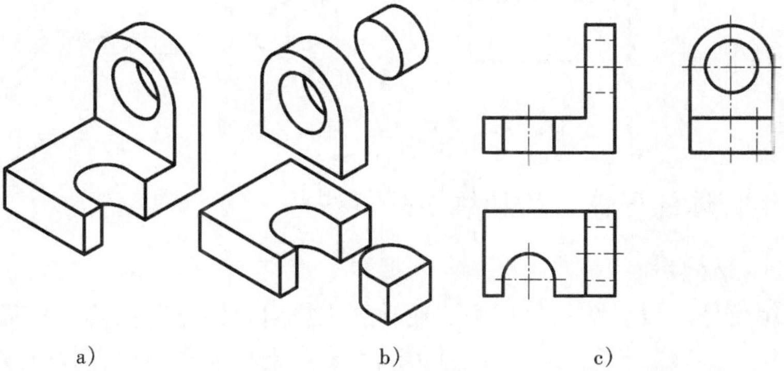

图 5-51 用叠加和切割的方法生成的组合体及其三投影图

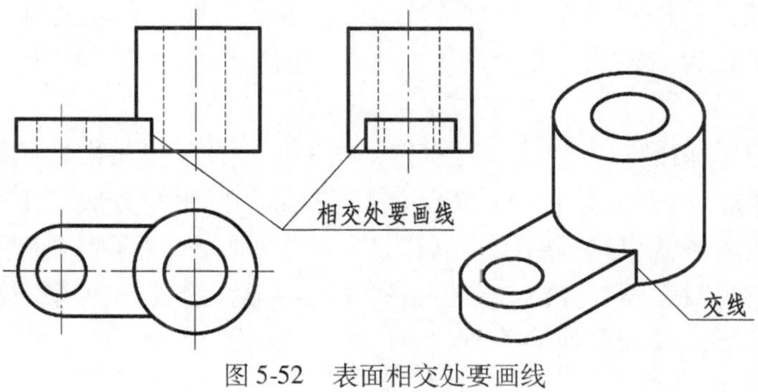

图 5-52 表面相交处要画线

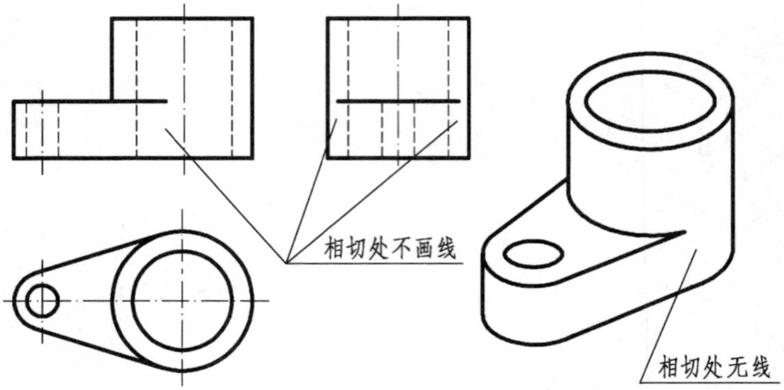

图 5-53 表面相切处不画线

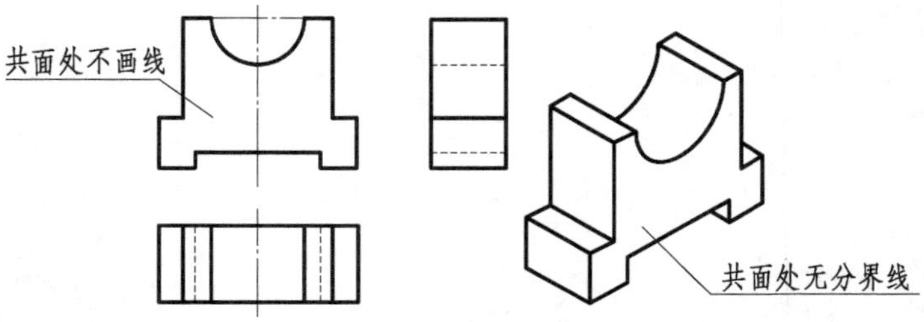

图 5-54 表面对齐共面时不画线

5.5.2 组合体的形体分析和线面分析法

1. 形体分析法

在画组合体三投影图的过程中，通常假想把组合体分解成若干个基本体，弄清各基本体的形状、相对位置、组合形式及表面连接关系，这种分析方法称为形体分析法。如图 5-49a 所示的扶壁式挡土墙，可将它分解为如图 5-49b 所示的四部分叠加而成：首先两四棱柱叠加为底板Ⅰ，Ⅱ为直墙，直墙也为四棱柱，Ⅲ为支撑板，其形状为三棱柱。Ⅱ放在Ⅰ上且与Ⅰ前后对齐，Ⅲ放在Ⅰ上且紧靠Ⅱ的左侧面。

图 5-50 为一切割式组合体，可看作是由一四棱柱经过三次切割而形成。

若是读组合体三投影图，通常把组合体的某个投影图分成若干个封闭线框，根据投影对应关系找出这些封闭线框在另外两个投影图中的对应图形，再对照各种基本形体的三投影图，弄清组合体由哪些基本形体组成、各基本体的形状、相对位置、组合形式及表面连接关系。

2. 线面分析法

线面分析法就是根据各种线、面的投影特性，深入分析投影图中的某一条线或某一封闭线框所表达的空间意义，从而构思出线、面的空间形状和位置。用线面分析法作一次分析，仅能读懂一条线或一个面的空间意义，如果全图都这样分析，不仅分析量大、费时多，而且不易很快地形成形体的整体概念。只有当形体上带有斜面，或者某些细部结构比较复杂，用形体分析法不易读懂时，才利用线面分析法分析这些较为复杂的细部结构。

5.5.3 读组合体三投影图的方法和步骤

读图是工程建造和施工的需要，也是提高空间想象能力和空间分析能力的重要手段。读图的基本方法是以形体分析法为主，线面分析法为辅，经常是两种方法并用，其中叠加体主要用形体分析法，切割体主要用线面分析法，对于图中局部难看懂的，往往也用线面分析法。

读图的过程中，应该几个投影图联系起来看。一般情况下，一个投影图不能反映物体的确切形状。有时，两个投影图也不能完全确定组合体的形状。因此，读图时一般都要将所给各个投影图联系起来阅读、分析、构思，才能想象出物体的正确形状。

现举例说明读图的方法及步骤。

【例5-23】 根据图5-55a想象出形体的形状。

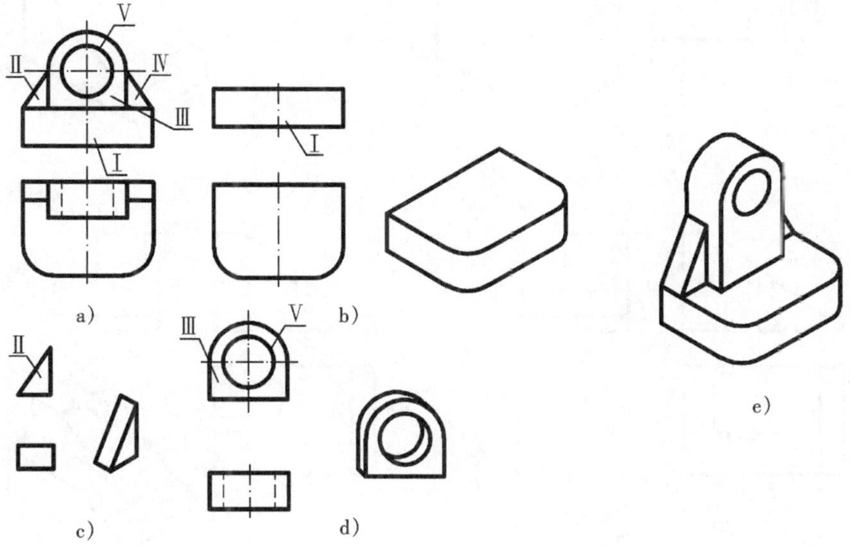

图5-55 用形体分析法读图

【解】 （1）对投影，分形体 首先大致看一下各个投影图，找出其中一个形状特征明显的投影图，将该投影图分解成若干简单的线框。一般情况下，总是从正面投影着手。在图5-55a的正面投影图上共有五个线框，用对线框、找投影的方法分析可知，五个线框中只有分别以Ⅰ、Ⅱ、Ⅲ、Ⅳ标注的四个线框为基本形体的投影；线框Ⅴ为封闭线框Ⅲ中的封闭线框，为一圆孔的正面投影。

（2）对投影、识形体　这一步的目的是要逐个想象出各基本体的形状。因该形体左右对称，线框Ⅱ、Ⅳ的形体相同，仅需分析Ⅰ、Ⅱ、Ⅲ等形体的形状。按投影关系分别把与它们有关联的投影分离出来，如图5-55b、图5-55c、图5-55d所示的三组投影图。逐个想象出它们的空间形状，如图5-55b、图5-55c、图5-55d三图中的轴测投影图所示。

（3）综合起来想整体　把分析所得各形体的形状，对照投影图上各线框的上下、左右和前后的相互位置关系，想象出组合体的整体形状如图5-55e所示。形体Ⅰ为底板，上加Ⅱ、Ⅲ、Ⅳ三个形体均与形体Ⅰ的后表面靠齐，而形体Ⅱ和形体Ⅳ分居形体Ⅲ的两侧。

【例5-24】　分析图5-56a所示形体的形状。

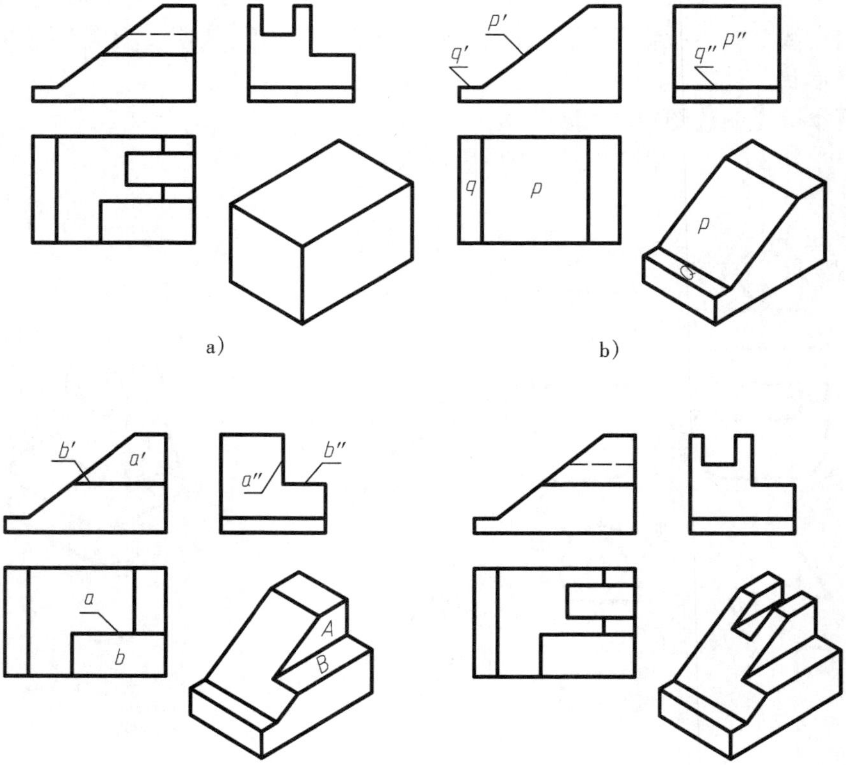

图5-56　用线面分析法读图

【解】　1）看大概、识形体。图5-56a的三个投影图，都是在一个大线框中包含若干个小的线框，且三个投影图中都有斜线。开始时，只考虑大线框，暂时不管小线框。根据三投影图中的大线框，想象出基本形体是一四棱柱，如图5-56a 中的轴测图所示。

2）对投影、识线面。投影图中的斜线和带有斜线的线框，往往是比较难看懂的部分，要应用线面分析法来分析。斜线一般是投影面垂直面或者是一般位置直线的投影，图 5-56b 正面投影中的左上的斜线，就是正垂面 P 的正面投影；左下的短横线，是水平面 Q 的投影。P 平面和 Q 平面的交线是正垂线。也就是说在四棱柱的左上部分被切掉了一个角，如图 5-56b 中的轴测图所示。

3）根据侧面投影中右上角的投影，联系到正面和水平投影中的对应投影的部分，显然在四棱柱的右、上、前部被正平面 A 和水平面 B 截切，切去了一四棱柱，如图 5-56c 中的轴测图所示。

4）根据侧面投影中左上角 U 形缺口的投影，联系到正面和水平投影中的对应投影的部分，显然在四棱柱的右、上、后部被两个正平面和一个水平面切去了一四棱柱。最后，合起来想整体，根据上述分析，综合起来可想象出形体的空间形状如图 5-56d 中的轴测图所示。

【例 5-25】 已知涵洞进口挡土墙的正面投影和侧面投影图，如图 5-57a 所示，补画水平投影。

【解】 1）正面投影图的形状特征较明显，从正面投影入手，结合侧面投影，将正面投影分为上、中、下三部分。上部是一水平放置的四棱柱；中间为一四棱台，四棱台的前表面是一正平面；下部底板是一四棱柱，从而画出三部分的水平投影，如图 5-57b 所示。

2）在上述分析的基础上，再看局部结构。上部四棱柱侧面投影图的前上方有一条斜线，根据投影性质，正面投影中与之对应的为一长方形，所以是一个侧垂面，即上部四棱柱被一侧垂面切去了一个角；中间四棱台的下部中间有一拱形孔洞；下部底板在底面中部开一矩形凹槽，在水平投影中补齐三部分的局部结构，如图 5-57c 所示。

3）综合以上分析，最后对照正面与侧投影图，将各部分按照它们的相互位置叠加在一起，想象出整个形体的空间形状，并据此完成涵洞进口挡土墙的水平投影，如图 5-57d 所示。

【例 5-26】 补画图 5-58a 所示三投影图中所缺的图线。

【解】 根据正面和侧面投影图，可以把这一形体分为上、下两部分。下面部分为一端面为梯形的四棱柱，在其上方叠加了一四棱柱，如图 5-58b 所示。

从正面投影可以看出，该组合体的上部被两正垂面切去一个三角形的缺口，由此可知该组合体的空间形状，如图 5-58c 所示。

综合上述分析，补全三投影图中所缺图线，如图 5-58d 所示。

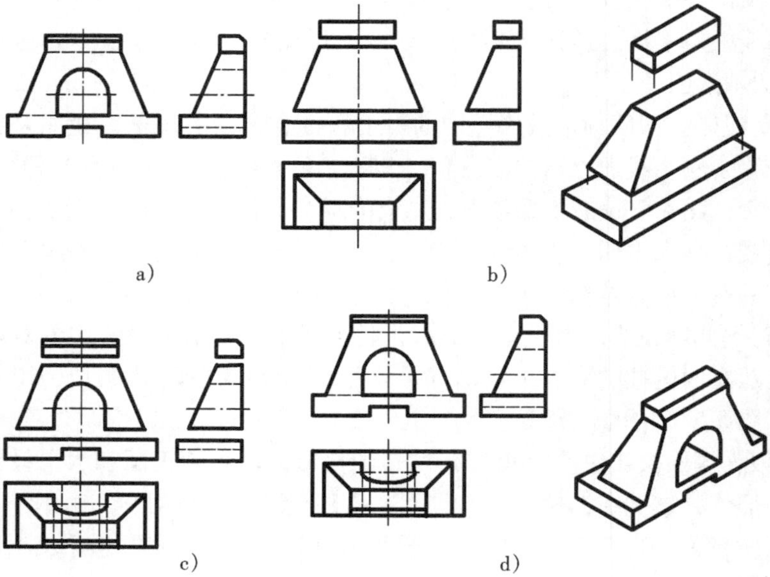

图 5-57 补画涵洞进口挡土墙的侧投影

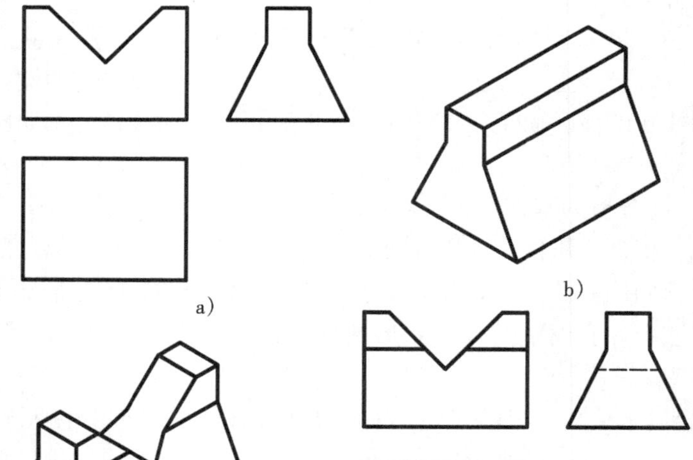

图 5-58 补画三投影图中所缺的图线

第 6 章　轴测投影图

工程图样通常是采用多面正投影图，它们能够准确地表达物体的形状及大小，作图简便、尺寸清晰。多面正投影图的缺点是缺乏立体感、不直观，需几个投影图对照起来才能想象出物体的结构和形状，必须具有一定的投影知识才能看懂。

轴测投影图属于单面投影图，具有很强的立体感，任何人都能看得懂，也能想象出所表达的物体形状。其缺点是不精确、度量性差。轴测投影图常常用于科技书刊、资料中作辅助性说明图样，或用于表达复杂的空间机构、管路及机器外形等。

6.1　轴测投影图的基本知识

6.1.1　轴测投影图的形成

将空间几何体连同确定其空间位置的直角坐标系，用平行投影的方法，投影到单一投影面 P 上，所得到的能反映物体三个方向形状的投影图称轴测投影图，如图 6-1 所示。

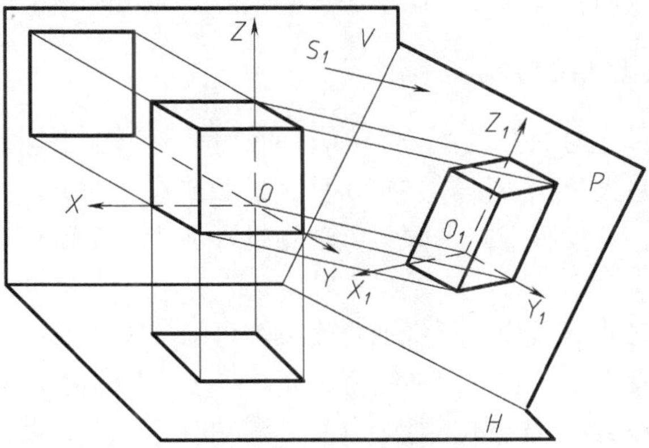

图 6-1　轴测投影图的形成

由于是平行投影，因此必须具备投影的三要素。在这里，S_1是投影方向，空间立方体及确定该立方体的空间直角坐标系 *O-XYZ* 是投影物体，平面 *P* 是轴测投影面。空间直角坐标系 $O\text{-}XYZ$ 的三根坐标轴 OX、OY、OZ 在轴测投影面 P 上的对应投影 O_1X_1、O_1Y_1、O_1Z_1 称为轴测轴。

6.1.2 轴测投影图的性质及两个重要定义

1. 轴测投影的特性

轴测投影图是由平行投影生成的，因此凡是平行投影所具有的性质，轴测投影都满足。在绘制轴测投影图时应特别注意如下一些特性：

1）空间两平行线段的轴测投影，仍然平行，且两线段的轴测投影长度之比等于两线段实际长度之比。

2）从属性和定比性。直线上点的轴测投影，仍然在直线的轴测投影上，且点分割线段之比等于其轴测投影两线段之比。

2. 轴间角和轴向伸缩系数

轴间角：空间直角坐标系 $O\text{-}XYZ$ 的三根坐标轴 OX、OY、OZ 在轴测投影面 P 上的投影 O_1X_1、O_1Y_1、O_1Z_1 称为轴测轴。每两根轴测轴之间的夹角 $\angle X_1O_1Y_1$、$\angle Y_1O_1Z_1$、$\angle Z_1O_1X_1$ 称为轴间角。

轴向伸缩系数：某一坐标轴在轴测投影面上的投影长与该轴的实际长度之比称为该轴的轴向伸缩系数。若 OX 轴的轴向伸缩系数用 p 表示；OY 轴的轴向伸缩系数用 q 表示；OZ 轴的轴向伸缩系数用 r 表示，则有：

$$p = \frac{O_1X_1}{OX} \quad q = \frac{O_1Y_1}{OY} \quad r = \frac{O_1Z_1}{OZ}$$

根据轴向伸缩系数，再考虑到平行性和定比性，在画轴测投影图时只能沿着平行于轴测轴的方向测量尺寸，而不能在其他方向上直接测量尺寸。

6.1.3 轴测投影图的分类

根据轴测投影方向 S 和轴测投影面 P 的夹角，可将轴测投影分为正轴测投影和斜轴测投影两大类。若投影方向 S 垂直于轴测投影面 P，如图 6-1 所示，则称为正轴测投影；若投影方向 S 倾斜于轴测投影面 P，如图 6-2 所示，则称为斜轴测投影。

再考虑到轴向伸缩系数，可将轴测投影图再细分类如下：

对于正轴测投影图，若轴向伸缩系数 $p=q=r$，则称为正等轴测投影图；若 $p=q\neq r$ 或 $p\neq q=r$ 或 $p=r\neq q$，则称为正二测轴测投影图；若 $p\neq q\neq r$，则称为正三测轴测投影图。遵循同样的规则，斜轴测投影图也分为斜等测轴测投影图（$p=q=r$）、斜二轴测轴测投影图（$p=q\neq r$ 或 $p\neq q=r$ 或 $p=r\neq q$）和斜三测轴测投影图（$p\neq q\neq r$）。

在工程中一般采用正等轴测投影图和斜二轴测投影图。

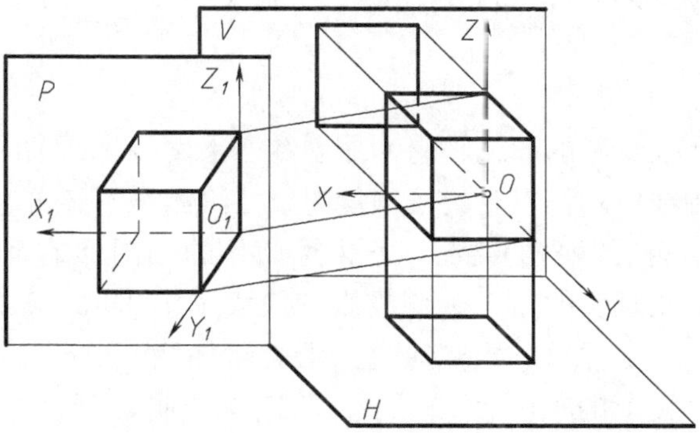

图 6-2 斜轴测投影图的形成

6.2 正轴测投影图

物体的正轴测投影图立体感强，一般不产生失真现象，故工程上常采用它来表达物体的形状。由于正轴测投影图的投影方向 S 垂直于轴测投影面，为了避免出现积聚性投影，使所画出的轴测投影图具有较强的立体感，必须使各坐标轴倾斜于轴测投影面 P，如图 6-1 所示。

6.2.1 正等轴测投影图的轴向伸缩系数和轴间角

在正等轴测投影图中，三个轴向伸缩系数都相等，即 $p=q=r\approx 0.82$。

正等轴测投影图的三个轴间角相等，即全为 120°，可以很方便地使用丁字尺与 30°三角板绘制正等轴测投影图的轴测轴及物体的正等轴测投影图，如图 6-3a 所示。

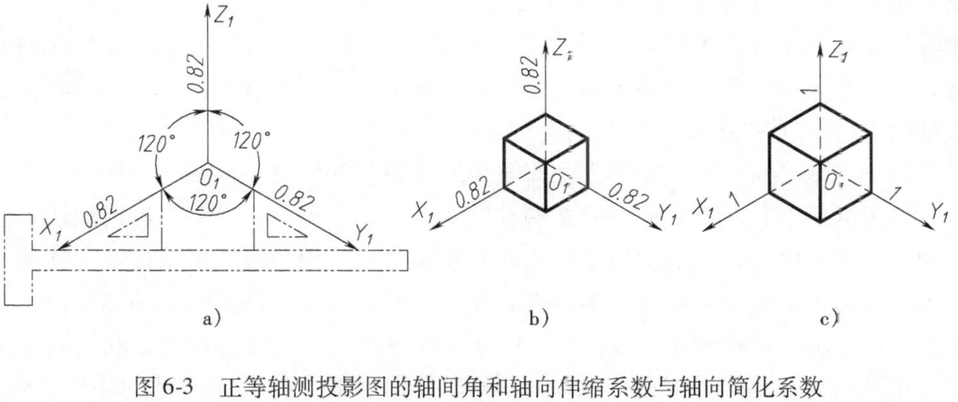

图 6-3 正等轴测投影图的轴间角和轴向伸缩系数与轴向简化系数

为了简化作图，国家标准规定，正等轴测投影图的轴向伸缩系数可以取为1，即：

$$p = q = r = 1$$

称为正等轴测投影图的简化轴向伸缩系数。采用简化的轴向伸缩系数后，凡是平行于轴测轴的线段均可以直接按测量的尺寸绘制，不必再进行换算，从而大大地方便了正等轴测投影图的绘制。若采用简化的轴向伸缩系数绘制轴测投影图，画出来的图形比真实的正等轴测投影图放大了 $1/0.82 \approx 1.22$ 倍，但不影响立体感，如图 6-3b、c 所示。严格地说，用简化伸缩系数绘制的物体轴测投影图，已不是原来意义上的轴测投影图了，所以不应叫轴测投影图，而称为轴测图。

6.2.2 圆的正等轴测投影

1. 属于或平行于坐标面圆的正等轴测投影

在正轴测投影中，空间直角坐标系的三个坐标面和轴测投影面 P 不平行，而处于倾斜状态。因此属于或平行于坐标面的圆在轴测投影面上的正投影为椭圆，其中心为圆心的轴测投影；长轴的方向垂直于属于该坐标面的第三坐标轴的轴测投影，长度等于该圆的直径 d；短轴垂直于长轴，长度等于 $d\cos\theta$（θ 为该坐标面与轴测投影面的夹角）。

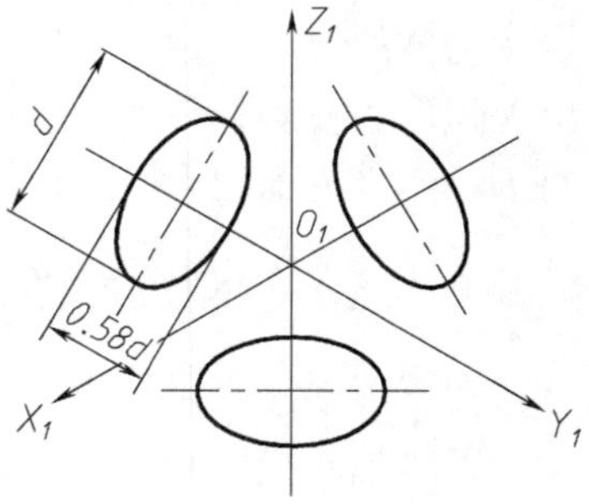

图 6-4 圆的正轴测投影椭圆的长短轴方向和大小

对于正等轴测投影，椭圆的短轴 $ab = 0.58d$，如图 6-4 所示。若采用简化的轴向伸缩系数绘制圆的正等轴测投影时，则长轴的长度为 $1.22d$，短轴的长度为 $1.22 \times 0.58d \approx 0.71d$。由图 6-4 可以看出，正平圆的正等轴测投影椭圆长轴垂直于 Y 轴测轴，短轴则平行于 Y 轴测轴；水平圆的正等轴测投影椭圆长轴垂直于 Z 轴测轴，短轴则平行于 Z 轴测轴；侧平圆的正等轴测投影椭圆长轴垂直于 X 轴测轴，短轴则平行于 X 轴测轴。

2. 属于或平行于坐标面圆的正等轴测投影椭圆的近似画法

一般情况下，对投影椭圆的精确程度要求不高，因此，常采用近似画法。由于椭圆轴的对称性，近似画法可采用四心扁圆法，即用四段圆弧来代替。其关键是求四段圆弧的圆心、半径和连接点。显然，圆心一定在椭圆的长轴和短轴上。

在正等轴测投影图中，属于或平行于三个坐标面圆的投影椭圆形状相同，只是长短轴的方向不同。因此，仅以 $O\text{-}XY$ 坐标面上的圆的轴测椭圆的画法为例，说明椭圆的作图过程，如图 6-5 所示。

1）作轴测轴 O_1X_1、O_1Y_1、O_1Z_1，并以 O_1 为圆心、圆的半径为半径画辅助圆，该辅助圆与三根轴测轴分别交于 A、C、B、D、E、F 各点，如图6-5a 所示。

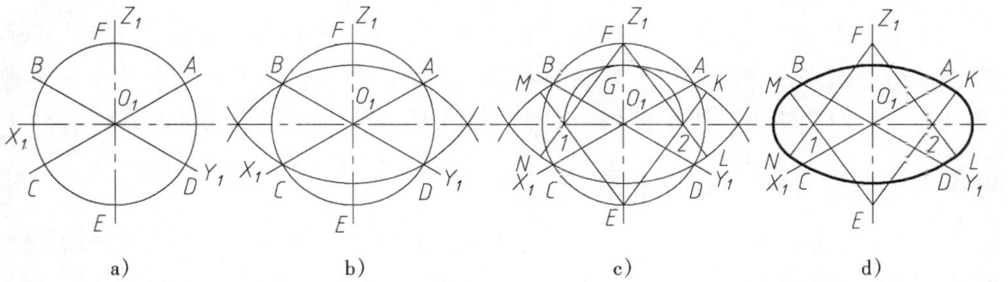

图6-5 平行于水平面圆的正等轴测投影图椭圆的近似画法

2）分别以 E、F 为圆心，以 EA（或 EB、FA、FB）为半径画两条大圆弧，如图6-5b 所示。

3）以 O_1 为圆心，以 O_1G 为半径画圆弧交长轴于1、2两点，分别连接 $1E$、$2E$、$1F$、$2F$ 并延长，交两大圆弧于 M、N、K、L 等点，如图6-5c 所示。

4）分别以1、2为圆心以 $1M$ 为半径画小圆弧 MN、KL，结果如图6-5d 所示。

3. 非圆曲线和其他面上的圆的正等轴测投影的画法

非圆曲线、空间曲线和其他面上的圆的轴测投影，都可以采用坐标法作图，即首先作出曲线上或圆上一系列点的轴测投影，然后用曲线板光滑地依次连接各点即可完成作图。图6-6 所示即为一正垂圆的轴测投影图的画法。

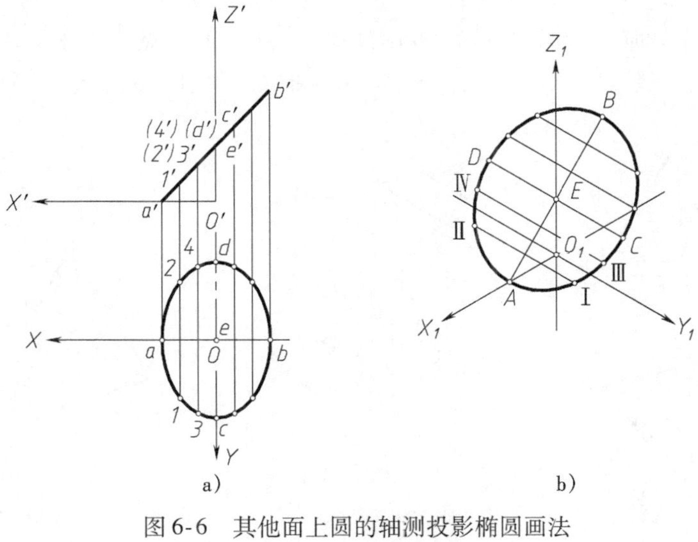

图6-6 其他面上圆的轴测投影椭圆画法

6.3 正等轴测图的画法

在实际绘图中，用得最多的是正轴测图。这类轴测图的画法相对简单且立体感强，适合用来表达结构较为复杂的零件、机器、空间管道等。其中正等轴测图又以画法方便、快捷，用得最多。因此，本节主要介绍正等轴测图的画法。

6.3.1 平面立体正等轴测图的画法

平面立体轴测图的常用画法主要有坐标法和切割法两种。一般是根据物体的结构和形成原理作图。其作图步骤通常是根据物体的结构和特点建立空间坐标系；然后选择轴测投影的种类并画出相应的轴测轴；最后根据该物体的各个顶点的坐标用简化的轴向伸缩系数绘制出各个顶点的轴测投影，并由点连成线、面，从而得到平面立体的轴测图。

切割法是在坐标法的基础上，先画出基本形体的轴测图，然后再切去该基本形体被切割掉的部分，从而得到被切割后的平面立体轴测图。

【例 6-1】 已知三棱锥 *S-ABC* 的 *V*、*H* 两投影，如图 6-7a 所示，试作其正等轴测图。

【解】 对于三棱锥来说，只要求出四个顶点的正等轴测投影，然后依次连接各点即可完成作图，因此，选用坐标法作图。绘图步骤如下：

1）建立坐标系。为了简化作图，所选坐标系的 *O-XY* 坐标面与三棱锥的底平面重合，并使 *X* 轴、*Y* 轴分别通过 *C*、*B* 两点，如图 6-7a 所示。

2）画出正等轴测投影轴 O_1X_1、O_1Y_1、O_1Z_1，并根据 *S*、*A*、*B*、*C* 四个顶点的坐标求出各个顶点的轴测投影，如图 6-7b 中所示的 *S* 点坐标求法。

3）依次连接 *SA*、*SB*、*SC*、*AB* 和 *AC*，擦去多余的作图线并加深、完成全

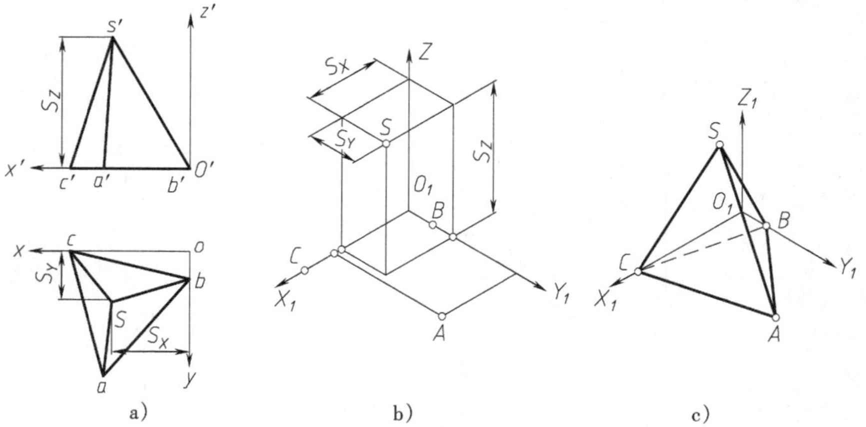

图 6-7 三棱锥的正等轴测图画法

图，如图6-7c所示。

边BC的轴测投影不可见，通常不画，而在本题中为了加强三棱锥轴测投影图的立体感，故而用虚线表示。

【例6-2】 试作正五棱柱的正等轴测图（见图6-8）。

【解】 由于正五棱柱左右对称，故选用坐标法绘制，同时利用轴测投影的性质加快绘图速度。作图步骤如下：

1）建立坐标系。为了简化作图，所选坐标系的O-XY坐标面与正五棱柱的上底平面重合，并使O-YZ坐标面通过正五棱柱的左右对称面，如图6-8a所示。

2）画出正等轴测投影轴O_1X_1、O_1Y_1、O_1Z_1，并根据A、B、C三点的坐标求出该三点的正等测投影，然后求出D、E两点的正等测投影，如图6-8b所示。

3）从A、B、C、E四点分别向下作O_1Z_1轴的平行线并截取正五棱柱高H，依次连接各点，擦去多余的作图线，加深、完成全图，如图6-8c所示。

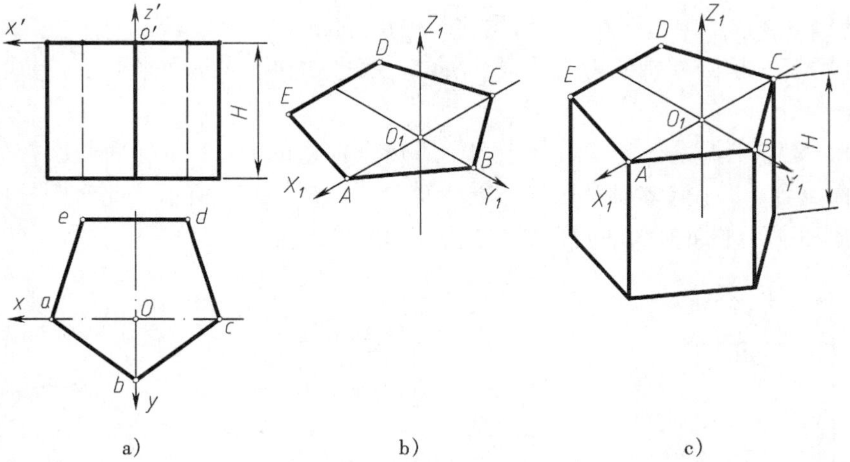

图6-8 正五棱柱的正等测图画法

【例6-3】 根据平面立体的三投影图，画出正等轴测图，如图6-9a所示。

【解】 该立体是由四棱柱经切割而形成的，因此可用切割法画出它的轴测图。作图步骤如下：

1）在三投影图上确定坐标轴，原点在右后下角，如图6-9a所示。

2）画出四棱柱的轴测图，并根据坐标切去四棱柱的左上角，如图6-9b所示。

3）根据坐标切去四棱柱的右前上角，如图6-9c所示。

4）最后擦去多余的图线，完成平面立体的轴测图，如图6-9d所示。

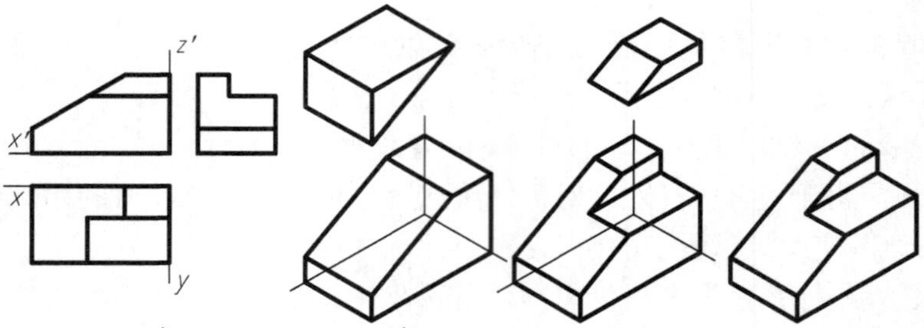

a) b) c) d)

图 6-9 用切割法画平面立体的正等轴测图

6.3.2 回转体的正等轴测图画法

画回转体的正等测，通常是先画出与坐标面平行的圆的正等测图，再用直线或包络线画出其投影轮廓线即可。

【例 6-4】 画出图 6-10a 所示的圆柱正等测。

【解】 该圆柱轴线为铅垂线，所以上底平面和下底平面平行于 H 面。其作图步骤如下：

1）建立坐标系。为了简化作图，所选坐标系的 $O\text{-}XY$ 坐标面与圆柱体的上底平面重合，并使 OZ 轴和圆柱体轴线重合，如图 6-10a 所示，此时圆柱体的上底平面和下底平面为水平面，都平行于 $O\text{-}XY$ 坐标面。

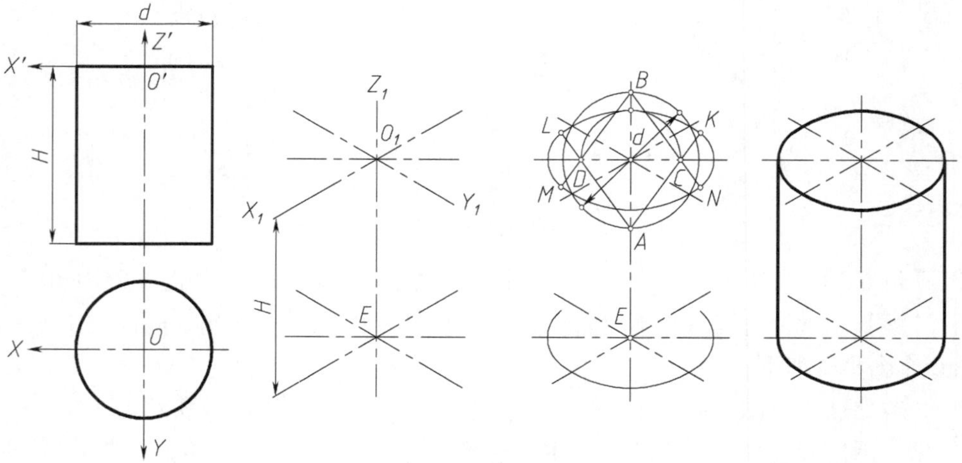

a) b) c) d)

图 6-10 圆柱体的正等测画法

2）画出正等轴测投影轴 O_1X_1、O_1Y_1、O_1Z_1，并以 O_1 为起点在 O_1Z_1 轴上向下量取圆柱的高 H，得到 E 点，并过 E 点作辅助轴测轴，如图 6-10b 所示。

3）按照图6-5所示的平行于水平面圆的正等轴测投影椭圆的近似画法，画出圆柱体上底圆的正等测投影椭圆和下底圆的前半个椭圆（下底圆的后半投影椭圆不可见，通常不画），如图6-10c所示。

4）作两椭圆的左右公切线，该公切线即为圆柱面轴测投影轮廓线。擦去多余的作图线、加深完成全图，结果如图6-10d所示。

【例6-5】 画出如图6-11a所示的圆锥正等轴测图。

【解】 该圆锥轴线为铅垂线，所以圆锥的下底平面平行于H面。其作图步骤如下：

1）建立坐标系。为了简化作图，所选坐标系的O-XY坐标面与圆锥体的下底平面重合，并使OZ轴和圆锥体轴线重合，如图6-11a所示，此时圆锥体的下底平面为水平面，并与O-XY坐标面重合。

2）画出正等轴测投影轴O_1X_1、O_1Y_1、O_1Z_1，并以O_1为起点在O_1Z_1轴上向上量取圆锥的高H，得到锥顶S的正等测投影，如图6-11b所示。

3）按照图6-5所示的平行于水平面圆的正等轴测投影椭圆的近似画法，画出圆锥体下底圆的正等测投影椭圆，如图6-11c所示。

4）过锥顶S分别作椭圆的左右公切线，并擦去多余的作图线、加深完成全图，结果如图6-11d所示。

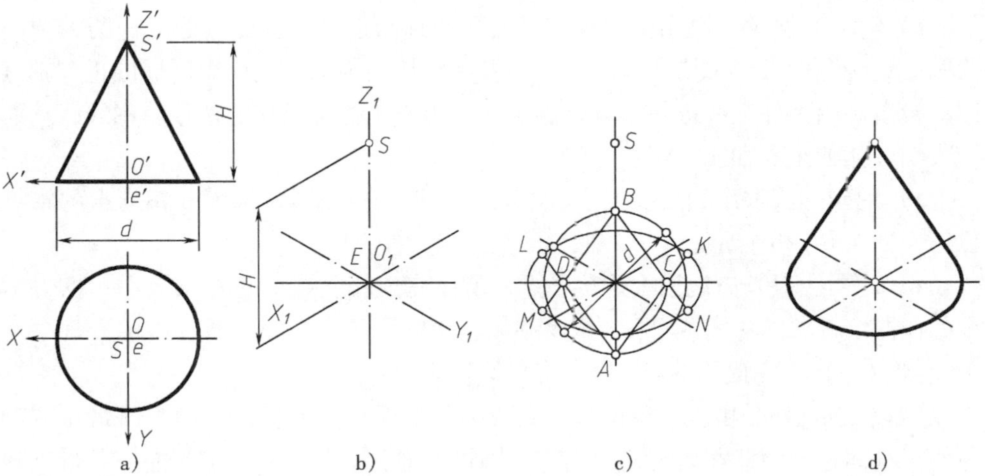

图6-11 圆锥的正等轴测图画法

【例6-6】 画出图6-12所示圆柱与半圆球相贯体的正等轴测图。

【解】 这是轴线垂直于H投影面的圆柱与半圆球相贯，可以分别画出圆柱与半圆球的正等轴测图，然后用坐标法求出相贯线上一系列点的正等测投影，最后用曲线板光滑地依次连接各点即可完成作图。作图步骤如下：

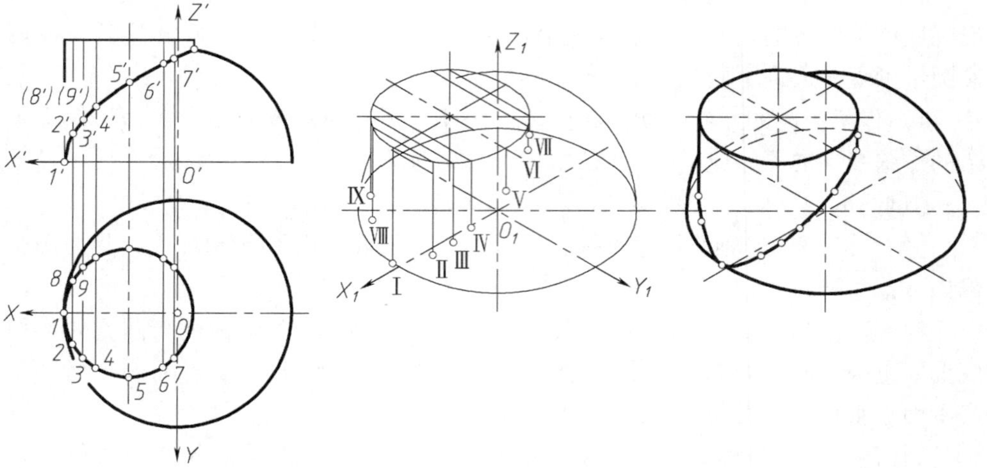

a)　　b)　　c)

图6-12　圆柱与半圆球相贯体的正等测画法

1）如图6-12a所示选取坐标系 $O\text{-}XYZ$；半圆球的底平面圆是水平面并与 H 投影面重合，即圆球底平面圆在 $O\text{-}XY$ 坐标面上。然后求出相贯线上Ⅰ、Ⅱ、Ⅲ、Ⅳ、…、Ⅷ、Ⅸ等一系列点的 V、H 两投影。

2）建立轴测轴；画出半圆球底平面圆的轴测投影椭圆，然后以椭圆的圆心为圆心、椭圆的长半轴为半径画一个与椭圆相切的半圆，完成半圆球的正等轴测图；接着画出圆柱上底圆的正等轴测图并画出与该椭圆相切的两条轮廓线，从而完成圆柱体的正等轴测投影。

3）用坐标法求出相贯线上Ⅰ、Ⅱ、Ⅲ、Ⅳ、…、Ⅷ、Ⅸ等一系列点的轴测投影，如图6-12b所示。

4）用曲线板光滑地依次连接各点，从而完成相贯线的正等轴测图；擦去多余的作图线，并加深完成全图。结果如图6-12c所示。

【例6-7】　完成图6-13a所示支架的正等轴测图。

【解】　支架是由上、下两块板组成的。上面是拱形板，两侧表面是左右对称的正垂面且与圆柱面相切，中间有一圆柱形通孔。下面是一前端左右各带一圆角的长方体底板，左右两边各有一圆柱形通孔。其作图步骤如下：

1）如图6-13a所示，选取坐标系 $O\text{-}XYZ$。

2）建立轴测轴。画出底板轮廓、拱形板上部圆柱面、圆柱孔的轴测投影椭圆；自底板前方两端点始，以底板圆角半径长在底板的三条轮廓线上量取 A、B 和 E、F 点，并过四点分别作相应边的垂线，交于 C、D 两点。再以 C、D 为圆心，分别以 AC、DE 为半径画圆弧。采用同样的方法画出底板前、下两圆弧，并画出右边两小圆弧的公切线，完成两圆角的轴测投影图。画出拱形板底部轮廓线 *MNGH*，如图 6-13b 所示。

3）自 *M*、*N*、*G* 分别作拱形板上部圆柱面的切线；画出底板上两圆柱孔的正等轴测图。擦去多余的线，并加深图线，从而完成支架的正等轴测图。结果如图 6-13c 所示。

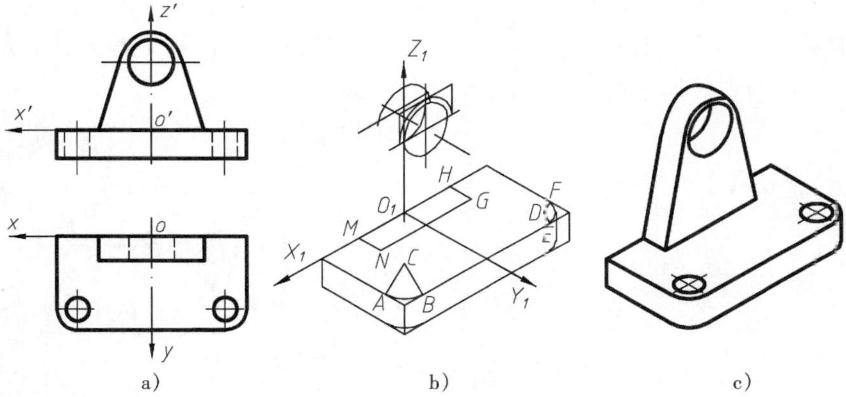

图 6-13 支架正等轴测图的画法

6.4 斜二轴测图的画法

在实际工作中，常常是以平行于物体 *O-XZ* 坐标面的 *P* 平面为轴测投影面来绘制斜二轴测图。由于物体上凡是与坐标面 *O-XZ* 平行的表面均与轴测投影面平行，根据平行投影的性质可知，这些表面在轴测投影面上都反映实形，所以又称为正面斜二轴测图，如图 6-2 所示。

6.4.1 正面斜轴测图的轴间角和轴向伸缩系数

在正面斜轴测图中，不论投影方向 *S* 如何变化，*OX* 和 *OZ* 坐标轴的轴向伸缩系数总等于 1，轴间角 $\angle X_1O_1Z_1=90°$。而 *OY* 坐标轴在轴测投影面上的投影是随着投射光线 *S* 的不同而改变的。这就是说，*OY* 轴的轴向伸缩系数 q 和轴间角 $\angle X_1O_1Y_1$ 可以根据需要选择，它们之间没有必然的联系。

国家标准规定，斜二轴测图的各轴向伸缩系数为：$p=r=1$，$q=0.5$；轴间角为：$\angle X_1O_1Z_1=90°$，$\angle X_1O_1Y_1=\angle Y_1O_1Z_1=135°$。采用这样的轴向伸缩系数和轴间角，可以方便工程技术人员用丁字尺与 45°三角板配合作图，如图 6-14 所示。同时绘制的斜二轴测投影图具有较强的立体感。

6.4.2 属于或平行于坐标面圆的斜二轴测图

在正面斜二轴测图中，平行于 $O\text{-}XZ$ 坐标面的圆投影仍为圆；而平行于 $O\text{-}XY$ 和 $O\text{-}YZ$ 坐标面的圆投影为椭圆。

图 6-15 表示了一个立方体及立方体三个表面内切圆的斜二轴测图。在该图中显示了平行于 $O\text{-}XY$ 和 $O\text{-}YZ$ 坐标面圆投影的椭圆，其长轴相对于 O_1X_1 轴和 O_1Z_1 轴偏转了约 7°，且向立方体表面的斜二轴测投影平行四边形的长对角线方向偏转。短轴则与长轴垂直。

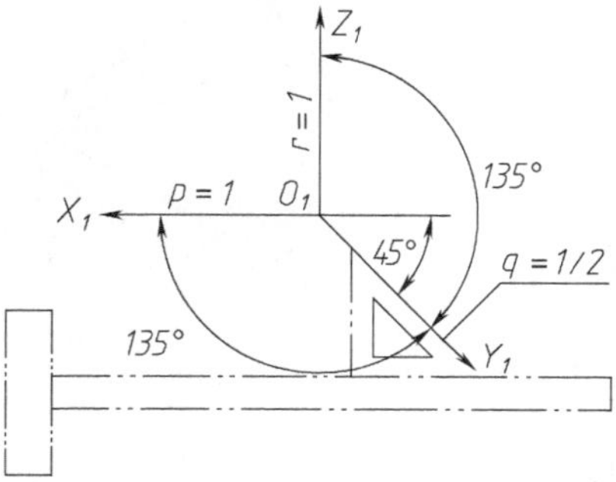

图 6-14 斜二轴测的轴间角和轴向伸缩系数

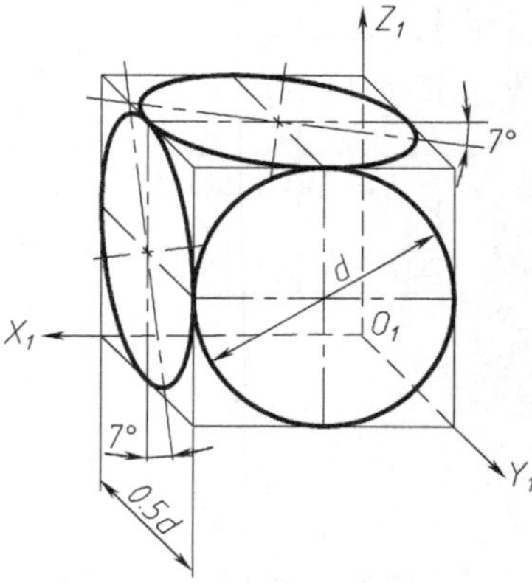

图 6-15 平行于坐标面圆的斜二轴测

如果需要绘制平行于 $O\text{-}XY$ 和 $O\text{-}YZ$ 坐标面圆的斜二轴测图，一般情况下可以首先求出圆上一系列点的斜二轴测投影，然后用曲线板光滑地依次连接各点即可完成椭圆的作图。也可以用图 6-16 所示的求作平行于 $O\text{-}XY$ 坐标面圆的斜二轴测投影椭圆方法，用四心扁圆法近似地画出椭圆。其作图步骤如下：

1）求椭圆的长轴和短轴方向：过椭圆的圆心作辅助轴测轴；然后以 O_1 为圆心、以圆的直径为直径画辅助圆。该辅助圆交 O_1X_1 和 O_1Z_1 轴于 A、B、C、D 四点；求出线段 O_1C 的中点 M，再以 D 为圆心、DM 为半径画圆弧交圆于 E 点；连 O_1E 则 O_1E 为椭圆的长轴方向，过 O_1 点作 O_1E 的垂线，则该垂线为短轴方向，如图 6-16a 所示。

2）求四段圆弧的圆心：分别以 C、D 为圆心、AD 为半径画圆弧交长轴于 O_2、O_3，交短轴于 O_4、O_5，该四点即为四段圆弧的圆心；连 O_2O_4、O_2O_5、O_3O_4、O_3O_5，并延长之，如图 6-16b 所示。

3）画四段圆弧：分别以 O_2、O_3 为圆心，O_2B 为半径画两段大圆弧，交连心线于Ⅰ、Ⅱ、Ⅲ、Ⅳ；再分别以 O_4、O_5 为圆心，O_4Ⅰ为半径画两段小圆弧，即完成椭圆的近似作图，如图 6-16c 所示。

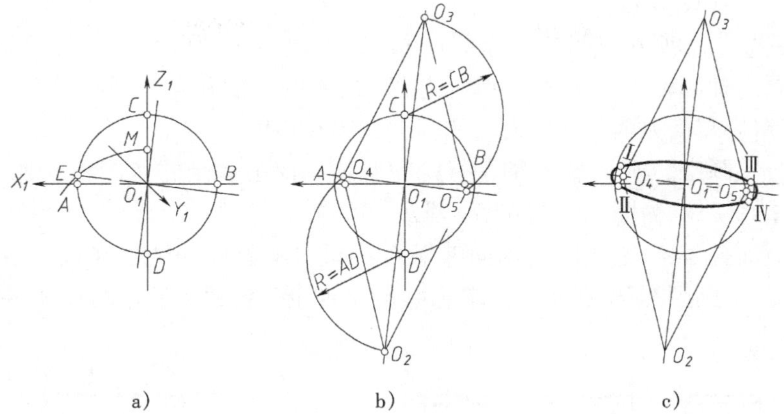

图 6-16　平行于 O-XY 坐标面圆的斜二轴测投影椭圆的近似画法

6.4.3　斜二轴测图的画法

由于在斜二轴测图中，必定有属于或平行于某一个坐标面的平面图形反映实形。因此非常适合用来表达在某一方向上具有较多的圆或曲线，而在另外两个方向上没有或基本没有圆或其他平面曲线的空间几何体。例如可以用斜二轴测图来绘制主要结构为回转体或在某一个方向上具有较多的圆、圆弧、曲线等的形体。

【例 6-8】　绘制图 6-17a 所示的花窗的斜二轴测图。

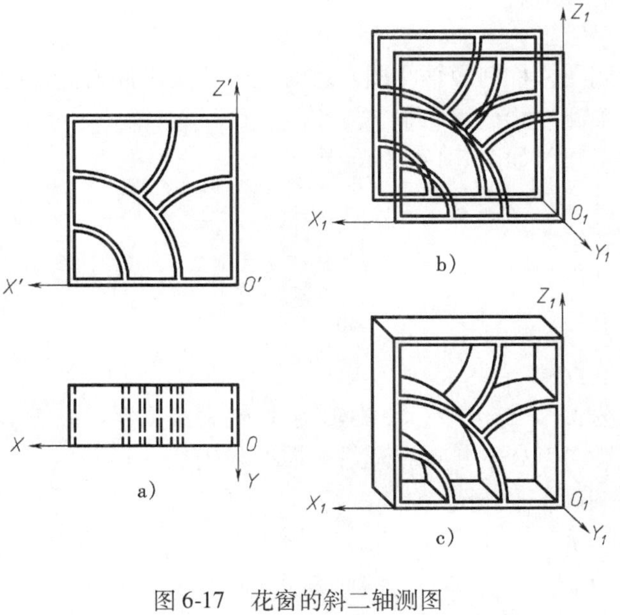

图 6-17　花窗的斜二轴测图

【解】 作图步骤如下：

1）建立物体所在空间的坐标系 $O\text{-}XYZ$，如图 6-17a 所示。

2）画出轴测轴 $O\text{-}X_1Y_1Z_1$，画出花窗前端面的方框和四组同心圆弧；向后平移画出花窗后端面方框和四组同心圆弧，如图 6-17b 所示。

3）分别画出与 O_1Y_1 轴测轴平行的轮廓线；擦去多余的作图线并加深全图，即得物体的斜二轴测图，如图 6-17c 所示。

一般来说，斜二轴测图的轴向伸缩系数根据国家标准规定选取，即 $p=r=1$，$q=0.5$。但也可以根据实际要求选取各轴向伸缩系数。如在图 6-18 中，就选取 $q=r=1$，$p=0.5$。

a）

b）

图 6-18 当 $q=r=1$，$p=0.5$ 时花窗的斜二轴测图

6.5 水平斜轴测图

水平斜轴测图又称鸟瞰轴测图。此时的轴测投影面 P 与水平投影面 H 平行，投影方向 S 与轴测投影面 P 倾斜。

轴向伸缩系数，如图 6-19 所示：

$p=q=1$

$r=1$（斜等测）

或

$r=0.5$（斜二轴测）

轴测轴的位置：

Z_1轴测轴为铅直方向；X_1轴测轴与 Y_1 轴测轴相互垂直；Y_1轴与水平方向的夹角习惯上采用 60°（或 45°或 30°）。

因此，轴间角：

$\varphi 1=90°$

$\varphi 2=150°$（或 135°或 120°）

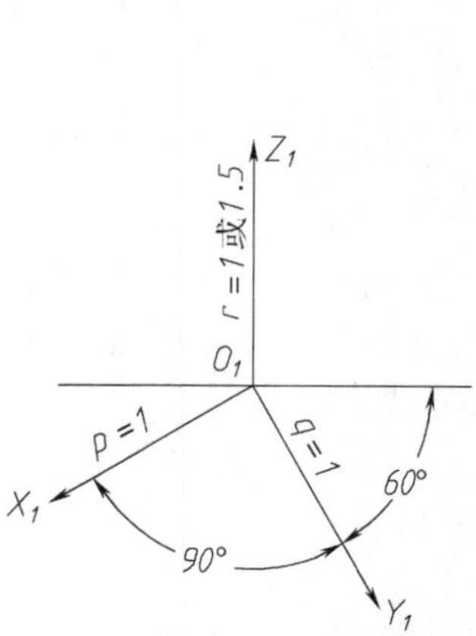

图 6-19 水平斜轴测图的轴测轴

$\varphi3=120°$（或135°或150°）

水平斜轴测图的画法如图6-20所示。图6-20a是建筑形体的两投影图，选定轴测轴后，可按图6-20b画出轴测轴、建筑形体的底面；然后画竖直线和上底面，并区分可见性加粗图线完成作图，如图6-20c所示。

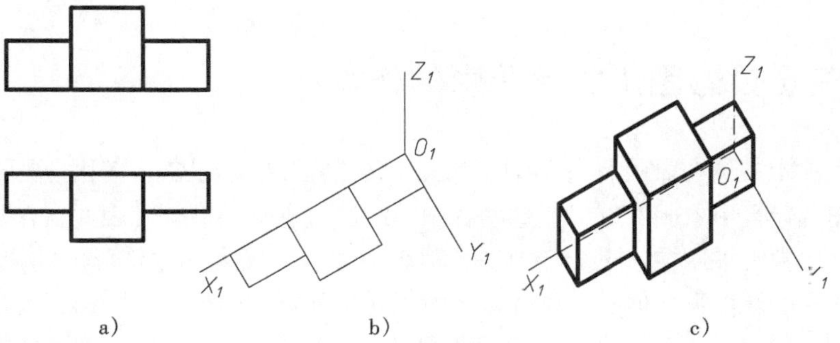

图6-20 水平斜轴测图画法示例

水平斜轴测图常用来表达建筑群的总体规划，如图6-21所示即为某一小区的总体规划图。

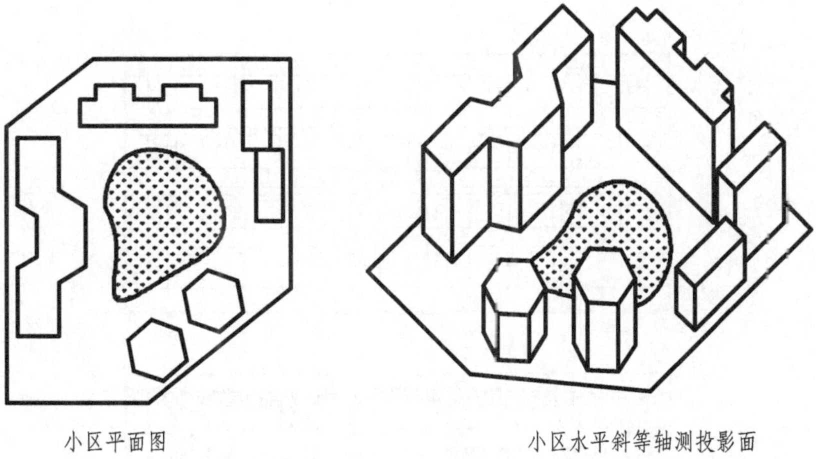

图6-21 某小区的鸟瞰轴测图

第 7 章　阴影的基本知识

7.1　在正投影图中加绘阴影的作用

工程技术人员在做设计方案时，常常要绘制建筑表现图。采用透视图或轴测投影图表现建筑形象固然好，但这两种图的绘制过程复杂麻烦。因此在作建筑设计方案时，也常常采用在正投影图中加绘阴影的方法，来表现建筑形体的视觉效果。正投影图的度量性强，但是立体感差。如果在正投影图中加绘出阴影，就可以增强其立体感。比较同一建筑物没有加绘阴影的立面图（见图 7-1a）和加绘阴影的立面图（见图 7-1b），可以明显感觉到，加绘阴影的立面图可以反映出房屋的凹凸、深浅、明暗，使图面生动逼真，富有立体感，增强并丰富了立面图的表现能力。

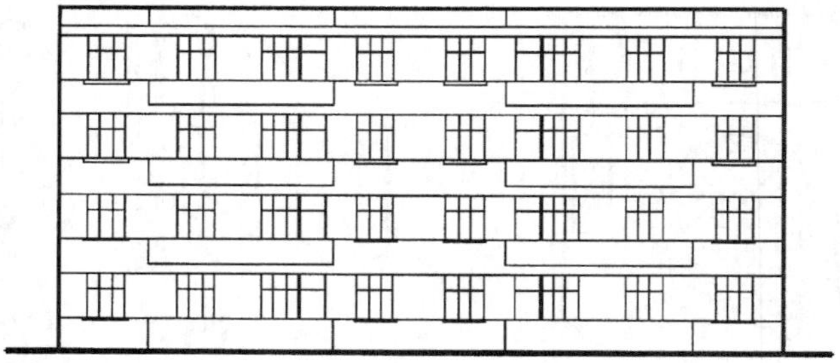

a）

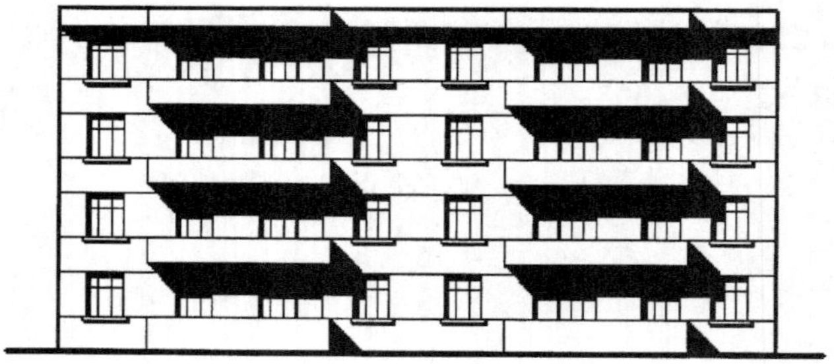

b）

图 7-1　阴影在建筑表现图中的作用

a）没有加绘阴影的建筑立面图　b）加绘阴影后的建筑立面图

7.2 阴影的基本概念和术语

7.2.1 阴和影的形成

光线、物体和承影面是形成阴影的三要素。阴影属于平行斜投影。

如图7-2所示，物体背光的部分，显得较为阴暗称为物体的阴面；由于物体的遮挡，而在平面 P 上形成的暗区，称为物体落在平面 P 上的影。阴和影合并称为阴影。

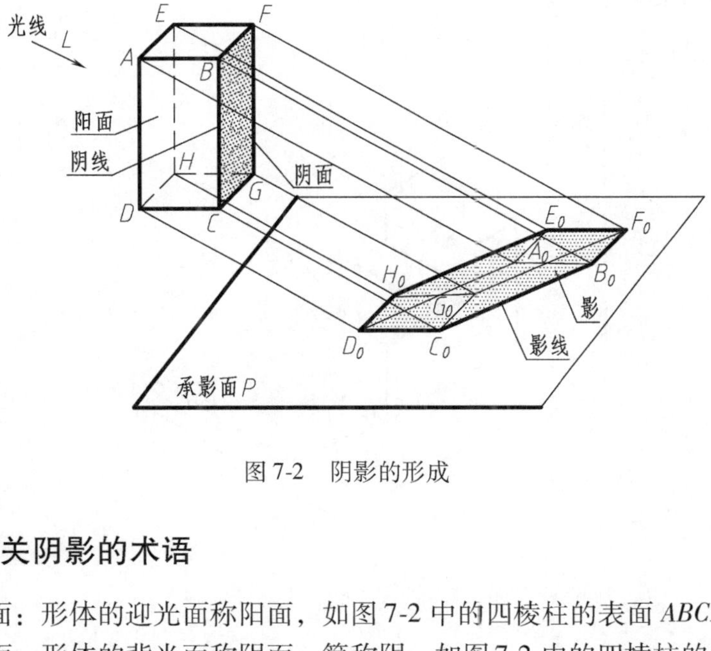

图7-2 阴影的形成

7.2.2 有关阴影的术语

1）阳面：形体的迎光面称阳面，如图7-2中的四棱柱的表面 $ABCD$ 等。

2）阴面：形体的背光面称阴面，简称阴，如图7-2中的四棱柱的表面 $BCGF$ 等。

3）阴线：阳面和阴面凸角部分的分界线，称为阴线，如图7-2中的四棱柱的棱边 BC、DC 等。

4）落影：由于光线受到物体的阻挡，以致该物体自身或其他物体原来迎光的表面出现了阴暗部分，称为落影，简称影，如图7-2中的四棱柱在平面 P 上的落影 $D_0C_0B_0F_0E_0H_0$。

5）承影面：影所在的平面或物体的表面，称为承影面，如图 7-2 中的平面 P。

6）影线：影的轮廓线，称为影线，如图 7-2 中的 D_0C_0、C_0B_0 等。影线就是阴线的影。

7）阴点：阴线上的点称为阴点，如图 7-2 中的 D、C 等点。

8）影点：阴点在承影面上的对应落影称影点，如图 7-2 中的 D_0、C_0 等。

7.3 常用光线

可以采用任何方向的平行光线绘制阴影，必要时还可以采用点光源，如图 7-3 所示即为采用点光源绘制的阴影。

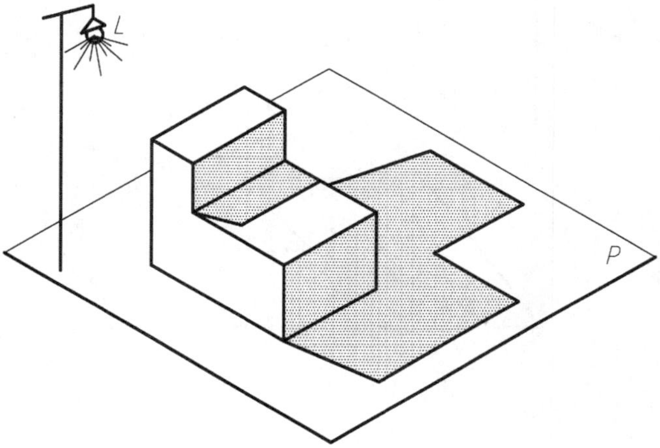

图 7-3 在点光源下生成的阴影

为了便于作图、方便度量，多数时候采用一种特定方向的平行光线 L，称为常用光线。常用光线 L 平行于如图 7-4a 所示的立方体对角线方向，该立方体的表面分别平行于 V、H、W 投影面，光线 L 从左前上方指向右后下方。光线 L 在三个投影面上的投影 l、l'、l''，与相应投影轴的夹角均为 45°，如图 7-4b 所示。该光线与三个投影面的实际倾角 α、β、γ 均相等，约等于 35°。

常用光线对投影面的真实倾角 α，可用图 7-4c 所示的旋转法求出；也可只利用光线的一个投影求出常用光线对投影面的真实倾角 α，如图 7-4d 所示。

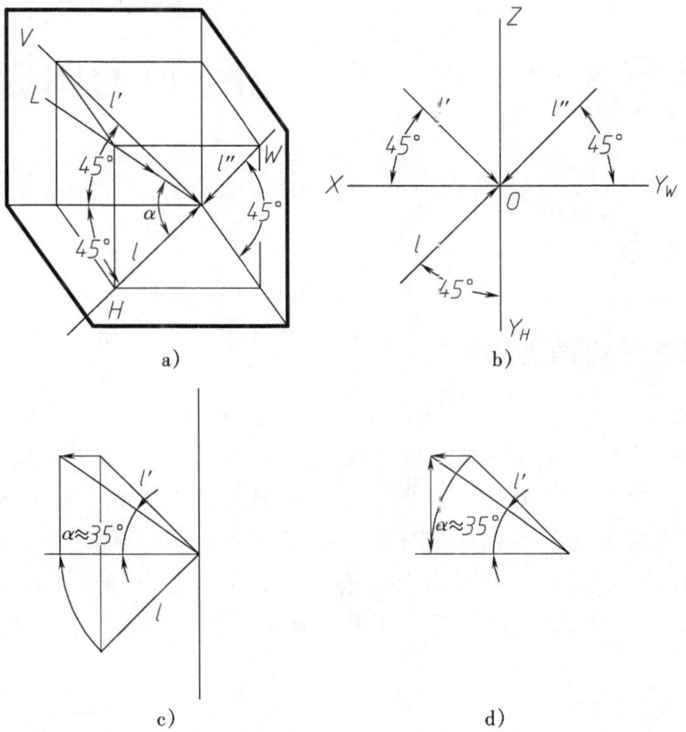

图 7-4 常用光线

第 8 章　点、直线和平面的阴影

8.1　点的影

8.1.1　点在承影面上的落影

空间一点在某一承影面上的落影就是通过该点的光线与承影面的交点。因此，要求点在承影面上的落影，只要过该点作一平行于光线的直线，并求出该直线与承影面的交点，则交点即为所求点在承影面上的落影。如图 8-1a 所示，空间点 A 在承影面 P 上的落影就是过点 A 的光线 L 与承影面 P 的交点 A_0。当空间点属于承影面时，则其在承影面上的落影与自身重合，如图 8-1a 中的点 B。图 8-1b 是空间点 A、承影面 P 和点 A 在 P 平面上落影在两面投影体系中的投影。

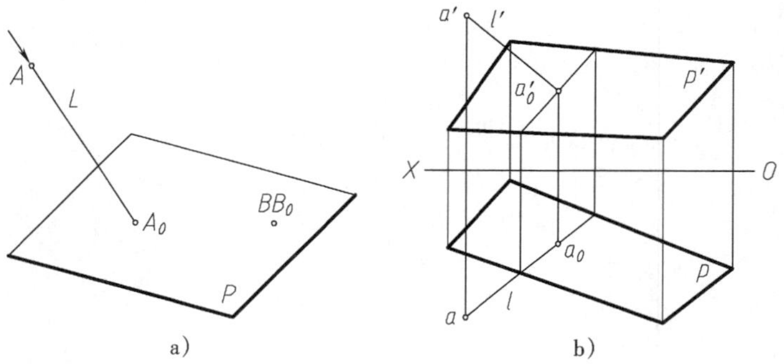

图 8-1　点在平面上的落影

承影面可以是平面也可以是曲面，如图 8-2 中的承影面即是圆柱面。

8.1.2　点在投影面上的落影

若以投影面作为承影面，则点在投影面上的落影即为过该点的光线 L 与投影面的交点，也就是光线的迹点。在两面投影体系中，这样的迹点有两个，如图 8-3a 所示，过 A、B 两点的光线分别交 V 投影面于 a_0'、b_0'；交 H 投影面于 a_0、b_0。点距哪个投影面较近，点的影就落在哪个投影面上。图 8-3a 中的点 A 距 H 投影面较近，所以光线首先与 H 投影面相交，则交点 A_0 即为点 A 的落影。若假设 H 投影面是透明的，光线继续前进并与 V 投影面交于（A_0），则该影点称为空

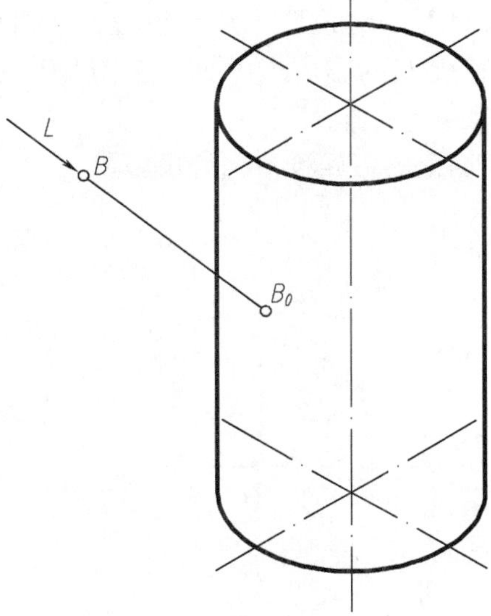

图 8-2　点在圆柱面上的落影

间点 A 的假影。它是假想的，因此一般不用画出。但在求作阴影的过程中，有时要利用它。本书约定，点的影的正投影用在对应小写字母右下角注写数字"0"来表示，如 a_0'、a_0等。若为假影则用括号括起来，如（a_0'）、（a_0）等。

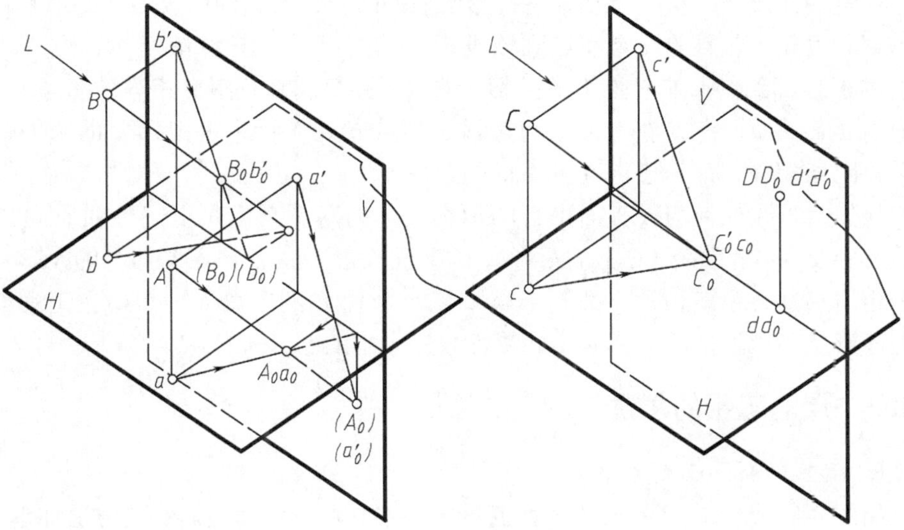

a）　　　　　　　　b）

图 8-3　点在投影面上落影的四种情况

1. 点在投影面上落影的四种情况

根据点在两面投影体系中的位置，点在投影面上落影有四种情况，图 8-3a 中点 A 影落在 H 面上；点 B 的影落在 V 面上。图 8-3b 中点 C 的影落在投影轴上，而点 D 的落影与其自身重合。

图 8-4 是点在投影面上落影四种情况的投影图。

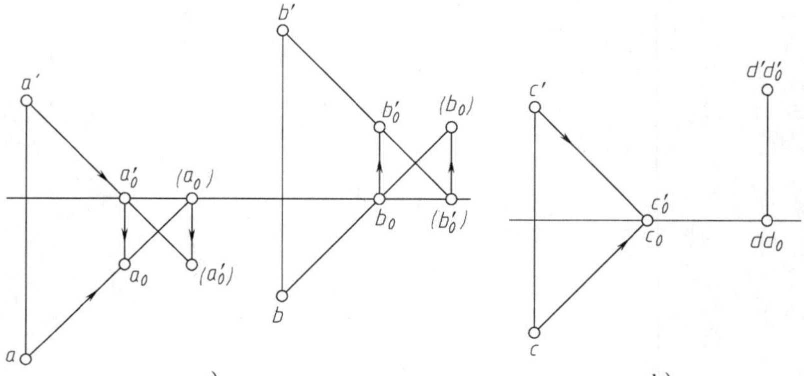

图 8-4 点在投影面上落影四种情况的投影图

2. 点在投影面上落影的度量性

在常用光线下，空间点在某一投影面上的落影，与其同面投影间的水平距离和垂直距离相等，且等于空间点到该投影面的距离。如图 8-5a 所示，点 A 在 H 面上的落影 a_0 到点 A 在 H 面上的投影 a 的水平距离和垂直距离相等，都等于点 A 到 H 面的距离 d；点 B 在 V 面上的落影 b_0' 到点 B 在 V 面上的投影 b' 的水平距离和垂直距离相等，都等于点 B 到 V 面的距离 k。

显然，点在任何与投影面平行的承影面上的落影都满足上述性质。如图 8-5b 所示，点 C 在正平面 P 上的落影 C_0 的 V 面投影 c_0' 到点 C 在 V 面上的投影 c' 的水平距离和垂直距离相等，都等于点 C 到承影面 P 的距离 h。点 C 在正平面 P 上的落影是利用正平面 P 的水平积聚性投影求出的。

8.1.3 点的落影的求法

1. 点在投影面上落影的求法

如图 8-5a 所示，已知点 A 的两面投影，求其在投影面上落影的方法如下：

1）分别过 a'、a 作 45°线，如图 8-5a 所示。

2）由于点 A 到 H 面的距离小于点 A 到 V 面的距离，所以点 A 的影落在 H 投影面上。因此过 a' 的 45°线首先交 x 轴于点 a_0'，自 a_0' 引垂直线交过点 a 的 45°线

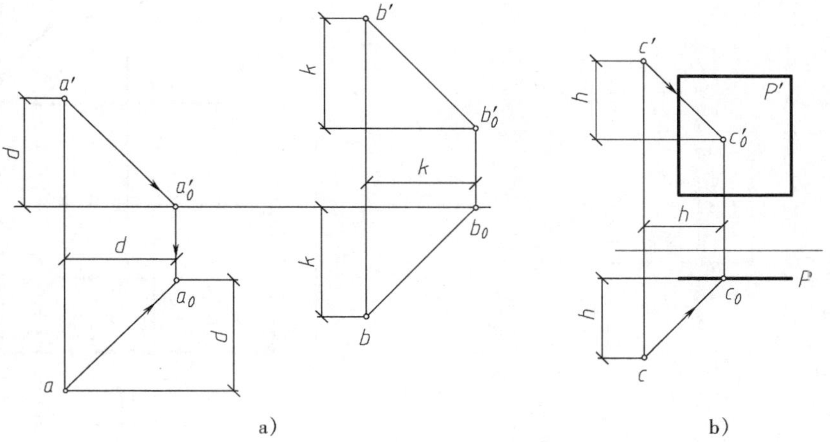

图 8-5 点的落影的度量性

于 a_0，则 a_0即为空间点 A 在 H 投影面上的落影，它在 H 投影面上的投影是其自身，a_0'则为落影在 V 投影面上的投影。

为保持图面的清晰，本书对点在投影面上的落影不再用右下角带"O"的大写字母标记，而直接用落影的投影表示。

2. 点在投影面上落影的单面作图法

根据点的落影的度量性，若已知点到 V 投影面或到 H 投影面的距离，则可利用点的 V 面投影或点的 H 面投影，直接求出点在 V 投影面上的落影或点在 H 投影面上的落影。

【例 8-1】 已知点 A 的 V 面投影，点 A 到 V 面的距离为 L，如图 8-6 所示，求作点 A 在 V 投影面上的落影。

【解】 1）过 a'作 45°线，如图 8-6 所示。

2）过 a'作垂直线，并量取 $a'1 = L$。

3）过 1 点作水平线，交 45°线于 a_0'点，则 a_0'点即为点 A 在 V 投影面上的落影。

3. 点在一般位置承影平面上的落影求法

如图 8-1b 所示，求点在一般位置承影平面上的落影的作图步骤为：

1）包含过点的光线作辅助垂直面。

2）求出辅助平面与承影面的交线。

3）光线与交线的交点，即为所求点的落影。

【例 8-2】 求点在四坡屋顶上的落影，如图 8-7 所示。

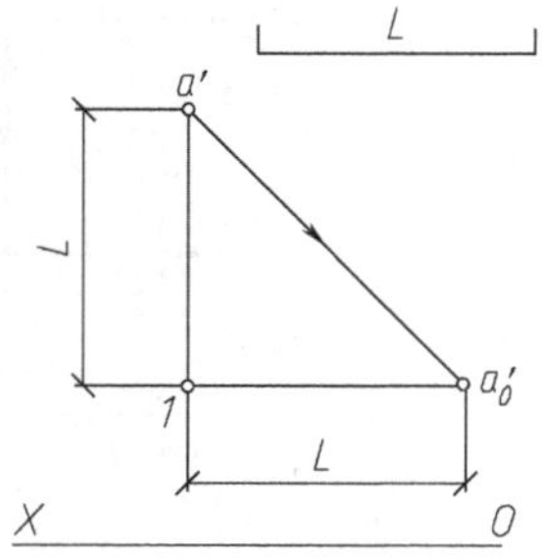

图 8-6 点落影的单面作图

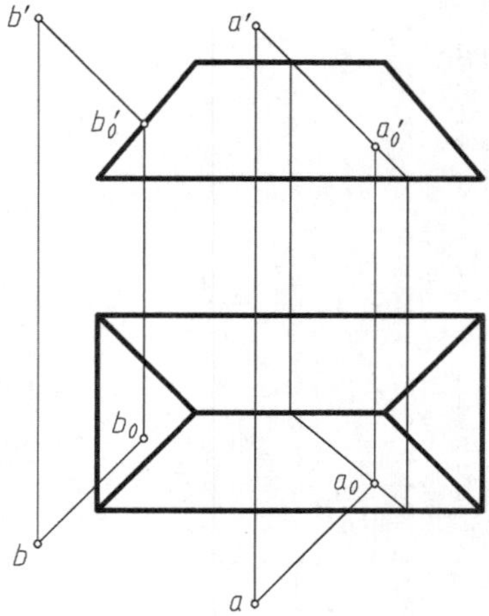

图 8-7 点在四坡屋顶上的落影

【解】 1）点 B 的落影利用左侧屋顶在 V 投影面的积聚性投影直接求得。

2）点 A 的落影用辅助正垂面作出。

8.2 直线的影

直线的影是直线上所有点的影的集合，也就是通过直线段上各点的光线所组成的光平面与承影面的交线，因此，直线的落影一般仍为直线，如图 8-8 中的直线 AB 所示。当直线平行于光线时，其落影积聚为一点，如图 8-8 中的直线 CD 所示。

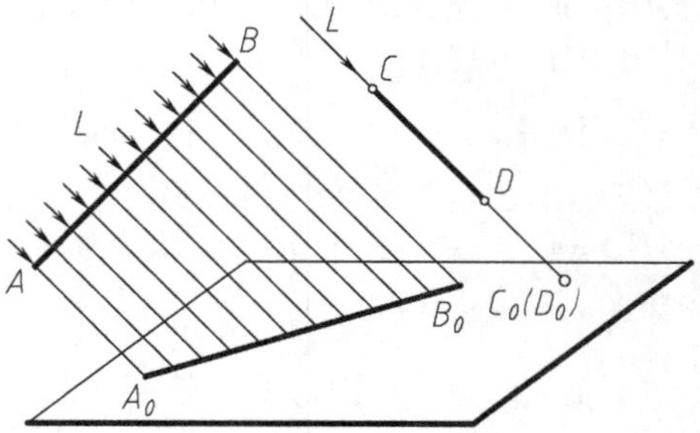

图 8-8 直线的落影

8.2.1 直线落影的规律

1. 直线落影的平行规律

直线的落影有如下一些平行规律：

1）直线段平行于承影面时，直线段的影与该直线段平行且等长。如图 8-9a 所示，AB 是正平线，V 面投影 $a'b'$ 反映实长，线段 AB 在 V 面上的影 $a_0'b_0' /\!/ a'b'$，且与 $a'b'$ 等长。在图 8-9b 中，AB 平行于铅垂承影面 P，所以它在 P 平面上的落影也平行于 AB，因此它们在 V 面上的正投影必平行且等长，即 $a_0'b_0' /\!/ a'b'$、$a_0'b_0' = a'b'$。

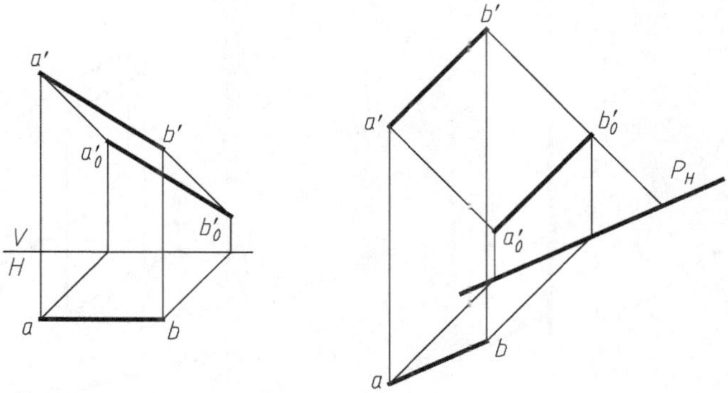

a) b)

图 8-9 直线平行于承影面时的落影规律

2）两直线相互平行时，两直线在同一承影面上的影也相互平行且成比例，如图 8-10 中的 $AB /\!/ CD$，则 $a_0b_0 /\!/ c_0d_0$，且 $AB:CD = a_0b_0:c_0d_0$。

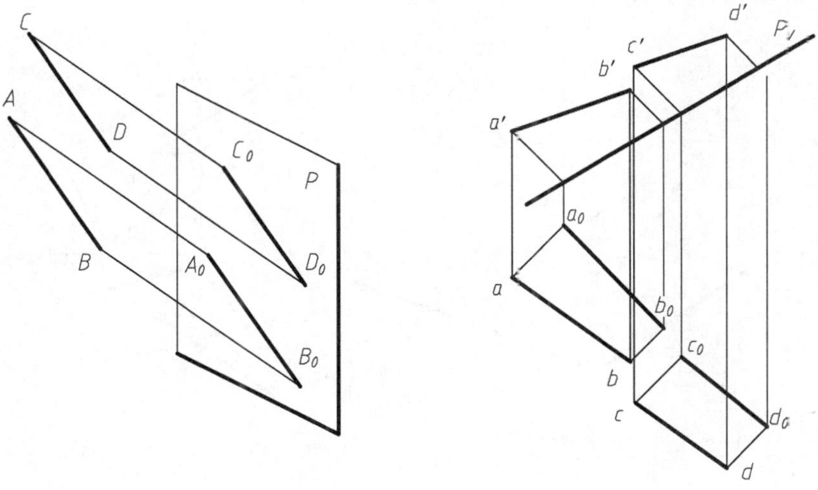

a) b)

图 8-10 两平行直线的落影规律

3）若一直线落影于一组相互平行的承影面上，则线段在各承影面上的落影也相互平行，如图 8-11 中的线段 EF，其中 EG 段的影落在铅垂面 P 上，而 GF 段的影落在铅垂面 Q 上，由于 P、Q 两承影面平行，所以 $e'_0g'_0 /\!/ g'_0f'_0$。

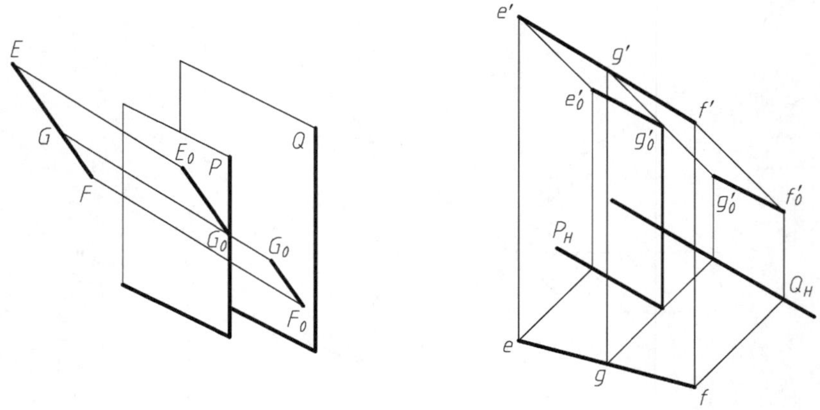

a) b)

图 8-11 直线在两平行平面上的落影规律

2. 直线落影的相交规律

1）若直线与承影面相交，则直线的落影必过交点，如图 8-12 中的线段 AB 与承影面交于点 A，则 AB 的影通过交点 A。

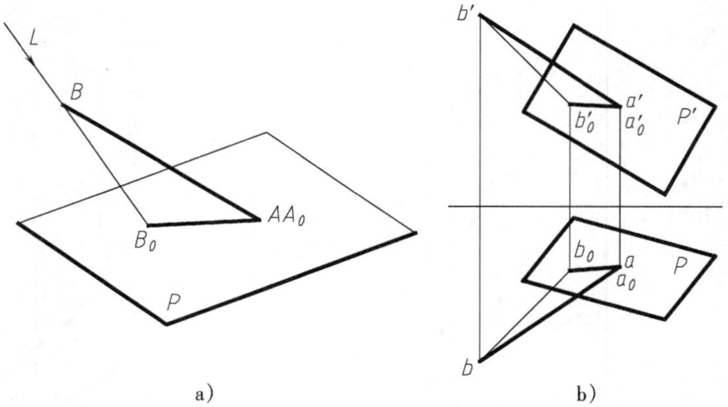

a) b)

图 8-12 直线与承影面相交时的落影规律

2）两条直线相交，则落影也相交，且交点的影，就是两落影直线的交点。如图 8-13 中的两线段 AB、AC，相交于点 A，点 A 的影必在线段 AB 的落影上，同时点 A 的影也应在线段 AC 的落影上。因此，点 A 的影是两线段落影的公共点，即 AB 和 AC 的落影必交于点 A 的影。

3）直线在两相交承影面上的影为两段折线，折线的公共点称折影点，折影点必在两承影面的交线上，如图 8-14 所示，线段 AB 的影落在 V、H 两个投影面

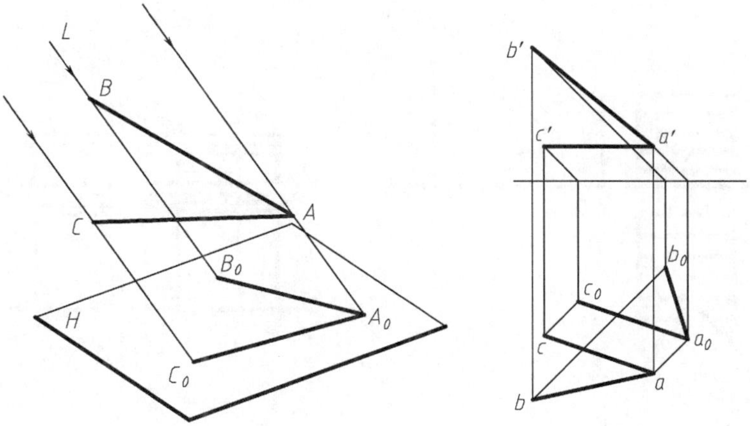

a)　　　　　　　　　　b)

图 8-13　相交两直线的落影规律

上，其中 *AK* 段的影落在 *H* 投影面上，*KB* 段的影落在 *V* 投影面上，点 *K* 的影位于 *ox* 投影轴上，即为折影点。

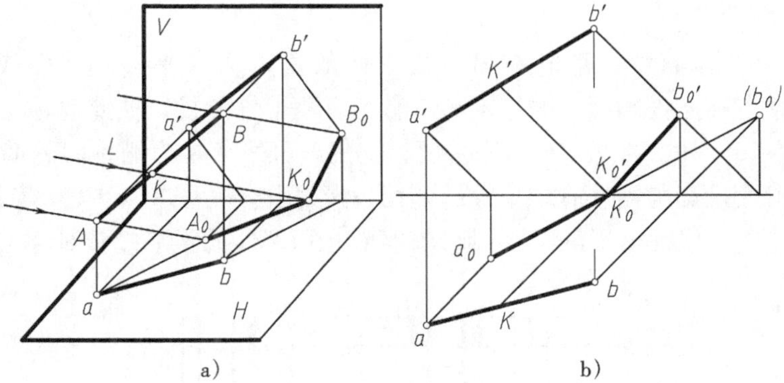

a)　　　　　　　　　　b)

图 8-14　直线在相交两平面上的落影

3. 投影面垂直线的落影规律

投影面垂直线的落影有如下的一些规律：

1）投影面垂直线，其落影在所垂直的投影面上的投影为一条与常用光线在该投影面上投影方向一致的 45°直线，且不管承影面的形状如何。

如图 8-15a 所示，*AB* 为铅垂线，所以过 *AB* 的光平面为铅垂面，其水平投影积聚为一条 45°方向的直线，因此不管承影面的形状如何，该光平面与承影面的交线，即直线 *AB* 的落影，其水平投影均积聚在该直线上。所以直线 *AB* 在台阶上落影的水平投影为一条与常用光线的水平投影方向相同的 45°线。

2）投影面垂直线，在另一投影面或在与另一投影面平行的承影面上的落影

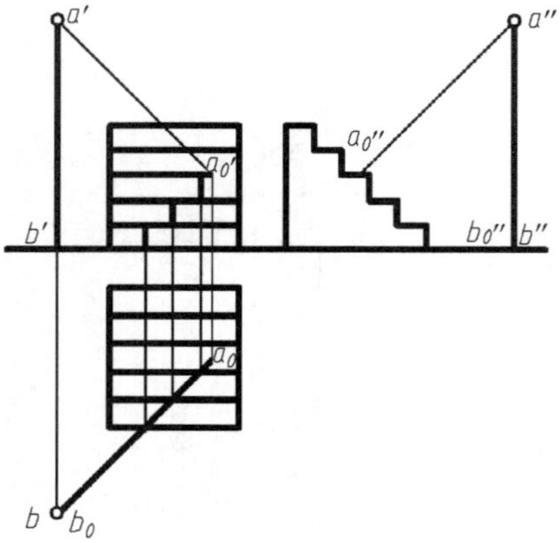

a)

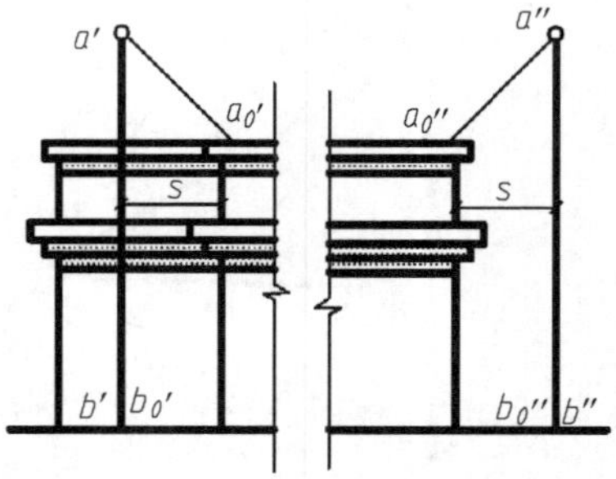

b)

图 8-15 投影面垂直线落影的规律（1）、（2）

与直线同面投影平行，且两线之间的距离反映该直线到承影面的距离。如图 8-15b 所示，*AB* 为铅垂线，它在平行于 *V* 面的墙面上落影与直线 *AB* 在 *V* 面上的投影平行，且落影到直线 *AB* 在 *V* 面上正投影之间的距离反映该直线到墙面的真实距离 *S*。

3）投影面垂直线，落影在另一投影面的垂直面（平面、柱面或其组合）时，则落影在第三投影面上的投影与承影面有积聚性的投影彼此对称。

在图 8-15b 中，线段 *AB* 为铅垂线，它的部分影落在为侧垂面的墙面上，所以落影的 *V* 面投影与墙面有积聚性的侧面投影对称。在图 8-16 中，直线 *AB* 为侧垂线，因此它在墙面落影的 *V* 面投影与墙面有积聚性的水平投影对称。

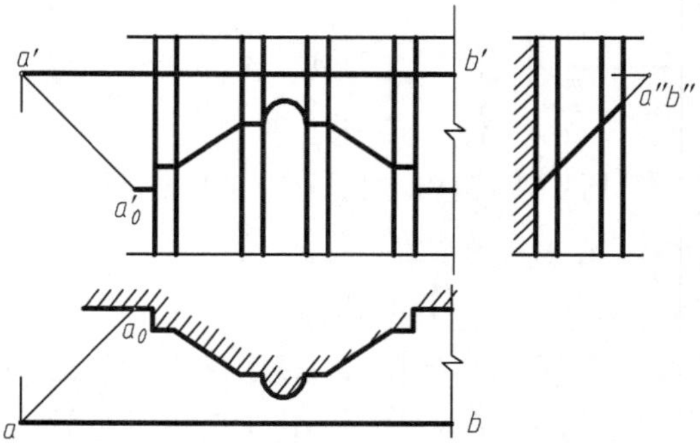

图 8-16 投影面垂直线落影的规律（3）

8.2.2 直线在平面承影面上落影的求法

若承影面是平面，则直线的落影一般情况下仍然是直线，因此：

1）如果直线段的影全部落在同一承影面上，只要求出直线两端点的影，并连接起来，就是直线段的影。

2）如果直线段的影落在相交的两承影面上，则直线段的影为一折线，除了要求出直线两端点的影，还要求出折影点的影。

【例8-3】 如图8-17a所示，已知直线AB的两投影，试求AB在投影面上的落影。

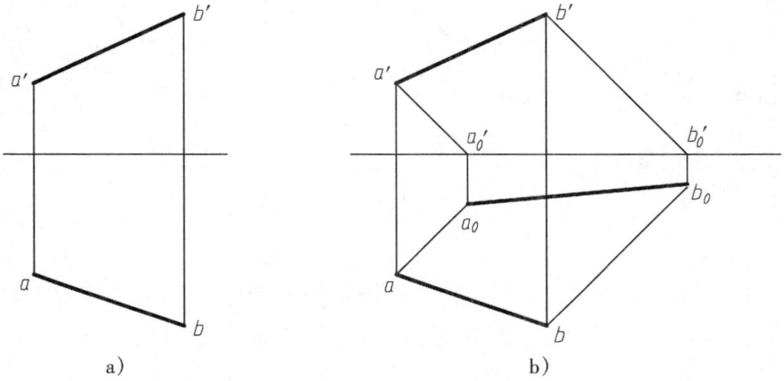

图8-17 直线AB在投影面上的落影

【解】 由图8-17a可知，A、B两端点到H投影面的距离都小于它们到V投影面的距离，因此直线AB的影全部落在H投影面上。其作图过程如下（见图8-17b）：

1）过a'、b'两点分别作45°线交投影轴于a_0'、b_0'两点。

2）过a、b两点分别作45°线，并与过a_0'、b_0'两点所作的垂直线交于a_0、b_0。

3）连接a_0、b_0两点，则a_0b_0即为直线AB在H投影面上的落影。

【例8-4】 如图8-18a所示，已知直线AB的两投影，试求AB在投影面上的落影。

【解】 由图8-18a可知，端点A到H投影面的距离小于到V投影面的距离，因此端点A的影落在H投影面上；端点B到V投影面的距离小于到H投影面的距离，因此端点B的影落在V投影面上，所以直线AB在投影面上的落影是一折线。其作图过程如下：

1）过a'、b两点分别作45°线交投影轴于a_0'、b_0两点。

2）过a、b'两点分别作45°线，并与过a_0'、b_0两点所作的垂直线交于a_0、b_0'。

3）延长$a\ a_0$交投影轴于（a_0），过（a_0）作垂直线并交$a'a_0'$的延长线于

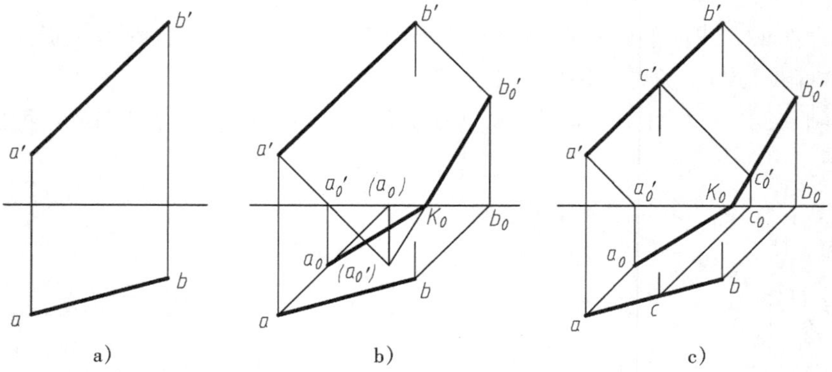

图 8-18　直线 AB 在投影面上的落影

（a_0'）。

4）连接（a_0'）b_0'交投影轴于 K_0，K_0 即为折影点。

5）连接 a_0K_0，a_0K_0 为直线 AB 在 H 投影面上落影的部分；连接 $b_0'K_0$，$b_0'K_0$ 为直线 AB 在 V 投影面上落影的部分，结果如图 8-18b 所示。

图 8-18b 中的折影点 K 是利用点 A 在 V 投影面上的假影（a_0'）求出的。也可在直线 AB 上任取一点，如图 8-18c 中点 C，求出该点的落影，并与落影在同一承影面上的某端点落影相连，如图中的 b_0'，延长使之与投影轴相交，则交点即为折影点。

【例 8-5】　求作直线 AB 在两平行的正垂面 P、Q 上的落影的两面投影，如图 8-19 所示。

【解】　由图 8-19a 可知，端点 A 的影落在 Q 平面上；端点 B 的影落在 P 平面上，因为 $P/\!/Q$，所以直线 AB 在 P、Q 两平面上的落影是两段互相平行的线段。P、Q 两平面均为正垂面，它们的 V 面投影有积聚性，因此可利用积聚性投影作图，其作图过程如下：

1）过 a'、b'两点分别作 45°线交 Q、P 两平面 V 面有积聚性的投影于 a_0'、b_0'两点。

2）过 a、b 两点分别作 45°线，并与过 a_0'、b_0'两点所作的垂直线交于 a_0、b_0。

3）过 Pv 的左端点 k_0'按箭头方向作 45°线交 $a'b'$于点 k'，并求出点 K 在 Q 平面上的落影 k_{10}'。

4）过 k_0'、k_{10}'点作垂直线分别交过点 k 所作的 45°线于 k_0、k_{10}。

5）连接 a_0k_{10}，a_0k_{10} 为直线 AB 在 Q 平面上落影部分的投影；连接 b_0k_0，b_0k_0 为直线 AB 在 P 平面上落影部分的投影，结果如图 8-19b 所示。

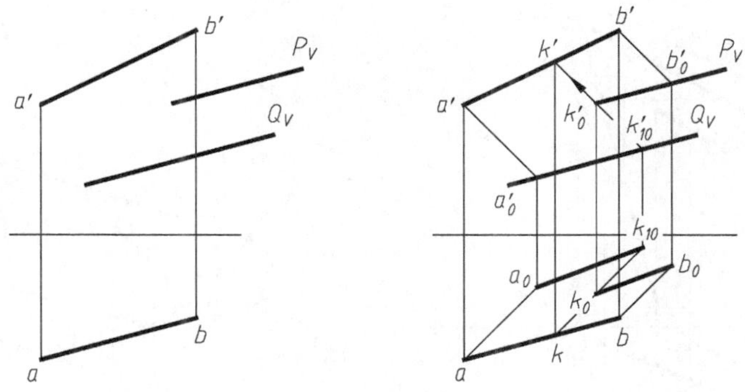

a) b)

图 8-19 直线 AB 在两平行的正垂面上落影的投影

在上述作图过程的第三步所采用的方法称为返回光线法，即已知空间点的落影，根据落影规律反求空间点。

【例 8-6】 求直线 AB 在平面三角形 CDF 面上落影的两面投影，如图 8-20 所示。

【解】 由图 8-20 可知，三角形 CDF 是一般位置平面，只要求出直线 AB 两端点的落影即可，也就是求出过 A、B 两端点的光线和平面三角形 CDF 的交点。其作图过程如下：

1）包含过点 A 的光线作辅助铅垂面，该辅助平面与三角形 CDF 的交线为 Ⅰ Ⅱ（1 2、1′2′）。

2）过 a' 作 45°线，并与 1′2′交于 a'_0。

3）包含过点 B 的光线作辅助正垂面，辅助平面与三角形的交线为 Ⅲ Ⅳ（3 4、3′4′）。

4）过 b 作 45°线，并与 3 4 交于 b_0。

5）根据点的投影性质，由 a'_0、b_0 求出 a_0、b'_0，连接 a_0b_0、$a'_0b'_0$，即为直线 AB 在平面三角形 CDF 上落影的两投影。

【例 8-7】 求直线 CD 在 P 平面上落影的两面投影，如图 8-21 所示。

【解】 由图 8-21 可知，平面是一般位置平面，但直线 CD 为铅垂线，因此直线 CD 在 P 平面上落影的水平投影为一段 45°方向线。再根据在平面上取线的方法，求出 CD 在 P 平面上落影的 V 面投影，其作图过程如下：

1）过 cd 作 45°线 1 2，1 2 是属于平面 P 的线段 Ⅰ Ⅱ 的水平投影。

2）由 1 2 求出线段 Ⅰ Ⅱ 的 V 面投影 1′2′。

3）过 c' 作 45°线，与 1′2′交于 c'_0；过 d' 作 45°线，与 1′2′交于 b'_0。

4）由 c'_0、d'_0 求出 c_0、d_0，则 $c'_0d'_0$、c_0d_0 即为线段 CD 在平面 P 上落影的两投影。

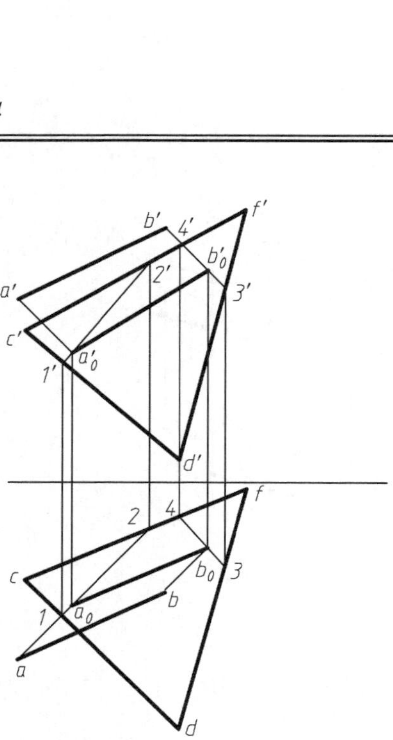

图 8-20 直线 *AB* 在平面三角形 *CDF* 面上落影的两面投影

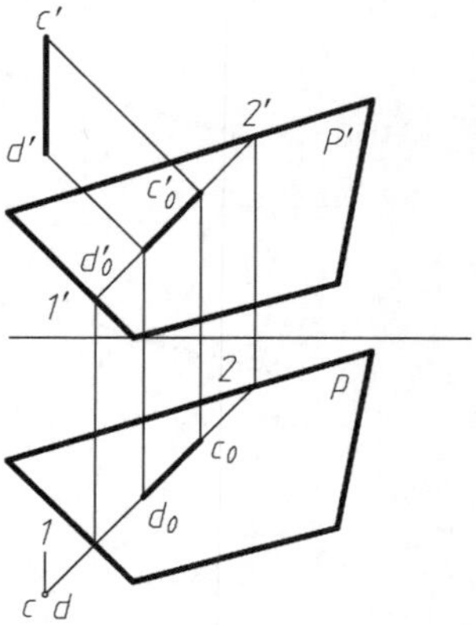

图 8-21 铅垂线 *CD* 在 *P* 平面上落影的两面投影

8.3 平面多边形的影

8.3.1 平面多边形的影的定义

平面多边形迎光的一面为阳面，背光的一面为阴面。因此平面多边形的每一条边均为阳面和阴面的分界线，即平面多边形的每一条边均为阴线。所以平面多边形落影的影线，就是平面多边形边线的落影，也就是说平面多边形的落影是由多边形各边的落影所组成。如图 8-22 所示，六边形 *ABCDEF* 在平面 *P* 上的落影，就是该六边形的六条边界线在平面 *P* 上落影所围成的区域。

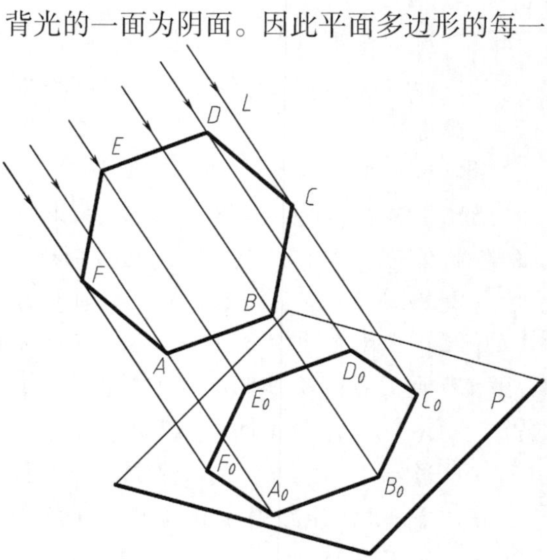

图 8-22 六边形 *ABCDEF* 在平面 *P* 上的落影

8.3.2 平面多边形的落影特性

1）平面多边形在与之平行的承影面上的落影，与该多边形在同面上的投影，其形状、大小完全相同。如图 8-23a 所示，四边形 *ABCD* 平行 *V* 面，则它在 *V* 面上的落影 $a'_0b'_0c'_0d'_0$与它在 *V* 面上的投影 $a'b'c'd'$完全相同，都反映四边形 *ABCD* 的实形。在图 8-23b 中四边形 *ABCD* 平行铅垂面 *P*，它在平面 *P* 上落影的 *V* 面投影 $a'_0b'_0c'_0d'_0$与它在 *V* 面上的投影 $a'b'c'd'$完全相同，并相互平行。

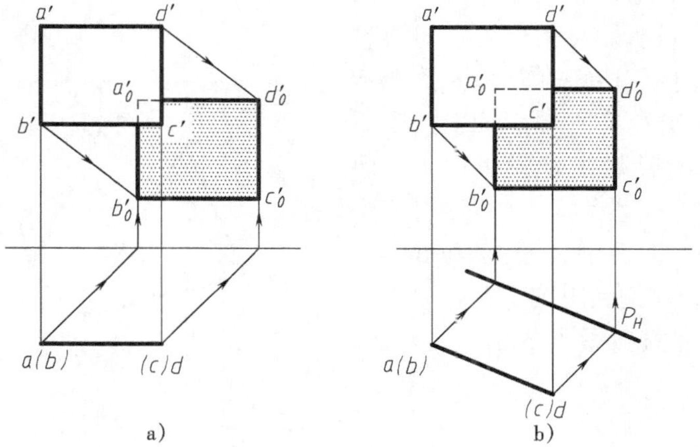

图 8-23 平面多边形的影落在与之平行的承影面上

2）平面多边形若平行光线，则其落影积聚为一条直线或折线，且平面多边形的两个表面均为阴面，因此，它的投影为阴面投影。图 8-24 所示的四边形为铅垂面且与光线平行。

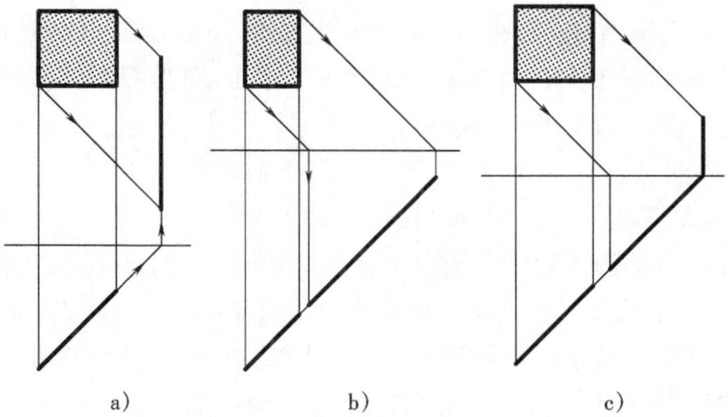

图 8-24 平面多边形平行于光线时的落影

若它的落影在 *V* 投影面上，则积聚为一条垂直于 *ox* 轴的直线，如图 8-24a 所示；若它的落影在 *H* 投影面上，则积聚为一条 45°方向的直线，如图 8-24b 所示；若它的落影部分在 *V* 投影面上，部分在 *H* 投影面上，则落影积聚为一条折线，折影点在 ox 轴上，如图 8-24c 所示。

3）一般情况下，多边形平面的落影若在一个承影面上，其落影仍然是类似的多边形。若落影在两个相交承影面上，则应注意各折影点的位置。如图 8-25 所示，三角形 ABC 的影部分落在 H 投影面上，部分落在 V 投影面上。由于 A、B 两端点的影落在 H 投影面上，而点 C 的影落在 V 投影面上，所以有两个折影点 M、N，且分别属于 AC 和 BC。

在图 8-25 中是利用点 C 在 H 投影面上的假影求出两折影点的落影 m_0、n_0 的。

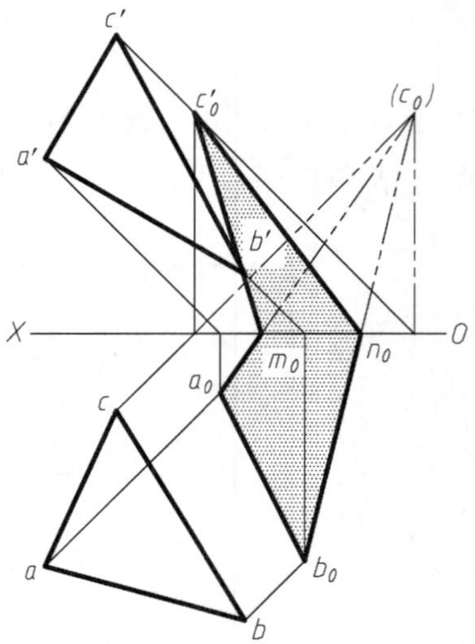

图 8-25 平面在相交承影面上的落影

8.3.3 平面阴面的判别

在光线的照射下，平面图形的一侧迎光为阳面，另一侧背光为阴面。若平面平行于光线，则平面的两个表面均为阴面 。因此在作平面图形的阴影时，需判别平面图形的各个投影是阳面的投影还是阴面的投影。

1）当平面图形是投影面的垂直面时，可以根据有积聚性的投影直接判别。如图 8-26a 中的正垂面 S、P 和铅垂面 R，它们的一个投影积聚成直线 S_V、P_V、R_H，根据它们的倾斜方向，可知它们的另一个投影均为阳面的投影；而正垂面 Q 的水平投影为阴面的投影；铅垂面 U 的积聚性投影 U_V 与光线的水平投影平行，则 Q 面的两侧均为阴面，所以其正面投影为阴面的投影。

2）当平面图形是一般位置的平面时，若平面图形在某一投影面上投影的各顶点旋转顺序与该平面落影的各顶点旋转顺序相同，则平面在该投影面上的投影为阳面投影，反之则为阴面投影。如图 8-26b 所示，三角形 ABC 的水平投影各顶点与该平面落影的各顶点旋转顺序相同，因此三角形 ABC 的水平投影是阳面投影；正面投影各顶点与该平面落影的各顶点旋转顺序不同，因此三角形 ABC 的正面投影是阴面投影。同理图 8-26c 中三角形 ABC 的水平投影和正面投影各顶点与该平面落影的各顶点旋转顺序相同，因此都是阳面投影。

8.3.4 平面多边形落影的求法

1）若多边形落影在同一个承影面上，可先作出多边形各顶点的落影，然后

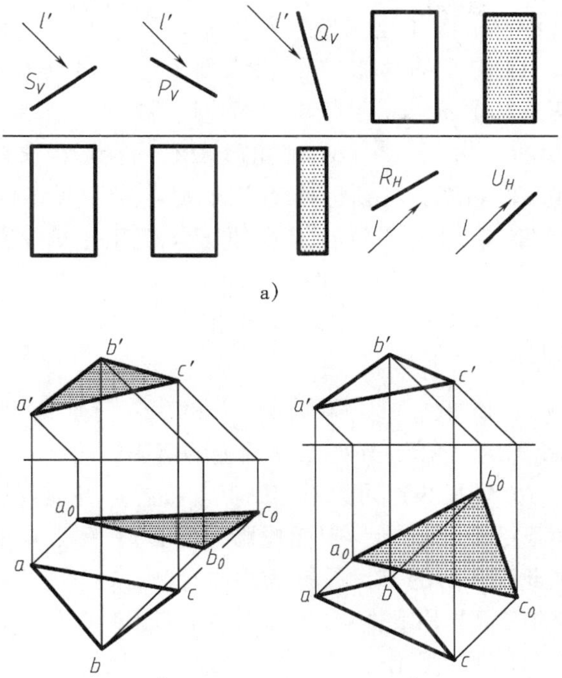

图 8-26 平面图形阴、阳面的判别

将各影点依次相连，即可得到多边形的落影，如图 8-27 所示。矩形 *ABCD* 的影都落在 *V* 面上，因此，只要求出矩形的四个端点 *A*、*B*、*C*、*D* 在 *V* 面上的落影 a_0'、b_0'、c_0'、d_0'，然后依次连接各点即可完成矩形在 *V* 面上的落影。

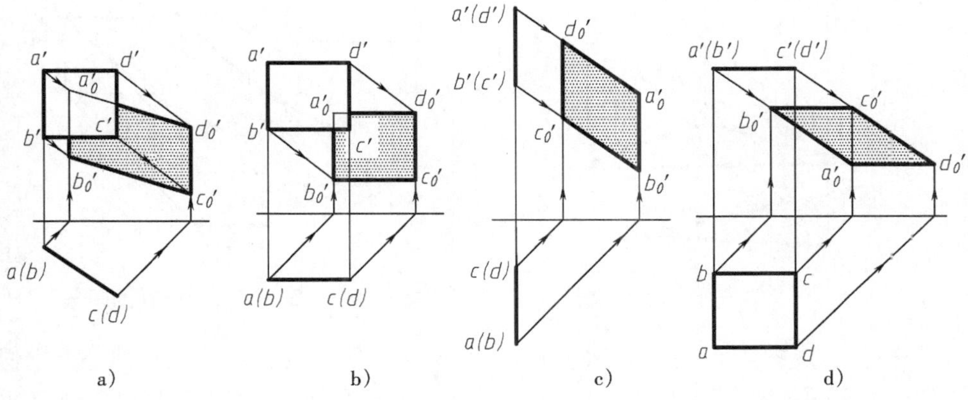

图 8-27 平面落影的求法

2）如多边形的落影不在同一个承影面上，可先求出折影点，然后再将落在同一承影面上的各影点依次相连。在图 8-25 中，三角形 *ABC* 的顶点 *A*、*B* 的影落在 *H* 投影面上；顶点 *C* 的落影在 *V* 投影面上。求出点 *C* 在 *H* 面上的假影（c_0），从而得到两折影点 m_0、n_0。依次顺序连接各影点，结果如图 8-25 所示。

【例 8-8】 如图 8-28 所示，已知三角形 *ABC* 的投影，求它的阴影。

【解】 由图 8-28 可知，三角形 *ABC* 三个端点到 *H* 投影面的距离都小于它们到 *V* 投影面的距离。因此，三角形 *ABC* 的影全部落在 *H* 投影面上。作图过程如下：

1）过 a'、b'、c' 作 45°线，并与轴线 *ox* 相交。

2）过各交点分别作垂直线。

3）过 *a*、*b*、*c* 作 45°线，并与第二步所作的各对应垂直线分别交于 a_0、b_0、c_0，则三角形 $a_0b_0c_0$ 即为三角形 *ABC* 在 *H* 面上的落影。

4）由三角形 *ABC* 的两投影可以看出，其 *V* 面投影各顶点的顺序与落影的顺序相同，因此三角形的 *V* 面投影为阳面投影；而其 *H* 面投影各顶点的顺序与落影的顺序相反，因此三角形的 *H* 面投影为阴面投影。

5）在三角形的 *H* 面投影和落影的区域内画等距离的平行细线或涂淡色、加绘细密点，完成三角形的阴影作图，结果如图 8-28 所示。

本书所有的阴影区域全部用加绘细密点的方式表达。

【例 8-9】 如图 8-29 所示，已知四边形 *ABCD* 的投影，求它的阴影。

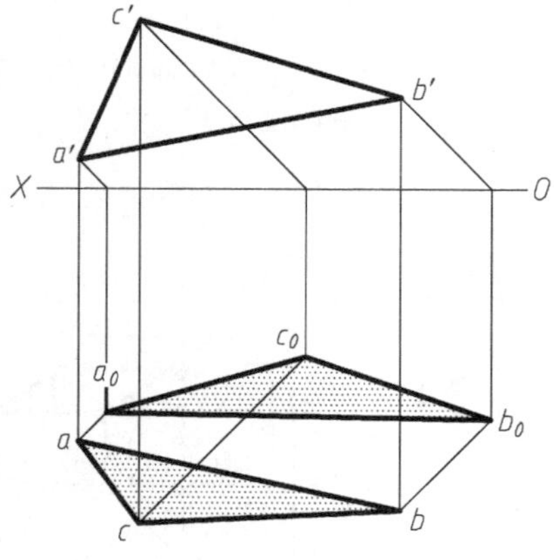

图 8-28 平面三角形 *ABC* 的阴影

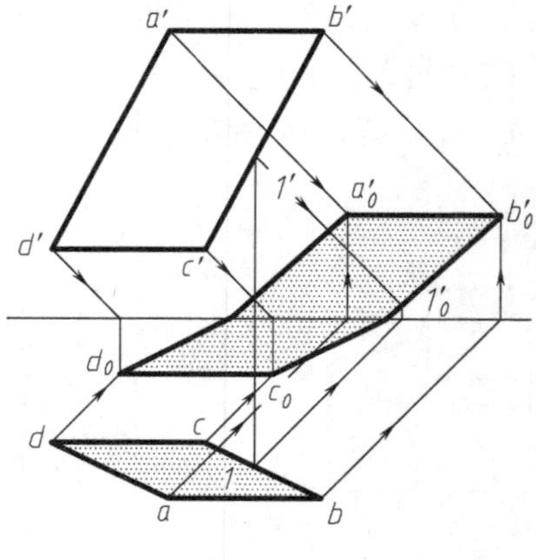

图 8-29 平面四边形 *ABCD* 的阴影

【解】 由图 8-29 可知，四边形 *A*、*B* 两端点到 *V* 投影面的距离都小于它们到 *H* 投影面的距离，因此端点 *A*、*B* 的影落在 *V* 投影面上；*C*、*D* 两端点到 *H* 投影面的距离都小于它们到 *V* 投影面的距离，所以端点 *C*、*D* 的影落在 *H* 投影面上。因此 *AD*、*BC* 两边线的落影为折线，折影点都在 *ox* 轴上。其作图过程如下：

1）过 a'、b'两点分别作 45°线。

2）过 a、b 两点分别作 45°线，并与 ox 轴相交，过交点作的垂直线与过 a'、b'两点所作的 45°线交于 a_0'、b_0'，则 a_0'、b_0'即为 A、B 两端点的落影。因 AB 平行承影面 V，故 $a_0'b_0' /\!/ a'b'$。

3）同理求出 C、D 两端点的落影 c_0、d_0，$c_0d_0 /\!/ cd$。

4）在 BC 上任取一点 Ⅰ（1、1′），并求出 Ⅰ 的落影 $1_0'$，连接 $b_0'1_0'$并延长交投影轴于折影点，并把折影点与 c_0点相连，完成 BC 边的落影。

5）根据平行两线段的落影性质画出 AD 边的落影。

6）由四边形 $ABCD$ 的两投影可以看出，其 V 面投影各顶点的顺序与落影的顺序相同，因此四边形的 V 面投影为阳面投影；而其 H 面投影各顶点的顺序与落影的顺序相反，因此四边形的 H 面投影为阴面投影。

7）在四边形的 H 面投影和落影的区域内加绘细密点，完成四边形的阴影作图，结果如图 8-29 所示。

第 9 章　平面立体的阴影

9. 1　平面立体阴影的构成与确定

9.1.1　平面立体阴影的构成

平面立体迎光的那些棱面为阳面，背光的棱面为阴面。阴面和阳面相交所形成的凸棱边为阴线。如图 9-1 所示，平面立体的表面 *P*、*Q*、*R*、*U* 以及由 *EF*、*FG* 两相交直线所表示的表面、由 *MN*、*NH* 两相交直线所表示的表面均为迎光面，是阳面。其余的表面均为背光面，是阴面。棱边 *CD* 是由阴面和阳面相交而形成的凸棱边，因此为阴线。而 *AB* 边虽然也是由阴面和阳面相交而形成的棱边，但它位于立体的凹角处，因此不是阴线。

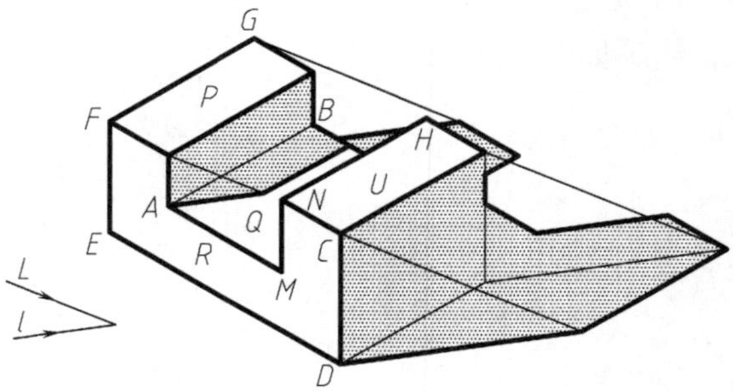

图 9-1　平面立体的阴影

平面立体的落影就是该平面立体上所有阴线的落影所围成的区域。平面立体的落影连同该平面立体上的所有阴面即构成了平面立体的阴影。

9.1.2　平面立体阴面的确定

1. 平面立体某一棱面为投影面的平行面

若采用常用光线，且棱面位于平面立体左方或上方或前方时则为阳面。反之，若棱面位于平面立体右、下、后方则为阴面。如图 9-2 所示，四棱柱的棱面 *ABCD*、*ABFE*、*ADME* 分别平行于 *V*、*W*、*H* 投影面，且位于四棱柱的前方、左方、上方，所以这三个棱面为阳面。其余的三个棱面则为阴面。因此，棱边 *BC*、*CD*、*DM*、*ME*、*EF*、*FB* 为阴线。四棱柱在 *V* 投影面上的落影就是这六条阴线所对应的落影所围成的区域。

2. 平面立体某一棱面为投影面的垂直面

可根据该棱面的积聚性投影来判断，若光线的投影与该棱面有积聚性投影的同面投影直接相交，则该棱面为阳面，否则为阴面。在图 9-3a 中，三棱柱的三个棱面均为铅垂面，光线 L 的水平投影 l 与棱面 P 的水平积聚性投影直接相交，所以棱面 P 为阳面，而另外两个棱面均为阴面。在图 9-3b 中，光线 L 的水平投影 l 与棱面 P 和棱面 Q 的水平积聚性投影直接相交，所以棱面 P 和棱面 Q 为阳面，另一个棱面则为阴面。在图 9-3c 中，三棱柱的三个棱面也均为铅垂面，光线 L 的水平投影 l 与棱面 P 的水平积聚性投影直接相交，所以棱面 P 为阳面，另两个棱面的水平投影与光线的水平投影不直接相交所以为阴面。

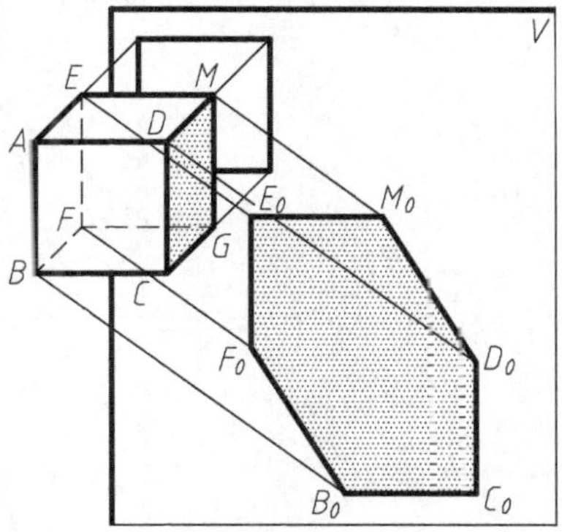

图 9-2 棱面平行某投影时阴面的确定

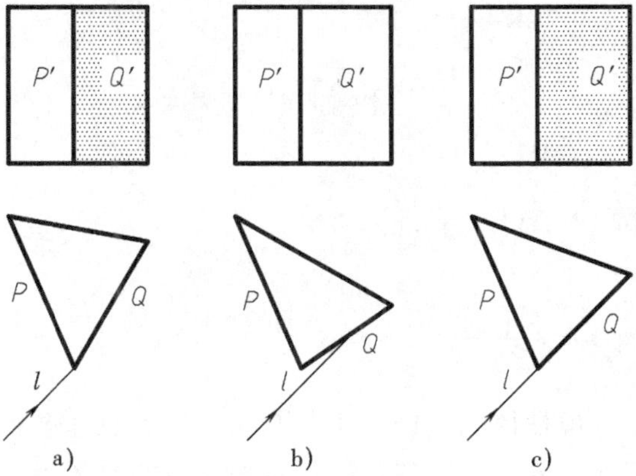

图 9-3 棱面垂直某投影时阴面的确定

3. 平面立体的棱面平行于光线

若平面立体的某一棱面平行于光线，则该棱面也为阴面，如图 9-3c 中的三棱柱的棱面 Q。

4. 平面立体的棱面为一般位置平面

当平面立体的棱面为一般位置平面时，很难直接判断它的阴面、阳面及阴线。此时可以作出所有棱线的落影，各棱线落影中构成最外轮廓线的落影才是平面立体的影线。与各影线对应的棱线即为阴线。据此可以判明该平面立体的阴面和阳面。如图 9-4 所示，三棱锥 S-ABC 的三个棱面均为一般位置平面，该三棱锥的各棱边及三条底边的落影如图 9-4 所示。构成最外轮廓线的是折线 $S_0B_0A_0C_0S_0$，与之对应的棱边为 SB、SC 及底边 AC、AB 是三棱锥的阴线。由此，可以判明三棱锥的棱面 SBC 和底平面 ABC 为阴面，其余的两个棱面则为阳面。

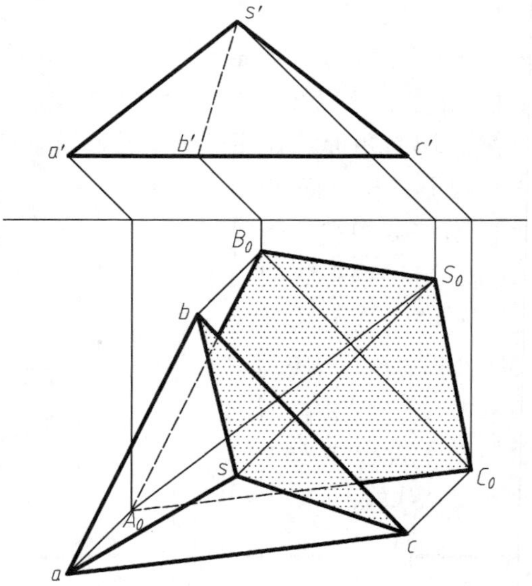

图 9-4 三棱锥阴面、阴线的判别

9.2 平面立体阴影的求法

9.2.1 棱柱体阴影的求法

在工程图样中，棱柱体的棱面通常都与某一投影面垂直或平行。因此大多数时候，棱柱体的阴面、阳面及阴线可以根据投影图直接判明，所以求作棱柱体阴影的步骤如下：

1）首先根据立体和光线的正投影，判别出立体的阳面和阴面。

2）确定阴线并分析阴线与承影面的相对位置，每一条阴线在哪些承影面上有落影。

3）逐条作出所有阴线的落影，即为平面立体的落影。

【例 9-1】 求作如图 9-5 所示四棱柱的阴影。

【解】 如图 9-5a 所示四棱柱 $ABCDHEFG$，承影面是与其后侧面共面的墙面。由于光线是从左、前、上方向右、后、下方照射四棱柱，因此四棱柱的左棱面、前棱面和上底面是阳面，右棱面和下底面为阴面。由此得出：HE、EF、FB、BC 四条棱边为阴线。作图过程如下：

1）分别求出 E、F、B 在墙面上的落影 e_0'、f_0'、b_0'。

2）H、C 本身就在墙面上，因此它们的落影是其自身。

3）依次连接各影点，即可得到四条阴线在墙面上的落影。

4）涂黑阴影部分，如图 9-5a 所示，完成四棱柱在墙面上阴影的作图。

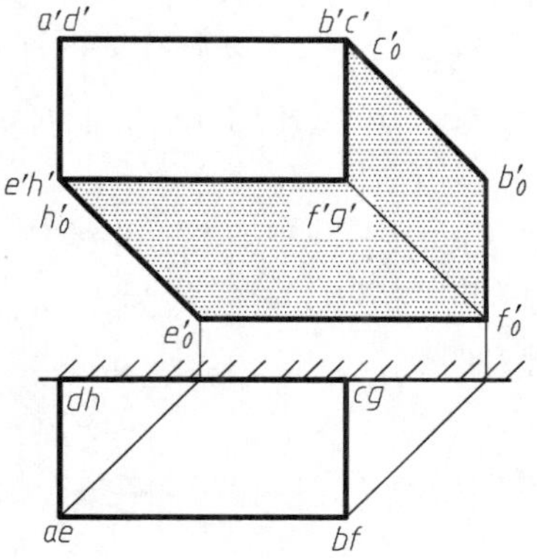

图 9-5　求作四棱柱的阴影

图 9-5b 是四棱柱放置在地面上的情况，其分析和作图方法、过程与图 9-5a 所示完全一样。

【例 9-2】　求作如图 9-6 所示四棱柱在两面投影体系中的阴影。

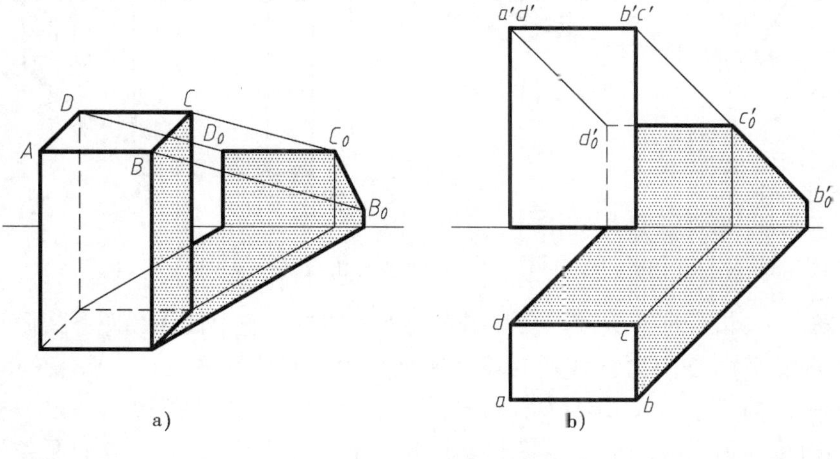

图 9-6　求作四棱柱在两面投影体系中的阴影

【解】　如图 9-6a 所示，在常用光线下，四棱柱的左棱面、前棱面和上底面是阳面，其余的均为阴面。由此得出以 B、D 为端点的两条棱线、上底面的两条边线 BC、CD 及底平面的左、前两条边线共六条边线均为阴线。由于底平面位于 H 面上，故实际作图时只要求出四条阴线的落影即可。由图 9-6b 可知，B、C、

D 三点到 V 投影面的距离都小于它们到水平投影面 H 的距离，因此 B、C、D 三点的影均落在 V 面上。因此，四棱柱的影落在 V、H 两个投影面上。作图过程如下：

1）以 B、D 为端点的两条棱线为铅垂线，所以它们在 H 面上的落影为过 b、d 两点的 45°线，在 V 面上的落影为垂直方向线。过 b、d 分别作 45°线交 OX 轴于折影点，并过折影点作两条垂线，分别交过 b'、d'所作的 45°线于 b'_0、d'_0，即为 B、D 两点在 V 面上的落影。

2）CD 平行 V 面，所以 CD 在 V 面上的落影为平行于 OX 轴的线段。过点d'_0作平行于 OX 轴的直线并交过点 c'所作的 45°线于点 c'_0，点 c'_0即为点 C 在 V 投影面上的落影，$c'_0d'_0$即为 CD 边在 V 投影面上的落影。

3）连接 $b'_0c'_0$，$b'_0c'_0$即为 BC 边在 V 投影面上的落影。

4）涂黑阴影部分，如图 9-6b 所示完成四棱柱在两面投影体系中阴影的作图。

【例 9-3】　求作如图 9-7 所示六棱柱在两面投影体系中的阴影。

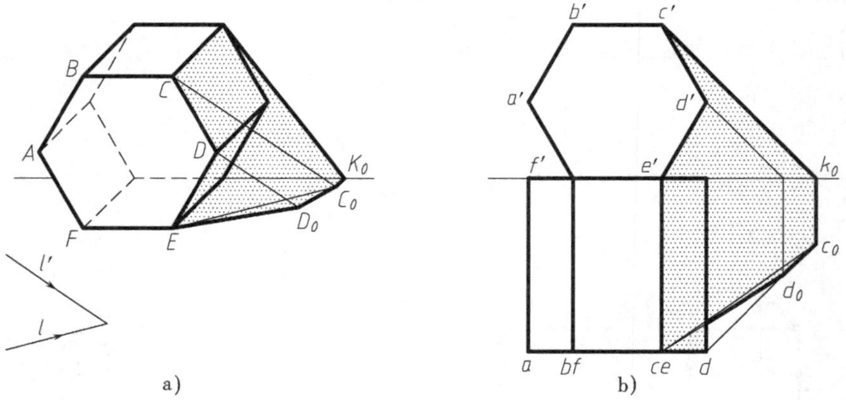

图 9-7　求作六棱柱在两面投影体系中的阴影

【解】　如图 9-7a 所示，在常用光线下六棱柱的左上棱面、左下棱面、上方棱面和前底平面是阳面，其余的均为阴面。由此得出以 C、F 为端点的两条棱线、前底面的三条边线 CD、DE、EF 及后底平面的左边两条边、上方一条边线共八条边线均为阴线。由于后底平面位于 V 面上，以 E、F 为端点的两条棱线所构成的棱面位于 H 面上，故实际作图时只要求出 CD、DE 及以 C 为端点的棱线共三条阴线的落影即可。由图 9-7b 可知，B、C、D 三点的影均落在 H 面上。因此，六棱柱的影落在 V、H 两个投影面上。作图过程如下：

1）以 C 为端点的棱线为正垂线，所以它们在 V 面上的落影为过点 c'的 45°线，在 H 面上的落影为垂直方向线。过点 c'作 45°线交 OX 轴于折影点 k_0，并过

折影点 k_0 作垂线，交过 c 所作的45°线于 c_0，即为点 C 在 H 面上的落影。则 c_0k_0、k_0c' 即为以 C 为端点的棱线在两面投影体系中的落影。

2）求出点 D 的落影 d_0。

3）连接 c_0d_0、d_0e，即为 CD、DE 两边在 H 投影面上的落影。

4）涂黑阴影部分，如图9-7b所示完成六棱柱在两面投影体系中阴影的作图。

9.2.2 棱锥体阴影的求法

在工程图样中，棱锥体的多数棱面通常是一般位置平面。因此大多数时候，棱锥体的阴面、阳面及阴线难以根据投影图直接判明。所以求作棱锥体阴影多数时候是求出所有棱线的落影，找出各棱线落影中构成最外轮廓线的部分，这些落影轮廓线即是平面立体的影线。与之对应的各棱线即为阴线，从而判明该平面立体的阴面和阳面。

【例9-4】 求作图9-8所示四棱锥在两面投影体系中的阴影。

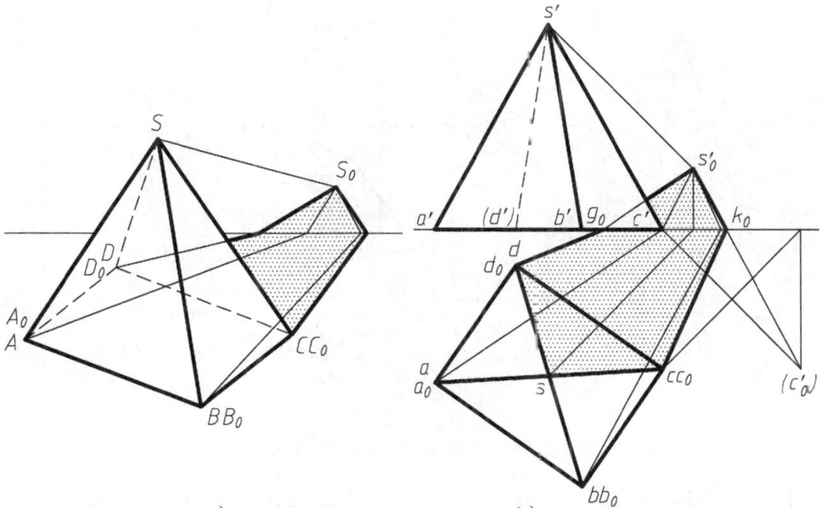

a)　　b)

图9-8 求作四棱锥在两面投影体系中的阴影

【解】 如图9-8a所示，在常用光线下四棱锥的底平面是阴面，其余的四个棱面无法根据投影图直接判明其是否为阴面。因此需求出四棱锥所有棱线的落影，找出各棱线落影中构成最外轮廓线的部分，则与之对应的各棱线即为阴线，并据此判明四棱锥的阴面和阳面。由图9-8b可知，锥顶 S 的影落在 V 面上。而四棱锥的底平面位于 H 面上，因此，四棱锥的影落在 V、H 两个投影面上。作图过程如下：

1）过 s 点作45°线与 OX 轴相交，并过交点作垂线，交过 s' 所作的45°线于 s_0'，s_0' 即为锥顶 S 在 V 面上的落影。

2）A、B、C、D 四个点在 H 投影面上的落影是它们自身，为了求出 SA、SB、SC、SD 四条棱边的落影，可利用 A、B、C、D 四个点在 V 投影面上的假影求出 SA、SB、SC、SD 四条棱边的落影在 OX 轴上的折影点。图9-8b给出了棱边 SC 在 OX 轴上的折影点 k_0 的求作过程。其余三条棱边折影点的求法完全相同。

3）由图9-8b可以看出，落影区域的最外轮廓线是折线 $s_0'g_0$、g_0d_0、d_0a_0、a_0b_0、b_0c_0、c_0k_0、k_0s_0'。因此，阴线应为 SC、SD、AB、BC、DA 五条边线。所以，除底平面 $ABCD$ 外，只有棱面 SCD 为阴面，其余的三个棱面均为阳面。

4）涂黑阴影部分，如图9-8b所示完成四棱锥在两面投影体系中阴影的作图。

【例9-5】 求作如图9-9所示五棱锥在两面投影体系中的阴影。

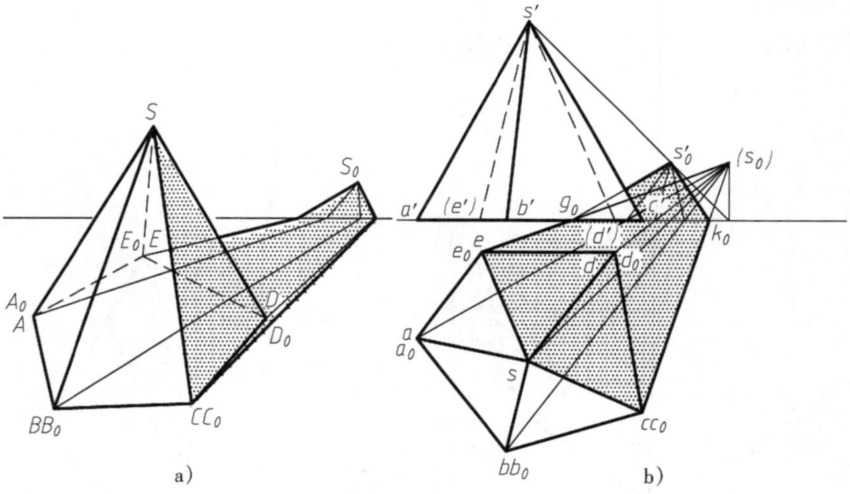

图9-9 求作五棱锥在两面投影体系中的阴影

【解】 如图9-9a所示，在常用光线下五棱锥的底平面是阴面，其余的五个棱面无法根据投影图直接判明其是否为阴面。因此须求出五棱锥所有棱线的落影，找出各棱线落影中构成最外轮廓线的部分，则与之对应的各棱线即为阴线，并据此判明四棱锥的阴面和阳面。由图9-9b可知，锥顶 S 的水平投影距 OX 轴距离都小于它的 V 面投影到 OX 轴的距离，因此点 S 的影落在 V 面上。而五棱锥的底平面位于 H 面上，因此，五棱锥的影落在 V、H 两个投影面上。作图过程如下：

1）过点 s 作45°线与 OX 轴相交，并过交点作垂线，交过 s' 所作的45°线于 s_0'，s_0' 即为锥顶 S 在 V 面上的落影。

2）A、B、C、D、E 五个点在 H 投影面上的落影是它们自身，为了求出 SA、SB、SC、SD、SE 五条棱边的落影，可利用点 S 在 H 投影面上的假影（s_0）求出 SA、SB、SC、SD、SE 五条棱边的落影在 OX 轴上的折影点。

3）由图 9-9b 可以看出，落影区域的最外轮廓线是折线 s'_0k_0、k_0c_0、c_0b_0、b_0a_0、a_0e_0、e_0g_0、$g_0s'_0$。因此，阴线应为 SC、SE、AB、BC、EA 五条边线。所以，除底平面 ABCDE 外，棱面 SCD、SDE 也为阴面，其余的三个棱面则为阳面。

4）涂黑阴影部分，如图 9-9b 所示完成五棱锥在两面投影体系中阴影的作图。

9.2.3 平面组合体的阴影

工程上常用的平面立体棱柱和棱锥，称为基本平面几何体。平面组合体是由若干个基本平面几何体经堆叠而成的形体，如图 9-10a 所示；或由一个基本形体切去若干个小的基本形体而形成的形体，如图 9-10b 所示；或既有堆叠又有切割的形体，如图 9-10c 所示。由于平面组合体上常出现凹角，因此平面组合体的阴线、阴面和阳面的判别及落影与棱柱体、棱锥体有所不同。

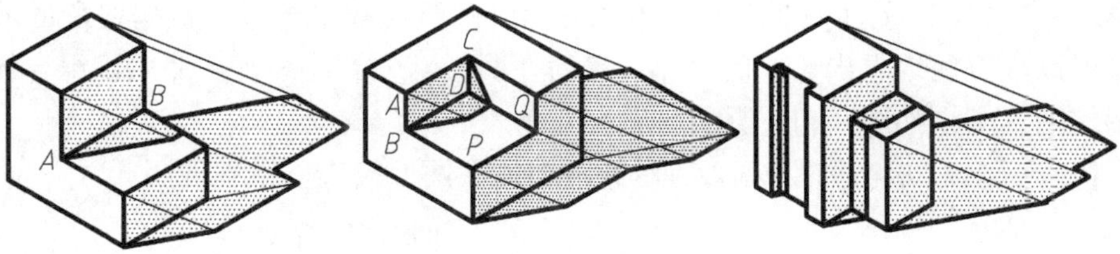

a)　　b)　　c)

图 9-10　组合体的阴影

在绘制平面组合体阴影的时候应注意：

1）阳面和阴面交线若是凸边必为阴线；若为凹角，如图 9-10a 中的 AB 边、b 图中的 BD、CD 边，一般情况下不是阴线，除非阴面与光线平行。

2）阳面和阴面交线若是凹角，则属于该阴面的阴线，有影子落在阳面上。图 9-10b 中的四边形 ABDC 为阴面，它与阳面 P、Q 均交于凹角，则阴面上的阴线 AB、AC 的影子落在 P、Q 两平面上。

【例 9-6】 求作如图 9-11 所示平面组合体在两面投影体系中的阴影。

【解】 如图 9-11a 所示，可以直观地看出，在常用光线下该组合体的底平面、FGJE 平面、MN 与 MK 两边所构成的平面以及后表面是阴面，其余的表面均为阳面。由于后表面位于 V 面上，属于后表面阴线的影是其自身，不用求。因此只要求出阴线 AB、BC、CD、DE、EF、FG 以及 JN、MN、MK 的落影即可。由图 9-11b 可知，阴线 AB、BC、JN、MN、MK 的影全部落在 V 投影面上；阴线

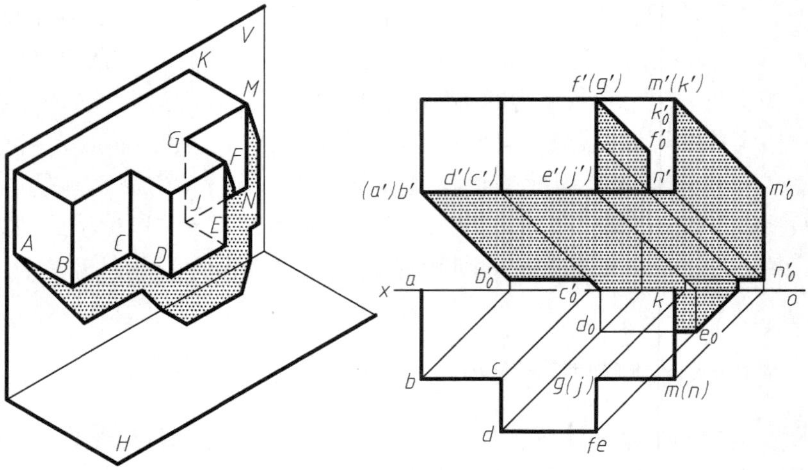

a)　　　　b)

图 9-11　求作组合体的阴影

DE 的影全部落在 *H* 投影面上；阴线 *FG* 的影全部落在阳面 *GMNJ* 上；阴线 *CD* 的影部分落在 *H* 投影面上部分落在 *V* 投影面上；而阴线 *EF* 的影落在 *H*、*V* 及阳面 *GMNJ* 三个面上。上述九条阴线均为承影面的垂直线或平行线，根据线段的落影性质可以很方便地求出它们的落影。最后在阴影部分加绘细密点完成该组合体的阴影作图，结果如图 9-11b 所示。

【例 9-7】　求作如图 9-12 所示的组合体在两面投影体系中的阴影。

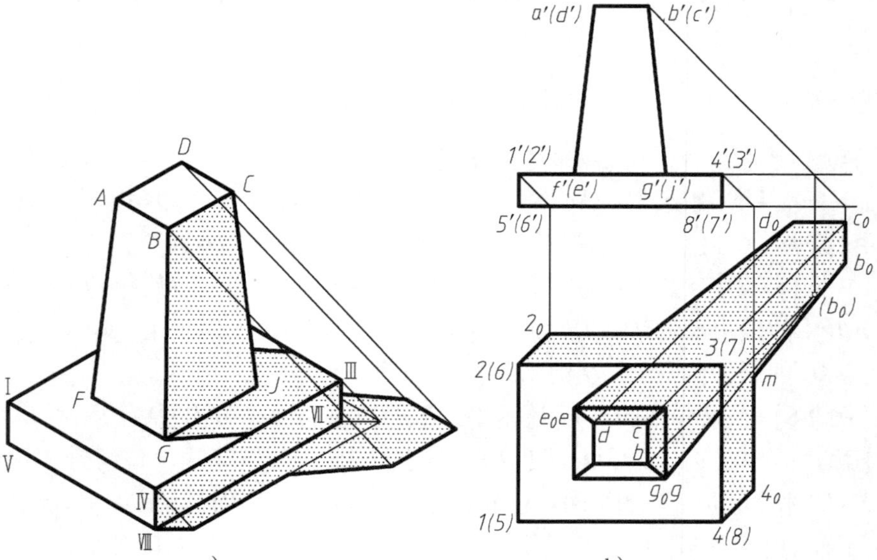

a)　　　　b)

图 9-12　求作组合体的阴影

【解】 如图 9-12a 所示，在常用光线下组成该组合体的四棱柱和四棱锥台的上底平面、左棱面、前棱面为阳面，其余的表面均为阴面。因此该组合体的阴线为折线ⅥⅡ、ⅡⅢ、ⅢⅣ、ⅣⅧ和 ED、DC、CB、BG。由图 9-12a 可知，阴线ⅥⅡ、ⅡⅢ、ⅢⅣ、ⅣⅧ和 DC、BC 的影全部落在 H 投影面上；阴线 ED、BG 的影部分落在 H 投影面上部分落在四棱柱的上表面ⅠⅡⅢⅣ上。作图过程如下：

1）求出阴点Ⅱ、Ⅳ、B、D 在 H 投影面上的对应落影 2_0、4_0、b_0、d_0，则 22_0、44_0即为阴线ⅡⅥ和ⅣⅧ在 H 投影面上的对应落影。

2）过 2_0、d_0分别作水平方向线，即为阴线ⅡⅢ和 DC 在 H 投影面上的对应落影；过点 4_0、b_0分别作垂直方向线，即为阴线ⅢⅣ和 BC 在 H 投影面上的对应落影。

3）扩大四棱柱上底平面，并求出阴点 B 在扩大后的四棱柱上底平面上的落影（b_0），连接 g（b_0），g（b_0）即为阴线 BG 在四棱柱上底平面上的落影。根据一线段在两平行平面上的落影必平行的性质，过 b_0作线段 $b_0m /\!/ g$（b_0），则 b_0m即为阴线 BG 在 H 投影面上的落影。

4）重复第三步，画出阴线 DE 在四棱柱上底平面和 H 投影面上的落影。

5）最后在阴影部分加绘细密点完成该组合体的阴影作图，结果如图 9-12b 所示。

【例 9-8】 求作如图 9-13 所示相交两四棱柱在两面投影体系中的阴影。

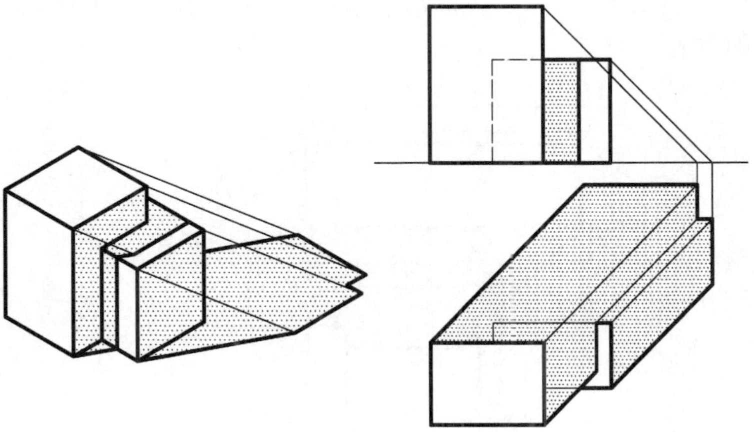

a） b）

图 9-13 组合体的阴影

【解】 如图 9-13a 所示，在常用光线下组成该组合体两四棱柱的上底平面、左棱面、前棱面为阳面，其余的表面均为阴面。因此该组合体的阴线为两四棱柱后棱面与上底平面、左棱面的两条交线及右棱面与上底平面、前棱面的两条交线。由图 9-13b 可知，左侧大四棱柱的右前及右上两条阴线的影部分落在 H 投影面上部分落在右侧小四棱柱的前棱面和上表面上；其余阴线的影全部落在 H 投影面上。其作图过程略。

9.3 平面立体组成的建筑形体的阴影

求作由平面立体所组成的建筑形体的阴影时，其作图步骤如下：

1）从给定的投影图入手，搞懂建筑形体的形状是由哪些基本平面形体组成的以及这些形体之间的相对位置关系。

2）分析阴面、阳面，确定阴线。那些阴面和阳面的交线，且位于凸角处的棱边为阴线。

3）分析阴线的影落在哪个承影面上，利用线段的落影性质及各种作图方法求出影线。如阴线无法直接判明，则首先作出所有位于凸角处的棱边的落影，这些落影的最外轮廓线就是影线，与之对应的棱边为阴线，并由此判断出阴面和阳面。

4）阴线和影线所围成的区域即为所求阴影，可以涂淡色、加绘细密点或画等距离的互相平行细实线（阴影线）来表现立体效果。

下面所举各例，多数仅对落影的特征加以分析，不再详述作图步骤。

1. 阳台的阴影

【例 9-9】 已知阳台的两面投影和水平投影上的有关尺寸标注，作出阳台的阴影，如图 9-14 所示。

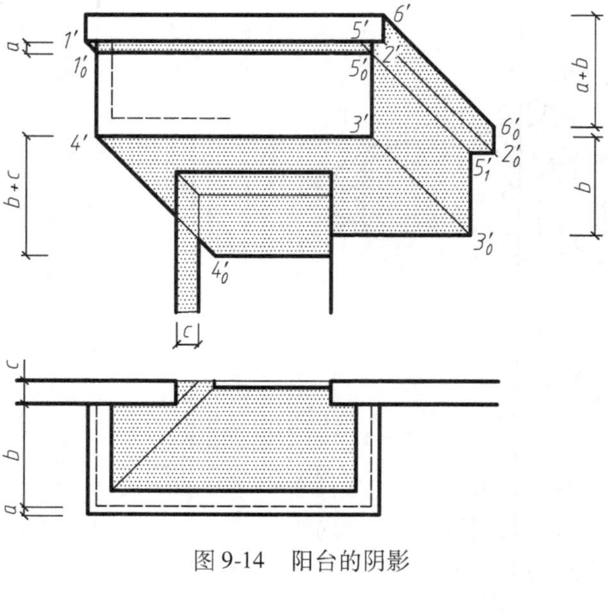

图 9-14 阳台的阴影

【解】 从图中可知，墙面和门扇是相互平行的两个承影面，阳台的底平面也是一个承影面，阳台的影就落在这三个承影面上。由于棱线（包括阴线）均为投影面的垂直线，所以阴线的落影在所垂直的投影面上的投影为与光线投射方向一致的45°直线，在所平行的投影面上的投影则与棱线平行且相等。阴影的具体画法如下：

1）由$1'$作45°线$1'1_0'$，使其垂直方向高为栏板扶手的宽度a。

2）过$1_0'$作水平线$1_0'5_0'$，交过$3'$的垂直方向线于$5_0'$。

3）过$2'$和$6'$作45°线$2'2_0'$和$6'6_0'$，使其垂直方向高为$a+b$，连$2_0'6_0'$（为一竖直线）。

4）过点$5_0'$和$3'$作45°线$5_0'5_1'$和$3'3_0'$，使其垂直方向高为b，连$5_1'2_0'$（为一水平线）。

5）过$4'$作45°线$4'4_0'$，使其垂直方向高为$b-c$。

6）过$4_0'$、$3_0'$作水平线分别交于门洞边框线。

7）作出门洞边框的落影，水平宽为门洞边框到门扇的深度c。

8）作出阳台栏板在阳台底平面上的落影。

【例9-10】 已知半凹阳台的两面投影，作出半凹阳台的阴影，如图9-15所示。

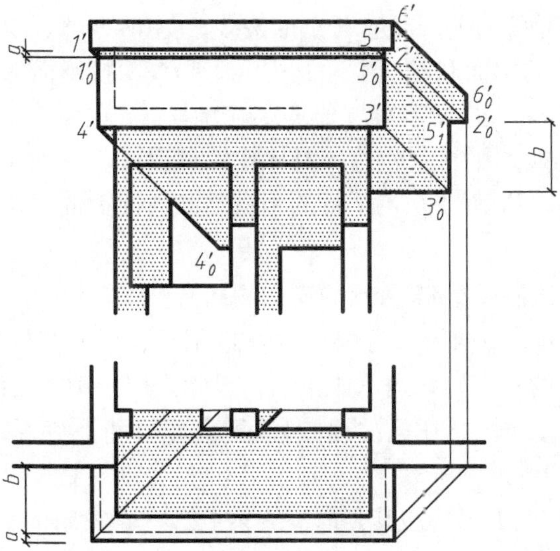

图9-15 半凹阳台的阴影

【解】 从图中可知，墙面、门扇和窗扇是相互平行的三个承影面，阳台的底平面也是一个承影面，阳台的影就落在这四个承影面上，由于棱线（包括阴线）均为投影面的垂直线，所以阴线的落影在所垂直的投影面上的投影为与光线投射方向一致的45°直线，在所平行的投影面上的投影则与棱线平行且相等。阴影的具体画法和例9-9类似，其过程略。

【例9-11】 已知阳台的两面投影，求作阳台的阴影，如图9-16所示。

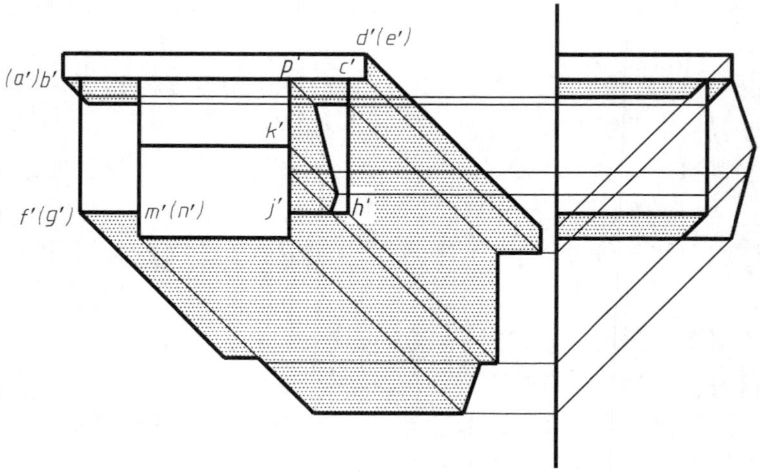

图9-16 阳台的阴影

【解】 由图9-16可知，阳台的阴线是正垂线 *AB*、*DE*、*FG*、*MN*；侧垂线 *BC*、*FH*、*MJ*；铅垂线有 *CD* 及过 *H* 点的棱线；侧平线 *JK*、*KP* 等共11条。这些阴线的影落在阳台的阳面和墙面上。其中九条阴线为投影面的垂直线，它们的落影在所垂直的投影面上的投影为与光线投射方向一致的45°直线，在所平行的投影面上的投影则与棱线平行且相等。具体作图过程略。特别注意两条侧平线 *JK*、*KP* 影的求法，其中 *JK* 落在互相平行的阳台面和墙面上的两段影线应平行。

2. 窗的阴影

【例9-12】 绘制图9-17所示的窗的阴影。

【解】 图9-17a中的窗只有窗台没有遮阳板，图9-17b中的窗有窗台和遮阳板。图9-17b中的双点画线表示遮阳板的投影。因图中的棱线（包括阴线）均为投影面的垂直线，可以利用直线落影的垂直规律和平行规律绘制阴影。图9-17a的具体画法如下：

1）过 $1'$ 作45°线 $1'1'_0$，使其竖向高为窗洞边框到窗扇的深度 a。

2）过 $1'_0$ 作水平线和垂直方向线分别与窗洞边框线和窗台线相交。所作的两直线即为窗洞边框在窗扇上的落影。

3）过 $2'$、$3'$、$4'$ 作45°线 $2'2'_0$、$3'3'_0$、$4'4'_0$，使它们的垂直方向高均为 b。

4）连接 $2'_03'_0$ 和 $3'_04'_0$，即为窗台在墙面上的落影。

5）作出窗洞边的侧墙棱边在窗台上落影的水平投影。

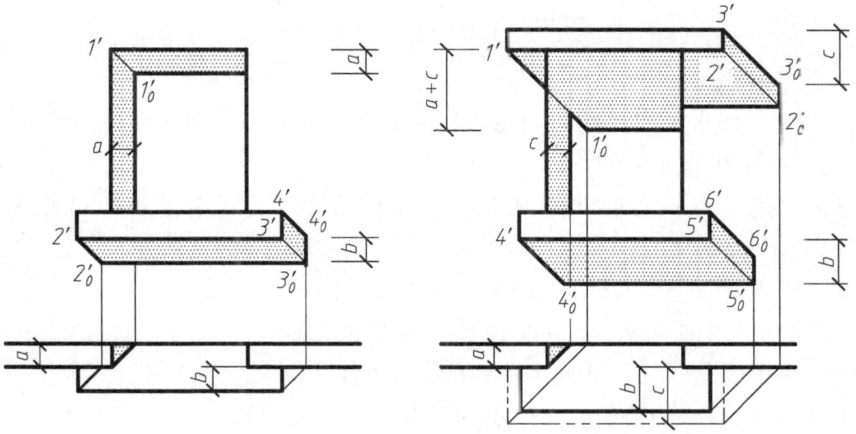

a)　　　　b)

图 9-17　窗的阴影

遮阳板在墙面和窗扇两个相互平行的承影面的画法，可参照阳台落影的画法，如图 9-17b 所示。

3. 雨篷和门洞的阴影

【例 9-13】　求作图 9-18 所示的雨篷的落影。

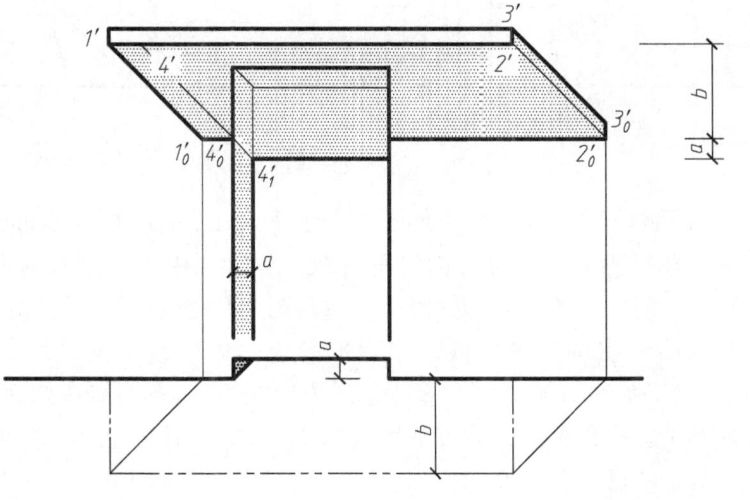

图 9-18　雨篷和门洞的阴影

【解】　雨篷的影落在墙面、门扇两个相互平行的承影面和地面上。图中的所有棱线（包括阴线）均为投影面的垂直线，因此可以利用直线落影的垂直规律和平行规律绘制出阴影。具体画法如下：

1）过 $1'$ 作 45°线 $1'1_0'$，使其垂直方向高为 b。

2）过 $2'$、$3'$ 分别作 45°线 $2'2_0'$、$3'3_0'$，使它们的垂直方向高均为 b，连接 $2_0'3_0'$。

3）过 $1_0'$ 作水平线，交门洞左边框线于 $4_0'$ 点；过 $2_0'$ 作水平线交于门洞右边框线，完成雨篷在墙面上的落影。

4）过点 $4_0'$ 作 45°线 $4'4_1'$，$4'$ 是 45°线与 $1'2'$ 的交点，并使 $4'4_1'$ 的垂直方向高为 $b+a$。

5）过 $4_1'$ 作垂直方向线，即为门框边沿在门扇上的落影。

6）过 $4_1'$ 作水平线，即为雨篷在门扇上的落影。

7）作出门边墙线在地面上落影的水平投影。

【例 9-14】 求作图 9-19 所示的门洞及雨篷的落影。

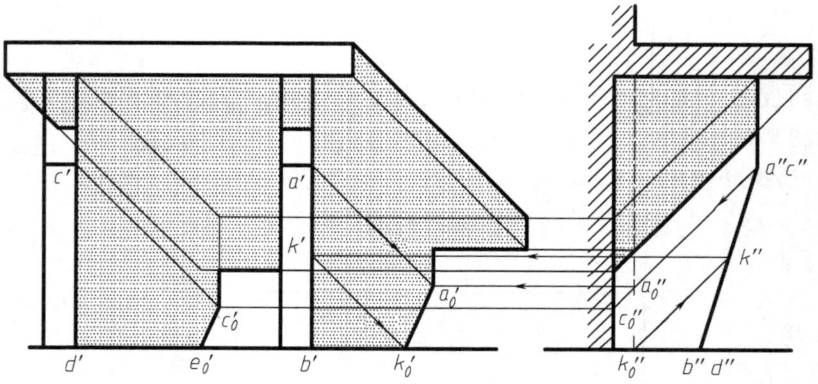

图 9-19 门洞及雨篷的阴影

【解】 门洞及雨篷的影落在墙面、门扇两个相互平行的承影面上。图中的大部分棱线（包括阴线）为投影面的垂直线，可以利用直线落影的垂直规律和平行规律绘制出阴影。这些阴线的落影求法与图 9-18 所示相同，此处不再赘述。门洞两边的侧墙各有两条斜棱线，本题中的这两条斜线是落在墙面和地面上（此题中地面的 V 面和 H 面投影积聚为水平方向线），其折影点在两面的交线上，而交线的侧面投影有积聚性，故可采用返回光线法求出折影点后，进而求得斜线落影。斜线落影的具体求法如下：

1）过 k_0'' 作 45°返回光线交 $a''b''$ 于 k''。

2）过 k'' 作水平方向线求出点 K 在 V 面的对应投影 k'。

3）过 k' 作 45°光线交地面线于 k_0'，k_0' 即为斜线 AB 上阴点 K 落影的 V 面投影。

4）求出 A、C 两点落影的 V 面投影 a_0'、c_0'。

5）连接 $a_0'k_0'$，即为斜线 AB 落影的 V 面投影。

6）过 c_0'作线段 $c_0'e_0' // a_0'k_0'$，$c_0'e_0'$即为斜线 CD 落影的 V 面投影。

4. 台阶的阴影

【例 9-15】 求作图 9-20 所示的台阶的阴影。

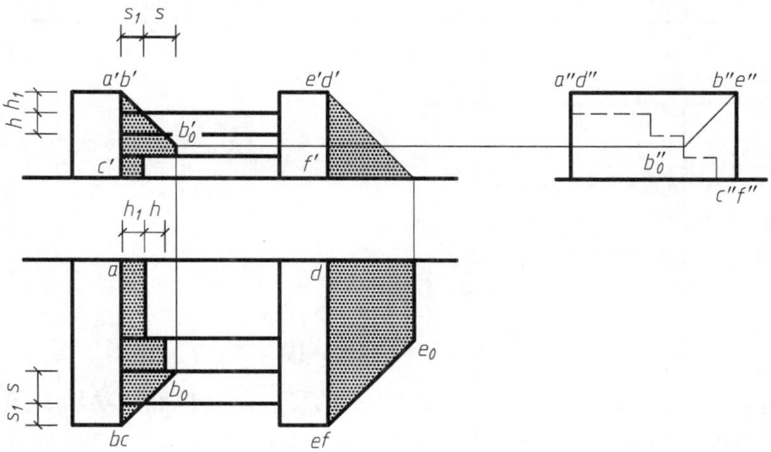

图 9-20 台阶的阴影

【解】 如图 9-20 所示，台阶左右栏板的影落在地面、踏面、踢面和墙面上，从图中可以判别出阴线由一些投影面垂直线组成，左栏板的阴线为正垂线 AB 和铅垂线 BC；右栏板的阴线为正垂线 DE 和铅垂线 EF。其阴线的绘制应满足垂直规律和平行规律。台阶的影由这些阴线的落影组成，阴线落影的具体画法如下：

（1）台阶左栏板在立面上的影

1）从 W 投影可知点 B 的影 B_0落在第二级踢面上。

2）过 b'作 45°线 $b'b_0'$，使 $b'b_0'$水平方向的长度和垂直方向的高度均为 $s+s_1$。或过 b 作 45°线交第二级踢面 H 面的积聚投影于 b_0，过 b_0作垂直方向线与过 b'所作的 45°线交于 b_0'，$b'b_0'$即为阴线 AB 的影的 V 面投影（点 A 的影 A_0的 V 面投影与 a'重合）。

3）作出铅垂线 BC 在第一级和第二级踢面上的影。由平行规律可知，BC 落在第一级踢面和第二级踢面上的影仍为垂直方向线。在第一级踢面上的阴影宽度为 s_1，在第二级踢面上的阴影宽度为 s_1+s。

（2）台阶右栏板在立面上的影 过 d'作 45°线交于地面线，即可得到阴线 DE 的影的 V 面投影。结合水平投影可知，台阶右栏板在立面上的影即为阴线 DE 的影的 V 面投影、EF 的 V 面投影和地面线所围成的三角形。

台阶水平投影中的阴线也可以根据直线落影的垂直规律和平行规律绘出。

【例 9-16】 求作图 9-21 所示的台阶的阴影。

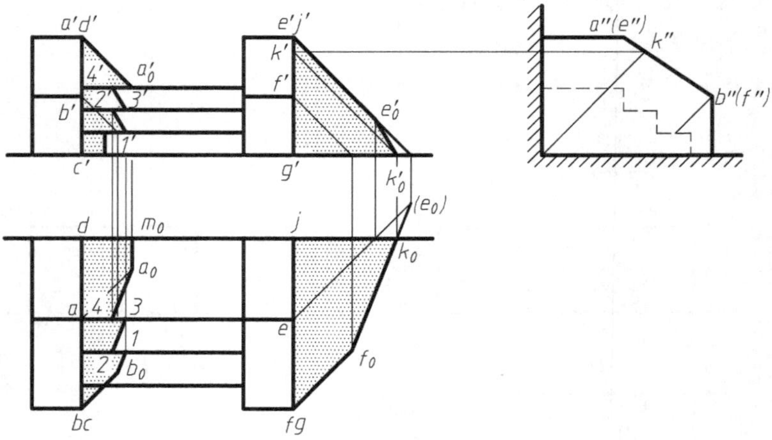

图 9-21 台阶的阴影

【解】 如图 9-21 所示，台阶左右栏板的影，落在地面、踏面、踢面和墙面上，从图中可以判别出左栏板的阴线为正垂线 AD、侧平线 AB 和铅垂线 BC；右栏板的阴线为正垂线 EJ、侧平线 EF 和铅垂线 FG。台阶的影由这些阴线的落影组成，阴线落影的具体画法如下：

（1）台阶右栏板的影

1）过 f' 作 45°线交于地面线，再过交点作垂直方向线与过点 f 所作的 45°线交于 f_0 点，则 gf_0 即为阴线 FG 落影的 H 面投影。

2）求出点 E 在地面上的假影（e_0），连接 f_0（e_0）并交地面线于 k_0，f_0k_0 为阴线 EF 在地面上落影的水平投影，而 k_0 为折影点。

折影点 k_0 也可以利用返回光线法，在侧面投影求出折影点 k_0 的对应阴点 K 的侧面投影 k''，再根据点的投影性质求出 k'，从而求出折影点 k_0 和 k_0'。

3）求出点 E 在 V 面上的落影 e_0'，ee_0' 为阴线 EJ 在墙面上落影的 V 面投影；连接 $e_0'k_0'$，则 $e_0'k_0'$ 是阴线 EF 在墙面上落影的 V 面投影。

（2）台阶左栏板的影

1）从 W 投影可知点 B 的影 B_0 落在第一级踏面上，求出点 B 落影的水平投影 b_0。

2）过 b_0 作线段 $b_01 /\!/ f_0k_0$，则 b_01 即为阴线 AB 在第一级踏面上落影的水平投影。

3）求出点Ⅰ的 V 面投影 $1'$，过 $1'$ 作线段 $1'2' /\!/ e_0'k_0'$，则 $1'2'$ 即为阴线 AB 在第二级踢面上落影的 V 面投影。

4）求出点Ⅱ的 H 面投影 2，过 2 作线段 $2\,3 /\!/ f_0k_0$，则 $2\,3$ 即为阴线 AB 在第

二级踏面上落影的 H 面投影。

5）求出点Ⅲ的 V 面投影 $3'$，过 $3'$ 作线段 $3'4' // e_0'k_0'$，则 $3'4'$ 即为阴线 AB 在第三级踢面上落影的 V 面投影。

6）求出点 A 落影的水平投影 a_0 和 V 面投影 a_0'，则 $a'a_0'$ 即为阴线 AD 在墙面上落影的 V 面投影；过 a_0 作垂直方向线 a_0m_0，则 a_0m_0 即为阴线 AD 在第三级踏面上落影的 H 面投影。

7）求出点Ⅳ的 H 面投影 4，连接 4 a_0（$4a_0 // f_0k_0$），$4a_0$ 即为阴线 AB 在第三级踏面上落影的 H 面投影。

（3）在阴影部分加绘细密点完成该台阶的阴影，结果如图 9-21 所示。

在本题中，阴线 AB 在台阶踢面和踏面上的落影，是利用平行两线段的落影及线段在互相平行的承影面上落影的性质求出。也可采用返回光线法，或扩大承影面（踢面和踏面），求出 A、B 两点在扩大后的踢面和踏面上的假影，进而求出阴线 AB 在台阶的各个踢面和踏面上的落影。

5. 天窗、烟囱的阴影

【例 9-17】 求作图 9-22 所示的烟囱在坡屋顶上的阴影。

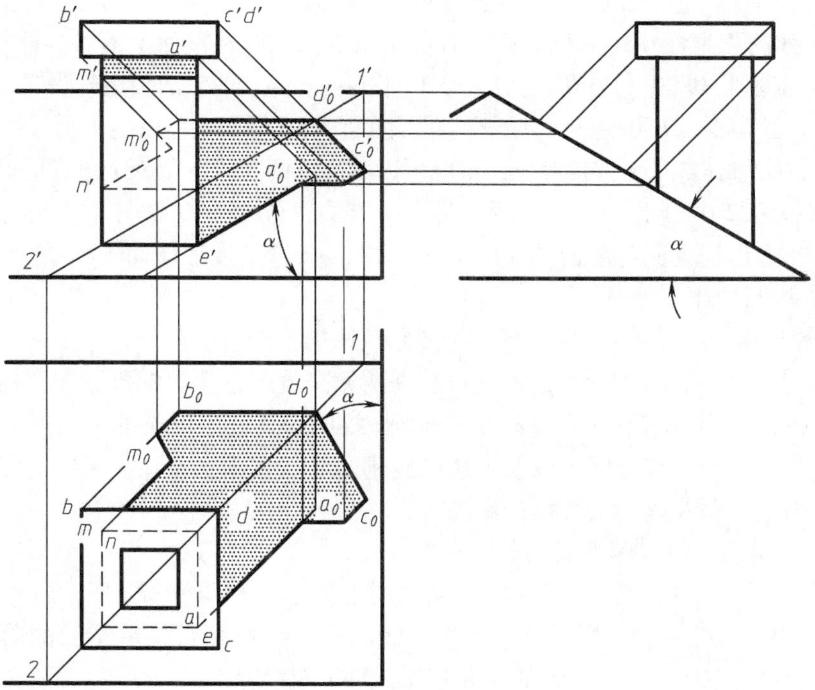

图 9-22 烟囱的落影

【解】 如图 9-22 所示，坡屋顶上烟囱的影落在侧垂的屋面上，从图中可以判别出阴线由一些投影面垂直线组成，烟囱的阴线为四棱柱右前方和左后方的两条棱边，均为铅垂线；方帽的阴线分别为正垂线、铅垂线和侧垂线。阴线落影的绘制应满足垂直规律和平行规律。阴线落影的具体画法如下：

1）烟囱上的棱边 AE 为铅垂线，所以它在屋面上落影的 H 面投影为45°方向线，因此过 a 作45°线，即得 AE 在屋面上落影的 H 面投影；屋面为侧垂面，因此 AE 落影的 V 面投影与屋面在 W 面的积聚性投影对称，即它在 V 投影面上的落影和水平方向的夹角与屋面的倾角 α 相等，所以过 e' 画一条与水平方向成 α 角的斜线，即为 AE 在屋面上落影的 V 面投影。

2）烟囱的另一条阴线 MN 与 AE 平行，因此，它在屋面上落影的两投影与 AE 屋面上落影的两投影对应平行。作 $nm_0 /\!/ aa_0$；$n'm'_0 /\!/ e'a'_0$，即为阴线 MN 在屋面上落影的两投影。

3）方帽上过 C、B 两点的铅垂线，是阴线，它们在屋面上落影的两投影与烟囱上的阴线 AE 在屋面上落影的两投影对应平行。由此可以画出它们在屋面上落影的两投影。

4）方帽上 CD 边及与 CD 边平行、位于方帽左下方的棱边也是阴线，它们为正垂线。因此，它们在屋面上落影的 V 面投影为45°方向线；在 H 面的投影与屋面在 W 面的积聚性投影对称，由此可以画出该两阴线在屋面上落影的两投影。

5）方帽上 BD 边及与 BD 边平行、位于方帽前部、下方的棱边是阴线，它们为侧垂线，必与 V、H 两投影面都平行。因此，它们在屋面上落影的 V 面投影和 H 面的投影，必与其自身平行且等长，由此可以画出该两阴线在屋面上落影的两投影。

在图9-22中给出了点 D 落影的另一个求法，包含点 D 作与光线平行的铅垂辅助面，求出辅助面与屋面的交线ⅠⅡ（12、$1'2'$），过 d' 作45°方向线与 $1'2'$ 交于 d'_0，由此求出 d_0。

【例9-18】 求作图9-23所示的坡屋顶、门及天窗的阴影。

【解】 如图9-23所示，是檐口等高两相交坡屋顶房屋的投影图。山墙屋檐阴线为折线 $GJMCD$ 及折线 $NEFAB$；水平屋檐阴线为右边屋檐的下边线。这些阴线的影落在山墙、右边墙面以及右边的门扇上。坡屋顶上双坡顶天窗的影落在侧垂的屋面上。阴线落影的具体画法如下：

（1）屋檐、门扇侧墙面的落影求法

1）左边山墙的倾斜屋檐的阴线在山墙上的落影如图9-23a所示，首先求出阴点 J、M、C 的对应落影 j'_0、m'_0、c'_0。然后利用线段平行于承影面的落影性质求出阴线 GJ、JM、MC、CD 在山墙上落影的 V 面投影。

2）同理求出两扇门侧墙面及门头边线在门扇上落影的 V 面投影、右边水平屋檐阴线在正面墙面及右边门扇上落影的 V 面投影和山墙右边线在正面墙上落影的 V 面投影。如图9-23a所示。

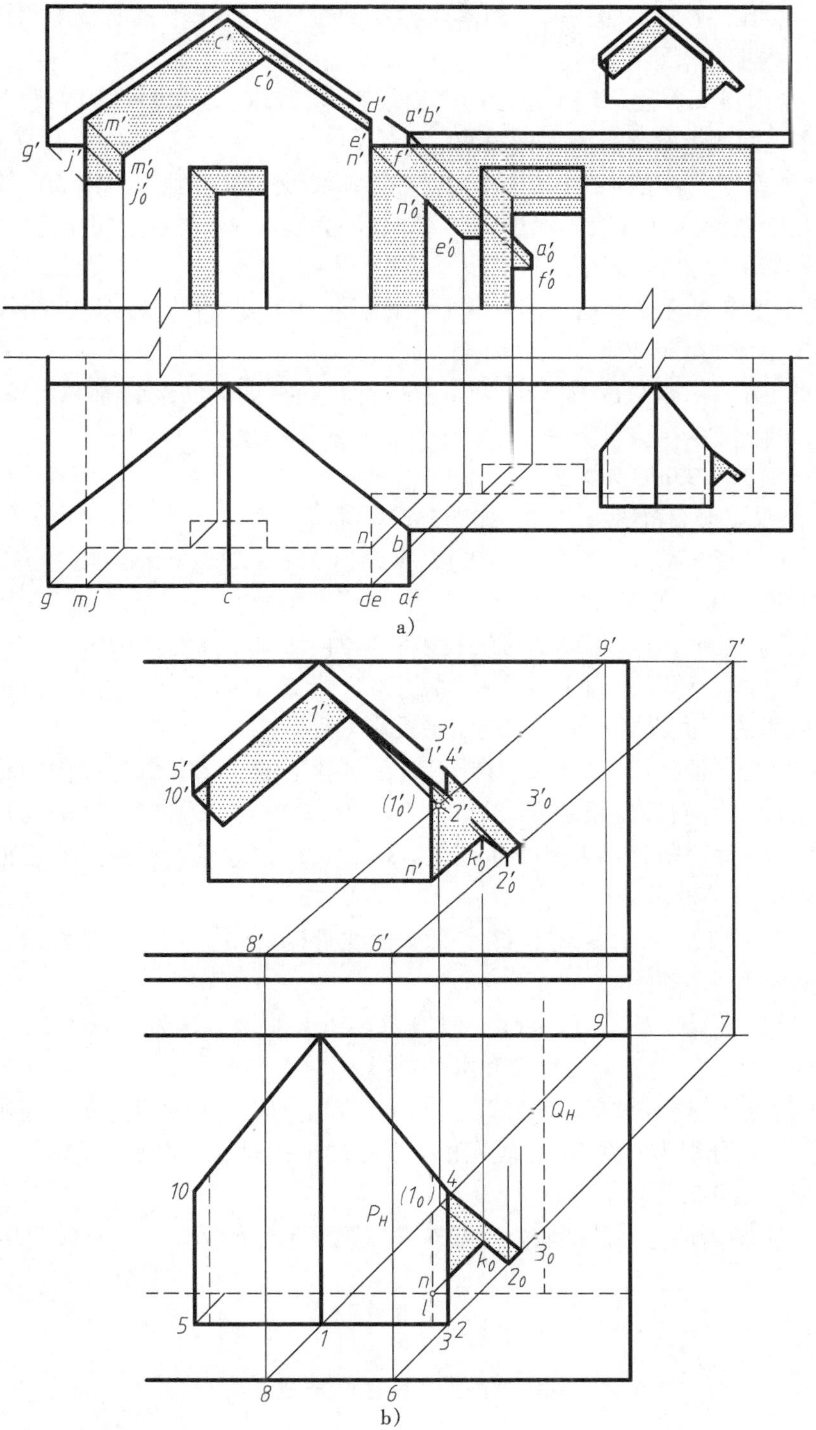

图 9-23　坡屋顶、门及天窗的阴影

3）求出点 F 在右边门扇上的落影 f_0'，并过 f_0' 点作水平方向线即为阴线 EF 在右边门扇上的落影。

4）求出点 E 在正面墙上落影的 V 面投影 e_0'，过点 e_0' 作水平方向线，即为阴线 EF 在正面墙上的落影的 V 面投影。

5）过 f_0' 作垂直方向线并与过 a' 所作的45°线交于 a_0'，则 $a_0'f_0'$ 即为阴线 AF 在右边门扇上落影的 V 面投影；过 a_0' 的45°线即为阴线 AB 在右边门扇上及屋檐前表面上落影的 V 面投影。

6）求出点 N 在正面墙上落影的 V 面投影 n_0'，连接 $n_0'e_0'$，$n_0'e_0'$ 即为阴线 NE 在正面墙上落影的 V 面投影，$n_0'e_0'$ 为45°线。

阴线 CD 有一部分的影落在 DEN 三点所在的平面上，该面的 V 面投影积聚为 $d'e'$，因此 CD 在该承影面上落影的 V 面投影不需求。

结果如图9-23a所示。

（2）双坡顶天窗落影求法　如图9-23b所示。

1）求出阴线ⅤⅩ（510、5′10′）、ⅤⅠ（51、5′1′）、ⅠⅡ（12、1′2′）在天窗正面墙上落影的 V 面投影。

2）包含过Ⅰ（1、1′）点的光线作铅垂面 P，求出辅助面 P 与斜坡屋顶的交线ⅧⅨ（89、8′9′），过1′点作45°线交8′9′于点（$1_0'$），则（$1_0'$）为点Ⅰ在坡屋顶上假影的 V 面投影，求出它的水平投影（1_0）。

3）阴线ⅡⅢ（23、2′3′）为铅垂线，包含ⅡⅢ（23、2′3′）作铅垂面 Q，求出辅助面 Q 与斜坡屋顶的交线ⅥⅦ（6 7、6′7′），过2′、3′点作45°线分别交6′7′于点 $2_0'$、$3_0'$，则 $2_0'3_0'$ 为阴线ⅡⅢ（2 3、2′3′）在坡屋顶上落影的 V 面投影，求出它们的水平投影 2_03_0。

4）连接 $4'3_0'$、43_0，$4'3_0'$、43_0，即为阴线ⅢⅣ（43、4′3′）在坡屋顶上落影的 V 面投影和水平投影。

5）连接（$1_0'$）$2_0'$、（1_0）2_0，（$1_0'$）$2_0'$、（1_0）2_0，即为阴线ⅠⅡ（12、1′2′）在坡屋顶上落影的 V 面投影和水平投影。

6）过点 n 作45°线交（1_0）2_0 于点 k_0，求出点 K_0 的 V 面投影 k_0'，连接 $n_0'k_0'$，则 $n_0'k_0'$、$n\,k_0$ 分别为阴线 NL 在坡屋顶上落影的 V 面投影和水平投影。

结果如图9-23b所示。

（3）在阴影部分加绘细密点完成双坡屋顶及天窗的阴影，结果如图9-23a所示。

第 10 章　曲线、曲面立体的阴影

10.1　曲线和圆的落影

1. 平面曲线的落影

对于平面曲线的影，可先作出曲线上一系列点的影，然后依次光滑相连，即可得到平面曲线的影。

1）曲线平面平行于承影面时，该平面在承影面上的落影，反映实形且形状相同。只要求出它的特殊点及一些主要点并按平面图形的形状依次光滑连线即可，如图 10-1a 所示。

2）曲线平面如与承影面不平行，则需要在曲线上取一些点，求出这些点的落影后依次光滑连接各点即可，如图 10-1b 所示。

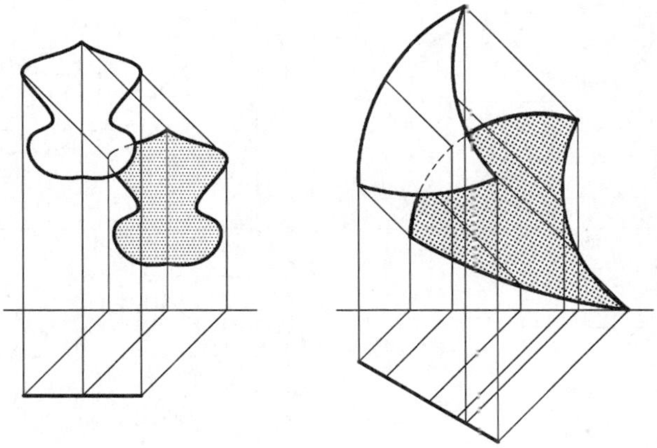

a)　　　　　　b)

图 10-1　平面曲线的落影

【例 10-1】　求作立柱及电缆线在地面上的落影，如图 10-2 所示。

【解】　两立柱垂直于地面，所以它们在地面上的落影为过立柱根部并平行于光线的 45°方向线。电缆线的形状为悬垂线，与地面不平行，因此需要在电缆线上取若干个点，求这些点的落影后再依次光滑连线各点。作图过程如下：

1）分别过 b、d 作 45°线，求出 A、C 两点在地面上的落影 a_0、c_0，则 a_0b、c_0d 即为两立柱 AB、CD 的落影。

2）在电缆线上取若干个点，本题为Ⅰ、Ⅱ、Ⅲ、Ⅳ、Ⅴ五个点，并求出它们在地面上的落影 1_0、2_0、3_0、4_0、5_0。

3）用一条光滑的曲线依次连接 1_0、2_0、3_0、4_0、5_0，完成电缆线的落影，如图 10-2 所示。

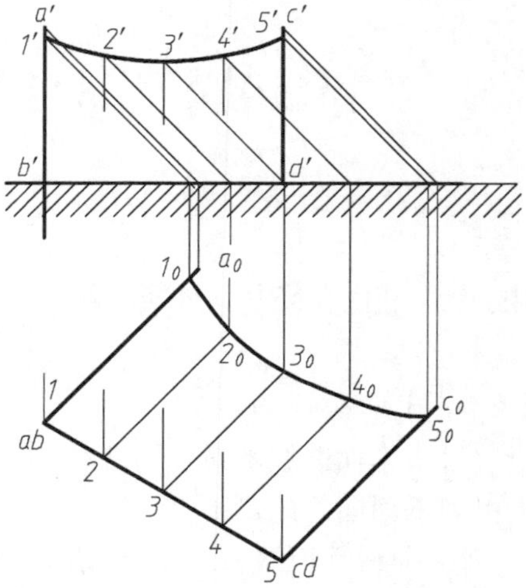

图 10-2 立柱及电缆线在地面上的落影

2. 圆的落影

1）平行于承影面的圆，其在承影面上的落影与该圆平行且反映实形，因此，只要求出圆心的落影，然后以同等半径画圆即可，如图 10-3a 所示。

2）与承影面不平行的圆，其落影为椭圆，该椭圆可用八点法作出，即求出圆外切正方形的四个切点和两条对角线和圆的四个交点的落影，然后顺序连接各点画出落影椭圆，如图 10-3b 所示。

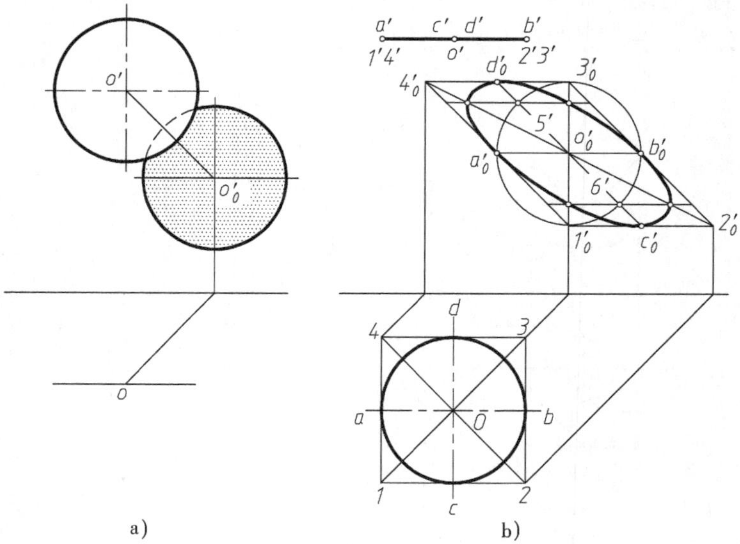

a) b)

图 10-3 圆的落影

3）八点法画椭圆的步骤如下（见图 10-3b）：

① 求出圆的外切正方形ⅠⅡⅢⅣ、外切正方形各边中点 A、B、C、D 及圆心的落影 $1_0'2_0'3_0'4_0'$、a_0'、b_0'、c_0'、d_0'及 o_0'。

② 以 o_0'为圆心、以圆的半径为半径画圆，交 $c_0'd_0'$于 5′、6′两点。

③ 过5′、6′分别作水平方向线与平行四边形$1_0'2_0'3_0'4_0'$的两条对角线交于四个点，该四个点连同圆与正方形的四个切点的落影a_0'、b_0'、c_0'、d_0'即为圆的落影椭圆上的八个点。

4）过上述八个点画一椭圆，完成圆的落影椭圆。

【例10-2】 求作图10-4所示的正平圆在两个投影面上的落影。

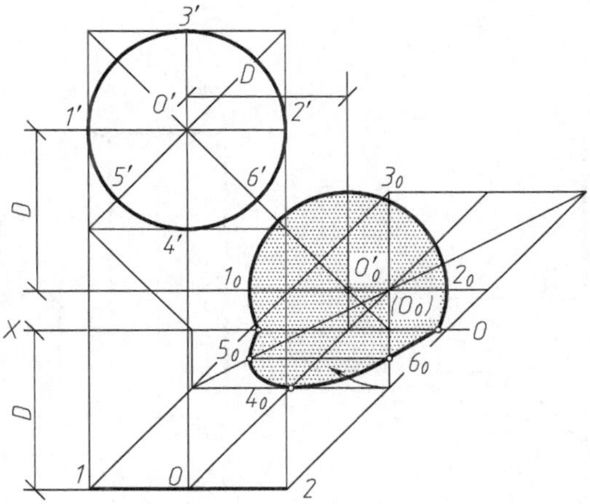

图10-4 正平圆在两个投影面上的落影

【解】 由于是正平圆，所以它在V投影面上的落影反映实形，是一段圆弧；在H投影面上的落影是一段椭圆弧。作图过程如下：

1）求出圆心在V面的落影O_0'（图中给出了求圆心落影的两种方法）。

2）以O_0'为圆心、圆的半径为半径画出正平圆在V投影面上的落影。

3）求出圆的外切正方形及圆心在H面上的落影，并以此为基础求出椭圆弧上的三点5_0、4_0、6_0，连同圆在V投影面上的落影与OX轴的两个交点共五点。

4）过上述五点作椭圆弧，完成正平圆在H投影面上的落影。结果如图10-4所示。

10.2 曲面立体的阴影

求曲面立体的阴影，要分别求出曲面上的阴面和阴线以及阴线在承影面上的落影。因此，首先要求出曲面上的阳面和阴面的分界线——阴线。

10.2.1 常用回转体的阴影

1. 圆柱的阴影

如图10-5所示，在常用光线照射下的直立圆柱，其左前半圆柱面和上底面为阳面，右后半圆柱面为阴面。光平面与圆柱面相切的两条素线 *AB* 和 *CD*，以及以 *AC* 为直径的右后半圆为阴线。在水平投影中作光线的水平投影与圆柱的水平投影相切，切点 *a*（*b*）和 *c*（*d*）即两阴线的水平投影。两阴线的正面投影可以由水平投影向上作竖直线得到，也可以如图中所示作辅助半圆，利用45°线的方法得到。圆柱上底面的影落在水平面或正立面上时，圆柱的阴影分别如图 10-5a、b 所示。

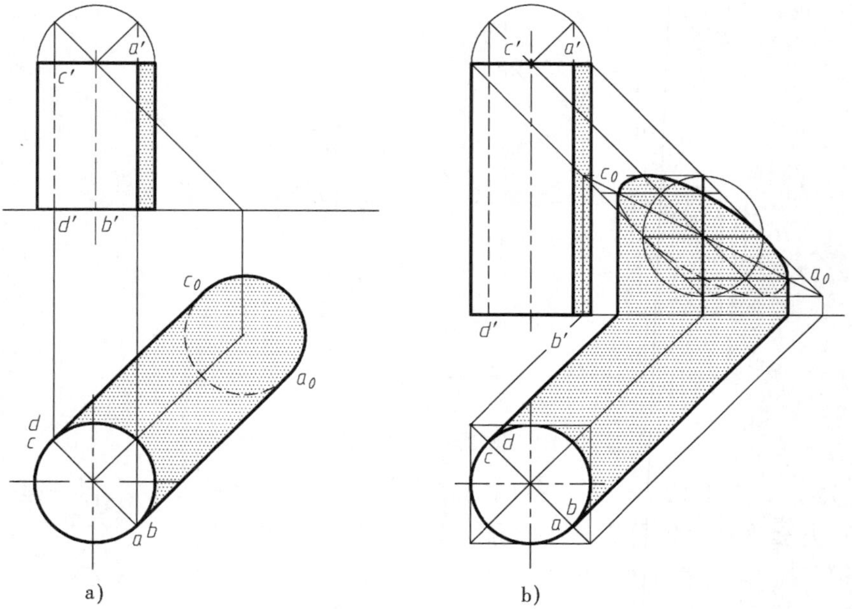

图 10-5 圆柱的阴影

2. 圆锥的阴影

和圆柱面一样，光平面也是和圆锥面相切于两条素线。因此圆锥面上的阴线是两条过锥顶的素线。所以求圆锥面的落影的方法是：

1）求出锥顶在承影面上的落影。

2）求出底圆在承影面上的落影。

3）过锥顶的落影向底圆的落影作两条切线，则该两切线与切点之间的一段圆弧所围成的区域即为圆锥在承影面上的落影。而两阴线右后部分的锥面即为阴面。

图 10-6a 为正立圆锥，过锥顶 *S* 引光线求出在 *H* 面的落影 S_0，由 S_0引底圆的两条切线，得切点 *a*、*b*。则 *sa*、*sb* 就是圆锥面上的两条阴线在 *H* 面的投影，再向上作竖直线求出 *a*′、*b*′。

图 10-6b 为倒圆锥，它的阴线与正立圆锥的阴线相反。它的两个切点 *a*、*b*

在底圆的左前方，求法是：

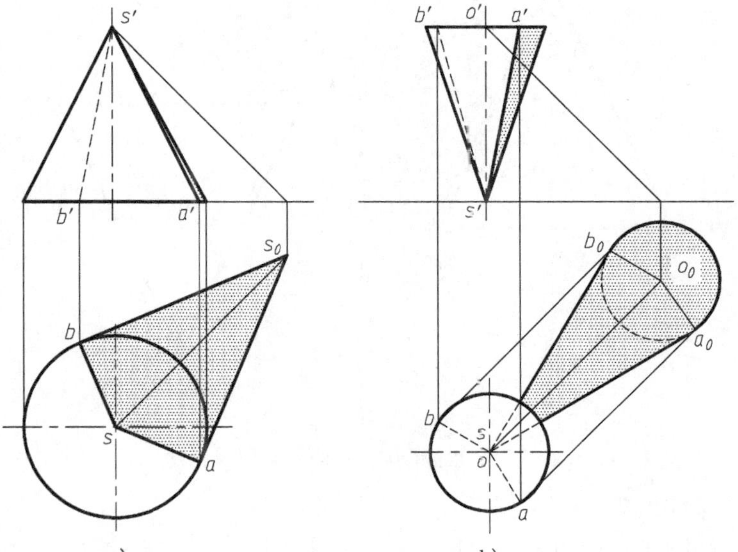

图 10-6 圆锥的阴影

1）首先求出底圆圆心 O 的落影 o_0。

2）以 o_0为圆心、以底圆的半径为半径画圆。

3）过锥顶 S 的水平投影 s 作该圆的两条切线 sa_0、sb_0，则 sa_0、sb_0即为圆锥两阴线落影的 H 面投影。

4）过 a_0、b_0分别作返回光线与圆锥底圆的水平投影交于 a、b 两点，则 sa、sb 即为圆锥两阴线的 H 面投影。

5）根据 a、b 求出它们的 V 面投影 a'、b'，从而求得圆锥阴线 SA、SB，如图 10-6b 所示。

图 10-7a 所示为正立圆锥阴线和阴面的单面作图法；图 10-7b 所示为倒立圆锥阴线和阴面的单面作图法。作图过程为：

1）以圆锥底圆半径为半径画辅助半圆，交中心线于 b 点。

2）对于正立圆锥，过点 b 作 bc 平行于左轮廓线 sa，并交底圆的积聚性投影于点 c。对于倒立圆锥，则过点 b 作 bc 平行于右轮廓线 sa，并交底圆的积聚性投影于点 c。

3）过点 c 分别向左、右作 45°线段 cd、ce，分别交辅助半圆于点 d 和点 e。

4）分别过点 d 和点 e 向上（对正立圆锥）或向下（对倒立圆锥）作竖直线 dm、en 交底圆的积聚性投影于 m 点和 n 点。则 sm、sn 即为圆锥面上两条阴线的正面投影。

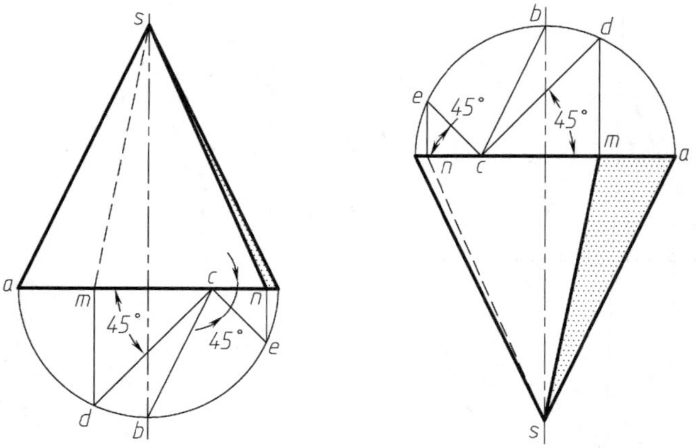

a) b)

图 10-7 圆锥阴线、阴面的单面作图法

3. 球面的阴影

球面上的阴线是球面上和光线垂直的一个大圆。由于光线和三个投影面的倾角都相等，所以球面的阴线大圆和三个投影面的倾角全都相等，因此，阴线大圆的三个投影都是大小相等的椭圆。若球面半径为 R，则椭圆长半轴的长度为 R、椭圆短半轴的长度约为 $0.58R$。

球面在投影面上的落影就是阴线大圆在投影面上的落影，也是一个椭圆，且椭圆短半轴的长度为 R、椭圆长半轴的长度约为 $1.73R$。

图 10-8 是球面上阴线、阴面和球面在 H 投影面和 V 投影上落影的作图法。其过程为：

1）过球心作与光线同名投影垂直的 45°方向线，即为阴线大圆在该投影面上投影椭圆的长轴方向，它与球面投影圆的两个交点即为阴线大圆在该投影面上投影椭圆长轴的两个端点。

2）包含长轴两端点作对角为 60°的菱形，则菱形的另外两端点连线即为阴线椭圆的短轴。

3）根据椭圆的长、短轴画出阴线大圆的投影椭圆。

4）求出球心的落影。

5）过球心的影点作与光线同名投影垂直的 45°方向线，即为球面在该投影面上落影椭圆的短轴方向，并求出椭圆短轴两端点的落影。

6）包含短轴两端点作对角为 120°的菱形，则菱形的另外两端点连线即为椭圆的长轴。

7）根据椭圆的长、短轴画出球面在投影面上的落影。

在图 10-8a 中，球面的影落在 H 投影面上；图 10-8b 为球面的影落在 V 投影

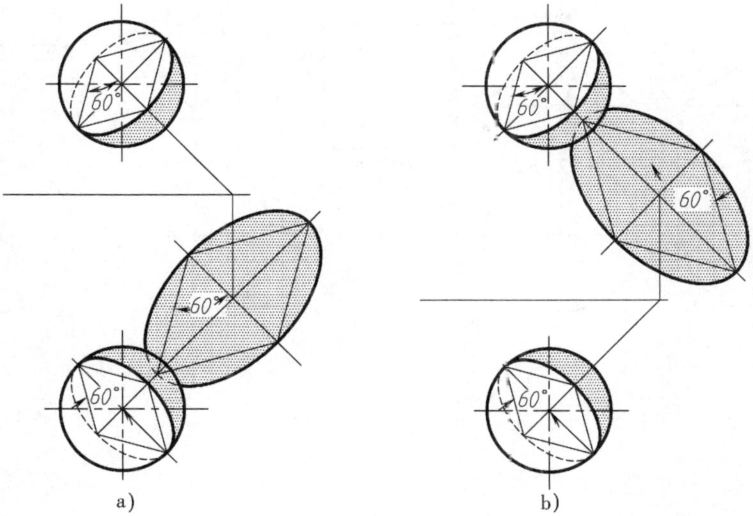

图 10-8 圆球面的阴线、阴面和落影的作图法

面上的情况。

10.2.2 一般曲线回转面的阴影

切锥法是求一般曲线回转面上阴线的常用方法。如果作图的精度要求不高，在某些情况下也可采用包络线法。

1. 切锥法

切锥法是求一般曲线回转面上阴线的常用方法。该方法的基本原理是：作一辅助圆锥与一般曲线回转面相切，切线圆一定是曲线回转面上的一个纬圆。该圆与辅助圆锥面上阴线的交点，也就是一般曲线回转面阴线上的一个阴点。重复这一过程，求出一般曲线回转面阴线上的若干个阴点，再用一条光滑的曲线依次连接各点，所作的曲线即为一般曲线回转面上的阴线。

图 10-9 是几个特殊圆锥面的阴线位置。

图 10-9a 所示圆锥底角约为35°，该锥面的阴面仅为一条位于锥面右后方45°的一条素线。

图 10-9b 所示圆锥底角为 45°，该锥面的阴线为锥面上最右和最后的两条素线，两阴线之间的 1/4 锥面为阴面。

图 10-9c 为圆柱面即底角为 90°锥面，阴线为左后、右前两条素线，两阴线右后之间的半个柱面为阴面。

图 10-9d 所示是底角为 45°的倒立圆锥，该锥面的阴线为锥面上最左、最前的两条素线，从前向左逆时针方向的两阴线之间的 3/4 锥面为阴面。

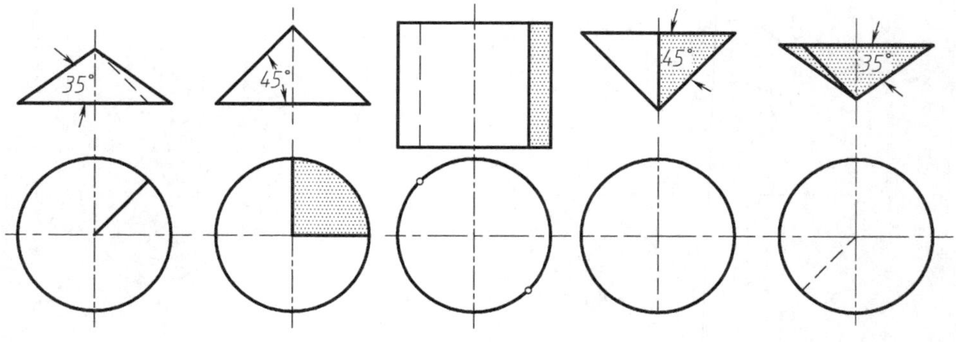

a) b) c) d) e)

图 10-9 几个特殊圆锥面阴线的位置

图 10-9e 所示是底角约为 35°的倒立圆锥，该锥面仅有位于锥面左前方 45°的一条素线受光是阳面，其余的全是阴面。

【例 10-3】 求作图 10-10 所示鼓形回转曲面的阴影。

【解】 这是一个鼓形回转曲面，可用切锥法求回转面上阴线的一些阴点，并依次光滑连接各阴点，即为鼓形回转曲面上的阴线。然后求出各阴点的落影并依次光滑连接各影点，即为鼓形回转曲面的落影。作图过程如下：

1）作与鼓形回转曲面相切的正立且锥顶角为 45°的圆锥，切线圆右、后两个象限点Ⅴ（5，5′）、Ⅶ（7，7′）即为鼓形回转曲面阴线上的两个阴点，如图 10-10a 所示。

2）作与鼓形回转曲面相切的倒立且锥顶角为 45°的圆锥，切线圆左、前两个象限点Ⅰ（1，1′）、Ⅲ（3，3′）即为鼓形回转曲面阴线上的两个阴点，如图 10-10a 所示。

3）作与鼓形回转曲面相切且锥底角为 35°的正立圆锥，由于锥底角为 35°的正立圆锥的阴面仅为一条位于锥面右后方 45°的一条素线，因此再过锥顶的正面投影作 45°线与切线圆交于（6′），根据（6′）求出它的水平投影 6，则Ⅵ点即为鼓形回转曲面阴线上的一个阴点。因为锥底角小于 35°的正立圆锥面全为阳面，所以该点为阴线上的最高点，如图 10-10b 所示。

4）作与鼓形回转曲面相切且锥底角为 35°的倒立圆锥，由于底角约为 35°的倒立圆锥，仅有位于锥面左前方 45°的一条素线受光是阳面，其余的全是阴面，因此过锥顶的正面投影作 45°线与切线圆交于 2′，根据 2′求出它的水平投影 2，则Ⅱ点即为鼓形回转曲面阴线上的一个阴点，因为锥底角小于 35°的倒立圆锥面全为阴面，所以该点为阴线上的最低点，如图 10-10b 所示，图的右上角是 35°线的作图法。

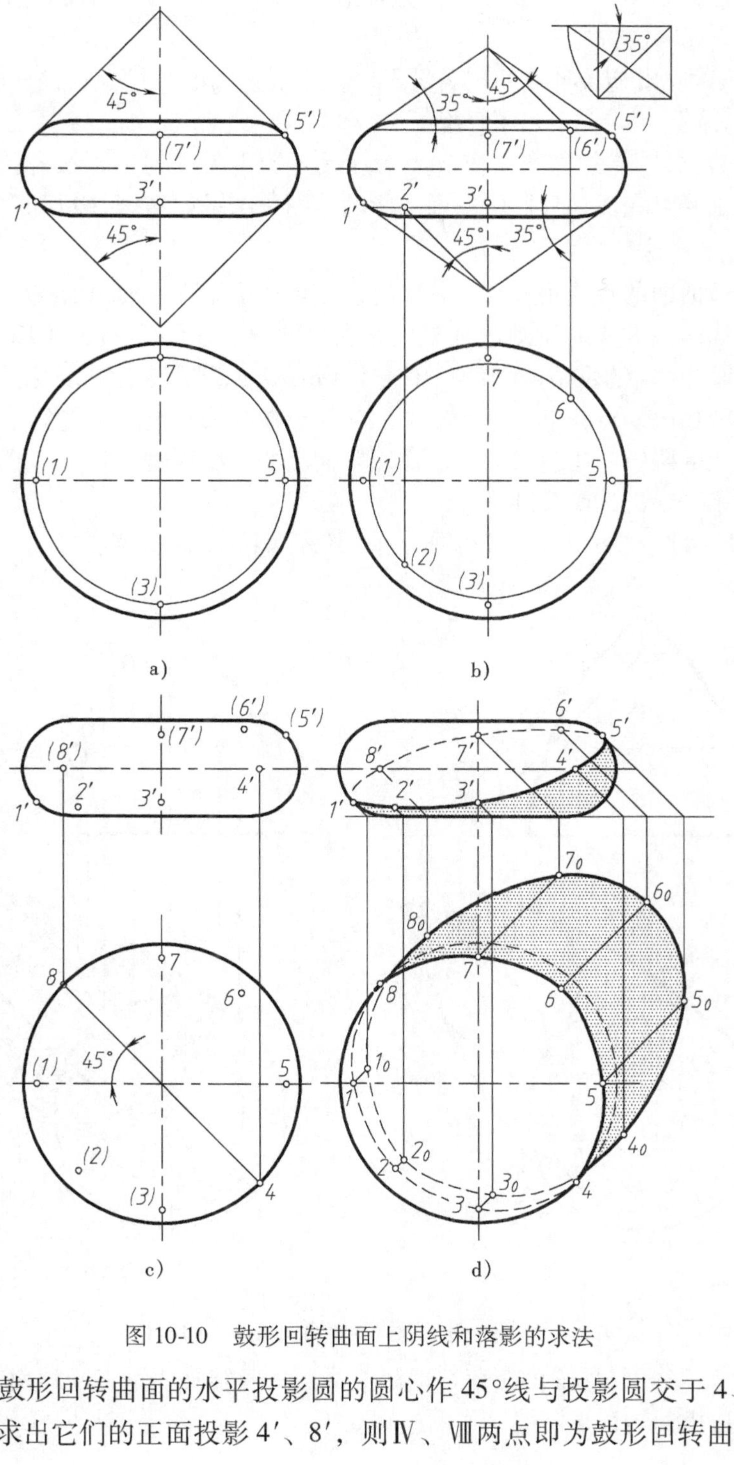

图 10-10 鼓形回转曲面上阴线和落影的求法

5）过鼓形回转曲面的水平投影圆的圆心作 45°线与投影圆交于 4、8 两点，根据 4、8 求出它们的正面投影 4′、8′，则Ⅳ、Ⅷ两点即为鼓形回转曲面阴线上的两个阴点，如图 10-10c 所示。这是根据图 10-9c 所示与鼓形回转曲面相切的圆柱求出的。

6）依次光滑连接各点的同名投影，并判别各段的可见性，完成鼓形回转曲面阴线的作图。

7）求出各阴点的落影，依次光滑连接各影点，并判别影线各段的可见性，最后加绘细密点完成鼓形回转曲面阴影的作图，结果如图 10-10d 所示。

2. 包络线法

当回转曲面的轴线垂直于承影面时，也可以采用影线的包络线法求曲线回转面上的阴线。该方法的作图过程是：先求出曲面上一系列纬圆在承影面上的落影，然后画出各落影圆的包络线，该包络线就是曲线回转面的影线。再由包络线与各落影圆周的切点作返回光线，求出各切点在各纬圆上的对应阴点，并连线得到回转面上的阴线。用包络线法求作回转曲面的阴线快捷、简便。但求出的阴线不如用切锥法求出的阴线准确。

【例 10-4】 求作图 10-11a 所示的回转曲面的阴面及落影。

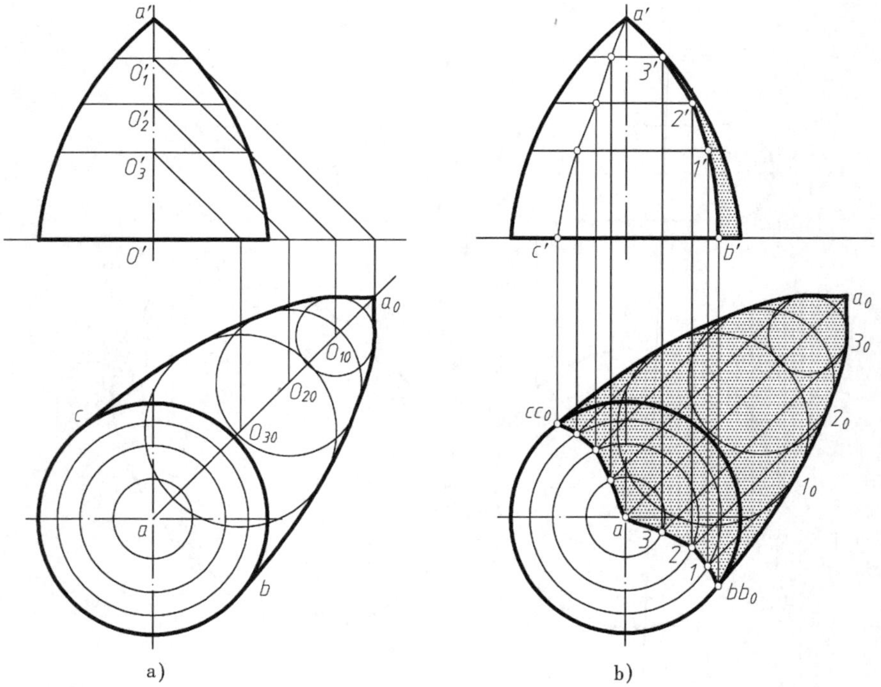

a)　　　　b)

图 10-11　用包络线法绘制回转曲面的阴影

【解】 该回转曲面的影落在地面上，且其回转轴线垂直于地面，因此可以用包络线法求回转面上阴线。作图过程如下：

1）在适当位置取若干个纬圆，此处取了 O_1、O_2、O_3三个纬圆连同底圆共四个圆。求出它们及回转曲面上的最高点 A 在地面上的落影 O_{10}、O_{20}、O_{30} 及 a_0，而底圆的落影就是其自身。

2）作一条光滑的曲线 ba_0c 依次与上述四个圆的落影相切，b 、c 两点是切曲线与底圆的两个切点。则曲线 ba_0c 即为回转曲面落在地面上的影线，如图 10-11a 所示。

3）过各切点作返回光线分别与各对应纬圆的水平投影圆交于 1、2、3、… 等点，这些点连同最高点的水平投影 a、底圆上的两个切点 b、c 即为回转曲面上阴点的水平投影。

4）由 b、1、2、3、…、c 各点向上作竖直线，求出它们在正面投影面上的各对应点 b'、$1'$、$2'$、$3'$、…、c'。

5）分别用一条光滑的曲线依次连接 b、1、2、3、…、c 和 b'、$1'$、$2'$、$3'$、…、c'，它们即为回转曲面上阴线的两投影。

6）在回转曲面上的阴面及落影区域加绘细密点，完成回转曲面阴影的作图，结果如图 10-11b 所示。

10.3 曲面建筑形体阴影的绘制

10.3.1 圆孔的落影

1. 圆窗洞的落影

如图 10-12 所示，已知圆窗洞的立面图并知深度为 D，求圆窗洞的落影。由于圆窗洞平行承影面，因此它的落影反映实形，据此求出圆心的落影 O_0'；然后以 O_0'为圆心，以圆窗洞的半径为半径，在窗洞内画圆弧即可得到圆窗洞的影。

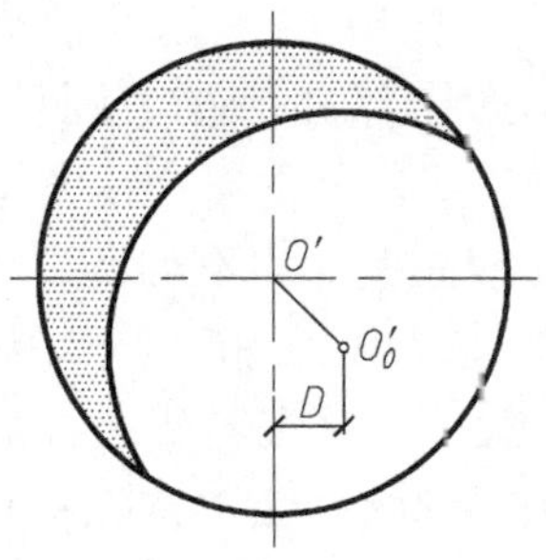

图 10-12 圆窗洞的落影

2. 圆拱形遮阳蓬及窗洞的阴影

如图 10-13 所示，已知带有半圆拱遮阳篷窗子的正面投影和侧面投影，求雨篷及窗洞的阴影。半圆拱遮阳篷的阴面为两边平板的底平面、半径为 R_2 半圆柱孔内表面的左上部、右边平板的右侧面以及半径为 R_1 半圆柱右上方的四分之一外表面。其余各面均为阳面。由此可以确定半圆拱遮阳篷的所有阴线。其中半径为 R_2 的半圆弧阴线与作为承影面的墙面和窗平行，落影为大小相同的半圆弧；半径为 R_1 圆弧中的一段 $1'2'$也为阴线，它在墙面上的落影也为大小相同的一段圆弧。其作图步骤如下：

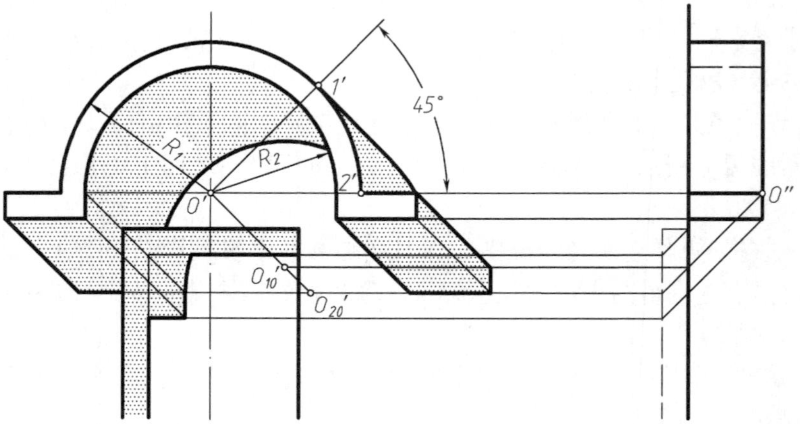

图 10-13 圆拱形遮阳篷及窗洞的阴影

1）求出圆拱的中心 O 在墙面和窗的落影的正面投影 o_{10}'和 o_{20}'。

2）分别以 o_{10}'、o_{20}'为圆心，以 R_2 为半径画圆弧，即为半径为 R_2 的半圆弧在墙面和窗上的落影。以 o_{10}'为圆心，以 R_1 为半径画圆弧，即为半径为 R_1 的圆弧 1′2′在墙面上的落影。

3）作出其他阴线的落影。

4）在阴影处加绘细密点完成圆拱形遮阳篷及窗洞的阴影的作图，结果如图 10-13 所示。

10.3.2 柱头的阴影

1. 方盖圆柱的阴影

图 10-14 所示为带有方盖的半圆柱。方盖的影一部分落在半圆柱上，一部分落在墙面上；半圆柱的影一部分落在墙面上，一部分落在地面上（为不可见）。其作图步骤如下：

1）阴线 AB 为侧垂线，因此它在半圆柱上的落影是一段与半圆柱面有积聚性的水平投影圆对称的圆弧。首先根据线段 AB 到半圆柱轴线的距离 D，求出落影的圆心 o_0'，然后以半圆柱半径为半径、以 o_0'为圆心向上画半圆，即为阴线 AB 在柱面上的落影。

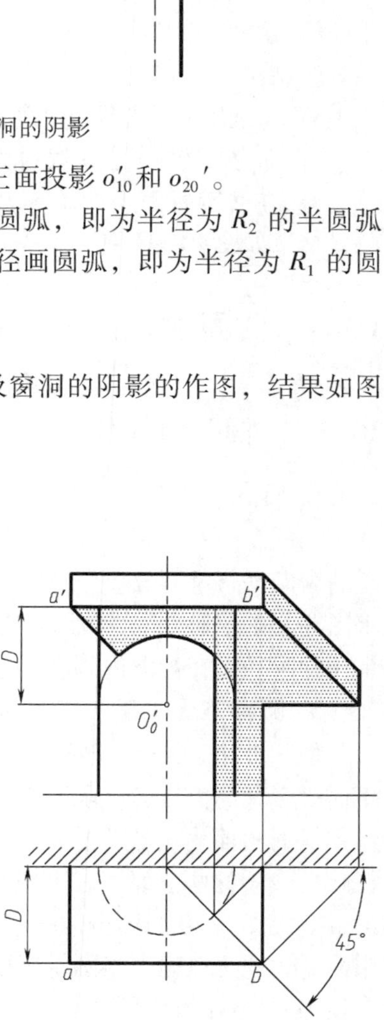

图 10-14 带有方盖半圆柱的阴影

2）方盖左边下方的阴线为正垂线，所以它在墙面上及圆柱面上的落影为过 a'点的 45°线；

同理可求出方盖右边上方的阴线在墙面上的落影。而阴线 AB 在墙面上的落影为与 $a'b'$ 平行且相距为 D 的一段直线。

3）位于半圆柱右半部45°处的素线为半圆柱的阴线，在水平投影中过半圆柱的圆心作45°线，并从该45°线与虚线圆的交点处向上作竖直线求出半圆柱的阴线，然后求出它在墙面上的落影。

4）最后加绘细密点完成带方盖半圆柱的阴影作图，结果如图10-14 所示。

2. 圆盖圆柱的阴影

图10-15 所示为带有圆盖的半圆柱。圆盖的影一部分落在半圆柱上，一部分落在墙面上；半圆柱的影一部分落在墙面上，一部分落在地面上（为不可见）。其作图步骤如下：

1）圆盖底圆左前方的一段圆弧为阴线，而半圆柱承影面又为曲面，故求其落影的最好方法是利用半圆柱面的积聚性投影。求出圆弧阴线上若干点的落影后，再用一段光滑的曲线依次连接各影点，即为圆盖在半圆柱面上的落影。为使作图准确，应尽可能求出影线上的所有特殊点。如落在半圆柱左轮廓线上的影点 b_0'、半圆柱阴线上的影点 e_0'、轴线上的影点 d_0'、影线上的最高点 c_0'。这些点的水平投影的位置已知，因此可用返回光线法求出它们的正面投影。

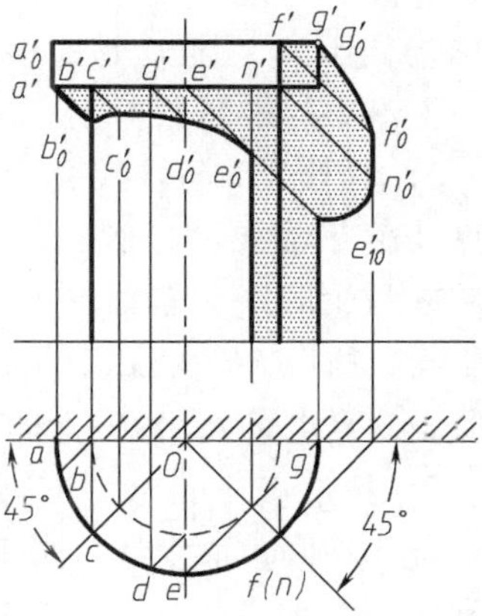

图10-15　带有圆盖半圆柱的阴影

2）求出圆盖底圆左前方的圆弧阴线在墙面上的两段椭圆弧落影 $a_0'b_0'$ 和 $e_{10}'n_0'$，参看圆的落影。

3）求出圆盖本身和半圆柱的阴面，并求出两圆柱阴线在墙面上的落影。

4）圆盖上底圆右前方的圆弧 FG 也是阴线，求出它在墙面上的落影椭圆弧 $f_0'g_0'$。

5）最后加绘细密点完成带圆盖半圆柱的阴影作图，结果如图10-15 所示。

3. 方盖圆锥的阴影

图10-16 所示为带有底平面为正方形方盖的半圆锥面。方盖的影一部分落在半圆锥面上，一部分落在墙面上；半圆锥面的影一部分落在墙面上，一部分落在地面上（为不可见）。由于圆锥面是曲面且其投影没有积聚性，因此不能直接求方盖在圆锥面上的落影。由图10-16 可知阴线 AB 为侧垂线，它在圆锥面上的落影实际上是过阴线 AB 的所有光线所组成的侧垂面与圆锥面的交线，即一段椭圆弧。因此可以求出椭圆弧上的若干个点，然后依次光滑连接各点。而阴线 AN 为正垂线，其落影也为一段椭圆弧，其正面投影为过点 a' 的45°方向线，可直接求

出。求作阴线 AB 在圆锥面上落影的作图步骤如下：

1）因为阴线 AB、AN 分别为侧垂线和正垂线，它们在半圆锥面上的落影各是一段椭圆弧。又因为方盖底平面为正方形所以两段椭圆弧与包含圆锥轴线的光平面 P 对称。由图可知阴线 AN 的对应影线上的最高点是点 2，在圆锥的最左轮廓线上。阴线 AB 的对应影线上的最高点必在圆锥的最前轮廓线上且与点 2 等高。因此，自点 2 引水平线与轴线交于 c_0'，则 c_0'是阴线 AB 在锥面上落影的最高点。

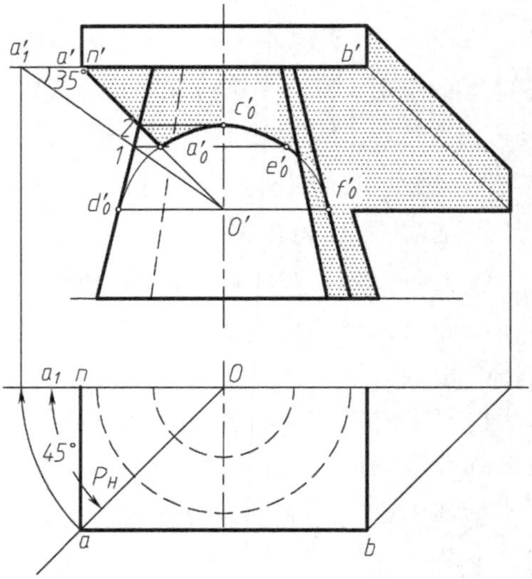

图 10-16 带方盖圆锥面的阴影

2）延长 $a'2$ 与轴线交于 o'，o' 是点 A 落在轴线上的假影，由于圆锥左右两轮廓线与轴线同属于一个正平面，所以 AB 在该正平面上落影的正面投影 $d_0'f_0'$必过点 o'，且 $d_0'f_0' /\!/ a'b'$，因此 d_0'、f_0'也是 AB 影线上的点。

3）把过点 A 的光线 AO 绕圆锥轴线旋转 45°，则当点 A 旋转到 A_1（a_1'、a_1）处，点 A 在圆锥面上的落影也同时旋转到圆锥的左轮廓线上的点 1 处，此时 $a_1'o'$ 与水平方向线的夹角约等于 35°。在旋转的过程中，各点高度始终保持不变，因此自点 1 引水平线与过点 a'所作的 45°线交于 a_0'，则 a_0'即为点 A 在圆锥面上落影的正面投影，由于线段 AB 在圆锥面上的落影对称于轴线，可求出 a_0'的对称点 e_0'，e_0'也是 AB 影线上的点。

4）用一条光滑的曲线依次连接 d_0'、a_0'、c_0'、e_0'、f_0'，即为 AB 在圆锥面上落影的正面投影。

5）根据图 10-7 所示的作图法求出圆锥面的阴线和阴面。

6）求出方盖及锥面阴线在墙面上落影的正面投影。

7）最后加绘细密点完成带方盖半圆锥的阴影作图，结果如图 10-16 所示。

4. 圆盖圆锥的阴影

图 10-17 所示为带有圆盖的圆锥面。圆盖的影一部分落在圆锥面上，一部分落在墙面上；圆锥面的影一部分落在墙面上，一部分落在地面上。由于圆锥面是曲面且其投影没有积聚性，因此不能直接求圆盖在圆锥面上的落影。可采用辅助承影面和返回光线法求作圆盖圆锥的阴影。该作图法的基本思路是，任取一个与圆盖底圆平行的平面作为辅助承影面，为方便作图起见，可以直接取圆盖底圆所

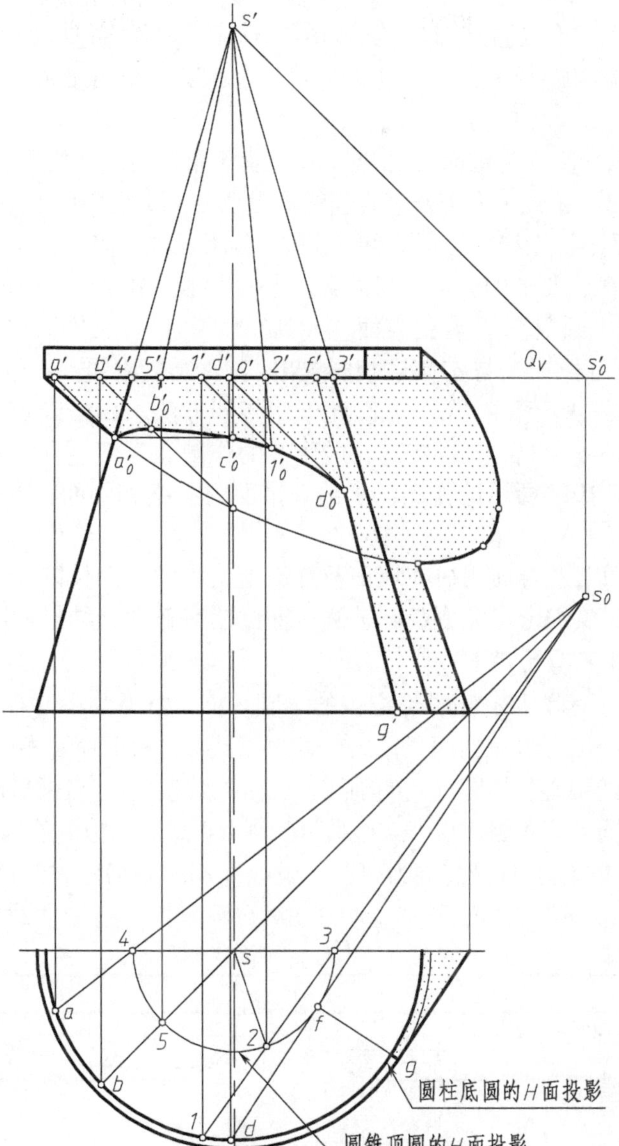

图 10-17 圆盖圆锥面的阴影

在的水平面 Q 作为辅助承影面，求出圆盖阴线和某一指定的锥面素线在 Q 平面上的落影，然后从两落影的交点处引 45°返回光线与所取的锥面素线相交，则交点即为圆柱阴线落在该锥面素线上的影点。由于圆盖阴线为圆盖底圆的一部分，它在 Q 平面上的落影就是其本身，不需要再求。同理，由于锥面的顶圆也属于 Q 平面，它在 Q 平面上的落影也是其自身，因此，只要求出锥顶 S 在辅助承影面 Q 上落影

的 H 面投影 s_0，即可求出锥面上所有素线在 Q 平面上的落影。例如，为求圆柱阴线落在锥面素线 SⅡ上的影点 $1_0'$，如图 10-20 所示，其作图过程如下：

1）取圆盖底圆所在的平面 Q 作为辅助承影面，求出锥顶 S 在 Q 平面上落影的水平投影 s_0。

2）连 $s_0 2$，$s_0 2$ 即为锥面素线 SⅡ在 Q 平面上落影的水平投影，延长 $s_0 2$ 并和圆盖底圆交于点 1，由点 1 向上作竖直连线求出点 1 在 V 投影面上的对应投影 $1'$。

3）从 $1'$ 引 45°光线与锥面素线 SⅡ的 V 面投影 $s'2'$ 交于 $1_0'$，则 $1_0'$ 即为圆盖阴线落在锥面素线 SⅡ上的影点。$1_0'$ 为影线上的一般位置点。

同理可求出圆盖阴线落在锥面左轮廓线、中心线及锥面阴线 FG 上的影点 a_0'、c_0'、d_0'（也可根据 c_0' 与 a_0' 高度相同求出 c_0'）。圆盖阴线落在锥面上的最高点必位于锥面左前方 45°素线 SⅤ上，因此可用相同方法求出最高点 b_0'。最后依次光滑连接 a_0'、b_0'、c_0'、$1_0'$、d_0' 各点，完成影线的作图。

4）根据图 10-7 所示的作图法求出圆锥面的阴线和阴面，求出圆盖的阴线和阴面。

5）求出圆盖及锥面阴线在墙面及地面上落影的正面投影。

6）最后加绘细密点完成带圆盖圆锥面的阴影作图，结果如图 10-17 所示。

5. *方盖圆环面的阴影*

图 10-18a 所示为带有正方形方盖的半圆环面。方盖的中心位于圆环面的轴线上。在常用光线下，方盖的两条阴线，即侧垂线 AB 和正垂线 AC 的影落在圆环面上。由于方盖的中心位于圆环面的轴线上，所以两条阴线落在圆环面上的对应影线是形状完全相同的两条封闭曲线。线段 AC 为正垂线，所以它在圆环面上落影的 V 面投影是一条 45°线，且最高点为 e'，最低点是 d'。分别自 e'、d' 点引水平线与轴线交于 e_1'、d_1'，则 e_1'、d_1' 分别是阴线 AB 在圆环面上落影曲线的最高点和最低

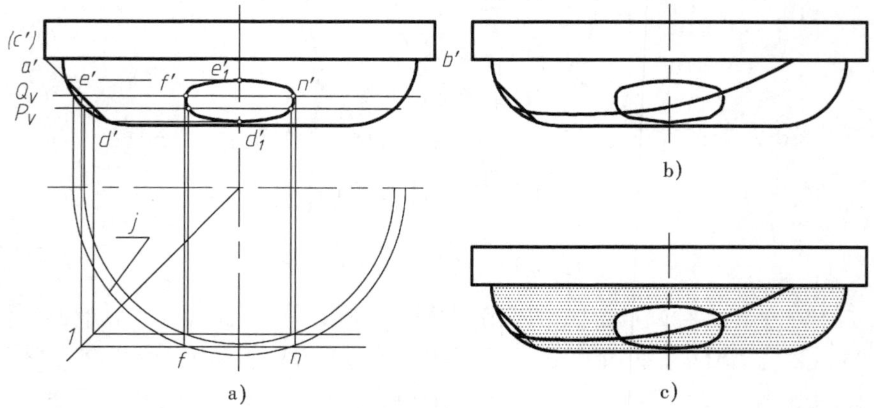

a) b) c)

图 10-18 正方形盖在圆环面上的落影

点。为了求阴线 AB 在圆环面上落影的其他点，首先作一辅助水平面 Q，Q 平面交圆环为一纬圆 J，其水平投影 j 反应纬圆的实形。Q 平面与过线段 AB 的光平面相交于侧垂线 FN。自 Q_V 与 $e'd'$ 的交点处引竖直线并与过纬圆 j 的圆心所作 45°线交于点 1，则过点 1 所作的水平方向线即为 FN 的水平投影 fn。fn 与纬圆 j 交于 f、n 两点，分别由点 f、n 向上作竖直线与 Q_V 交于 f'、n'，f'、n' 即为阴线 AB 上的两个点在圆环面上落影的正面投影。用相同的方法再求出一些影点，然后依次光滑连接各影点，即得阴线在圆环面上落影的正面投影。结果如图 10-18a 所示。

根据图 10-10 所示的作图方法求出半圆环面上的阴线和阴面，如图 10-18b 所示。最后加绘细密点完成方盖圆环面的阴影作图，结果如图 10-18c 所示。

6. 圆环面在圆柱面上的落影

图 10-19 所示为圆环及与之共轴的圆柱面的阴影。求作阴影时，首先要求出圆柱面和圆环面的阴线、阴面，如图 10-19a 所示。求圆环面的阴线和阴面的方法如图 10-10 所示，这里就不再重复。现在要讨论的是如何求出圆环在圆柱面上的落影。包含轴线作一正平面作为辅助承影面，求出圆环和圆柱面上某一素线在辅助承影面上的落影，自两落影的交点处引返回光线，则返回光线与该圆柱素线的交点即为圆环落在该圆柱素线上的影点。用相同的方法求出若干个影点，然后用一条光滑的曲线依次连接各影点，即为圆环在圆柱面上的落影。例如，要求圆环落在圆柱素线 F 上的影点 f_0'，作图步骤如下：

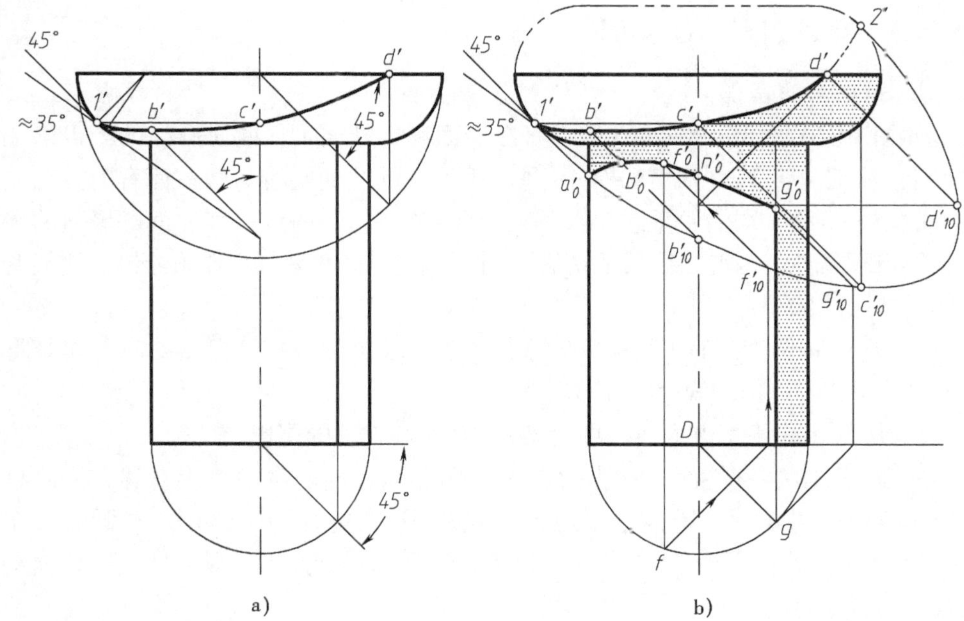

图 10-19　圆环在圆柱面上的落影

1）首先用五点法求出圆环在辅助承影面上的落影。环面阴线上的特殊点 1′及 2′属于辅助承影面，因此 1′和 2′两点在辅助承影面上的落影是其自身。点 b'是用 35°倒立切锥面求出的，所以该点位于环面左前方 45°素线上，因此它在辅助承影面上的落影 b'_{10}必在轴线上。点 c'在正前方，根据点落影的度量性质，它在辅助承影面上的落影 c'_{10}到轴线的距离应等于该点到辅助承影面的距离。阴点 d'是用切柱面求出的，所以 d'位于环面右前方 45°素线上，因此 d'在辅助承影面上的落影点 d'_{10}到点 d'的距离应等于 d'到轴线的距离，即点 d'_{10}到轴线的距离二倍于点 d'到轴线的距离。最后用一条光滑的曲线依次连接 1′、b'_{10}、c'_{10}、d'_{10}、2′这五个点，完成圆环面在辅助承影面上的落影，如图 10-19b 所示。

2）求出圆柱面上的素线 F 在辅助承影面上的落影，它与圆环在辅助承影面上的落影交于点 f'_{10}，自 f'_{10}引返回光线与圆柱素线 F 交于 f'_0，则 f'_0即为圆环落在圆柱素线 F 上的影点。重复这一作图过程，求出若干个影点，如圆环落在圆柱阴线上的影点 g'_0。

3）一些特殊点可以根据其落影的位置求出，如圆环在辅助承影面上的落影与圆柱左轮廓线的交点 a'_0；根据 a'_0可求出轴线上的影点 n'_0；根据图 10-16 中 a'_0的求法可求出影线上的最高点 b'_0。

4）用一条光滑的曲线依次连接上述各点，完成圆环在圆柱面上的落影。

5）最后加绘细密点完成圆环和圆柱面阴影的作图，结果如图 10-19b 所示。

10.3.3 建筑阴影作图实例

1. 圆柱廊的阴影

如图 10-20 所示，廊檐 AB 的影落在墙面和廊柱面上，同时廊柱的影也落在墙面上。从图中可以判别出廊檐 AB 是侧垂线，圆柱的阴线为圆柱面右前方和左后方的两条素线，均为铅垂线，水平投影积聚在 2、3 两点；廊柱面、墙面的水平投影有积聚性。因此，阴线的落影可利用垂直规律和平行规律来绘制。阴线落影的具体画法如下：

1）从点 a 作 45°方向线和墙面的积聚性投影相交，并从交点处向上作竖直线与从点 a'所作的 45°线交于 a'_0。

2）从点 a'_0作水平方向线，即为廊檐 AB 在墙面上的落影。

3）廊檐 AB 在廊柱面上落影的 V 面投影必与柱面的水平投影对称，因此只要求出落影的圆心就可以很方便地画出廊檐 AB 在廊柱面上落影。过圆心 c 作 45°返回光线，交 ab 于点 1，由点 1 作竖直连系线得到点 1′。从点 1′作 45°线交圆柱中心线于点 c_0，点 c_0即为落影的圆心。

4）以 c_0为圆心、以廊柱的半径为半径画出廊檐 AB 在廊柱面上的落影。同理可画出廊檐 AB 在其他廊柱面上的落影。

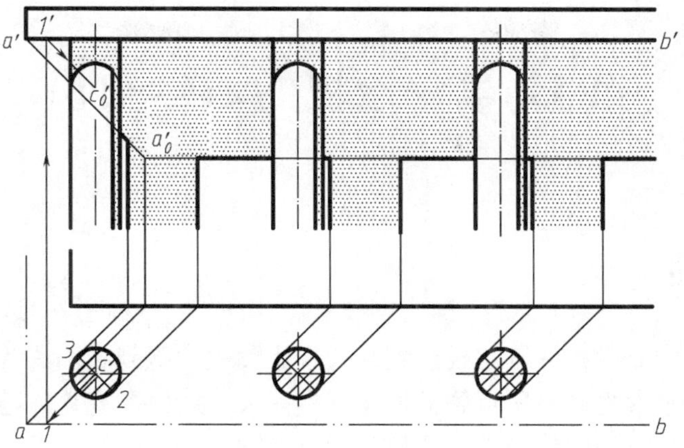

图 10-20 圆柱廊的阴影

5）过点 2 向上作竖直线，它与廊柱在 V 面上投影的右轮廓线之间的区域即为廊柱面的可见阴面。同理可求出其余廊柱面的可见阴面。

6）过 2、3 两点分别作 45°方向线和墙面的积聚性投影相交，并从交点处向上作竖直线，则两线之间的区域即为廊柱面在墙面上的落影。同理可求出其余廊柱面在墙面上的落影。

2. 阴影的综合作图实例

图 10-21 是阴影的综合作图实例，在阴影的绘制过程中，综合运用了门、雨篷、台阶、圆柱面等的阴影作图方法。在绘图过程中，要注意台阶右前方圆角的阴线及其落影的作图。

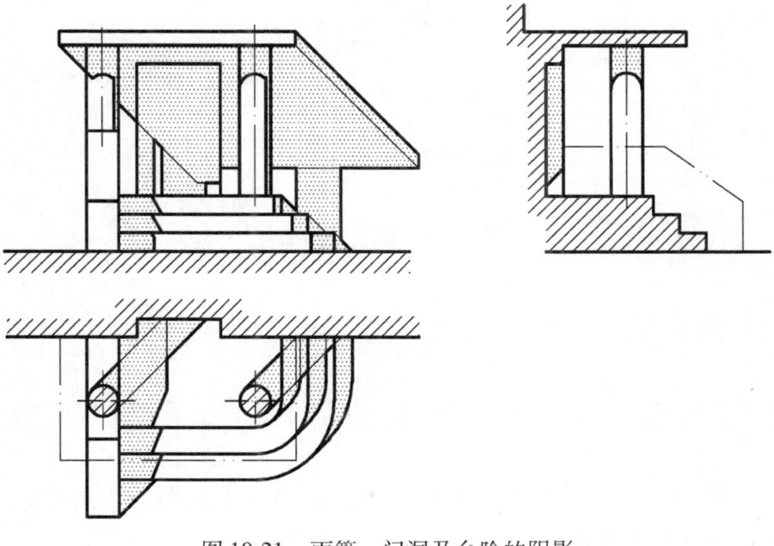

图 10-21 雨篷、门洞及台阶的阴影

第 11 章　透视的基本知识

11.1　概述

将物体用中心投影的方法投射到某一投影面上而得到的图称为透视图。透视图与我们日常观察物体时所得到的形象基本一致，所以具有立体感和真实感，常被用来作为建筑设计中体现设计思想和设计意图，调整和修改设计的一种辅助图形。

如图 11-1 所示，我们以人的眼睛作为投射中心，则由视点 S（投射中心）引向空间物体的视线（直线）与画面（平面 P）的交点连接而成的图像即为透视图。其作图的实质也就是求直线与平面的交点的问题。

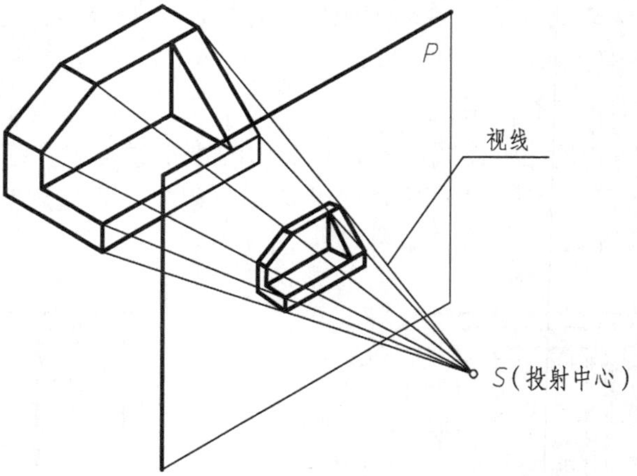

图 11-1　透视的形成

11.2　常用术语

在绘制透视图时，常用到一些术语，现结合图 11-2 介绍透视作图中的基本术语：

H（基面）—— 放置物体的水平面或绘有物体平面图的投影面，相当于正投影图中的水平投影面 H。

V（画面）——透视图所在的投影面，一般选用垂直基面的铅垂面，本书采用正投影图中的正立投影面 V 作为画面。

OX（基线）——H 面与 V 面的交线，相当于正投影图中的 X 轴。

S（视点）——眼睛所在的位置，相当于中心投影法中的投射中心。

s'（主点）——视点 S 在画面 V 上的正投影。

s（站点）—— 视点 S 在基面 H 上的正投影。

Ss'（视距）——视点到画面 V 的距离，即经过主点 s' 的视线，该线与画面 V 垂直，又称为主视线。

Ss（视高）——视点到基面 H 的距离。

h-h（视平线）——视平面（过视点 S 所作的水平面 H_1）与画面的交线，该线平行于基线（OX），与基线的距离等于视高。

SA（视线）——空间任意点 A 与视点的连线。

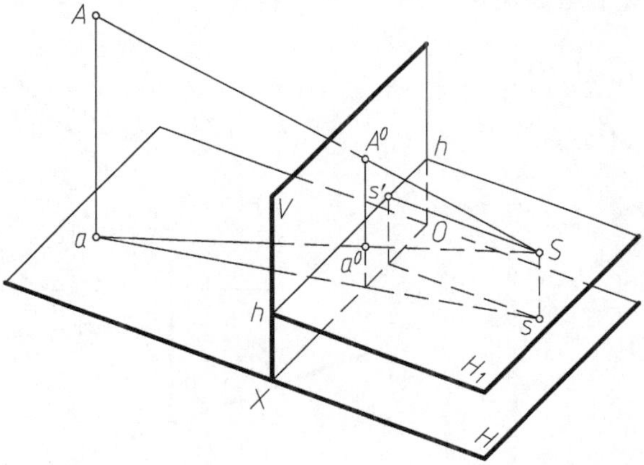

图 11-2　基本术语

A^0（透视）——经过点 A 的视线与画面 V 的交点，用与空间点相同的字母，在右上角加一“0”表示。

a^0（基透视）——空间点 A 的水平投影 a 也称为基点，其透视称为点 A 的基透视。

第 12 章　点、直线、平面的透视

12.1　点的透视

12.1.1　点的透视规律

1）点的透视为通过该点的视线与画面的交点。若点在画面上，其透视为其自身（如点 B），如图 12-1 所示。

2）点的透视与基透视位于同一条铅垂线上，如图 12-2 所示。

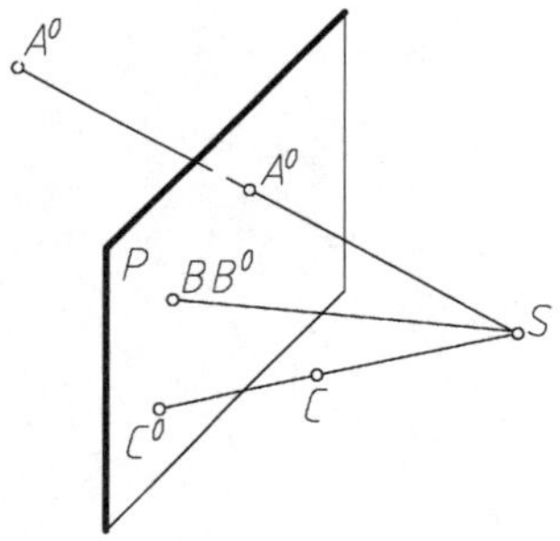

图 12-1　点的透视规律（1）

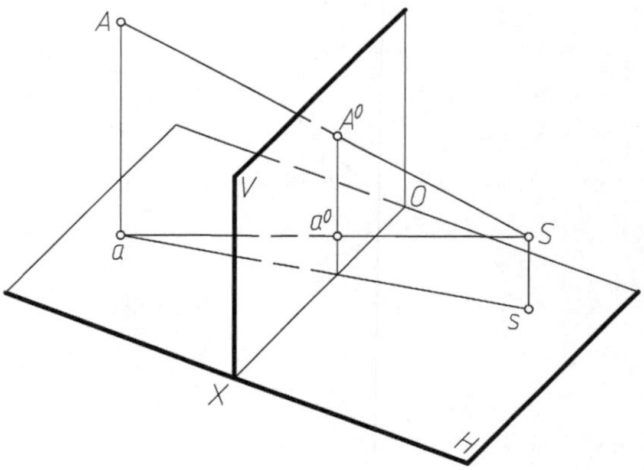

图 12-2　点的透视规律（2）

因为 SAa 平面和画面 V 均垂直于基面 H，故 SAa 平面与画面的交线 A^0a^0 应垂直于基面，为一条铅垂方向的线。

3）点的透视与基透视决定空间点的位置，如图 12-3 所示。

已知空间点 A，可以作出唯一的透视 A^0，但反之，如果仅根据点的透视 B^0，却不能确定空间点 B 的位置。因为在视线 SB 上的所有点（如 B、B_1 的透视都重合在 B^0，但是当给定点的基透视后，则点 B 空间位置就可唯一确定。

4）点的基透视相对于基线的位置，反映空间点相对于画面的位置，如图 12-4 所示。

a^0 在基线 OX 之上，点 A 在画面后；b^0 在基线 OX 上，点 B 在画面上；c^0 在基线 OX 之下，点 C 在画面前。

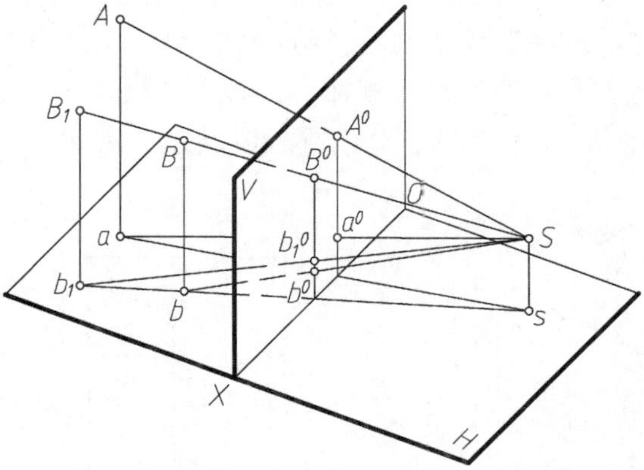

图 12-3 点的透视规律（3）

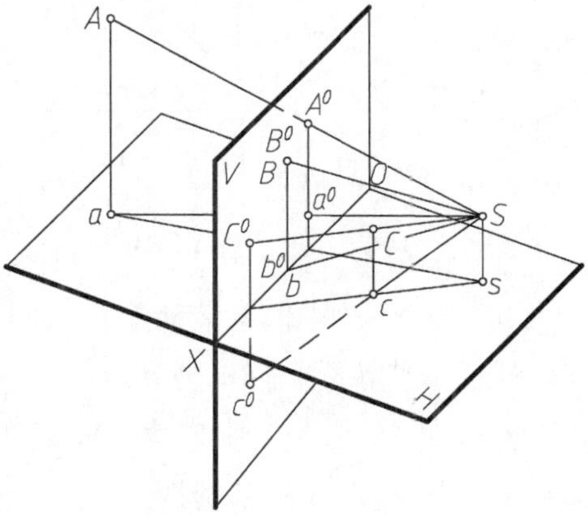

图 12-4 点的透视规律（4）

12.1.2 点的透视作图

求点的透视与基透视可归结为求直线（视线）与平面（画面 V）的交点，也就是求直线正面迹点的作图。

如图 12-5a 所示，作出直线 SA 的两面投影 sa、$s'a'$，则 sa 与 OX 轴的交点 a_1 是 A^0 的水平投影，而 A^0 的正面投影应该在 $s'a'$ 上，并与其自身重合（参看 2.6.2 直线的迹点）。

同理，作出直线 Sa 的两面投影 sa、$s'a_X$，则 a^0 的水平投影也是 a_1，而 a^0 的正面投影应该在 $s'a_X$ 上，并与其自身重合。由图 12-5a 可知，A^0、a^0、a_1 在同一条铅垂线上。

怎样将空间的关系表示在平面上呢？为此，我们将 V 面不动，H 面向下旋转 90°后放在 V 面下方，则形成如图 12-5b 所示的投影图（注：该投影图和前面画法几何部分所画的投影图有所不同，该图的 OX 轴作出了它的两个投影。在 V 面上的投影用 $o'x'$ 表示；在 H 面上的投影用 ox 表示）。空间点的 H 面、V 面投影展开后的投影规律也符合点的正投影规律，即投影连线与 ox（$o'x'$）垂直。而 OX 轴上的点 ax、a_1 在 ox、$o'x'$ 两轴上分别有对应点 a_X、a_1 和 a'_X、a'_1。

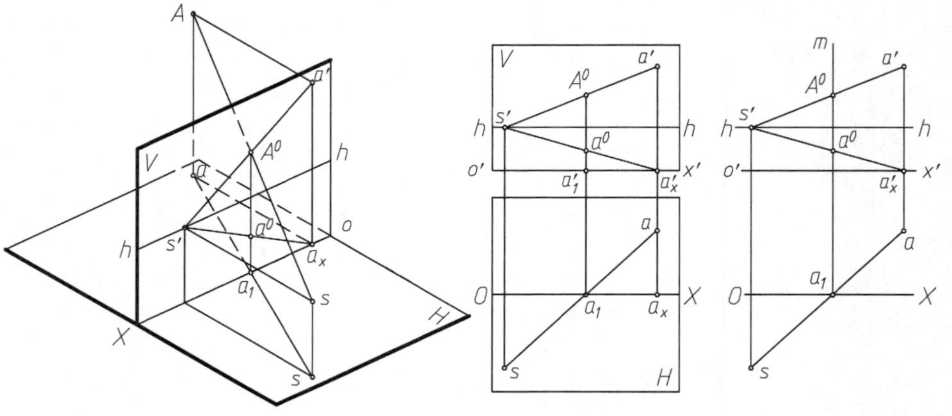

图 12-5　点的透视作法

在投影图中，求 A^0、a^0 的方法如图 12-5c 所示：

1）连 sa 交 ox 于 a_1，过 a_1 作铅垂方向的线 a_1m。

2）连 $s'a'$ 并求出与 a_1m 的交点 A^0，则 A^0 为空间点 A 的透视；连 $s'a_X'$ 并求出与 a_1m 的交点 a^0，则 a^0 为空间点 A 的基透视。

12.2　直线的透视

12.2.1　直线的分类

根据直线与画面的相对位置不同，我们将直线分为两类：

1）画面相交线：与画面 V 相交的线，称为画面相交线。

图 12-6a 表示各种位置的画面相交线。其中 AB 为倾斜于基面的画面相交线；EF 为平行于基面的画面相交线；CD 为垂直于画面的画面相交线。它们的基面投影均与基线 OX 相交。

2）画面平行线：与画面 V 平行的线，称为画面平行线。

图 12-6b 表示各种位置的画面平行线。其中 AB 为倾斜于基面的画面平行线；CD 为平行于基面的画面平行线；EF 为垂直于基面的画面平行线。它们的基面

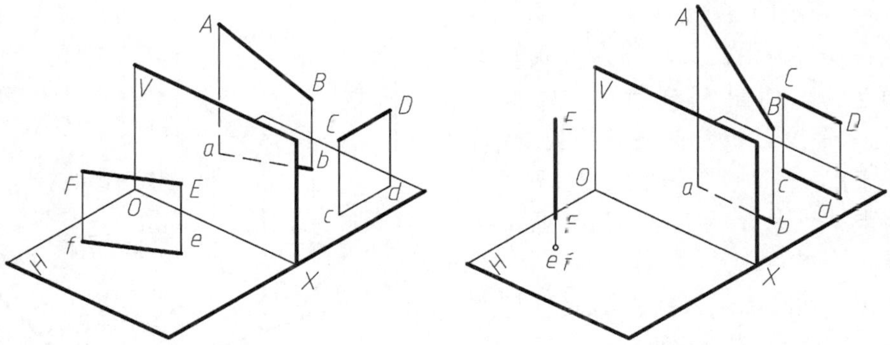

a)　　　　　　　　b)

图 12-6　各种位置的直线

投影均与基线 OX 平行（垂直基面为一点）。

12.2.2　画面相交线的透视特性

1）直线的透视和基透视一般情况下为直线，当直线通过视点，其透视重合为一点，但基透视仍为一铅垂线。

如图 12-7a 所示，SAB 平面与画面相交，交线 A^0B^0 必然是一直线，同理 a^0b^0 也是直线。图 12-7b 中直线 CD 通过视点，则 C^0D^0 重合为一点，而 Scd 平面为铅垂面，它与画面相交，其交线必然是铅垂线。

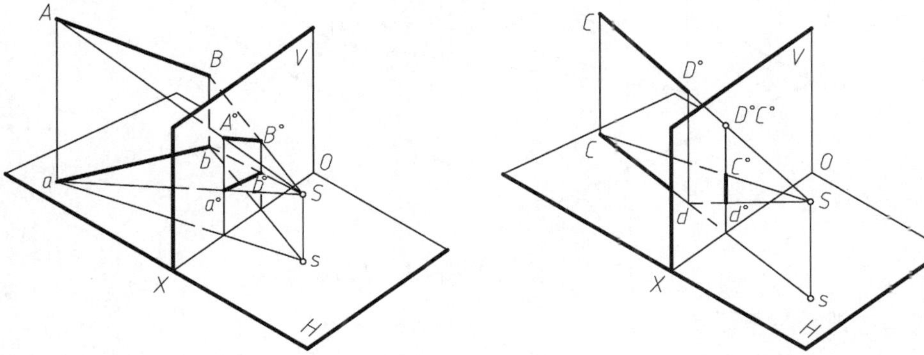

a)　　　　　　　　b)

图 12-7　直线的透视性质（1）

2）直线上的点，其透视、基透视分别在该直线的透视与基透视上。

如图 12-8 所示，点 C 在直线 AB 上，则 C^0 在 A^0B^0 上，c^0 在 a^0b^0 上。但要注意的是：点的透视不保持点分空间线段的比例关系，即 $AC:CB \neq A^0C^0:C^0B^0$，但 $A^0C^0:C^0B^0 = a^0c^0:c^0b^0$（$A^0a^0 /\!/ C^0c^0 /\!/ B^0b^0$）。

3）直线的透视经过画面迹点。

直线与画面的交点称为直线的画面迹点。如图 12-9 所示，延长 AB 的水平投影 ab，使之与基线 OX 相交于点 n，过点 n 作垂线与 AB 相交得点 N，则 N 为直线 AB 的画面迹点。

迹点在画面上，透视与其自身重合；迹点是直线上的点，故透视 A^0B^0 应通过点 N，基透视 a^0b^0 应通过点 n。

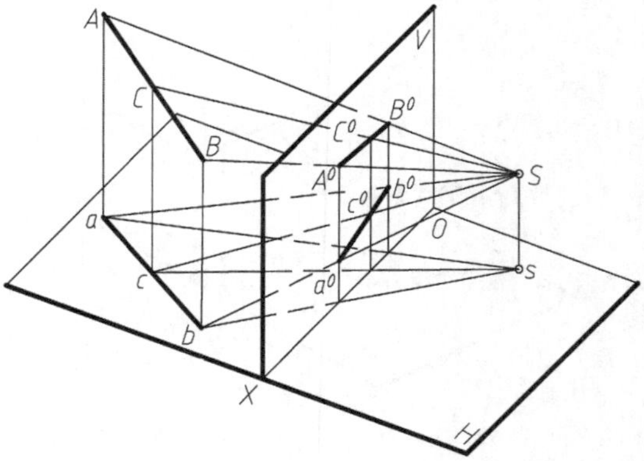

图 12-8 直线的透视性质（2）

4）直线的透视经过灭点，直线的基透视经过基灭点。

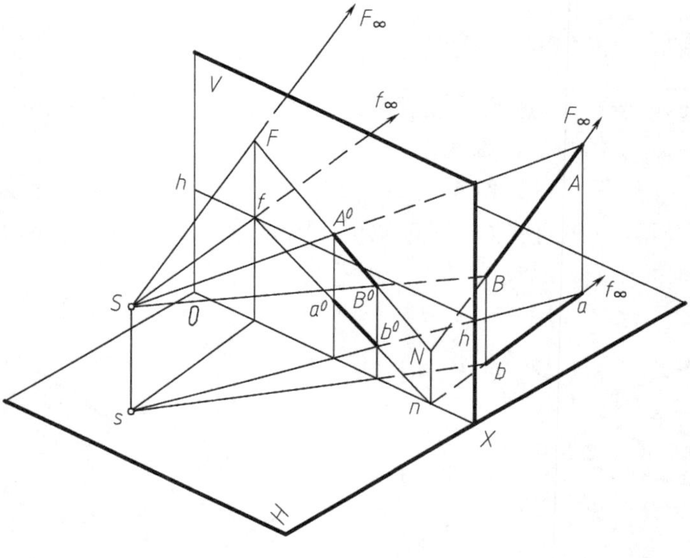

图 12-9 直线的透视性质（3）、（4）

直线上离画面无穷远的点，其透视称为直线的灭点。如图 12-9 所示，设直线 AB 上无穷远处的点为 F_∞，过 F_∞ 所作视线 SF_∞ 平行于 AB（由几何知识可知，两线平行也可以说两线相交于无穷远处），该视线与画面的交点 F 就是直线 AB 的灭点。

在 ab 上与 F_∞ 相对应的投影用 f_∞ 表示，则视线 Sf_∞ 与画面的交点 f 称为直线的基灭点。由于 Sf_∞ 平行于基面 H，故点 f 在视平线 h-h 上，F 与 f 在同一条垂直线上［点的透视规律（2）］。

因为灭点是直线上点的透视，故直线的透视经过灭点，直线的基透视经过基灭点。

表 12-1 列出了各种位置画面相交线的灭点和基灭点的位置。

表 12-1 各种位置画面相交线的灭点和基灭点

直线位置	立体图	透视图	灭点位置
倾斜于基面（下行线）	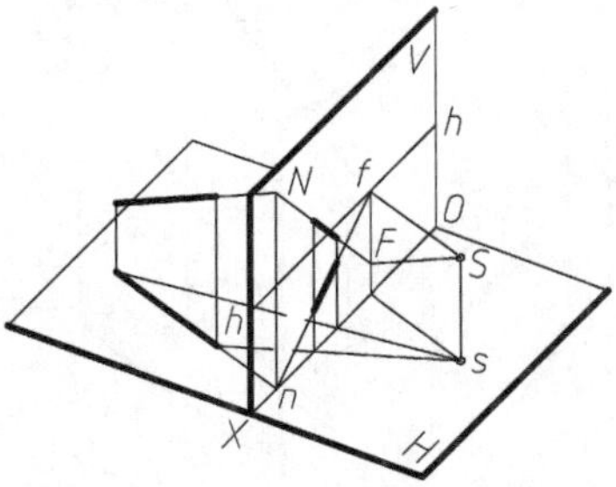	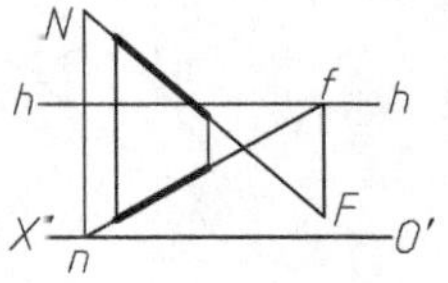	灭点在 h-h 线的下方 基灭点在 h-h 线上 注：下行线为前高后低的直线
倾斜于基面（上行线）	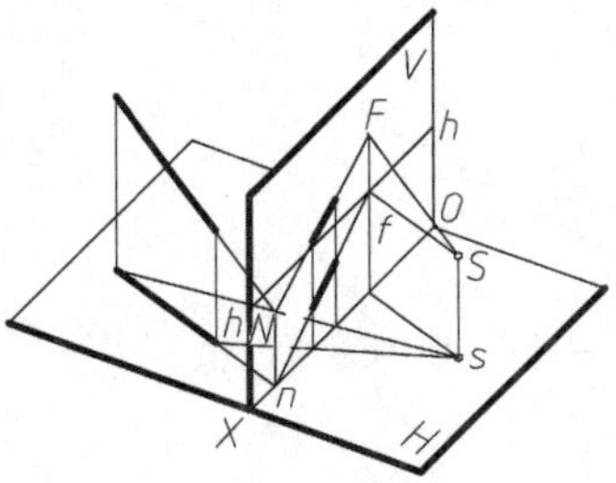	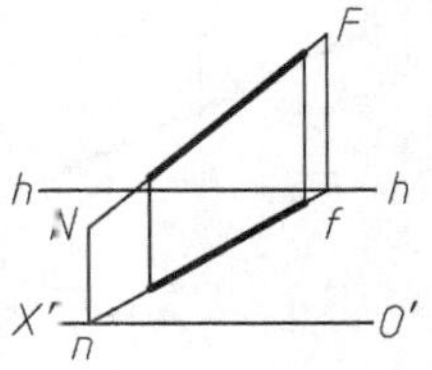	灭点在 h-h 线的上方 基灭点在 h-h 线上 注：上行线为前低后高的直线
平行于基面（倾斜于画面）	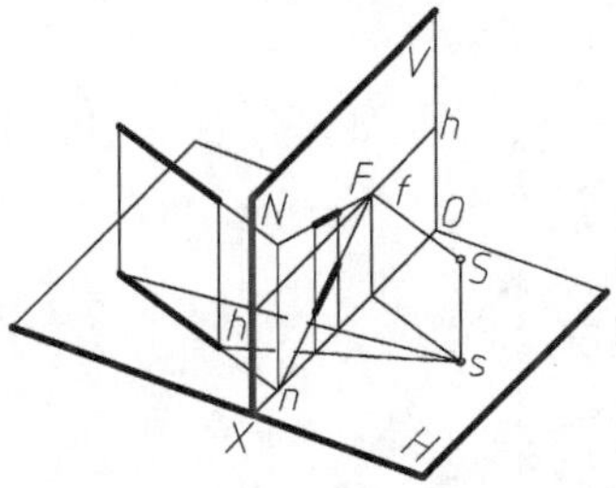	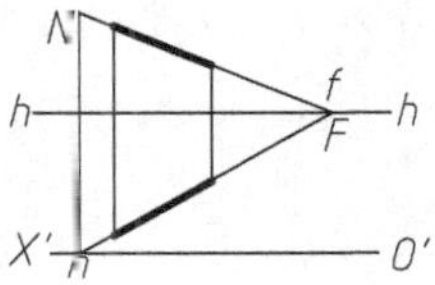	灭点、基灭点在 h-h 线上，且为同一点
平行于基面（垂直于画面）	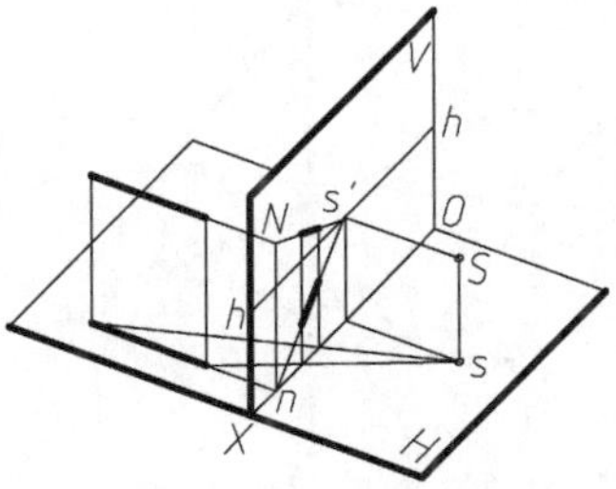	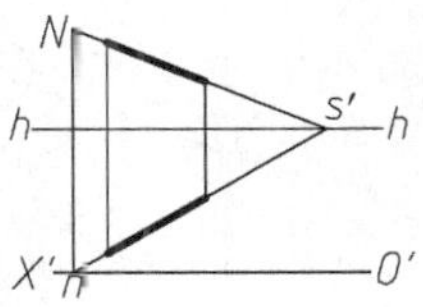	灭点、基灭点在 h-h 线上，均为主点 s'

5）一组平行直线的透视有一个共同的灭点，其基透视有一个共同的基灭点。

如图 12-10 所示，直线 $AB/\!/CD$，则过 S 点所作的与 AB 及 CD 平行的视线是同一条线，故 AB、CD 的灭点是同一点 F。同理，AB、CD 的基灭点是同一点 f。由此可得以下结论：一组平行线的透视及基透视，分别相交于它们的灭点和基灭点。

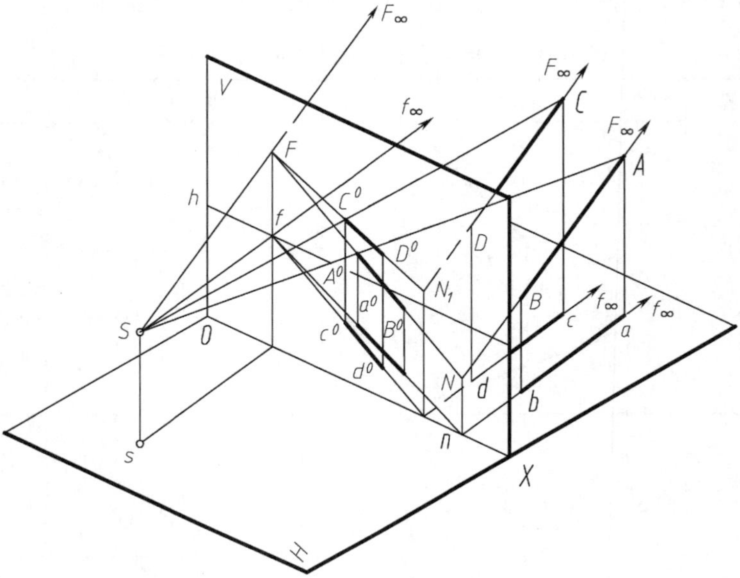

图 12-10　一组平行直线的透视性质

12. 2. 3　画面平行线的透视特性

1）画面平行线无迹点、灭点。

如图 12-11 所示，*AB* 平行于画面，故与画面无交点（迹点）；过视点作平行

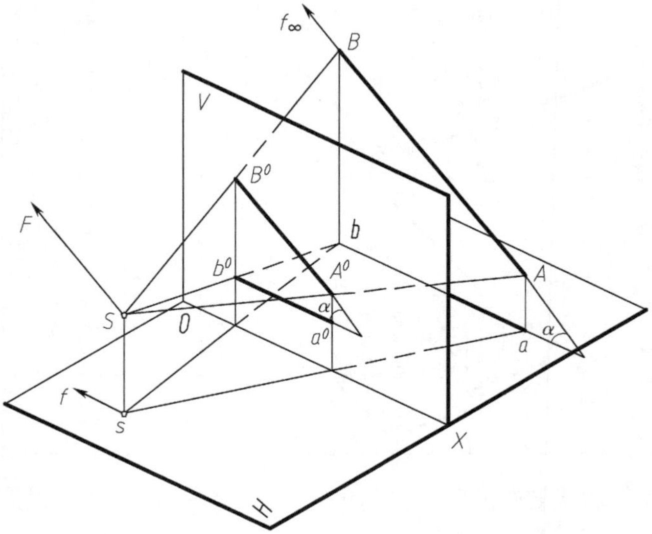

图 12-11　画面平行线的透视性质（1）、（2）

于 AB 的视线 SF，则 SF 平行于画面，与画面无交点（灭点）。

2）画面平行线的透视平行于空间直线；其基透视平行于基线 OX 或为一点。

如图 12-11 所示，$AB /\!/ V$ 面，$ab /\!/$ 基线。平面 SAB 与 V 面的交线即为 A^0B^0，因为 $AB /\!/ V$ 面，故 AB 与 A^0B^0 无交点，即 $A^0B^0 /\!/ AB$。透视 A^0B^0 与基线 OX 间的夹角，反映该直线对基面倾角 α；同理可得 $a^0b^0 /\!/ ab$，由于 $ab /\!/$ 基线，故 $a^0b^0 /\!/$ 基线，为水平方向。

表 12-2 列出了几种位置画面平行线的透视和基透视的方向，其中铅垂线的基透视为一点。

表 12-2 画面平行线的透视和基透视

直线位置	立体图	透视图	透视性质
倾斜基面	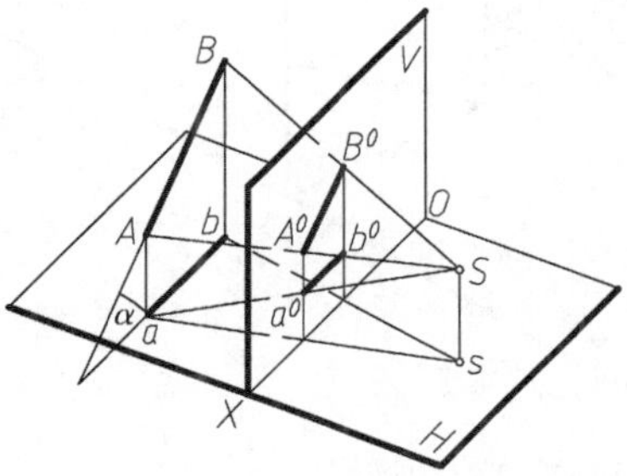	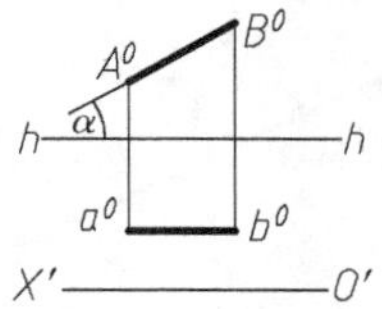	透视反映 α 角，基透视平行基线
垂直基面（铅垂线）	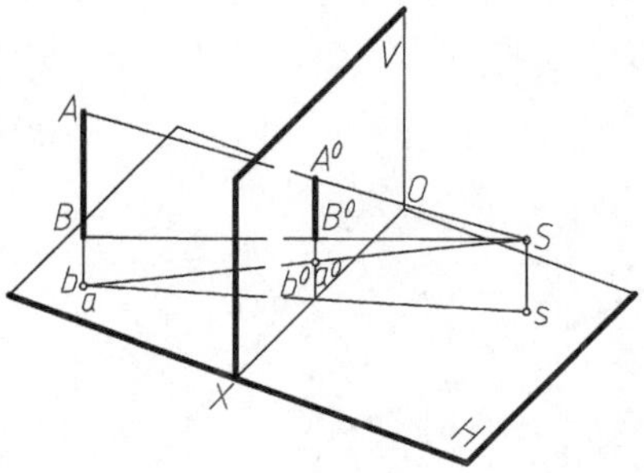	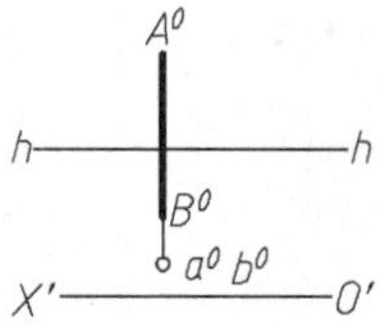	透视为铅垂线，基透视为一点
平行基线	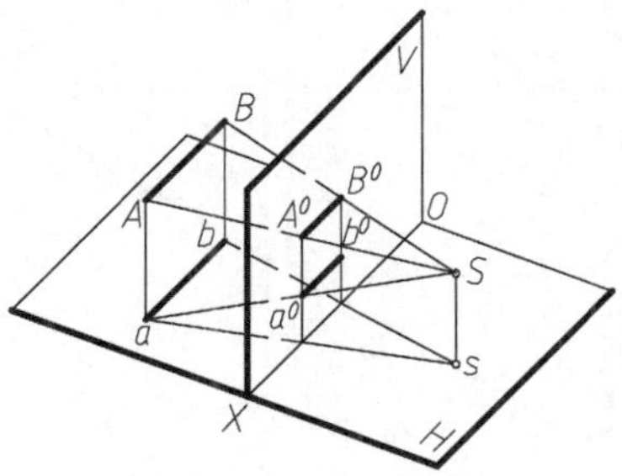	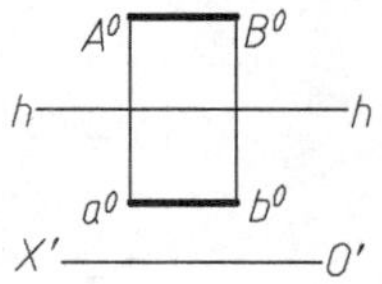	透视、基透视均平行基线

3）画面平行线上点分线段长度之比等于其透视长度之比。

如图12-12所示，点C将直线AB分为AC、CB两部分，C的透视为C^0。根据平面几何知识，视线SA、SB、SC被两平行线AB、A^0B^0所截，必有$AC:CB=A^0C^0:C^0B^0=a^0c^0:c^0b^0$。

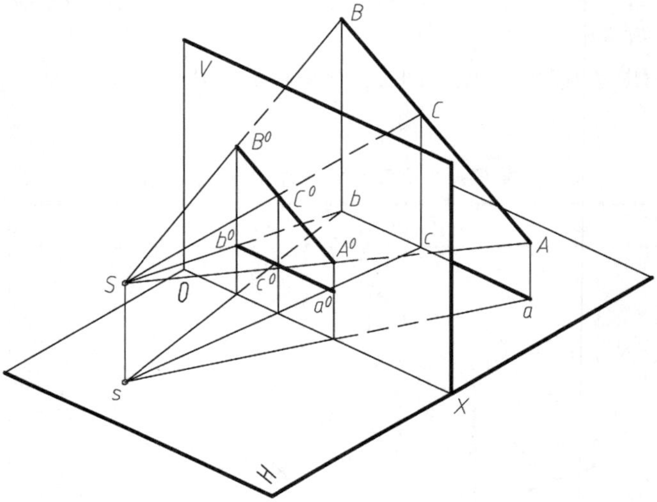

图12-12 画面平行线的透视性质（3）

4）一组相互平行的画面平行线的透视互相平行，各相应的基透视也互相平行。

如图12-13所示，直线$A/\!/B$，因为$A^0/\!/A$、$B^0/\!/B$［性质（2）］，故$A^0/\!/B^0$，且$a^0/\!/b^0/\!/OX$。

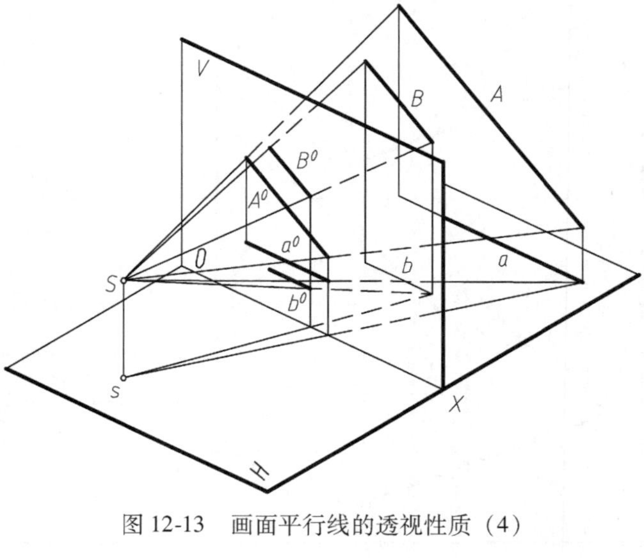

图12-13 画面平行线的透视性质（4）

12.3　平面的透视

12.3.1　平面的分类

平面相对于画面的位置有平行和相交两种，因此我们将平面分为两类：

1）画面平行面：与画面平行的平面称为画面平行面。

2）画面相交面：与画面相交的平面称为画面相交面。

图 12-14 中 A 面是画面平行面；其余均为各种位置的画面相交面，其中 P 是铅垂面（$\perp H$ 面），Q 是水平面（$/\!/ H$ 面），R 是一般位置平面。

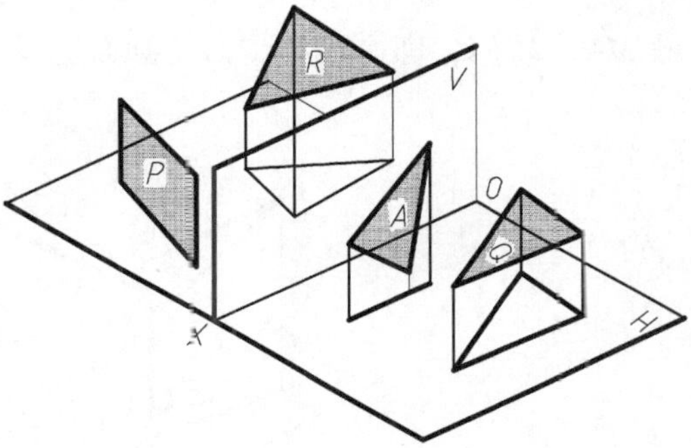

图 12-14　各种位置的平面

12.3.2　画面平行面的透视特性

画面平行面的透视与空间平面平行，且为实形的相似形。

如图 12-15 所示，平面 ABC 平行于画面 V，则三条边线 AB、BC、CA 均为画面平行线。根据画面平行线的透视规律，$A^0B^0 /\!/ AB$、$B^0C^0 /\!/ BC$、$C^0A^0 /\!/ CA$，所以 $A^0B^0C^0$ 和 ABC 互为平行的相似形。

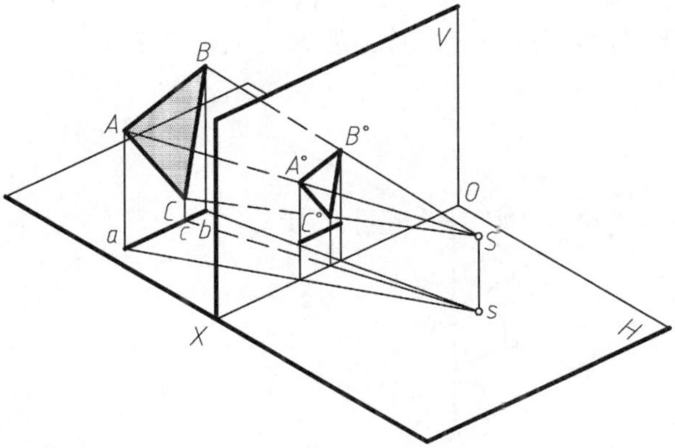

图 12-15　画面平行面的透视特性

12.3.3 画面相交面的透视特性

1）画面相交面的画面迹线与灭线平行。

如图12-16所示，平面 *ABC* 与画面相交于 *MN*，*MN* 称为平面 *ABC* 的画面迹线，该平面上的画面相交线的画面迹点均在此线上；过视点 *S* 作视平面 *SDE*//平面 *ABC*（*SD*//*AC*、*SE*//*BC*），平面 *SED* 与画面相交于 F_1F_2，F_1F_2称为平面 *ABC* 的灭线，平面 *ABC* 上的画面相交线的灭点均在此线上；平面 *ABC*//视平面 *SDE*，故 *MN*//F_1F_2，即画面相交面的画面迹线与该面的灭线平行。

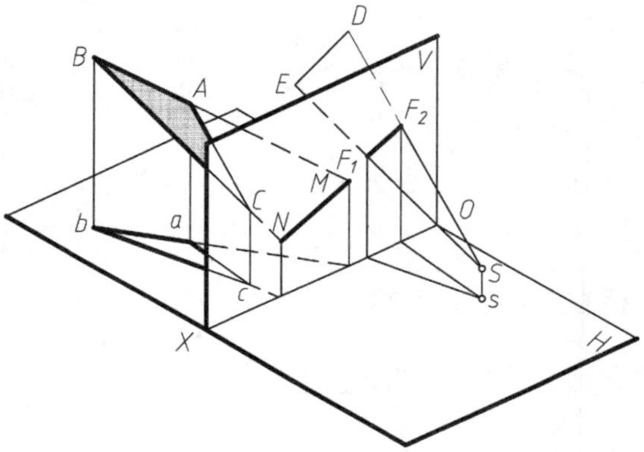

图12-16 画面相交面的透视特性

2）铅垂面的画面迹线与灭线均是铅垂线。

如图12-17所示，铅垂面 *ABC* 的画面迹线是一条铅垂线。由上一条规律可知，铅垂面的灭线与画面迹线应平行，故灭线也是铅垂线。

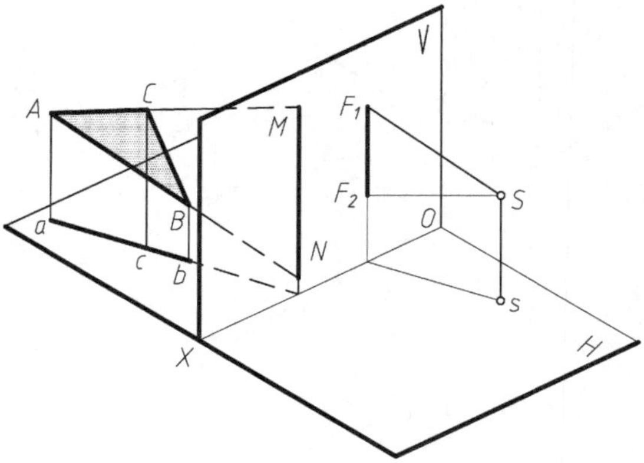

图12-17 铅垂面的透视性质

3）水平面的画面迹线平行基线，水平面的灭线是视平线。

如图 12-18 所示，平行于基面的水平面与画面相交的交线一定平行于基线。而过视点 S 并平行于水平面的视平面，与画面的交线即水平面的灭线，必然是视平线。

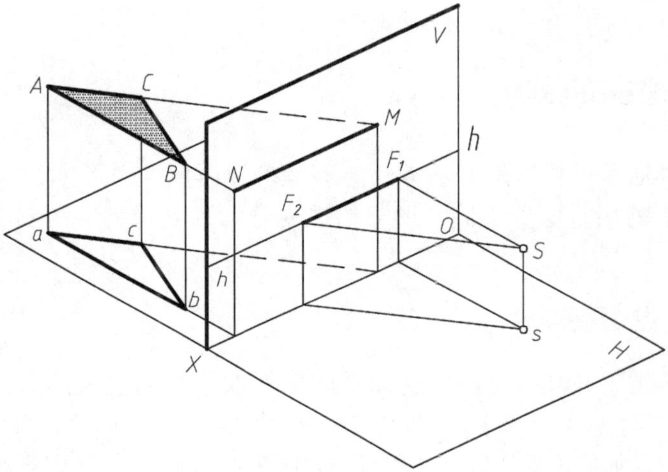

图 12-18　水平面的透视特性

第 13 章　透视图的画法

13.1　透视图的种类

建筑形体通常可看作是由基本几何形体组合而成，因形体的 X、Y、Z 三个方向与画面 V 的相对位置不同，形成的透视分为一点透视、两点透视和三点透视三种类型。

13.1.1　一点透视

建筑形体上，与其自身所在坐标系的坐标轴平行的直线的灭点称为主向灭点。

如图 13-1a 所示，形体的 X、Z 两个方向平行于画面，只有 Y 向与画面垂直相交，因此只有 Y 方向有一个主向灭点 s'，这样的透视称为一点透视。图 13-1b 是一点透视的实例。

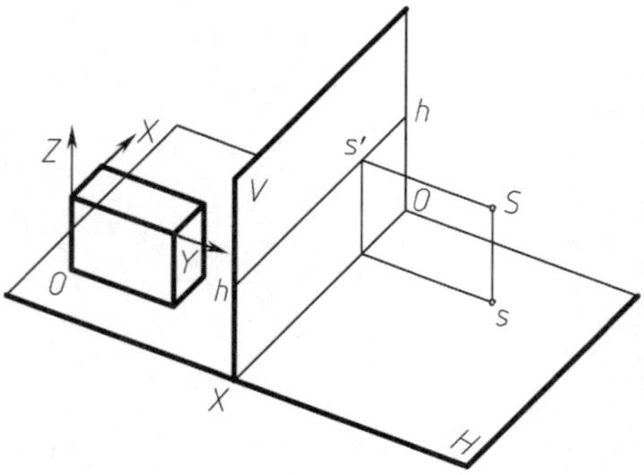

a)

b)

图 13-1　一点透视

13.1.2　两点透视

如图 13-2a 所示，形体的 Z 方向平行于画面，X、Y 向均与画面相交，存在 X、Y 两个主向灭点 F_X、F_Y，这样的透视称为两点透视。图 13-2b 是两点透视的实例。

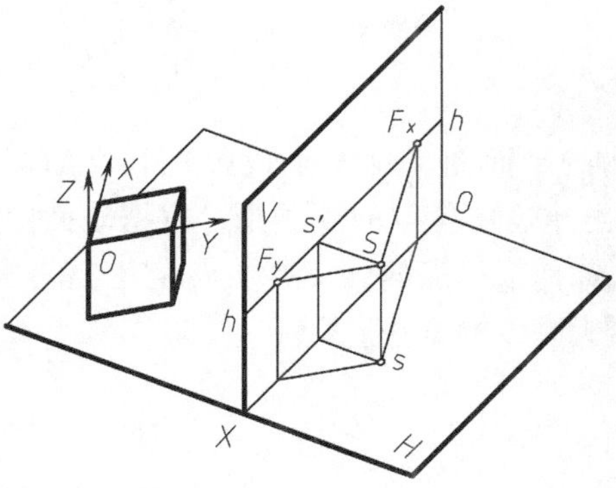

a)

b)

图 13-2　两点透视

13.1.3　三点透视

如图 13-3a 所示，当形体的 X、Y、Z 方向都与画面相交时，必然存在 X、Y、Z 三个主向灭点 F_X、F_Y、F_z，这样的透视称为三点透视。图 13-3b 是三点透视的实例。

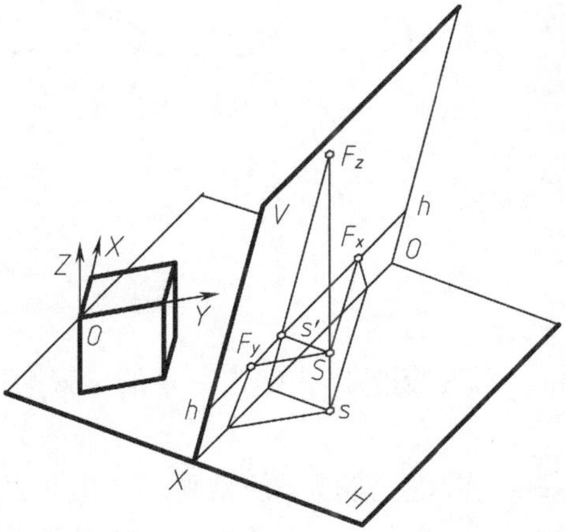

a)

b)

图 13-3　三点透视

在实际画透视图时，应根据建筑形体的特点、所要达到的绘图效果等，来选择不同的透视类型。三点透视常用于高层建筑和特殊视点位置。因绘制比较繁琐，一般较少采用。

13.2 透视高度的确定

作建筑物的透视图，一般是根据建筑物的平面图（即水平投影）和立面图（正面投影）来求作的。根据平面图可以作出建筑物各点的基透视，根据立面图中各点的高度来确定它们的透视高度。那么如何根据点的真实高度来确定点的透视高度呢？下面介绍用真高线来确定点的透视高度的方法。

13.2.1 真高线

如图13-4a所示，铅垂线AB位于画面后，其透视A^0B^0不反映AB线的实长。而在图13-4b中，位于画面上的铅垂线CD，其透视C^0D^0与自身重合、反映实长，像这种能反映直线真实高度的线我们称为真高线。

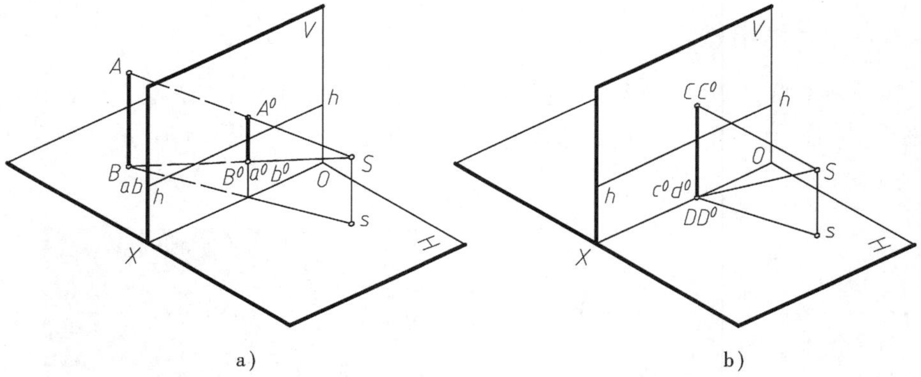

图13-4 真高线

13.2.2 透视高度的量取

如图13-5a所示，点A真实高度为Aa，而其透视A^0a^0称为点A的透视高度。利用真高线可以确定点的透视高度。

如图13-5b所示，反映点A高度的Aa线实际上就是一条铅垂线，由于其不在画面上，故透视A^0a^0不反映实长。现将Aa沿K向移动到画面上（K为不平行于画面的任意方向），得A_1a_1即为点A的真高线；辅助线$A\ A_1$、$a\ a_1$互相平行，其透视分别为FA_1、Fa_1（A_1为$A\ A_1$线的迹点、a_1为$a\ a_1$线的迹点；两线的灭点均为F），由a_X作垂线分别与FA_1、Fa_1相交，即可得A^0、a^0。注意：当K的方向改变时，真高线的位置及灭点F的位置也随之改变。

【例13-1】 已知空间点A的高度L、基透视a^0，利用真高线确定点A的透

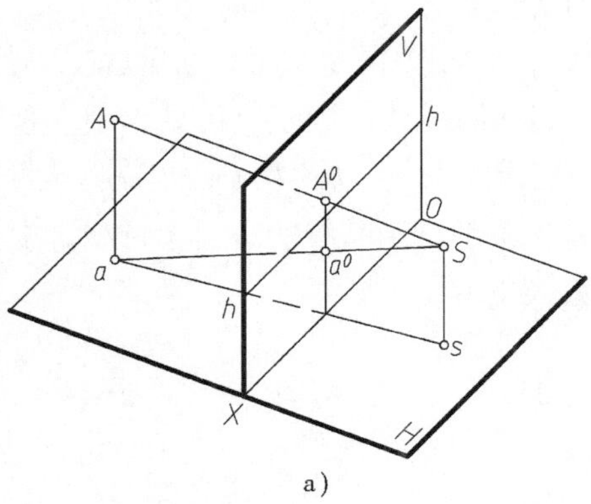

图 13-5 透视高度的量取

视 A^0，如图 13-6a 所示。

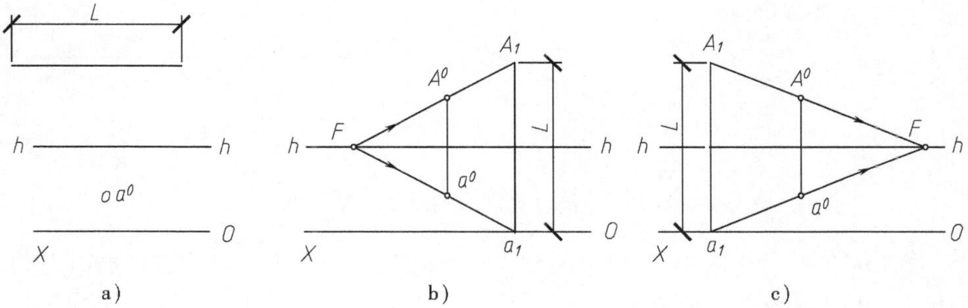

图 13-6 利用真高线确定透视位置

【解】 分析及作图：由图 13-5 可知，真高线或灭点的位置是可以任意的，故该题的作图有两种方法：

图 13-6b 的作图步骤：

1）在视平线 h-h 上任意位置先确定一点 F，连 $F\ a^0$，交基线于 a_1。

2）过 a_1 作一条真高线，在其上量取高度为 L，得 A_1。

3）连 FA_1，与过基透视 a^0 所作的垂直线相交，交点 A^0 即为所求。

图 13-6c 的作图步骤：

1）在基线上任意位置先确定一点 a_1，过 a_1 作一条真高线，在其上量取高度为 L，得 A_1。

2）连 a^0a_1，延长后交视平线 h-h 于点 F。

3）连 FA_1，与过基透视 a^0 所作的垂直线相交，交点 A^0 即为所求。

13.2.3 集中真高线

为避免每确定一个透视高度而要画一条真高线，可集中利用一条真高线求各自的高度，这样的一条真高线就称作集中真高线。

如图 13-7a 所示，点 A 的透视高度是利用真高线 A_1a_1 求得的。空间点 B 与点 A 同高，现将点 B 沿平行于 OX 的方向平移到辅助线 AA_1 上的点 B_1 处，则 b 移至 aa_1 上的 b_1 处。根据直线上点的透视性质，$B_1{}^0$ 在 FA_1 上、$b_1{}^0$ 在 Fa_1 上，这样我们可以得到 B_1 的透视高度 $B_1{}^0b_1{}^0$。由于 BB_1 是一条平行于基线的画面平行线，根据其透视性质，$B^0B_1{}^0 /\!/ OX$，$b^0b_1{}^0 /\!/ OX$，故可求出 B^0、b^0。

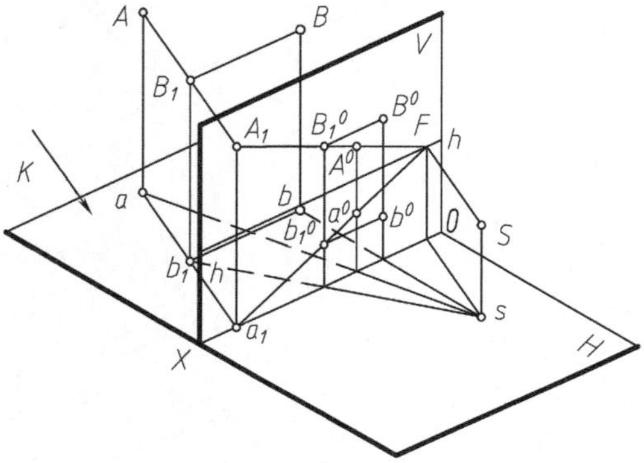

a)

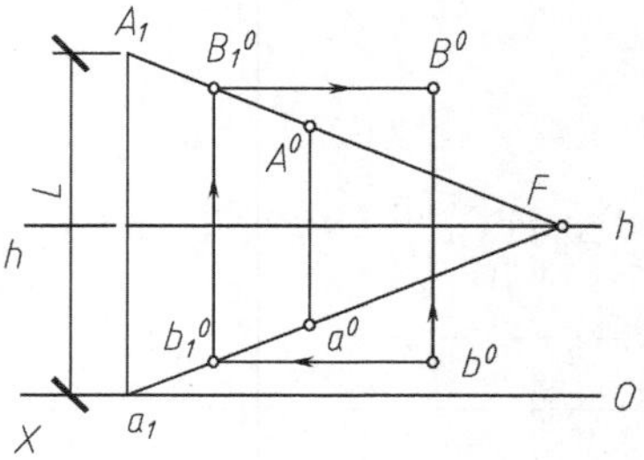

b)

图 13-7 高度相同点的透视高度量取

图 13-7b 表示在透视平面图中已知 b^0，利用真高线 A_1a_1 求作 B^0 的作图过程。其中 A、B 两点的真高均为 L。

作图步骤如下：

1）将 b^0 平移至 a_1F 线上，得 b_1^0。

2）过 b_1^0 作铅垂线，在 A_1F 上求出对应点 B_1^0，则 $b_1^0B_1^0$ 与点 B 的透视高度相同。

3）过 B_1^0 作水平线、过 b^0 作铅垂线，两线的交点即为 B^0。

如图 13-8a 所示，空间 A、C 两点高度不同，现将点 C 沿平行于 OX 的方向平移，将 c 移至 aa_1 上的 c_1 处，则 C 移到 C_1 处。过 C_1 所作 K 向的辅助线与画面的交点 C_2 一定在真高线 A_1a_1 上，而灭点为 F，则 C_1^0 应在 C_2F 线上。故可利用求点 A 透视高度的真高线求点 C 的透视高度。

图 13-8b 表示在透视平面图中已知 c^0 求作 C^0 的作图过程。其中点 A 的真高为 L、点 C 的真高为 L_1。

作图步骤如下：

1）在真高线 A_1a_1 上量取点 C 的真高 L_1 得点 C_2，连 C_2F。

2）将 c^0 平移至 a_1F 线上，得 c_1^0。

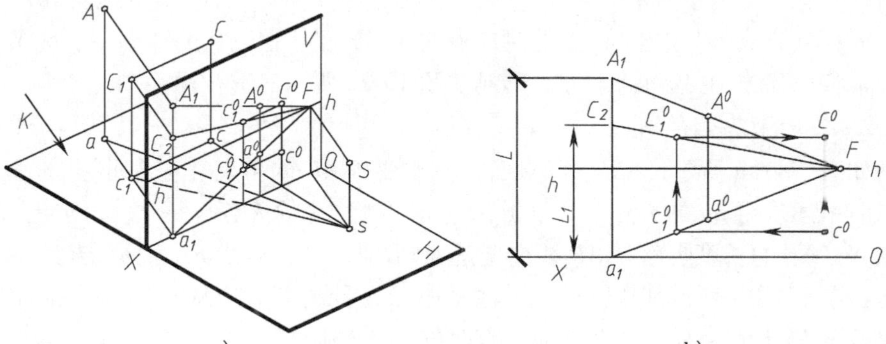

a) b)

图 13-8 高度不同点的透视高度量取

3）过 c_1^0作铅垂线，在 C_2F 上求出对应点 C_1^0，则 $c_1^0C_1^0$与点 C 的透视高度相同。

4）过 C_1^0作水平线、过 c^0 作铅垂线，两线的交点即为 C^0。

13.3 透视图的基本画法

13.3.1 画面相交线灭点和迹点的求法

1. 基面上的直线

如图 13-9a 所示，AB 为基面上的直线，水平投影 ab 和其重合。延长 AB（ab）使其交于 OX 轴，交点 N 为直线的画面迹点。过视点 S 作线平行于 AB，交视平线 h-h 于点 F，则 F 为直线 AB 的灭点。连线 NF 为直线 AB 的透视方向。

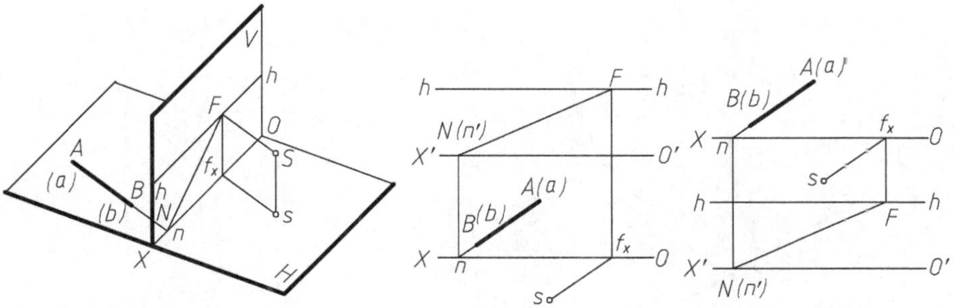

a) b) c)

图 13-9 基面上的画面相交线的灭点和迹点

图 13-9b 表示在透视平面图中的作图过程。其中点 F 是由站点 s 作 AB（ab）

的平行线交 OX 轴于点 f_X，再对应到视平线上确定的。而迹点是延长 AB（ab）与 OX 轴交于 n，再作出 $o'x'$ 上的对应点 N（n'）的。在以后的作图中，为节省图面，常将 H 面放在 V 面的上方，形成如图 13-9c 所示的透视平面图。

2. 平行于基面的直线

如图 13-10a 所示，AB 平行基面，其水平投影 ab 可看作是基面上的线，则可如前所述求得 ab 的灭点 F，由于 $AB/\!/ab$，故 AB 的灭点也是 F；再求出 AB 的迹点 N（Nn 的长度也就是 AB 线离开基面的高度 L），连线 FN 就是 AB 线的透视方向。图 13-10b 表示其作图过程，注意迹点 N 的高度 L 应从 $O'X'$ 轴上的 n' 开始量取；图 13-10c 是画面放在基面下方时的作图过程。

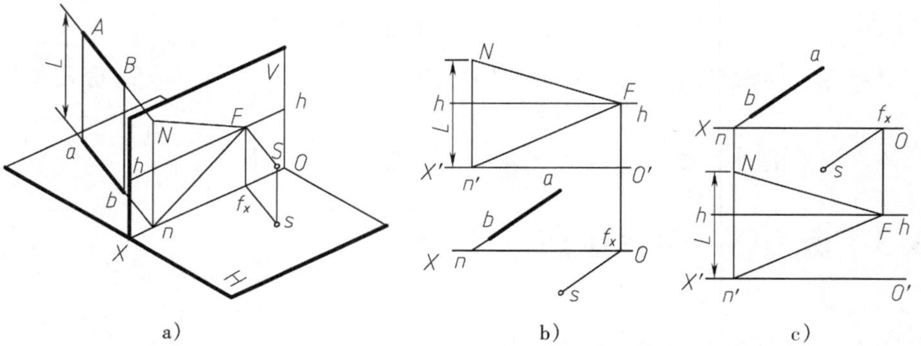

图 13-10　平行于基面的画面相交线的灭点和迹点

3. 一般位置直线

如图 13-11a 所示，已知一般位置（与画面、基面均倾斜）直线 AB 的水平投影 ab、直线与画面的交点 N（迹点）距基面高为 L、直线 AB 与基面的倾角为 α，作直线的灭点。

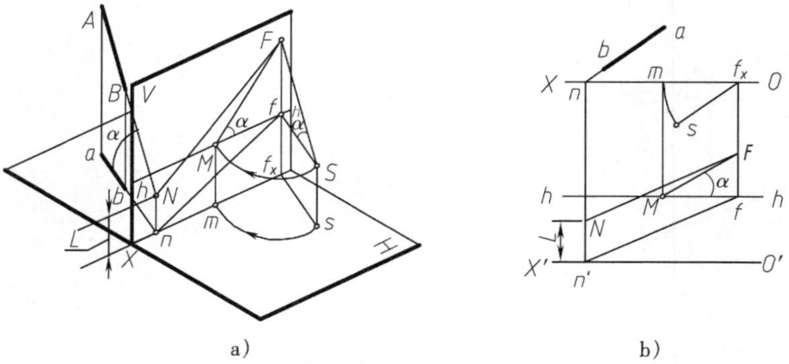

图 13-11　倾斜于基面的画面相交线的灭点和迹点

倾斜于基面的画面相交直线的灭点不在视平线上，图 13-11a 表示空间一般位置直线灭点的作图。图中 $SF/\!/AB$、$Sf/\!/ab$，F 为直线 AB 的灭点，f 为直线 AB 的基灭点，F、f 位于同一条铅垂线上，$\angle FSf=\alpha$；以 Ff 为轴将 $\triangle FSf$ 转至画面上，则 S 转至点 M，Sf 旋转后与 h-h 重合，$\angle FMf=\angle FSf=\alpha$，$fM=fS=f_Xs$。

图 13-11b 表示求灭点及基灭点的过程：过站点 s 作 ab 的平行线交 ox 轴于 f_X，过 f_X 作垂直线交 h-h 得到基灭点 f（参看图 13-9c）；以 f_X 为圆心，f_Xs 为半径作弧交 OX 于 m，过 m 作垂直线交 h-h 得到点 M，或者在 h-h 上直接量取 $fM=f_Xs$ 也可求出 M，经过点 M 作与 h-h 夹角为 α 的直线，此直线与通过 f 的铅垂线相交，交点 F 就是线 AB 的灭点。

迹点及透视方向的确定：过 ab 的迹点 n' 作真高线，在其上量取 L 得直线 AB 的迹点 N，连线 NF 为直线 AB 的透视方向，连线 $n'f$ 为直线基透视的方向。

本节主要讨论了画面相交线的灭点及迹点求法，由此可以确定画面相交线的透视方向，而求直线段的透视，即要确定端点 A、B 的透视位置，则有以下的一些基本画法。

13.3.2 视线法

如图 13-12a 所示，为求出直线上 A、B 两点的透视，即确定线段 AB 的透视长度，可利用过点 A 的视线的水平投影与基线的交点 a_1 来作图。根据点的透视作图（参看 12.1.2）可知，a_1、a^0、A^0 在同一条铅垂线上，故可过 a_1 作铅垂线与直线的透视相交，交点就是直线上点 A 的透视。同理可作出点 B 的透视。这种利用视线的水平投影确定点的透视的画法，称为视线法（或称建筑师法）。

图 13-12b、c 表示透视平面图中求 A^0B^0 的作图过程。b 图中 H 面在画面下方，c 图中 H 面在画面上方。

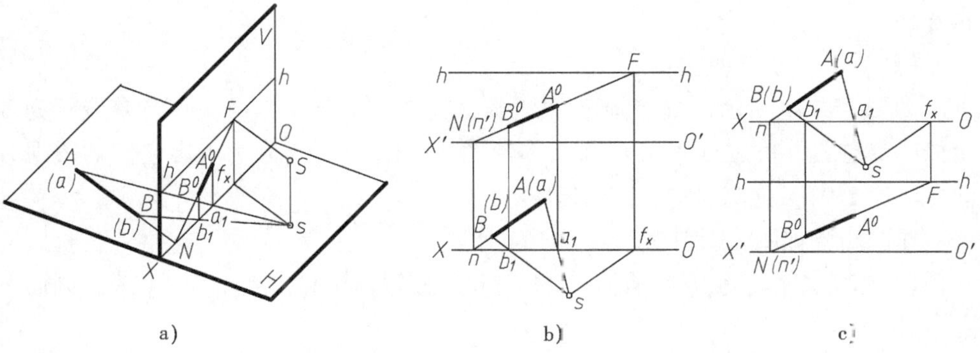

图 13-12 视线法

13.3.3 交线法

利用两直线的交点作直线段的透视的方法，称为交线法。

如图 13-13a 所示，已知 H 面上直线 AB 的画面迹点、灭点及透视方向 NF，确定 A、B 两点的透视 A^0、B^0。

由于两直线的交点的透视，必为两直线透视的交点。因此，可在 H 面上过点 A 任作一辅助线 AA_1 与画面相交，则该线 AA_1 的透视方向 A_1F_1 可由迹点 A_1、灭点 F_1 确定。点 A 是 AB 与 AA_1 的交点，故 NF、A_1F_1 的交点即为点 A 的透视 A^0。

同理，可作出点 B 的透视 B^0。过点 B 所作的辅助线，可取与 AA_1 平行，则可利用同一灭点 F_1 作图。

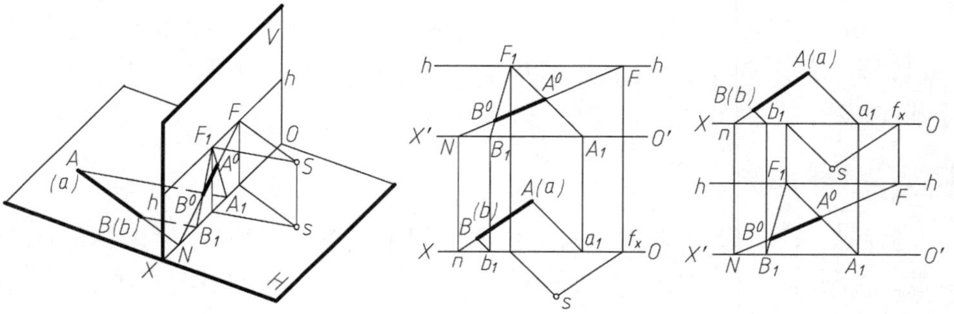

图 13-13 交线法

图 13-13b、c 表示透视平面图中求 A^0B^0 的作图过程。b 图中 H 面展开后放在画面下方，c 图中 H 面展开后放在画面上方。

【例 13-2】 用交线法求 H 面上直线 AB 的透视，AB 为平行于基线的画面平行线。

【解】 分析及作图：

如图 13-14a 所示，AB 为画面平行线，无迹点、灭点，透视平行基线。为确定该线的位置，可过点 A 在 H 面上作辅助线 AA_1、AA_2，分别求出它们的透视方向 A_1F、A_2S'，则两线交点即为所求 A^0。

作图步骤如图 13-14b 所示：

1）过点 A 作任意方向辅助线 AA_1 与 OX 轴交于点 A_1，点 A_1 为 AA_1 线的画面迹点。

2）过站点 s 作线平行于 AA_1，与 OX 轴交于 f_X。由 f_X 作垂线对应到 h-h 线得灭点 F，$a_1'F$ 为辅助线的透视方向。

3）过点 A 作辅助线 AA_2 垂直于画面（这样作图较简便），则 A_2 为该线的画

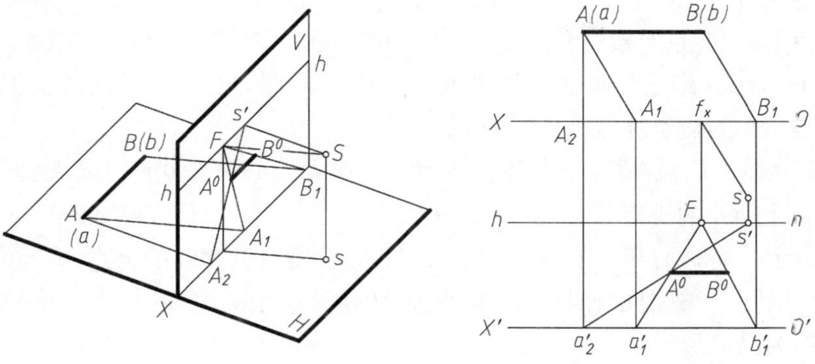

a)　　　　b)

图 13-14　交线法求画面平行线的透视

面迹点，主点 s' 为该线灭点。连线 $a_2's'$ 与 $a_1'F$ 的交点即为点 A 的透视 A^0。

4）过 A^0 作 ox 轴的平行线，用交线法在其上定出 B^0。

该题也可用视线法和交线法结合作图，读者可自行分析。

13.3.4　量点法

用视线法作图时，必须在基面上过站点引水平投影图中各点的连线，并与基线相交于若干点。当平面投影图很复杂时，过多的交线将降低作图的准确性，也容易出错；并且当透视图较大时，为节省图纸幅面，可将平面图画在另一张纸上，此时将这些交点移到画面上也显得十分麻烦。量点法就是解决上述问题的一种方法。

量点法的作图原理和交线法相同，也是利用过点作辅助线的方法来确定点的透视位置，但所作辅助线的方向不是任意的。

如图 13-15a 所示，当 AB 的透视方向确定后，为作出点 A 的透视 A^0，可通过

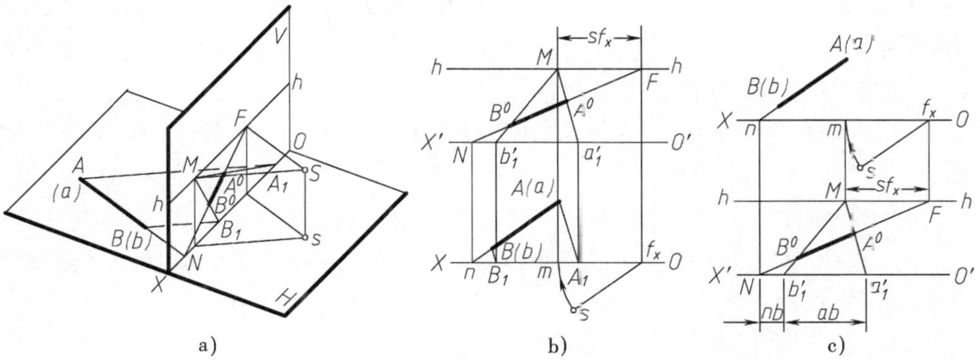

a)　　　　b)　　　　c)

图 13-15　量点法

点 A 作辅助线 AA_1，与基线交于迹点 A_1，并使 $NA_1 = NA$。这样 $\triangle ANA_1$ 在空间是一等腰三角形，AA_1 是等腰三角形的底边。由视点 S 作平行于 AA_1 的视线，交视平线于点 M，点 M 即是该辅助线的灭点，连线 A_1M 是辅助线 AA_1 的透视方向，因此 A_1M 与 NF 的交点就是点 A 的透视。

同理可取 $NB_1 = NB$，作出辅助线 BB_1，则 $BB_1 /\!/ AA_1$，BB_1 的灭点仍是点 M，连线 B_1M 与 NF 的交点就是点 B 的透视 B^0。

从以上分析可看出，根据空间线段 AB 的长度及辅助线的灭点 M，可以得到 AB 的透视长度，故把这种辅助线的灭点 M，称为直线 AB 的量点，这种作透视的方法称为量点法。

至于量点的求法，从图 13-15a 中不难看出，由于 $\triangle SFM \backsim \triangle ANA_1$，因此也是等腰三角形，所以 $FM = FS$。故在 h-h 线上，直接量取 $FM = FS$ 即可得点 M。点 F 是直线 AB 的灭点，故点 M 也就是直线 AB 的量点。

图 13-15b（H 面展开后放在画面下方）、图 13-15c（H 面展开后放在画面上方）表示在透视平面图中求量点及 A^0B^0 的作图过程。b 图中量点的求法是以 f_X 为圆心，f_Xs 为半径作弧交 ox 于 m，过 m 作垂直线交 h-h 得到点 M 的；或者在 h-h 上直接量取 $FM = f_Xs$ 也可求出 M。c 图中辅助线 AA_1、BB_1 的迹点 a_1'、b_1' 是根据 na、nb 直接在 $o'x'$ 上自点 N 起量取得到的。故在实际作图时，辅助线 AA_1、BB_1 等是不必在平面图上画出来的。

注：

1）辅助线 AA_1、BB_1 等也可以有另一方向，也就是过迹点在 $o'x'$ 轴上向左、右两侧量取长度都是可以的，但要注意点 M 的位置也应随之改变。如距离向左量取，则点 M 应在点 F 的右侧。

2）在图 13-11 中所述求一般位置直线灭点时所提及的点 M 也就是量点。因此求某方向上一般位置直线的灭点，由该方向的量点作与 h-h 线成已知夹角的直线，与过基灭点所作的铅垂线相交，交点即为所求灭点。

【例 13-3】 用量点法求 H 面上直线 AB 的透视，AB 垂直于画面，如图 13-16a 所示。

【解】 分析及作图：

该题与图 13-15 所不同的是 AB 垂直于画面，故灭点为主点 s'，ss_x 垂直于 OX 轴。

作图步骤如图 13-16b 所示：

1）直线 AB（ab）的 AN 段在画面后，而 NB 段在画面前，AB 与 OX 轴交于点 n，将点 n 对应到 $O'X'$ 轴得点 n'。

2）过 s 作垂直线与 OX 轴交于点 s_X，与 h-h 线交于点 s'。

3）连 $n's'$，$n's'$ 为 A^0B^0 的透视方向。

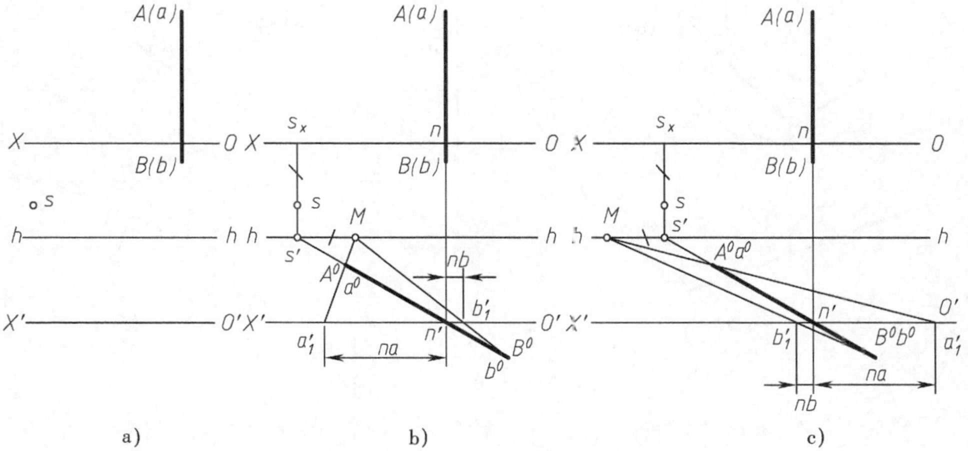

图 13-16　用量点法求画面垂直线的透视

4）过 s'，将 ss_X的长度向右量到 h-h 线上得量点 M。

5）因点 A 在画面后，过 n'将 na 的长度向左量到 $O'X'$轴上，得点 a'_1；因点 B 在画面前，过 n'将 nb 的长度向右量到 $O'X'$轴上，得点 b'_1。

6）连 a'_1M、b'_1M 交 $n's'$，得 A^0B^0。

注：当直线垂直画面时，此时的量点也称作距点。此种情况下，也可将点 M 量在 s'左侧，但要注意步骤 5）中点的量取方向要相应地改变，如图 13-16c 所示。

由图 13-16b、c 可知，凡画面后边的线段，在基线上量取实长时，应从该线段的画面迹点向量点的相反方向量取（如 b、c 图中 na 的量取）；画面前边的线段应从该线段的画面迹点向量点的同方向量取（如 b、c 图中 nb 的量取）。

13.4　透视图画法的应用

13.4.1　直线的透视作图

【例 13-4】　如图 13-17a 所示，已知平行基面的画面相交直线 AB 的水平投影 ab、站点 s 及 AB 线离开基面的高度 L，求作 A^0B^0、a^0b^0。

【解】　分析及作图：

平行基面的画面相交直线其灭点和迹点的求法在图 13-10 中已作过介绍，根据灭点和迹点可作出直线 AB 的透视方向，而求其基透视 a^0b^0 的作图可用上一节所介绍的三种画法来求。

作图步骤如下：

1）延长 ab 与 OX 轴交于点 n，将点 n 对应到 $O'X'$轴得点 n'。

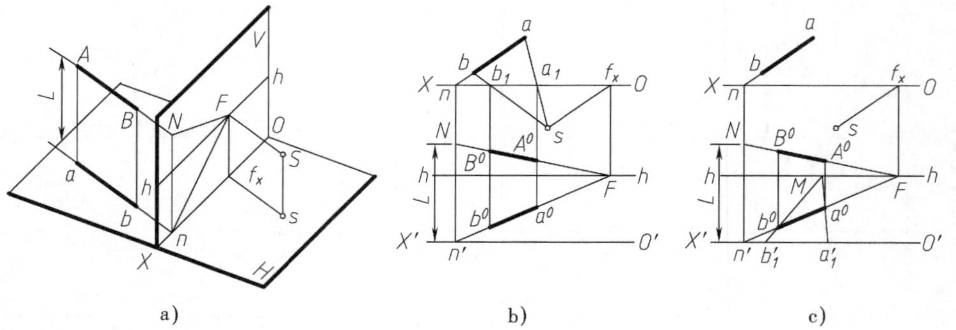

图13-17 基面平行线的透视

2）过 s 作 ab 的平行线与 OX 轴交于点 f_X，将点 f_X 对应到 h-h 线上得点 F。

3）连 $n'F$，$n'F$ 为 a^0b^0 的透视方向。

4）用视线法求出 a^0b^0，如图13-17b 所示；或用量点法求出 a^0b^0，如图13-17c 所示。

5）过点 n' 作一条真高线 nN，使 $nN=L$，则 N 为直线 AB 的画面迹点。

6）连 NF，得 AB 的透视方向，由 a^0b^0 对应求得 A^0B^0。

该例主要介绍用视线法、量点法作平行基面的画面相交线的透视作图。

【例13-5】 如图13-18 所示，已知画面平行线 AB 的水平投影 ab、上端 B 点的真高 L、AB 直线与基面的倾角 $\alpha=30^0$，作出直线的透视及基透视。

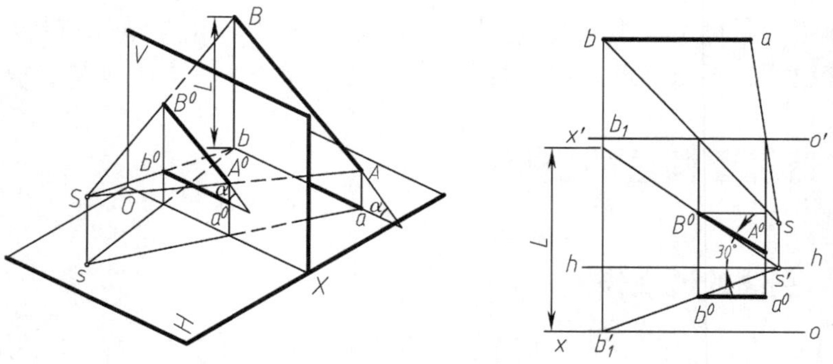

图13-18 画面平行线的透视作图

【解】 分析及作图：

画面平行线的基透视求法可参看上节［例13-2］。而透视的求法可根据点 B 的真高求得透视 B^0 后，再根据画面平行线其透视应平行于空间直线的性质，作出 A^0。

作图步骤如图 13-18b 所示：

1）利用交线法、视线法作出 a^0、b^0，其中辅助线 bb_1 垂直画面、a^0b^0 平行于 $O'X'$。

2）过迹点 b_1' 作真高线，在其上量取点 B 的真高 L，求出 B^0。

3）过 B^0 向下作 30°线，由 a^0 对应求出 A^0，A^0B^0、a^0b^0 即为所求。

该例主要说明画面平行线的透视作图。

【例 13-6】 如图 13-19 所示，已知一般位置（与画面、基面均倾斜）直线 AB 的水平投影 ab、下端点 A 的真高 L、直线 AB 与基面的倾角 $\alpha = 30°$，作出直线的灭点及透视。

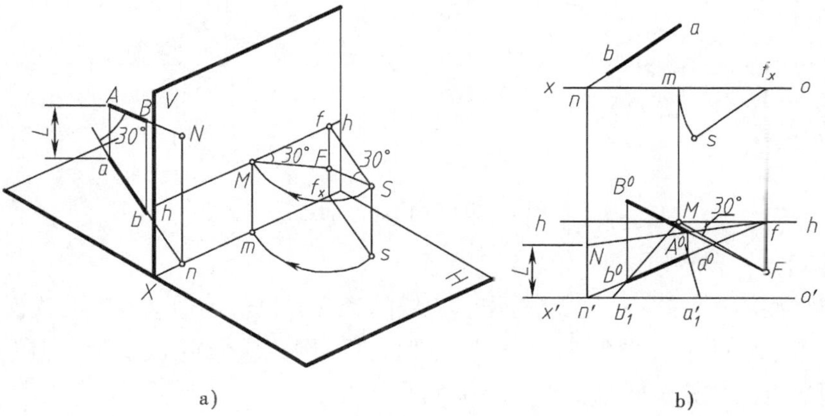

图 13-19 一般位置直线的灭点及透视

【解】 分析及作图：

倾斜于基面的画面相交直线灭点的求法已在 13.3.1 节中作过介绍，图 13-19a 表示空间一般位置直线灭点的作图。由于直线 AB 为前高后低的下行直线，故其灭点在基灭点的下方。

作图步骤如图 13-19b 所示：

1）用量点法作出直线的基透视 a^0b^0。

2）根据点 A 的真高确定 A^0。

3）过量点 M 向下（因 AB 为下行线）作与 h-h 线夹角为 30^0 的线，与过基灭点 f 所作铅垂线交于点 F，则 F 为 AB 的灭点。

4）连 FA^0，则 FA^0 为 AB 的透视方向，根据 b^0 在其上对应求出 B^0，A^0B^0、a^0b^0 即为所求。

该例主要介绍一般位置直线的透视作图。

13.4.2 平面的透视作图

【例 13-7】 已知 H 面上平面图形 $ABCD$，作其透视，如图 13-20 所示。

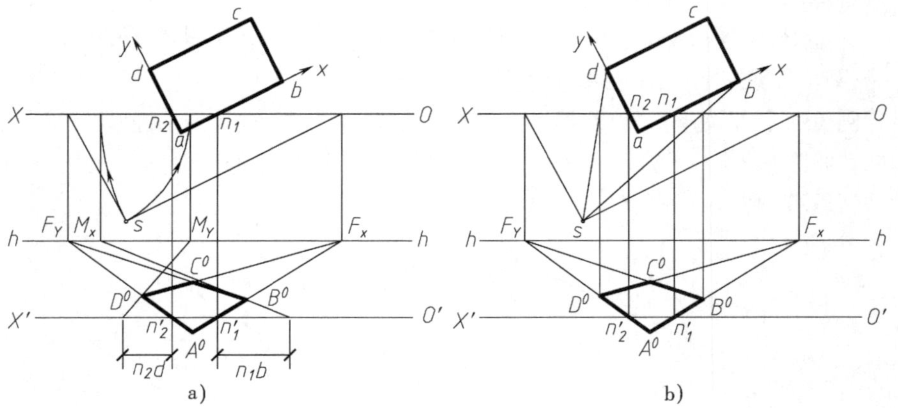

图 13-20 平面图形的透视

【解】 分析及作图：

作平面图形的透视，也就是作其边线的透视，故可运用求直线的透视方法来作图。由于该图中直线有 X、Y 两个主要方向，因此应分别求出两个主向灭点。

用量点法作图步骤（见图 13-20a）：

1）过站点 s 分别作 ab、ad 的平行线，求出灭点 F_X、F_Y，同时求出相对应的量点 M_X、M_Y。

2）将直线的迹点 n_1、n_2 对应到 $O'X'$ 上，得 n_1'、n_2'。

3）连迹点、灭点，作出直线 AB、AD 的透视方向。

4）用量点法确定直线的透视长度：点 B^0 是量取 n_1b 利用量点 M_X 求得；点 D^0 是量取 n_2d 利用量点 M_Y 求得；而点 A^0 可由两直线的透视方向相交确定。

5）根据互相平行的画面相交直线具有同一灭点这条性质，可以作出 BC、DC 的透视方向，两线相交得 C^0。

图 13-20b 是用视线法作图的过程。

该例主要说明用量点法、视线法作平面透视的方法。

【例 13-8】 用视线法画出在三个不同高度的基面上同一平面图形的透视，如图 13-21a 所示。

【解】 分析及作图：

图中给了三条基线，分别表示三个基面的位置，而视平线是同一条 h-h，也就是说视点的位置不变，而站点的位置根据基面的位置上下移动。如图 13-21b

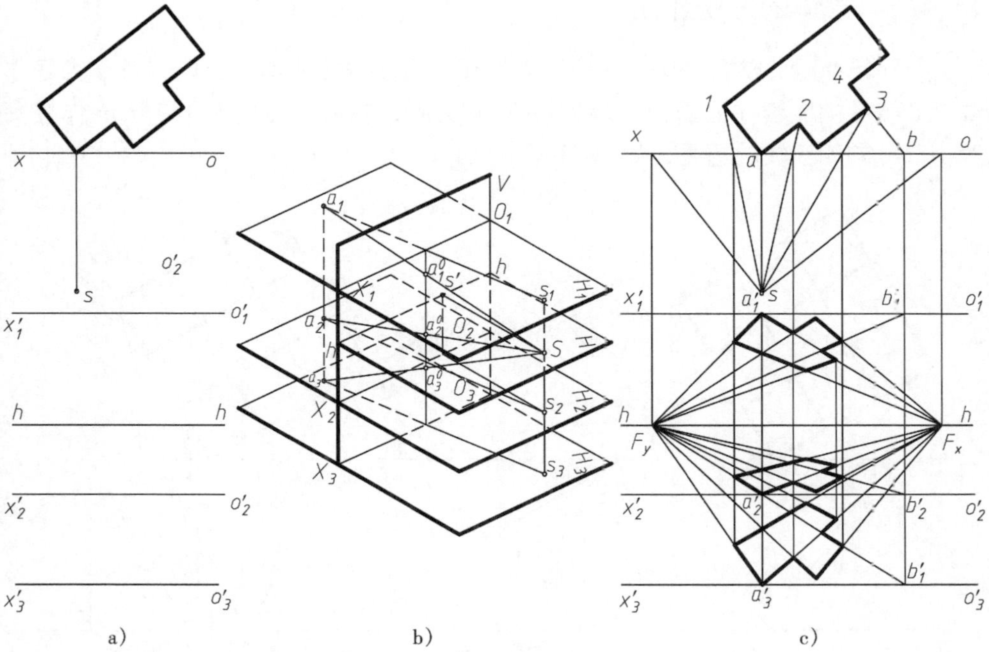

图 13-21　不同高度的基面上同一平面图形的透视

所示：H 面是视平面，基面 H_1 在其上方，基面 H_2、H_3 在其下方，各基面上的平面图形（图中仅以点 A 来表示，未画平面图形）及站点的相对位置是一样的，故点在三个基面上的透视处于同一垂直线上。因此不论基面升高还是降低，各个透视平面图的相应顶点总是位于同一条铅垂线上。

作图步骤如下：

1）求两个主方向的灭点。

2）将迹点 a、b 对应到三条 OX 轴上，连相应的灭点，作出直线的透视方向。

3）用视线法确定顶点的透视，结合交线法完成图形的透视，注意三个透视平面图各顶点位于同一条铅垂线上。

由该例的作图可看出，当视高距离增大时，所得透视平面图变大，各线的交点位置也很清楚，因此，在作图时常采用升高或降低基面的方法，以使图形更加清楚。

该例主要说明不论基面升高还是降低，各个透视平面图的相应顶点总是位于同一条铅垂线上，升高或降低基面可使图形更加清楚。

13.4.3 立体的透视作图

【例 13-9】 以方块 a 为底作高为 10mm 的四棱柱的透视；以方块 d 为底作高为 35mm 的四棱柱的透视；以方块 b、c 为基，在其上方距基面 25mm 作柱高为 10mm 的四棱柱的透视，如图 13-22a 所示。

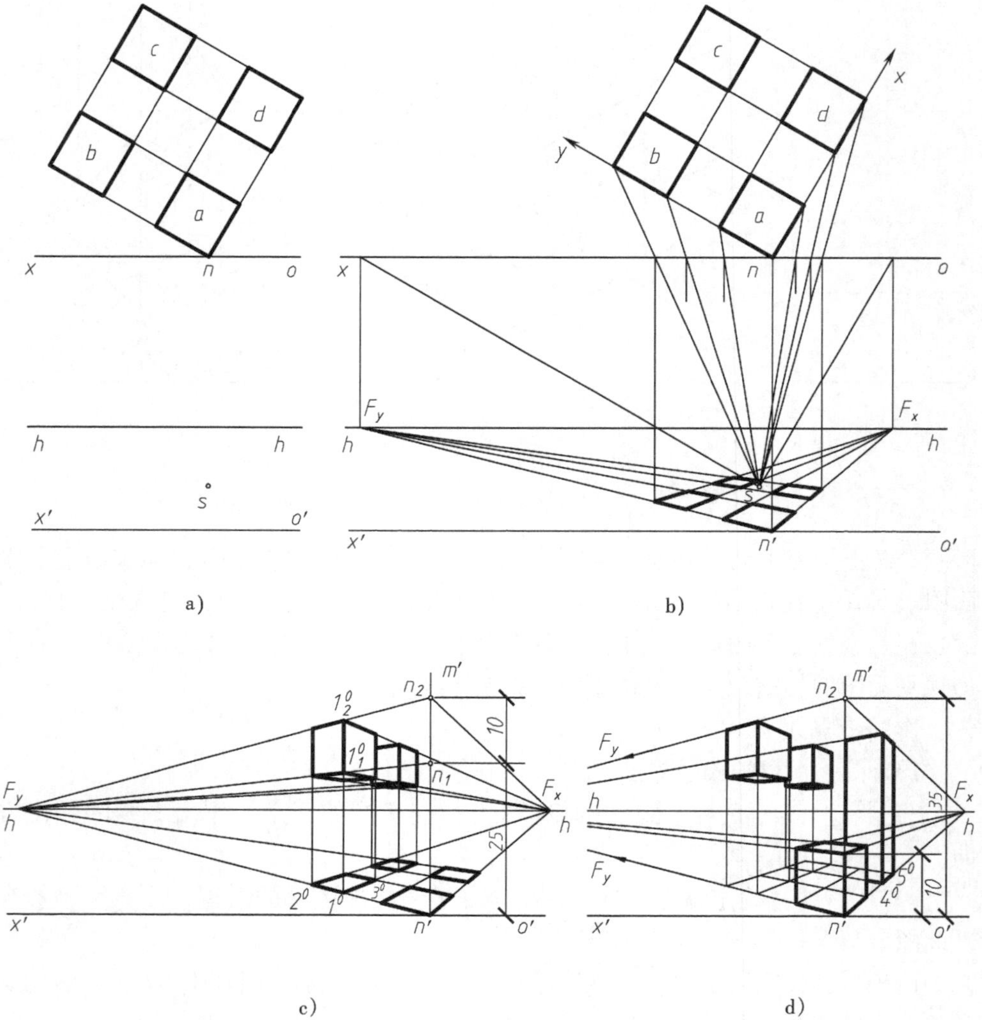

图 13-22 视线法作立体的透视

【解】 分析及作图：

根据棱柱体的平面图，可以得到各棱线的基透视位置；再根据高度确定各棱线上、下端点的透视即可。

作图步骤如下：

1）求灭点、迹点，用视线法作出各棱柱体的基透视，如图13-22b所示；注意图中站点的位置是在视平线下方，也就是基面与画面有部分是重叠的，这样可以节省图幅。在求灭点时所作平行线一定要交到 ox 轴，再对应到 h-h 线上。

2）在方块 b、c 上方作四棱柱：过迹点 n' 作真高线 $n'm'$，在其上量出底面距基面的高度25mm、柱高10mm，得点 n_1、n_2；连 n_1F_Y、n_2F_Y，与过 1^0、2^0 所作铅垂线相交，即可得棱线1、2的透视高度；将 $1_1{}^0$、$1_2{}^0$ 与 F_X 相连，则可定出棱线3的透视高度；作出其余各棱线的透视高度，完成两四棱柱的透视，如图13-22c所示。作图时注意互相平行的两直线的透视性质：若两线是画面相交线，则透视过同一灭点。

3）以方块 a 为底作高为10mm的四棱柱的透视：此四棱柱的一条棱线在画面上，也就是真高线 $n'm'$，在其上量取10mm，根据平行性，完成该四棱柱的透视，如图13-22d所示。

4）以方块 d 为底作高为35mm的四棱柱的透视：过真高线 $n'm'$ 上 n_2（n_2 的高度为35mm）作线与 F_X 相连，可定出4、5两棱线的高度，由此可确定其余两棱线的高度，完成此棱柱，如图13-22d所示。

5）用粗实线将可看见的线画出，看不见的线可不画，完成作图。

该例主要说明用视线法作立体的两点透视及利用真高线确定立体的透视高度。

【例13-10】 已知建筑形体的两面投影图、视高、站点及画面的位置，用量点法及集中真高线作其透视，如图13-23所示。

【解】 分析及作图：

因为该图选定的视高较小，视平线 h-h 与基线 $o'x'$ 很接近，求出LE基透视线条较为拥挤，交点的位置很难准确。同时，为使透视的图形更加清晰，有必要将其与基透视图形分开，这样就需要将 $o'x'$ 降低或升高一个适当的距离，才可得到很清楚的透视平面图。而不论是降低或升高基线，透视平面图的相应顶点总是位于同一条铅垂线上（参看例13-8）。

作图步骤如下：

1）求两个主方向的灭点、量点。

2）在 $o'x'$ 轴的下方适当位置画一条 $o_1'x_1'$ 轴，作为新的基线；以 $o_1'x_1'$ 轴和 h-h 线作平面图的基透视。图中表示了作各点基透视时尺寸的量取。

3）在任意位置作一条真高线 N_1N_2，并在视平线上任取一点 F 作为灭点（尽量作在透视图的两侧），连 FN_1、FN_2。

4）各棱线高度的确定，以 EE 棱线为例：将 EE 线的高度 L_1、L_2 量到真高线上（此时应以基线 $o'x'$ 来量取），得 E_1、E_2 两点，连 FE_1、FE_2，再将 e^0 平移到

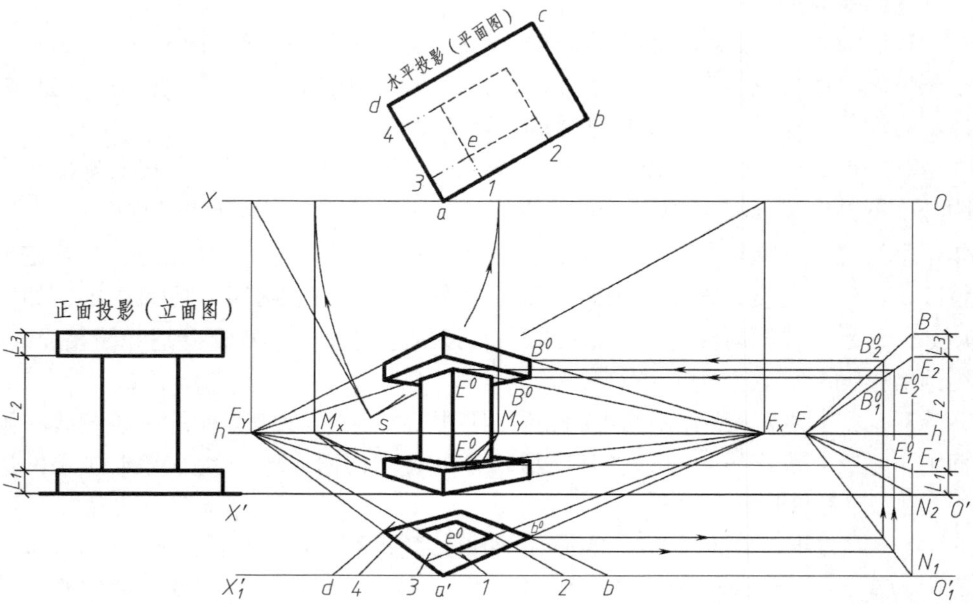

图 13-23　利用集中真高线、降低基线作建筑物的透视

FN_1上，向上作铅垂线，与 FE_1、FE_2相交得两点 $E_1{}^0$、$E_2{}^0$。$E_1{}^0E_2{}^0$ 就是 EE 棱线的透视高度，对应到过 e^0 所作的铅垂线上即可求出 E^0E^0。图中表示了另一条棱线 BB 透视高度确定的作图过程，其余各线作图类似。

该例主要说明集中真高线的利用、降低或升高基线的作图方法。

【例 13-11】　用量点法求建筑形体的透视。图 13-24a 已给建筑形体的三面投影图及画面和站点 s 的位置，要求：①作出建筑形体的透视；②作出斜线 AB、BK 的灭点；③作出斜面 $ABCDEG$ 的灭线。

【解】　分析及作图：

由于该建筑形体的投影图和画面不在同一张图纸上，故作图时可根据平面图、画面及站点的位置，在平面图中完成求灭点、量点的作图，然后将各点保持相对位置不变地量取到 h-h 线上，其中迹点 a'对应到 $o'x'$轴上。

作图步骤如图 13-24b 所示：

1）将在平面图中所求两个主方向的灭点、量点及迹点 a 的位置量取到 h-h 线上。

2）在 $o'x'$轴的下方适当位置画一条 $o_1'x_1'$轴，作为新的基线；将迹点 a 分别对应到 $o'x'$和 $o_1'x_1'$上，得点 a_1' 和 a_2'。

3）以 $o_1'x_1'$轴和 h-h 线作平面图的基透视。图 b 中表示了用量点法作基透视 e^0 时尺寸的量取：过迹点 a_2'在 $o_1'x_1'$轴上向左量取尺寸 L_1、L_2，得点 2、3 后与

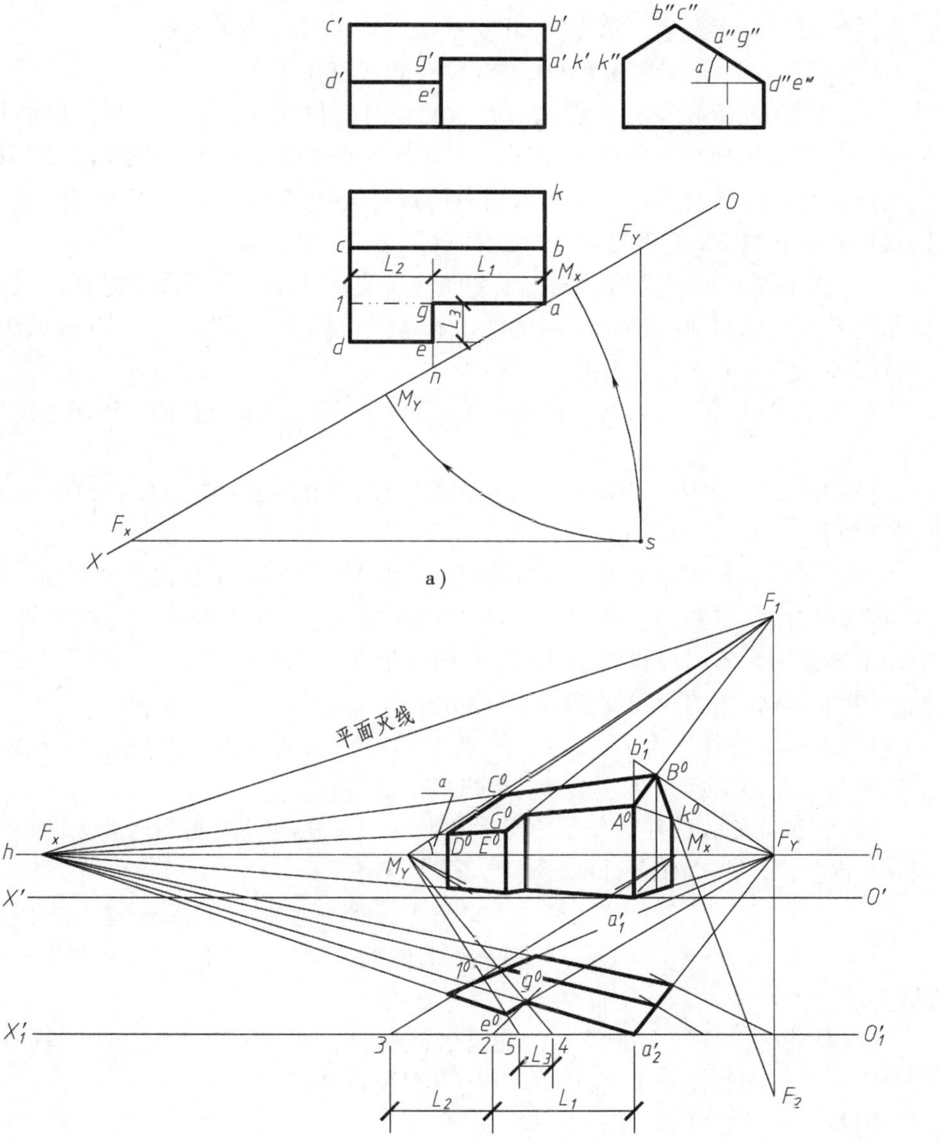

a）

b）

图 13-24 房屋的透视

a）房屋的投影图 b）房屋的透视图

该方向上的量点 M_X 相连，求得点 g^0、1^0；e^0 的确定可以利用 eg 线的迹点 n、量点 M_Y 求出；而图中是利用已求出的点 g^0 与 M_Y 相连，延长后交 $o_1'x_1'$ 于点 4，点 4 也就是能反映 gn 长度的一个点，根据 e、g 两点间的相对长度 L_3，可以得到点

5，点5也就是能反映 en 长度的一个点，连5、M_y交 e^0g^0 得点 e^0。也可以先求 de 线的透视方向（求迹点、灭点），用交线法求得 e^0（图中未表示）。

4）利用各棱线的真实高度确定各棱线的透视高度。

5）求斜线 AB 的灭点：斜线 AB 与 Y 方向夹角为 α，故可过 Y 方向的量点 M_Y作与 h-h 线夹角为 α 的线，和过 F_Y所作的铅垂线交于点 F_1，则 F_1即为 AB 线的灭点。当然，该灭点也可以利用图中的真高线 $a_1'b_1'$ 求出 A^0B^0 后得到灭点 F_1；同样可求出斜线 BK 的灭点 F_2，F_1、F_2对称于 h-h 线。

6）作斜面 $ABCDEG$ 的灭线：求平面的灭线，只要求出平面上某两条线的灭点相连即可。该斜面有两个方向的线，其灭点分别为 F_1和 F_X，故将两点相连，所得线即为该面的灭线，如图13-24b所示。

该例主要说明斜线灭点、斜面灭线、平面图与透视图不在同一图纸上的作图过程。

【例13-12】 根据投影图放大一倍作出建筑形体的一点透视，如图13-25所示。

【解】 分析及作图：

要求图形放大或缩小后作出透视图，可以先在投影图中根据所给画面、站点的位置，作出所需要的一些点后，再放大或缩小地对应到画面的基线或视平线上，下面分别介绍用视线法和量点法作图的步骤。

用视线法作图的步骤如图13-25a、b所示：

1）在图a中作出1~9各点，其中1、2、5、7为迹点，其余点是视线的水平投影与基线的交点。同时作出主点的水平投影 s_X。

2）将视高放大两倍，作互相平行的 h-h、$o'x'$；将各点间距离放大两倍地量到 $o'x'$轴上，再将 s_X对应到 h-h 线上，得主点 s'。

3）将1、2、5、7各迹点和主点 s'相连，得垂直画面的各线的透视方向。

4）过3、4、6、8、9各点作铅垂方向的线，对应到相应的线上得到各棱线的透视位置。

5）将形体高度方向的尺寸放大两倍，利用真高线定出各棱线的透视高度，完成作图（作图时注意平行画面的线的透视和自身平行）。

用量点法作图步骤如图13-25c、d所示：

1）在图c中作出1、2、3、4各迹点及量点 M、主点的水平投影 M_X、s_X；

2）将视高放大两倍，作互相平行的 h-h、$o'x'$；将各点间距离放大两倍地量到 $o'x'$轴上，再将 M_X、s_X对应到 h-h 线上，得量点 M、主点 s'。

3）将水平投影图中各线段长度放大两倍地量到 $o'x'$轴上。图d中是以迹点2量取长度 L_6和 L_7、以迹点4量取长度 L_4和 L_5的；将量得的点和量点 M 相连，对应到相应的线上得到各棱线的透视位置。

4）棱线高度的确定同视线法作图相同。

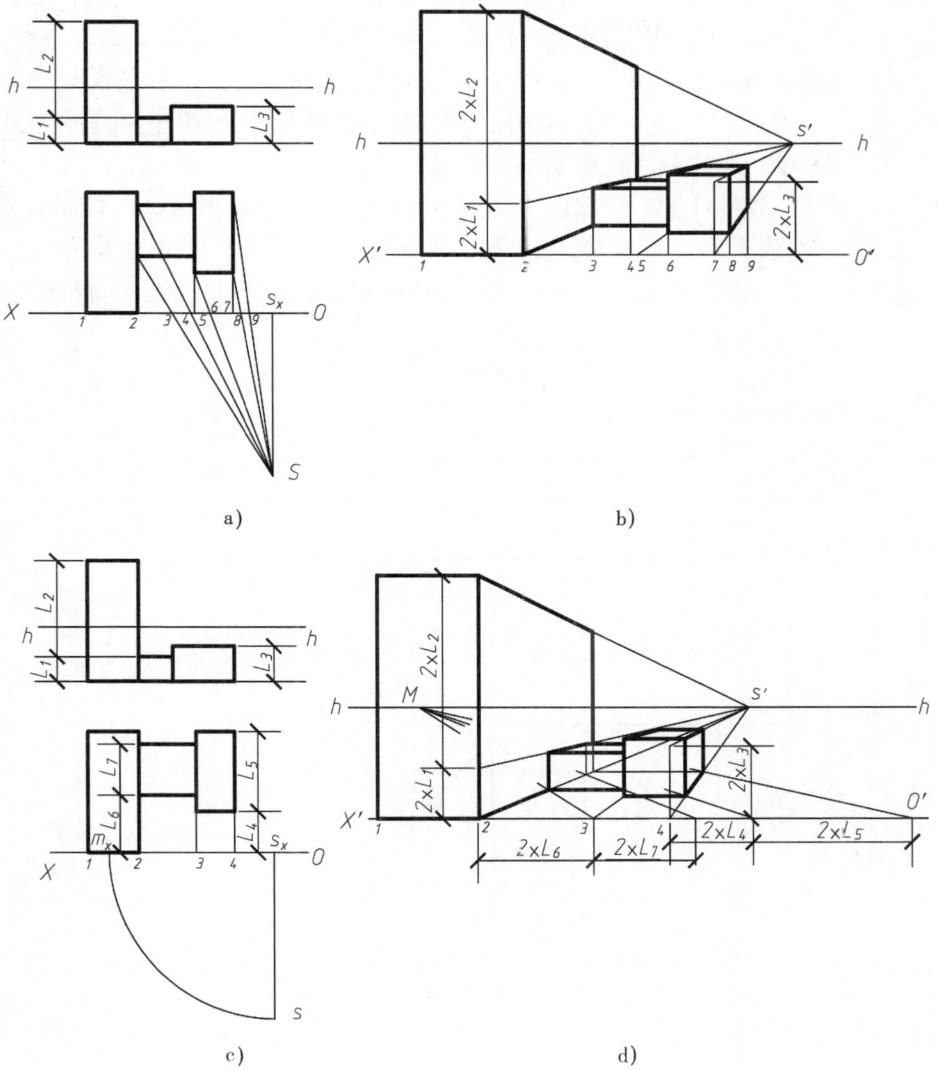

图 13-25　一点透视的放大画法

a）平面图　b）用视线法作一点透视　c）平面图　d）用量点法作一点透视

该例说明了放大或缩小画透视图的方法，同时也说明了用视线法和量点法画一点透视的方法。

【例 13-13】　已知站点、画面和房屋两面投影图（见图 13-26a），用量点法作坡顶房屋的透视。

【解】　分析与作图：

该题的作图分析与例 13-11 基本相同。

作图步骤如图 13-26b 所示：

1）和例 13-11 作图相同，采用降低基线的方法，作出房屋的基透视。图中有几条线段的透视方向是利用迹点、灭点来确定的，其中点 1 ~7 就是各线的迹点。

2）根据各墙脚线的高度，利用真高线确定其透视高度：如图中墙脚线 A^0A^0 是将高度 h_1 量到过点 2 所作的真高线上求出的；B^0B^0 是利用集中真高线作出的（为使图形清晰，集中真高线作在图形外侧）。

3）坡形屋顶的作图：如图中右侧的坡屋面，可利用集中真高线作出 C^0C^0、E^0E^0，再由斜线 C^0D^0、E^0D^0 的灭点 F_3、F_4 来确定 C^0D^0、E^0D^0 的透视方向，两线交点即为 D^0；而灭点 F_3、F_4 是根据坡屋面的角度 α，过量点 M_X 作同角度的线

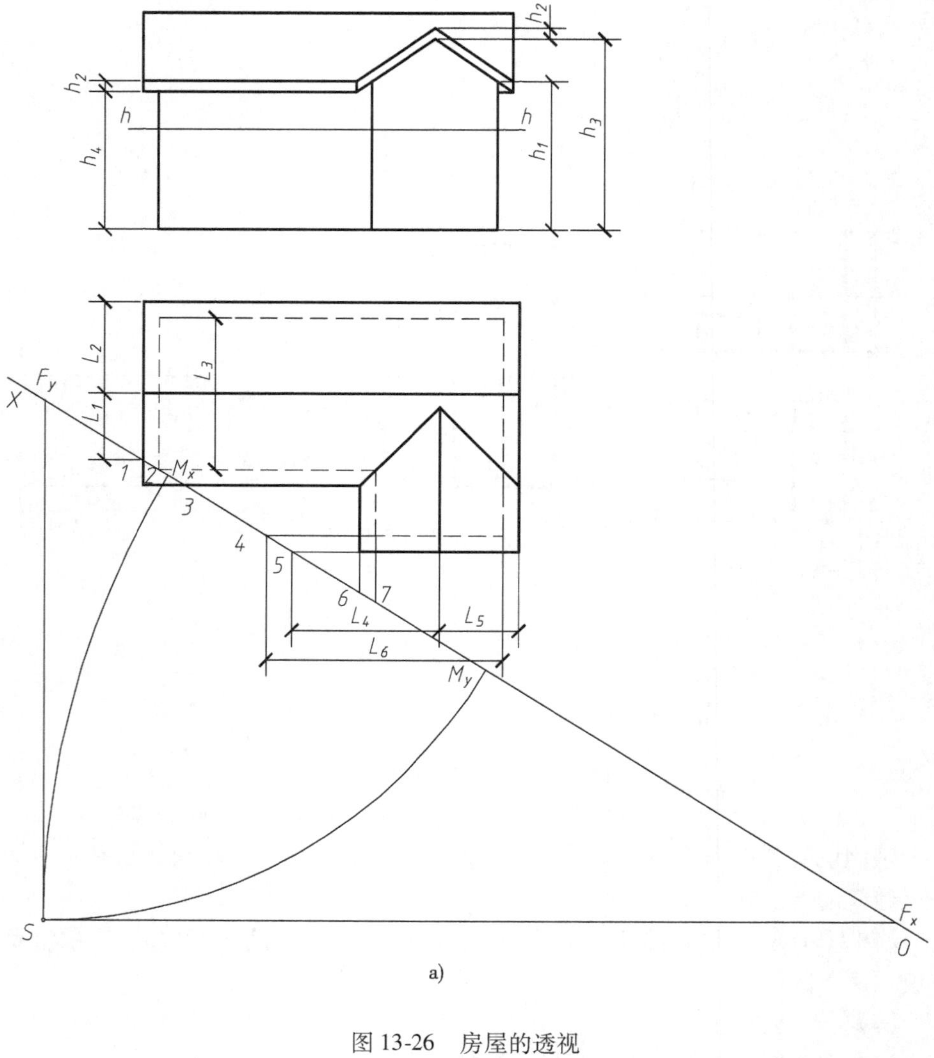

a)

图 13-26 房屋的透视

a）房屋的两面投影图

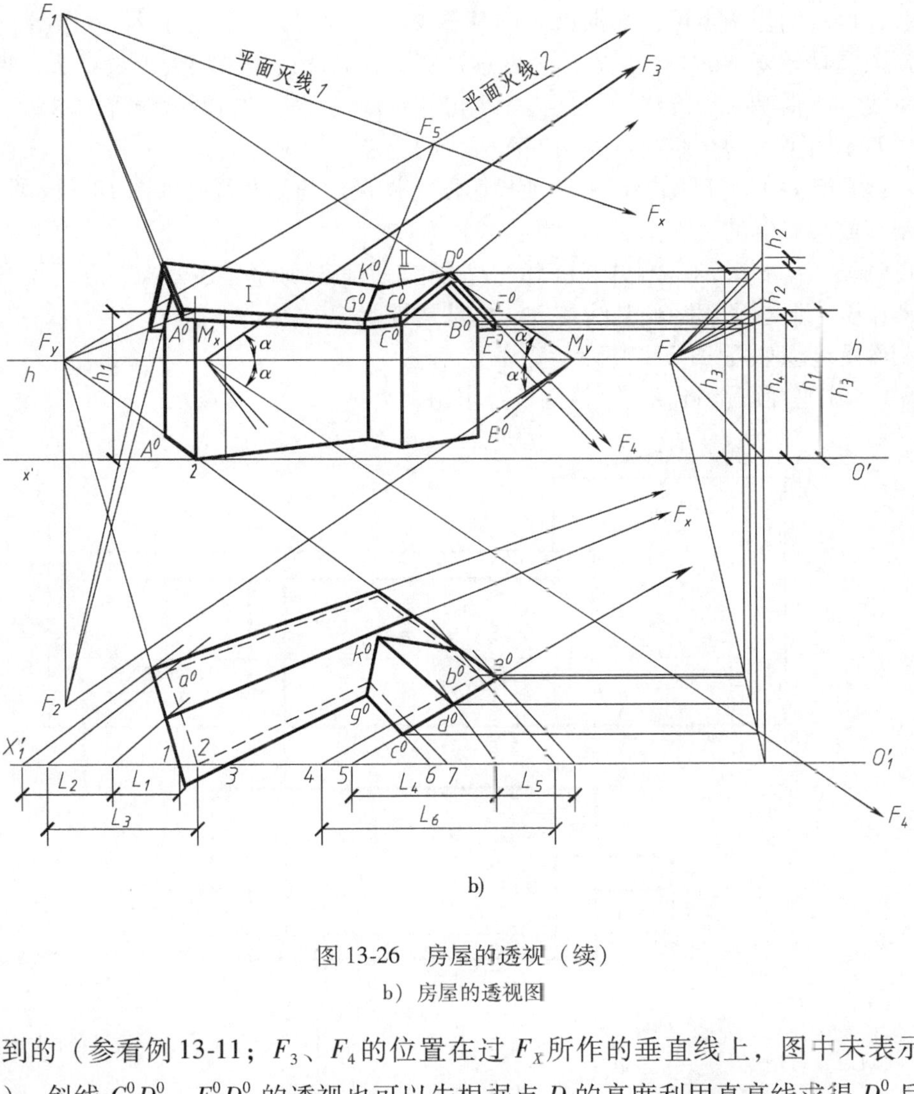

b)

图 13-26 房屋的透视（续）

b）房屋的透视图

得到的（参看例 13-11；F_3、F_4 的位置在过 F_X 所作的垂直线上，图中未表示出来）；斜线 C^0D^0、E^0D^0 的透视也可以先根据点 D 的高度利用真高线求得 D^0 后作出（图中表示了用集中真高线求 D^0 的作图过程，其真实高度是 h_3-h_2）。左侧屋面部分的作图利用了斜线的两个灭点 F_1、F_2，读者可自行分析之。

4）两屋面交线 G^0K^0 的作图：因为线 GK 是画面相交线，故有灭点，且灭点应在平面的灭线上。由于 GK 是两面的交线，因此灭点应该同时位于两平面的灭线上，故应是两平面灭线的交点。

求两屋面Ⅰ、Ⅱ的灭线：平面灭线 1 是灭点 F_X、F_1 的连线；平面灭线 2 是

灭点 F_Y、F_3的连线（参看例 13-11）。

图中屋面Ⅰ、Ⅱ的灭线交点为 F_5，因此连 G^0F_5即可作出该交线的透视方向；当然，该线的作图也可以根据点 K 的基透视 k^0，利用真高线确定 K^0 后作出。

该题是较复杂的一个建筑形体的透视图，在作图过程中用到了量点法、集中真高线、降低基线等方法，并且进一步讲解了斜线灭点、斜面灭线等的求法，同时说明了两平面的交线灭点是两平面灭线的交点。

【例 13-14】 已知院门的两面投影图，视点、画面和视高如图 13-27a 所示，绘制其放大 n 倍的透视图。

【解】 分析及作图：因院门的一个方向垂直于画面，必形成一点透视。为清晰作图，此题采用降低基线的方法作基透视。

作图步骤如图 13-27b 所示：

1）在平面图上将各垂直线的迹点求出，得 1、2、…等点。

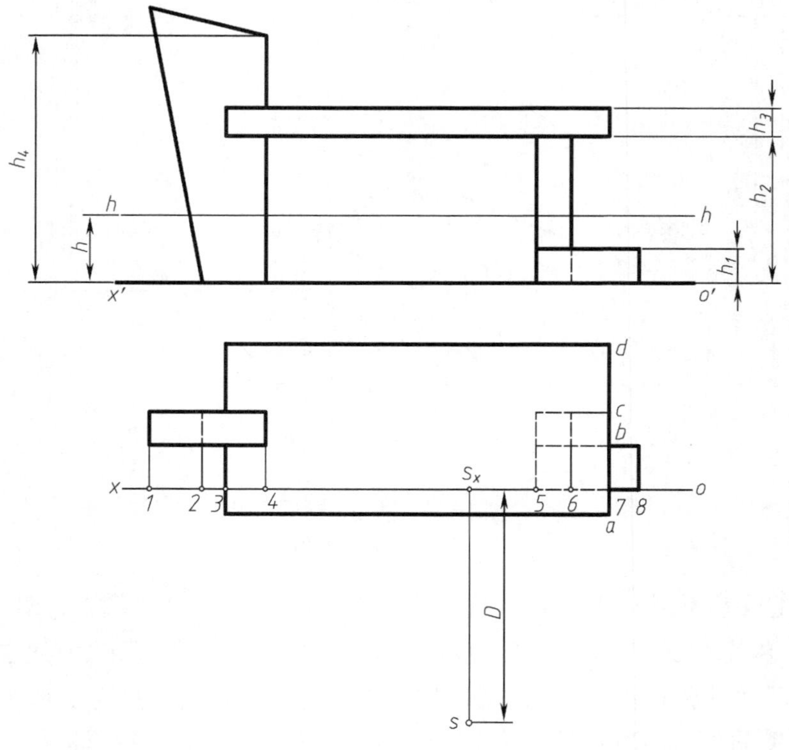

a)

图 13-27 院门透视

a）院门两面投影图

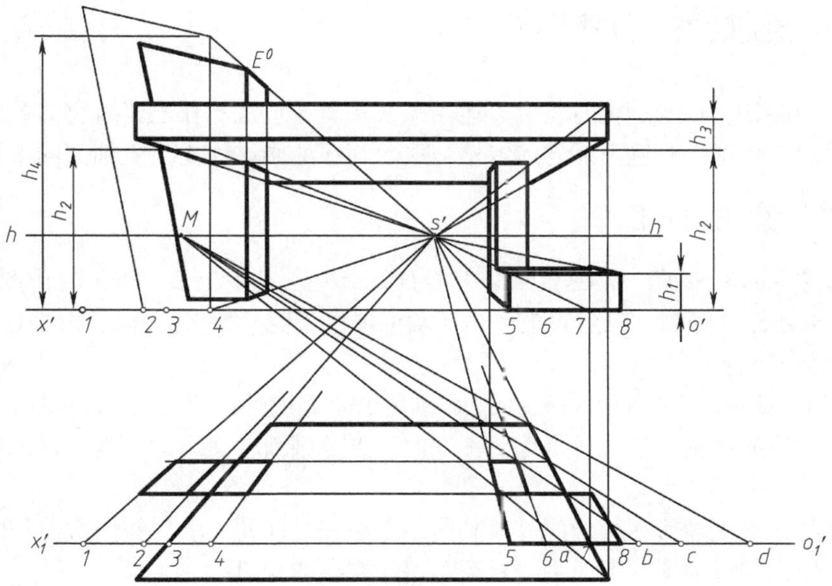

b）

图 13-27 院门透视（续）

b）院门透视图

2）根据视高 h 放大 n 倍，作出基线 $o'x'$ 及视平线 h-h；将迹点 1、2、…等点及主点 s' 间距离放大 n 倍后量到基线及视平线上，过主点 s' 量取 nD 得量点 M（$D=ss_X$）。

3）在 $o'x'$ 轴的下方适当位置画一条 $o_1'x_1'$ 轴，作为新的基线；将迹点 1、2、…等点也分别对应到 $o_1'x_1'$ 上。

4）过迹点 7 将 $7a$、$7b$、$7c$、$7d$ 各段距离均放大 n 倍量到 $o_1'x_1'$ 上，得 a、b、c、d 各点，注意点的量取方向（参看本章例 13-3）。

5）连 Ma、Mb、Mc、Md 与 $7s'$ 相交，过各交点作基线平行线，即可完成基透视。

6）过基线 $o'x'$ 上点 7 及点 4 各作一条真高线，在其上量取各高度（均放大 n 倍），将各点与主点 s' 相连，与过基透视上各点所作铅垂线相交，即得院门的透视图。图中左侧立柱上方斜线是根据所求得的 E^0 点，作和空间平行的线段求出的（画面平行线的透视性质）。

该例主要讲解了用量点法作建筑形体一点透视的画法，并进一步介绍放大画法和降低基线的运用。

13.5 透视图的简捷画法

在绘制建筑物的透视时，可以运用视线法、量点法等作出建筑物的主要轮廓的透视后，根据一些图形的几何特性，采用简捷的画法作出建筑细部的透视。

13.5.1 直线的分段

如图13-28所示，是在平面图中将直线AB分成$AC:CB=2:3$的作图过程。其中AB_1是任意射线，分点间距离是任意1单位长度。那么同样的作图在透视图是如何完成呢?

第12章中讨论画面平行线和画面相交线的透视性质时，我们证明过：点分画面平行线的比例，透视后是保持不变的；点分画面相交线的比例，透视后是改变的。

因此，对于画面平行线的分段其作图方法和平面几何中的作图方法相同，在此就不作详细讨论了，下面主要介绍画面相交线的分段。

【例13-15】 如图13-29所示，已知基面上直线AB的透视A^0B^0，在AB上取点C，使$AC:CB=2:3$，作出C^0的透视。

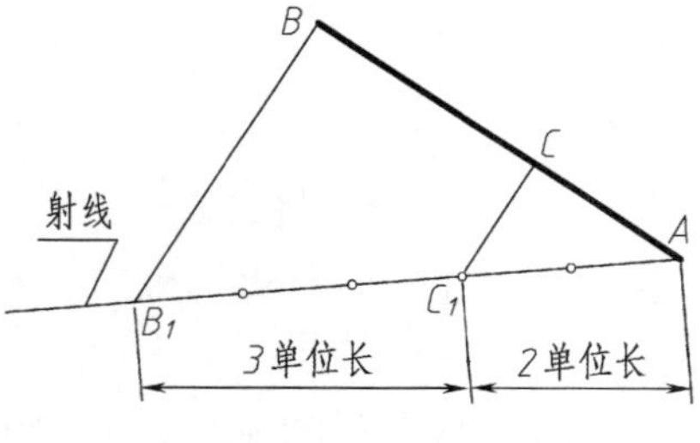

图13-28 平面图中的直线分段

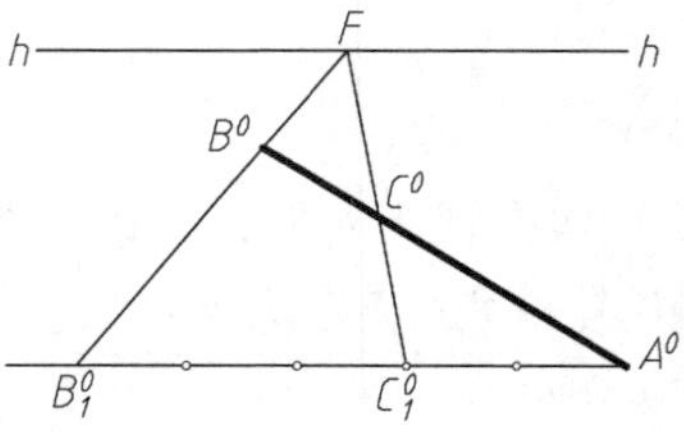

图13-29 平行H面的画面相交线分段

【解】 作图步骤如下：

1）过A^0（或B^0）作射线AB_1的透视$A^0B_1{}^0$，使AB_1平行于画面，即$A^0B_1^0//OX$，则可在其上直接量取5个单位长度，得点$B_1{}^0$及$C_1{}^0$。

2）将$B_1{}^0B^0$连线，交h-h于点F，则F就是直线$B^0B_1{}^0$的灭点。

3）连$C_1{}^0F$，交A^0B^0于点C^0，则C^0即为所求点。

实际上该图相当于将图13-28中的平面三角形ABB_1放在H面上，其中AB_1平行于画面，而$CC_1//BB_1$均为画面相交线，故$C^0C_1{}^0$和$B^0B_1{}^0$交于同一灭点F。

【例13-16】 如图13-30a所示，已知一般位置直线AB的透视A^0B^0、基透视a^0b^0，在AB上取点D，使$AD:DB=2:3$，作出点D的透视D^0。

【解】 分析及作图：

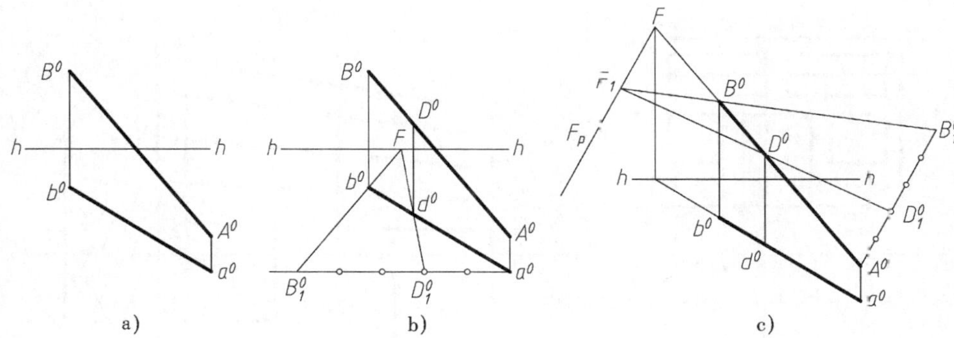

图13-30　一般位置直线透视的分段

该题有两种解法，第一种解法是先在基透视上求得点 d^0，再根据 d^0 得 D^0，即与上例作图相同；第二种解法是直接在 A^0B^0 上求解。

图13-30b是利用基透视作图的，其作图步骤略。

图13-30c是在直线透视上直接作图的，作图步骤如下：

1）任作一直线 $A^0B_1{}^0$ 作为画面平行线 AB_1 的透视，在其上直接量取 $A^0D_1^0:D_1^0B_1^0=2:3$。

2）连 $B^0B_1^0$，则 $\triangle A^0B^0B_1^0$ 为空间平面 $\triangle ABB_1$ 的透视。该面为画面相交面，其灭线 F_P 为过直线 AB 的灭点 F 所作的与 $A^0B_1^0$ 平行的一条线（由于 AB_1 无灭点，故平面灭线应与其平行）。

3）延长 $B^0B_1^0$ 交平面灭线 F_P 于点 F_1，则 F_1 为 $B^0B_1^0$ 的灭点；因为空间 $BB_1 /\!/ DD_1$，故 F_1 也是 DD_1 的灭点。连 $F_1D_1^0$ 与 A^0B^0 交于点 D^0，则 D^0 为所求。

【例13-17】　已知房屋的透视，根据正面投影图中门窗的相对位置，在透视图中添加门窗的透视，如图13-31所示。

【解】　分析及作图：

在房屋的高度和宽度这两个主要方向中，高度方向平行画面，宽度方向相交于画面，故高度、宽度方向的划分方法不同。

作图步骤如下：

1）添加门窗高度的各透视线。可过墙角线上点 A^0 作一射线 A^0B_1，将反映门、窗等高度的各点1、2、…量至 A^0B_1 上，连端点 B^0、B_1，过各分点作 B^0B_1 的平行线，在 A^0B^0 上求出各对应点 1^0、2^0、…等，把它们和灭点 F_Y 相连，即可定出门、窗等高度的透视线。由于本图中 F_Y 超出纸外，则可将左端墙角线的透视 C^0D^0，用同样的方法作出门窗高度的透视点 $1_1{}^0$、$2_1{}^0$、…等，分别作连线 $1^01_1{}^0$、$2^02_1{}^0$、…，也可作出门窗高度的透视线。

2）添加门窗宽度的各透视线。由于宽度方向的线 B^0C^0、A^0D^0 为画面相交

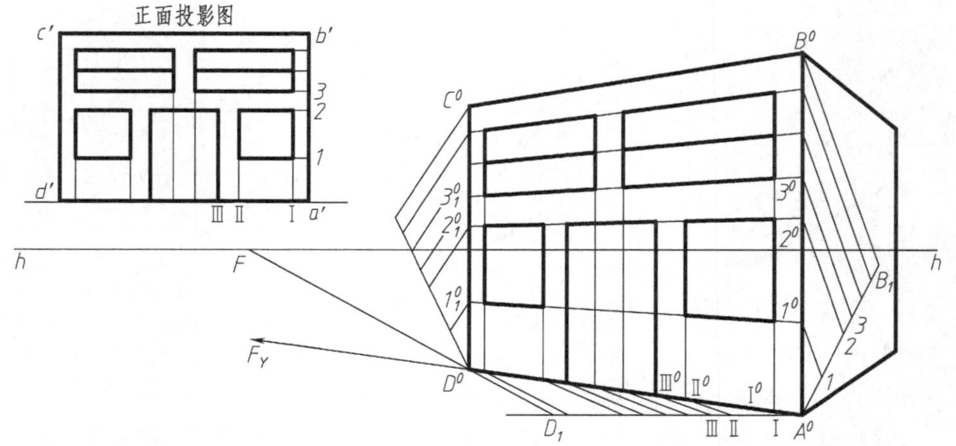

图 13-31　利用直线分段添加门窗

线，故可用图 13-29 所示的作图方法求解。

过 A^0 作水平方向的辅助线 A^0D_1，将反映门窗宽度间比例关系的Ⅰ、Ⅱ、…等点量至 A^0D_1 线上，连 D^0D_1 交 h-h 线于点 F，再将Ⅰ、Ⅱ、…等点和 F 相连后求出与 A^0D^0 的各交点 $Ⅰ^0$、$Ⅱ^0$、…等。过 $Ⅰ^0$、$Ⅱ^0$、…等各点作垂直线，即为门、窗宽度方向的各透视线。

3）由高度线和宽度线，可以交出所有门、窗的透视，如图 13-31 所示。

【例 13-18】　已知楼梯上 A、B、C、D 四点的透视，若楼梯有 6 个踏步，作出楼梯踏步的透视，如图 13-32 所示。

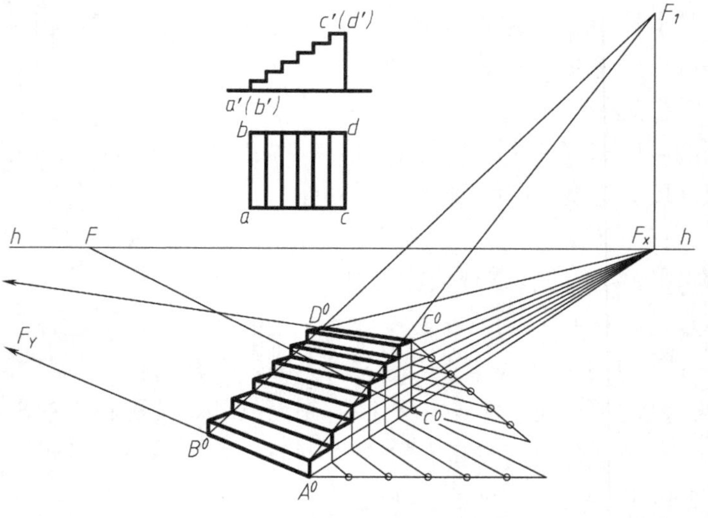

图 13-32　利用直线分段作楼梯透视

【解】 分析及作图：

该图可利用线段等分的方法进行作图。

作图步骤如下：

1）将 A、C 的基透视 A^0c^0 分成六等分（方法同图 13-29），过各分点作铅垂线。

2）将楼梯高度的透视 C^0c^0 分成六等分（画面平行线的分段），过各分点作与灭点 F_X 相连的线。

3）将 1、2 两步骤所作线相交，则得楼梯侧面的透视。

4）过各角点作 F_Y 的连线，作全楼梯踏步的透视，完成作图。

13.5.2 矩形的分割

可以利用矩形的对角线将矩形分割成全等的几个矩形，或按比例分割成几个小的矩形。

【例 13-19】 将图 13-33a、b 中所示矩形等分为两个全等的矩形。

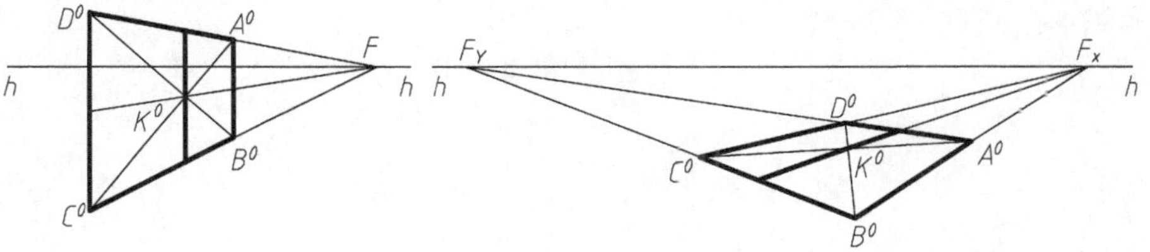

图 13-33 矩形两等分

【解】 作图步骤如下：

1）作出矩形的两条对角线 A^0C^0、D^0B^0，得交点 K^0。

2）过交点 K^0 作边线的平行线，将矩形等分为二。图 a 中边线 AB 为铅垂线平行画面，故所作线也是铅垂线；图 b 中边线 AB 为画面相交线，故所作线与 AB 通过同一灭点。

该题如重复使用此法，还可继续分割为更小的矩形。

【例 13-20】 将图 13-34a 中矩形分割成三个矩形，其宽度之比为 2:1:3。

【解】 作图步骤如图 13-34b 所示：

1）以任意单位长在铅垂线 A^0B^0 上截取三个分点 1、2、3，使各段比为 3:1:2（图中是从 A^0 点往上量取）。

2）将分点 1、2 与灭点 F 相连，和 $3D^0$ 相交于点 4、5。

3）过 4、5 作铅垂线，即将矩形分割成间隔成定比的三个矩形（从前往后的宽度之比为 2:1:3），其作图原理如 13-34c 中平面图所示。

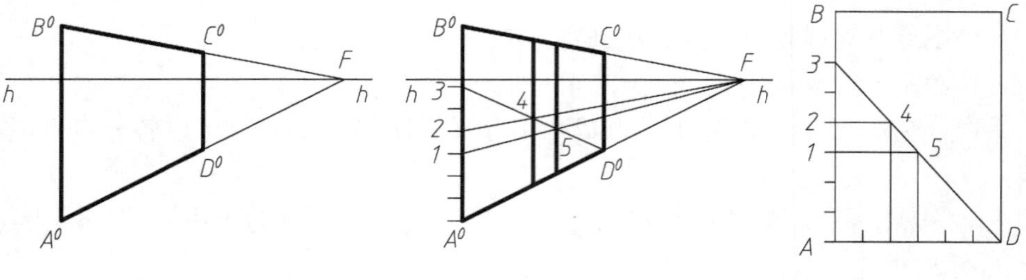

a) b) c)

图 13-34 矩形分割

13.5.3 矩形的延续

根据已知矩形的透视，延续地作一系列等大的矩形的透视，是利用这些矩形的对角线相互平行的特性作图的。

【例 13-21】 已知铅垂方向的矩形 *ABCD* 的透视 $A^0B^0C^0D^0$，作一些连续等大的矩形（见图 13-35）。

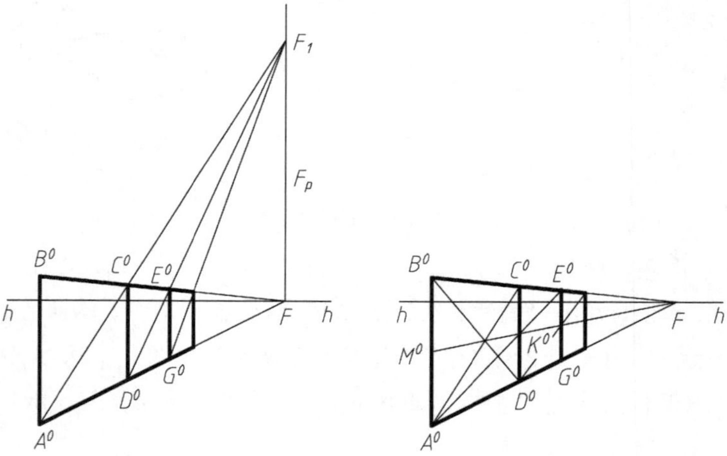

a) b)

图 13-35 矩形的延续

【解】 分析及作图：

由于该平面为铅垂方向，故平面灭线 F_P为过点 *F* 所作铅垂线，则该平面上的画面相交线的灭点均应在 F_P上。

作图步骤如图 13-35a 所示：

1）连 A^0C^0 交平面灭线 F_P于点 F_1，则 F_1为对角线的灭点。

2）作 D^0F_1 交 B^0F 于点 E^0，过 E^0 作铅垂线，得另一个矩形的透视 $C^0D^0E^0G^0$。

3）由对角线互相平行的性质，可连续作出一些矩形的透视。

若对角线灭点越出图纸外，则可利用对边中点作图，作图步骤如图 13-35b 所示：

1）利用对角线求出该矩形的平分线的透视 M^0F（也可在 A^0B^0 上直接等分求出 M^0 后连 F），M^0F 与 C^0D^0 交于 K^0。

2）连 A^0K^0 交 B^0F^0 于 E^0，过 E^0 作铅垂线，得另一个矩形的透视 $C^0D^0E^0G^0$。

【例 13-22】 已知矩形 $ABCD$ 及 $CDEG$ 的透视，要求延续作出若干组宽窄相间的矩形，如图 13-36a 所示。

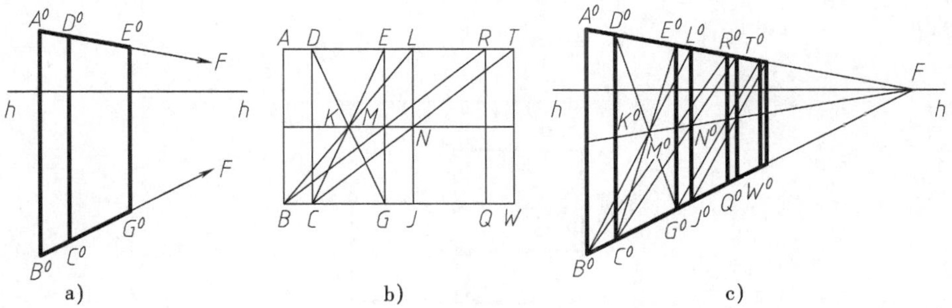

图 13-36 作连续图形的透视

【解】 分析及作图：

该题的作图原理如图 13-36b 所示。

作图步骤如图 13-36c 所示：

1）连 C^0E^0、D^0G^0 得交点 K^0。

2）连 B^0K^0 交 A^0F 于 L^0。

3）过 L^0 引铅垂线，即得 $A^0B^0C^0D^0$ 的对称图形 $E^0G^0L^0J^0$。

4）连 K^0F 交 E^0G^0 于 M^0，交 L^0J^0 于 N^0。

5）连 B^0M^0、C^0N^0 交 A^0F 于 R^0、T^0。

6）过 R^0、T^0 作铅垂线与 B^0F 相交，则 $R^0T^0Q^0W^0$ 为所求。同理可作出一系列连续图形。

13.5.4 网格法

为了表现某一建筑群体的透视，通常适当提高视平线以获得居高临下的视觉效果，这种透视图称为鸟瞰图。鸟瞰图较多地用于表现某一区域的建筑群，或一些平面布局相当复杂的建筑物。对于这类鸟瞰图，通常是利用网格法来绘制的。

首先是在建筑物的平面图上，按选定的方格宽度，画上正方形网格，求出方格网的透视，再按平面图在方格网内的位置，定出其在透视网格上的相应位置，最后求出各部分的透视高度。这种利用方格网求作透视图的方法，称为网格法。

【例 13-23】 图 13-37a 所示为一组建筑群的总平面图和立面图，根据已给基线 O_1X_1、站点 s_1 及基线 O_2X_2、站点 s_2 分别放大一倍作出建筑群的一点透视及两点透视图。

【解】 分析及作图：

首先在总平面图上，按适当的方格宽度画上正方形网格，在立面图上也画出宽度等长的同样的格子（图中只画出了表示高度的示意线）。

图 13-37b 所示作图步骤为：

1）在画面上，按选定视高，放大一倍作出 $O_1'X_1'$、h-h 线，主点 s'；再根据视距，放大一倍后作出量点 M。

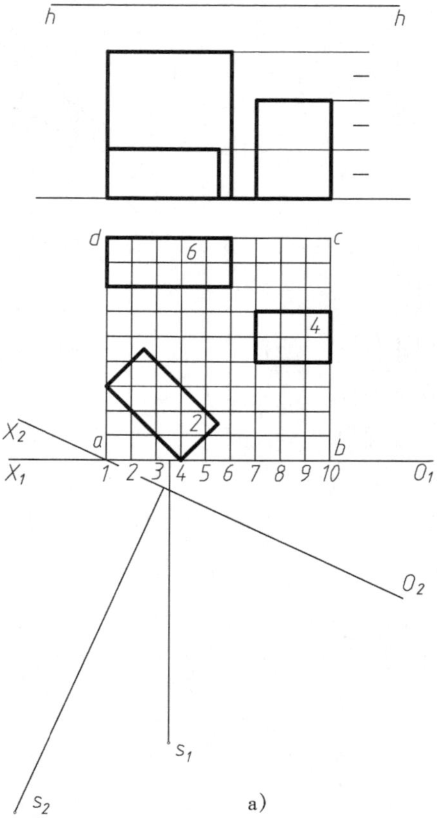

a）

图 13-37

a）建筑群的总平面图和立面图

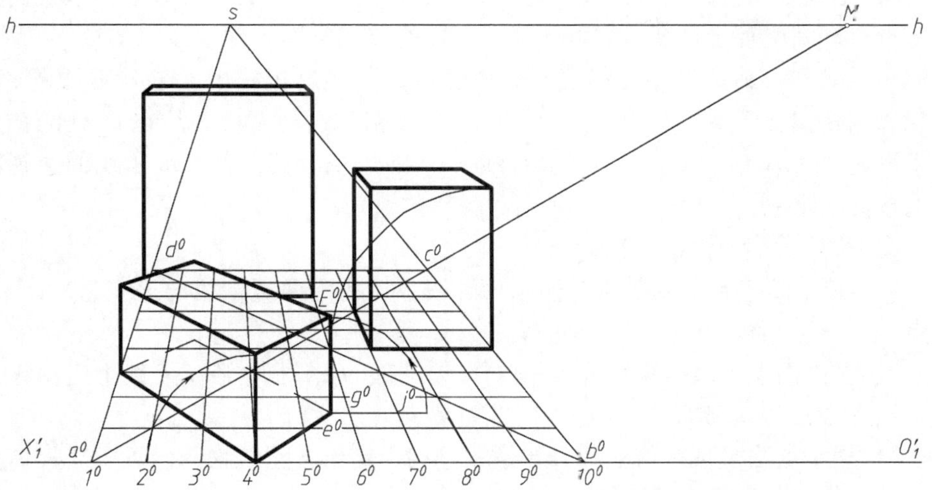

b）

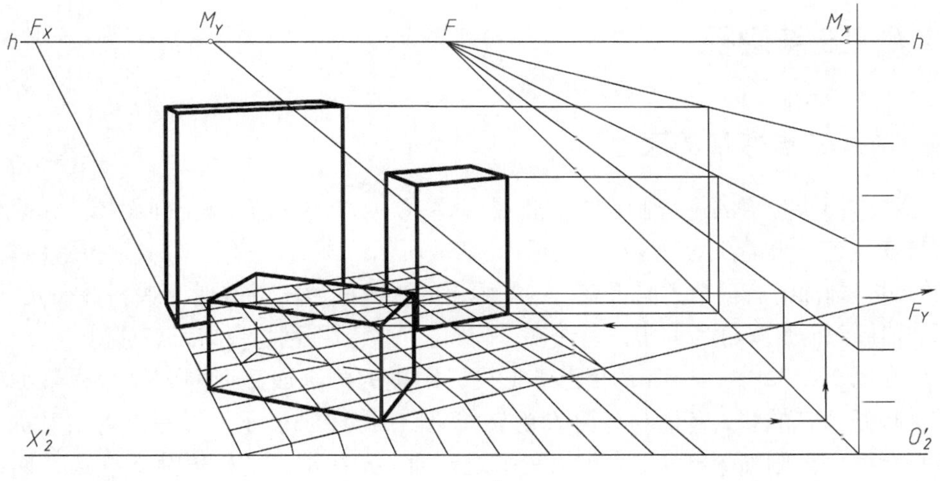

c）

图 13-37（续）

b）网格法作一点透视 c）网格法作两点透视

2）定出垂直画面的格线的迹点 1、2、…等（注意它们与主点的相对位置），这些迹点与主点的连线为这组格线的透视。

3）用量点 M 定出正方形网格的最外轮廓，得透视 $A^0B^0C^0D^0$。连线 A^0C^0 为对角线的透视，它与纵向网格线 $s'1^0$、$s'2^0$ 等相交，由这些交点作 $o_1\,x_1{}'$的平行线，就是平行画面的另一组格线的透视，从而得到方格网的一点透视。

4）根据总平面图中建筑物在方格网上的位置，凭目测尽可能准确地定出它们在透视网格中的位置，画出整个建筑群的透视平面图。

5）定建筑物上各个墙角线的透视高度：因为平行画面的正方形，透视仍为正方形，即高度等于宽度，故可利用一点处的透视宽度来确定该点的透视高度。如墙角线 e^0E^0，其真实高度相当于 2 格宽度，则在透视图中，过 e^0 作水平线，与相邻两格线交于 g^0、j^0 两点，g^0j^0 即 e^0 处 1 格的透视宽度，故在 e^0 处的铅垂线上取 e^0E^0 为 2 倍的 g^0j^0，即得墙角线 e^0E^0 的透视。其他各个墙角线的透视高度均按此法求取。

图 13-37c 所示作图步骤为：

1）在图 13-37a 中根据给定的画面、视点，作出两组格线的灭点 F_X、F_Y及量点 M_X、M_Y（图中未画出求解过程）。

2）在画面上，根据视高放大一倍作出 $o_2'x_2'$、h-h，同时在 h-h 线上定出灭点 F_X、F_Y及量点 M_X、M_Y。

3）用量点法（或视线法）作出透视网格，定出各建筑物的位置。透视高度图中是用集中真高线来求解的。

13.6 三点透视

13.6.1 三点透视的原理

在前面所介绍的透视画法中，都是以铅垂平面（V 面）作为画面的。如果画面与基面有一倾角 β（$\beta\neq90^0$），如图 13-38a 所示，画面与建筑物的三个主要方向均倾斜，画面上有三个主向灭点，这样画出的透视称为三点透视（或斜透视）。画面向前倾斜时，又称为仰望三点透视；画面向后倾斜则称为鸟瞰三点透视。

在图 13-38a 中，画面 P 相当于正投影图中的侧垂面，其侧面投影积聚为一条反映倾角 β 的线，P 面与基面 H 的交线仍然用 OX 轴表示；过视点 S 引基面 H 的平行面，交画面 P 于 h-h，仍为视平线，而 h-h 在基面上投影为 h_1-h_1，两线之间的距离也就是视高 Ss；过视点 S 作三个主方向的平行线，与画面相交后得三个主向灭点 F_X、F_Y、F_Z，其中灭点 F_X、F_Y在视平线 h-h 上，它们的基面投影 f_X、f_Y在 h_1-h_1上，连线 F_Xf_X、F_Yf_Y垂直基面（为铅垂线）；为作出画面 P 的实形，将画面绕 OX 轴旋转，使其转至与 V 面重合的位置，而 P 面上的线和点应随之旋转，图 13-38b 表示了求 h-h 及灭点 F_X、F_Y、F_Z旋转后位置的作图过程。

如果已知站点到基线 OX 的距离 ss_x及视高 H，根据立体上三个主要方向与画面 P 的倾角 α_1、α_2、β 作三个主向灭点也可以不用侧面投影作出。

在图 13-38b 中，过点 1_1作斜线 1_12_1，使与竖直线夹角为 β，长度为 ss_x，作 3_12_1垂直于 1_12_1，作出直角$\triangle1_13_12_1$；由图中可看出：$\triangle1_13_12_1\cong\triangle132$，故点 3_1也就是 F_Z；在 2_13_1线上量取视高 H 得点 s_1''，过 s_1''作 1_12_1的平行线，交 2_13_1于点

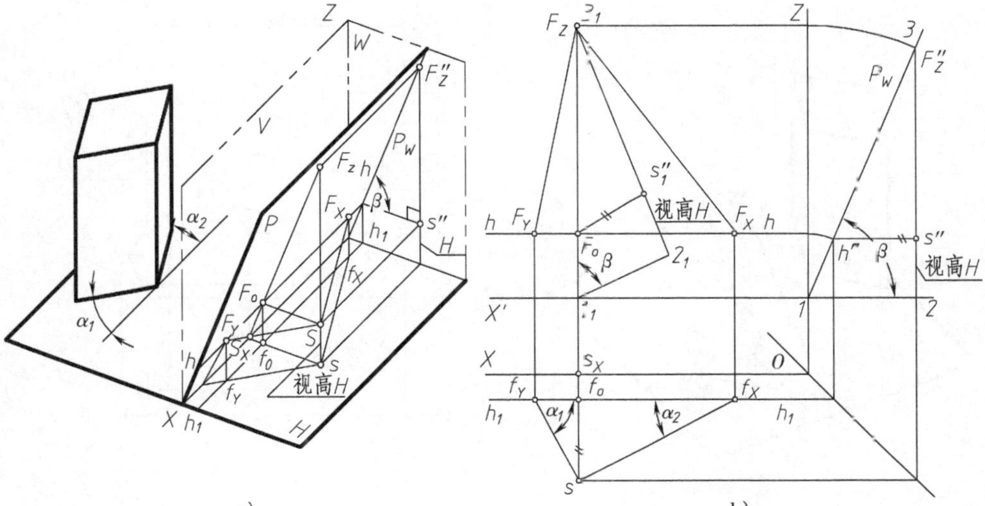

a)　　　b)

图 13-38　三点透视的作图原理

F_O，过 F_O所作的线即为视平线 h-h；图中 $s_1''F_O=s''h''=sf_O$，过站点 s 在垂直线上量取 $sf_O=s_1''F_O$，则可得 h_1-h_1线的位置；过站点 s 作与水平线夹角为 α_1、α_2的线交 h_1-h_1得点f_X、f_Y，对应到视平线上即可得到灭点 F_X、F_Y。

13.6.2　三点透视的画法

1. 用视线法作三点透视

已知 H 面的垂直线 AB，其中点 B 在 H 面上，也相当于直线 AB 的基面投影，图 13-39a 是空间状况：视线 SA、SB 的 H 面投影为 sB，与 OX 轴交于 b_X，因为 AB 为铅垂线，故视平面 SAB 为铅垂面，该面扩大后与 H 面的交线为 sB，与画面 P 的交线为 b_XF_Z，则 A^0B^0 应该在该线上；在透视图 13-39b 中，连 sa（b）交 ox 于 b_X，将 b_X对应到 $o'x'$轴上得 b_X'，连线 $b_X'F_Z$即为透视 A^0B^0 的方向。而 A、B 两点的透视，是在 W 面投影中作视线的侧面投影 $s''a''$、$s''b''$与 P_W交于 $A_1{}^0$、$B_1{}^0$，再经过旋转，对应到 b_XF_Z上而得到透视点 A^0、B^0 的。

图 13-40 表明了四棱柱三点透视图的画法．其中与基面平行的直线的灭点在视平线上，与基面垂直的直线的灭点是 F_Z，具体作图步骤不再详述。

2. 用量点法作三点透视

用量点法作三点透视的关键是如何确定三个主要方向的量点。和竖直画面相同，量点与灭点间距离等于视点到灭点间距离；由量点的性质可知，量点也就是平面上一条线的灭点，故其应该在该平面的灭线上。

设建筑物两个主立面上的水平线和基线 O-X 的倾角分别为 α_1和 α_2，画面与

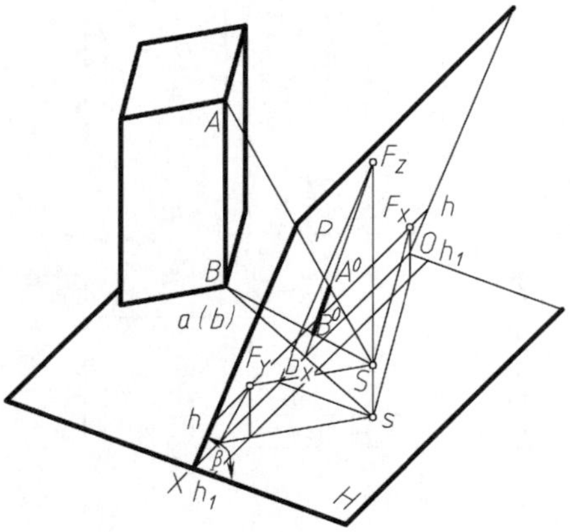

a)

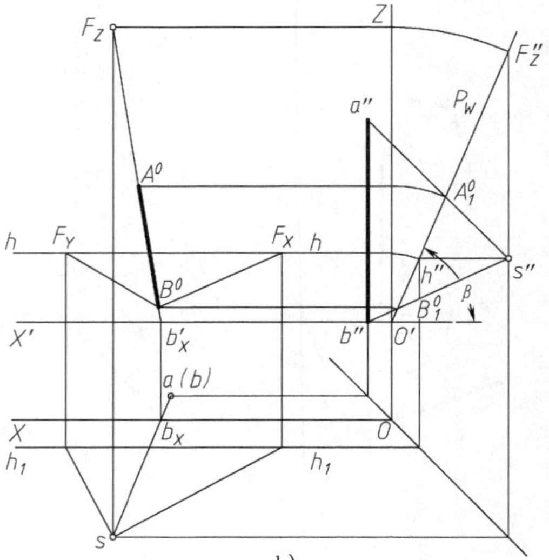

b)

图 13-39　视线法作三点透视

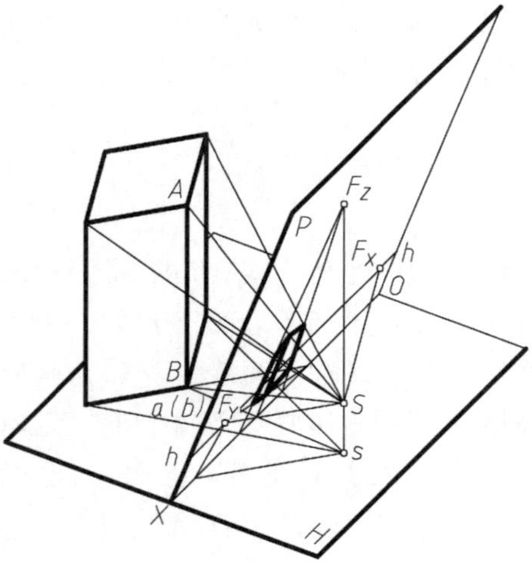

a)

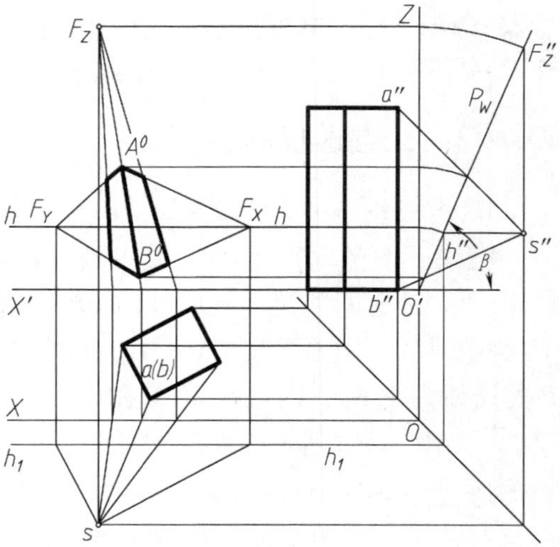

b)

图 13-40　视线法作四棱柱的三点透视

基面的倾角为 β，站点 s 到基线 OX 的距离 d 和视高 H 已知。则确定三个灭点及其他有关作图要素的过程如下（如图 13-41 所示）：

1）画出基线 OX。根据距离 d 设定站点 s 的位置，并过站点 s 作基线 OX 的垂线 ss_x。

2）过点 s_x 根据 β 角画一条倾斜直线（若为俯视三点透视则该倾斜直线则应

自点 s_x 向右下方画），并取 $s_xs_1=d$。过点 s_1 作直线垂直于 s_xs_1，交 s_xs 的延长线于 F_z，则 F_z 即为竖直方向直线的灭点。

3）在 F_zs_1 上取 $s_1s''=H$（视高），得点 s''，过 s'' 作 $s''F_O // s_xs_1$ 交 ss_x 于点 F_O。过点 F_O 作水平方向线即为视平线 h-h。

4）将 $F_O s''$ 的长度量到 F_Os 上得点 s_2，以 s_2 为起点并根据 α_1、α_2，在视平线 h-h 上确定 F_X、F_Y。$\triangle F_XF_YF_Z$ 称为灭点三角形或称灭线三角形，如图 13-41 所示。

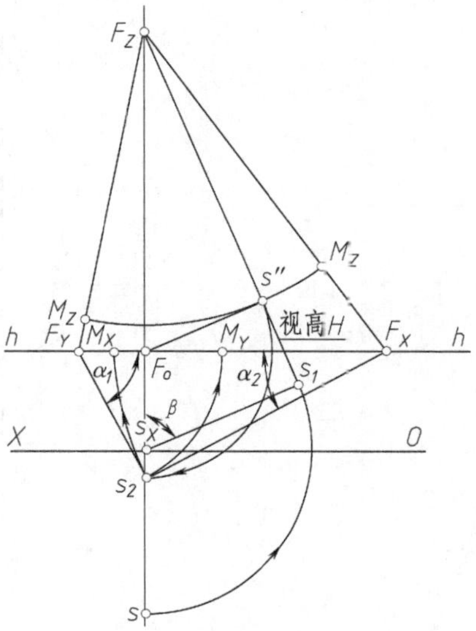

图 13-41 量点的求法

以上作图原理可参看图 13-38，相当于将图 13-38 中的 OX 轴及 ss_x 向上平移，使 OX 与 $o'x'$、s_X 与点 1_1 重合；将 h_1-h_1 及 sf_O 向上平移，使 h_1-h_1 与 h-h、f_O 与点 F_O 重合，即可求出 F_X、F_Y。

求三个主方向的量点：

1）M_X、M_Y 的求法与竖直画面时相同，如图 13-41 中所示。

2）z 方向的量点 M_Z 可看成是平面 ZOX 上一条线的灭点，故其应在平面 ZOX 的灭线 F_XF_Z 上；同样可把 M_Z 看成是平面 ZOY 上一条线的灭点，则其应在平面 ZOY 的灭线 F_ZF_Y 上；以 F_Z 为圆心、$F_Z s''$ 为半径画圆弧交 F_XF_Z、F_YF_Z 得两个点 M_Z；这两个 M_Z 都可以作为高度方向的量点。

【例 13-24】 用量点法作四棱柱的三点透视，如图 13-42 所示。

【解】 分析及作图：

四棱柱的长、宽、高分别为 2、3、L 个单位，四棱柱的一个顶点在基线上；设视平线、基线、三个灭点、三个量点均已根据已知条件求出。则绘制四棱柱三点透视的作图步骤如下：

1）在基线适当位置处取一点 a，以 a 为起点向两边分别量取 2 和 3 单位得点 b_1 和 d_1。

2）连接 M_Yd_1 和 aF_Y 交于 d^0；连接 M_Xb_1 和 aF_X 交于 b^0，连接 $F_X d^0$ 和 $F_y b^0$ 交于 c^0，完成四棱柱的基透视。

3）连接 F_Za^0、F_Zb^0、$F_Z d^0$。

4）过 a 作 $aa_2 // F_Z F_X$，并使 $aa_2=L$；连接 M_Za_2 并延长与 F_Za^0 交于点 A^0。

5）连接 F_XA^0、F_YA^0 与 $F_Z d^0$、F_Zb^0 的延长线分别交于点 D^0 和 B^0。完成四棱柱的鸟瞰三点透视，结果如图 13-42 所示。

此处是把棱边 Aa 作为棱面 $aABb$ 上的边界线，所以竖直方向的量点 M_Z 取在

该棱面的灭线 F_ZF_X上。$aa_2 // F_ZF_X$是该棱面在画面上的迹线，故反映真高。

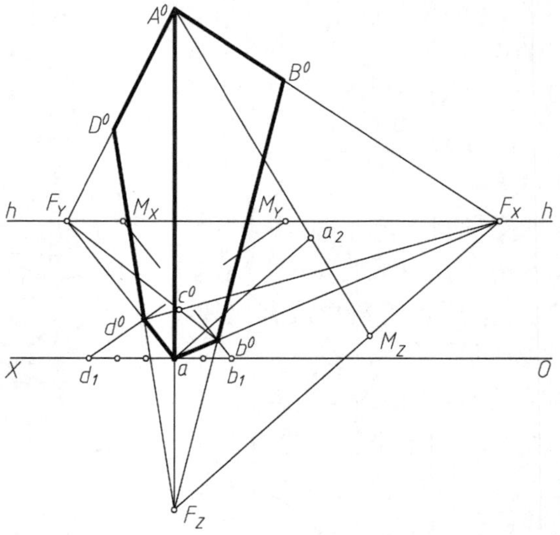

图 13-42 量点法作四棱柱的三点透视

第 14 章　曲线和曲面立体的透视

14.1　平面曲线和圆的透视

14.1.1　平面曲线的透视画法

平面曲线的透视一般仍为曲线，特殊情况为一条直线。平面曲线如不平行画面，其透视可用网格法求。将平面曲线纳入一个网格内，先将网格的透视画出，再按原曲线与网格格线相交点的位置，凭目测定出各相交点在透视网格中的相应位置，再以光滑曲线连接各交点，即可求出曲线的透视。

图 14-1 所示是用网格法作出的一个墙面空花的透视图。

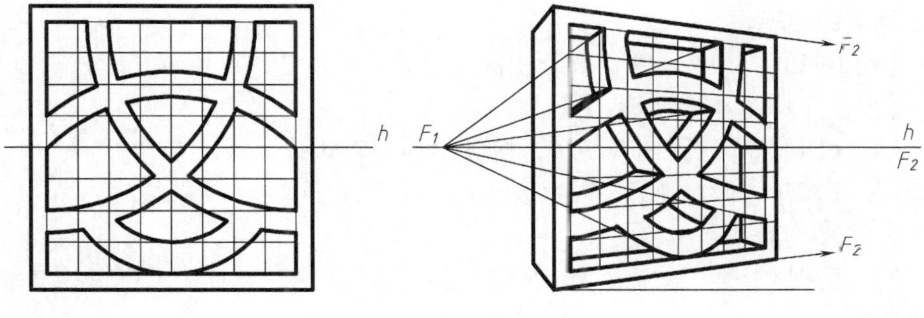

图 14-1　平面曲线的透视

14.1.2　圆周的透视

1. 圆平行于画面

圆所在的平面平行于画面时，其透视仍为圆；只要确定了圆心的透视位置和半径的透视长度，就可以作出透视圆。图 14-2 所示为一个圆管的透视，圆管的前端面位于画面上，其透视就是它本身。后端面与画面平行，其透视仍为圆周，但半径缩小。为此，先求出后端面圆心 O 的透视 O^0，然后求出后端面两同心圆的水平半径的透视 O^0A^0 和 O^0B^0，以此为半径分别画圆，就得到后端面内外圆周的透视。最后，作出圆管外壁的轮廓素线，就完成了圆管的透视图。

2. 圆不平行于画面

不平行于画面的圆，当它位于视点之前时，其透视为椭圆，否则可能为抛物

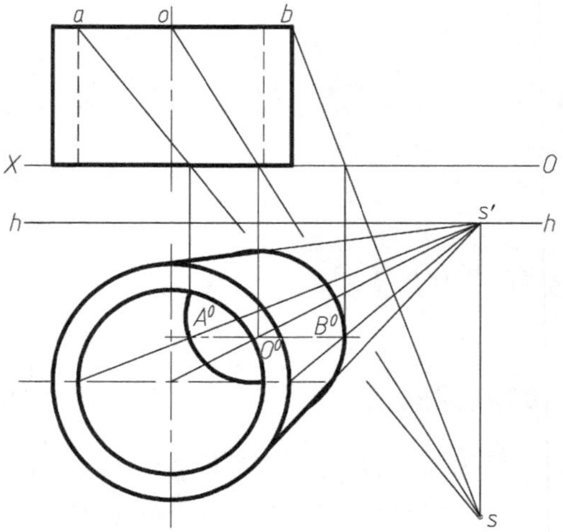

图 14-2 圆管的透视

线或双曲线。为作出透视椭圆，通常利用圆的外切正方形与圆相切的四个切点及外切正方形对角线与圆的四个交点，求出这八个点的透视，光滑地连接成椭圆，即为圆周的透视。

【例 14-1】 用八点法作 *H* 面上圆周的透视，如图 14-3 所示。

【解】 作图步骤如下：

1）作圆的外切正方形 *ABCD*，使其中的一对边线 *AB*、*CD* 平行于画面，则另一对边线 *AD*、*BC* 垂直于画面。

2）根据站点、视高，作外切正方形的透视 $A^0B^0C^0D^0$。

3）求四个切点的透视：连 A^0C^0、B^0D^0 得对角线的透视，交点 O^0 为圆心 *O* 的透视。过 O^0 作 A^0B^0（C^0D^0）的平行线与边线交得点 1^0、3^0；作连线 O^0s' 与边线 A^0B^0、C^0D^0 交得点 2^0、4^0，1^0、2^0、3^0、4^0 即为四个切点的透视。

4）求对角线上四个点的透视：连点 6、7 和 5、8，则连线必平行于 *AD*（*BC*），即垂直于画面，作出 67、58 的透视后，与对角线相交得 5^0、6^0、7^0、8^0 各点。67、58 透视位置的确定也可以利用作半圆求得，如图 14-3 中下方的半圆。

5）将所求八点连成一椭圆即可。

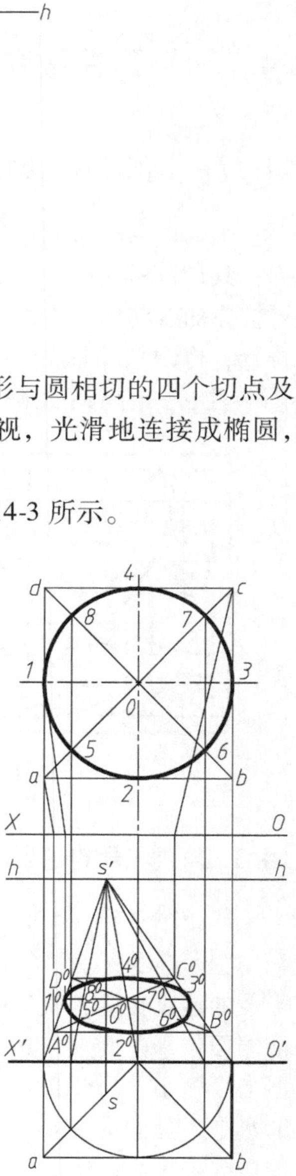

图 14-3 水平圆的透视

【例 14-2】 求切于 H 面的铅垂圆的透视，如图 14-4 所示。

【解】 与上例相同，也是利用圆的外切正方形来作图的，但该外切正方形的两条对边平行于画面，另两条对边平行于 H 面。

图 14-4 的作图步骤与上例相同，先作出外切正方形的透视，求出四个切点；然后利用平行画面的一条边的透视长度作半圆确定对角线的位置，求出对角线上的四个点，将八点连成线即可。

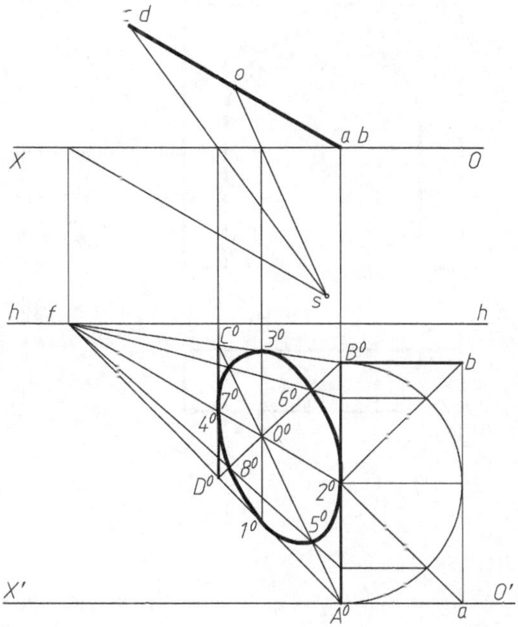

图 14-4 铅垂圆的透视

14.2 圆柱的透视

作圆柱的透视，也就是作出圆柱上、下两底圆的透视，再作出与两透视圆公切的轮廓素线，即完成圆柱的透视。

【例 14-3】 已知底面在 H 面上的竖直圆柱的直径和柱高 H，作圆柱的透视。

【解】 用图 14-3 所示的作图方法，求出底面圆的透视，再根据圆柱的高，作出顶圆的透视；最后作两透视底圆的公切线即完成圆柱的透视。底圆不可见部分可画成虚线，也可不画，如图 14-5 所示。

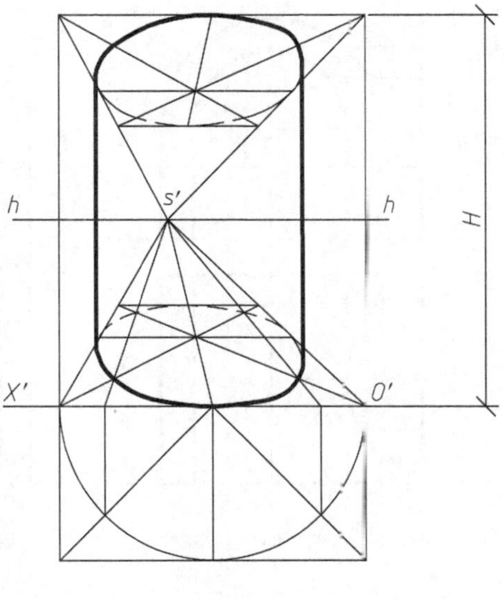

图 14-5 圆柱的透视

【例 14-4】 求图 14-6a 所示的圆形拱门的透视。

【解】 该圆形拱门的上部为半圆柱形孔，其余部分为平面立体，因此主要是作两个半圆的透视。而半圆的透视可参照图 14-4 所示方法，即先作出半个外切正方形的透视，得到透视圆弧上的三个点 1^0、3^0、5^0，再作出两条对角线与半圆弧交点的透视 2^0、4^0，将这五点光滑连接起来，即得前面半圆弧的透视。

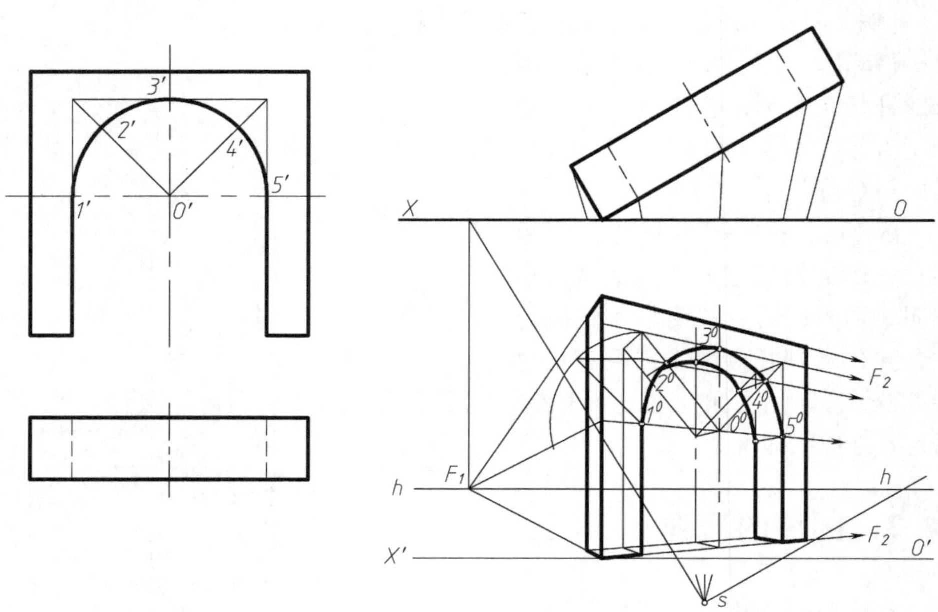

a)　　　　b)

图 14-6　圆形拱门的透视

后面半圆弧的透视可用同样方法画出。图 14-6b 中作出了前后两个半圆弧上对应点的连线，也就是圆柱的素线，它们应通过灭点 F_1，利用这个特性可使作图简化、准确。

【例 14-5】　绘制如图 14-7a 所示的轴线成正交的高低拱的透视。

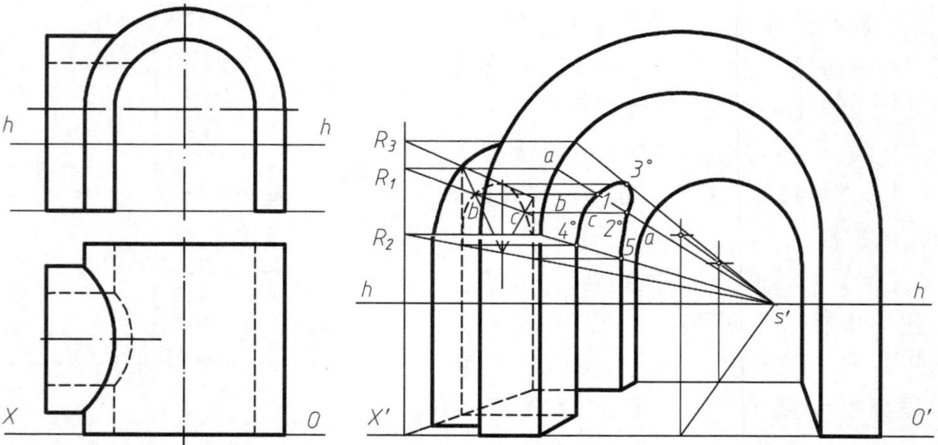

a)　　　　b)

图 14-7　高低拱的透视

a）平面图　b）透视图

【解】 分析及作图：

该图是由两个半径不等的半圆拱所组成的正交的十字拱，两拱的轴线在同一高度。其中一个拱的轴线垂直于画面，为正向拱，轴线和素线的透视灭点为主点 s'；另一拱的轴线和素线平行于画面，其轴线和素线的透视平行于视平线，为侧向拱。

作图步骤如图 14-7b 所示：

1）作正向拱和侧向拱的半圆弧部分的透视。正向拱的前、后口的半圆弧平行于画面，故上部的透视仍为半圆，作图可参看图 14-2；侧向拱的左侧半圆弧垂直于 H 面，透视为椭圆，作图可参看图 14-4。

2）作正向拱和侧向拱面交线的透视。用辅助平面法作图：作一水平辅助面 R_1 与两个拱面分别相交，与正向拱交得素线 a-a，与侧向拱交得素线 b-b、c-c，求出这些素线的交点 1^0、2^0，即为两个拱面交线上的点。同法，可再求出若干交点。其中过两拱轴线所作的水平面 R_2 上求得的交点 4^0、5^0 是交线透视的最低点；而最高点是在侧向拱的最上面的轮廓线上，故过该线作水平面 R_3 求得交点 3^0。将所求各点光滑连接起来，即为两个拱面交线的透视。

3）作出两拱其余部分的透视，即完成全图。图 14-7b 是根据图 14-7a 放大两倍作出的。

14.3 圆球的透视

球的透视在一般情况下是椭圆，这是因为从视点出发的与球面相切的所有视线形成一个圆锥面，画面与其相交的截交线通常为椭圆。只有当视点与球心的连线垂直于画面时，球的透视才是圆。当然，平面截圆锥的交线还可能是抛物线、双曲线，故球的透视也可能是抛物线、双曲线。

球的透视成为椭圆、抛物线或双曲线，这与人们日常的观感不符，所以当所画对象为球面时，最好使球心的透视恰好位于主点 s' 上，稍有偏离主点时，也可以把球的透视近似地画成圆。

图 14-8a 中画出了一个球心位于主视线上球的透视，该球的透视为圆，圆心在主点 s' 处。

图 14-8b 中画出了一个球心不在主视线上球的透视。由于平行于画面的圆的透视仍为圆，故可作出球面上平行于画面的一系列圆的透视，然后画出它们的包络线，即可得出球的透视，这条包络线为一椭圆。

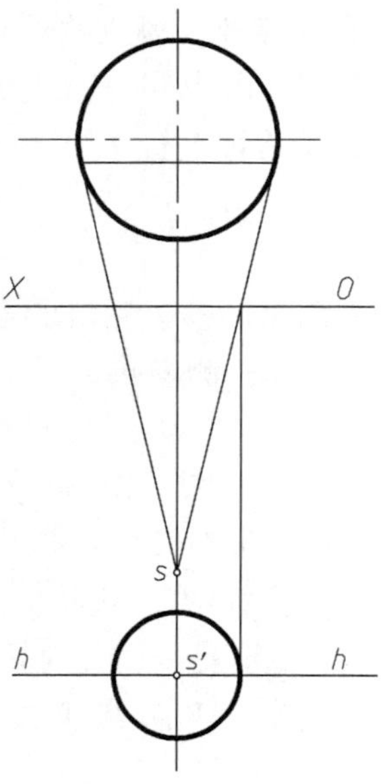

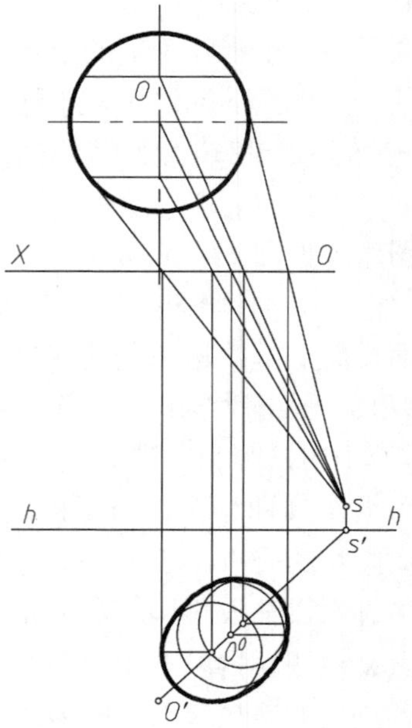

图 14-8 球的透视

a）球心位于主视线上球的透视 b）球心不在主视线上球的透视

14.4 螺旋线和螺旋面的透视

14.4.1 螺旋线的透视

图 14-9 所示是螺旋线的透视作图。其作图步骤为：

1）根据已知条件，画出螺旋线的水平投影和侧面投影的透视。求侧面投影的透视时，点 F 的位置可在视平线 h-h 上任取。

2）由基透视和侧面投影透视的对应点，求出螺旋线上一些点的透视。如由基透视中的 1 点作竖直线，再由侧面投影透视中的对应点 1″作水平线，两线的交点 I^0 即为螺旋线上 I 点的透视。重复使用该方法求出螺旋线上的一系列点的透视。

3）依次将这些点光滑地连接起来，就得到了螺旋线的透视。

14.4.2 螺旋面的透视

图 14-10 所示是螺旋楼梯的透视作图。

设已知圆柱螺旋楼梯的外圆直径、内圆直径、每级踏步的高度和由内外圆周

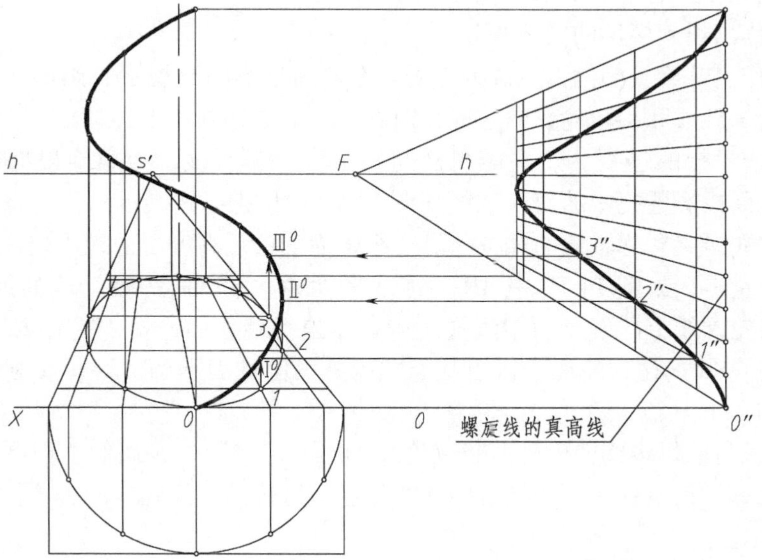

图 14-9 螺旋线的透视

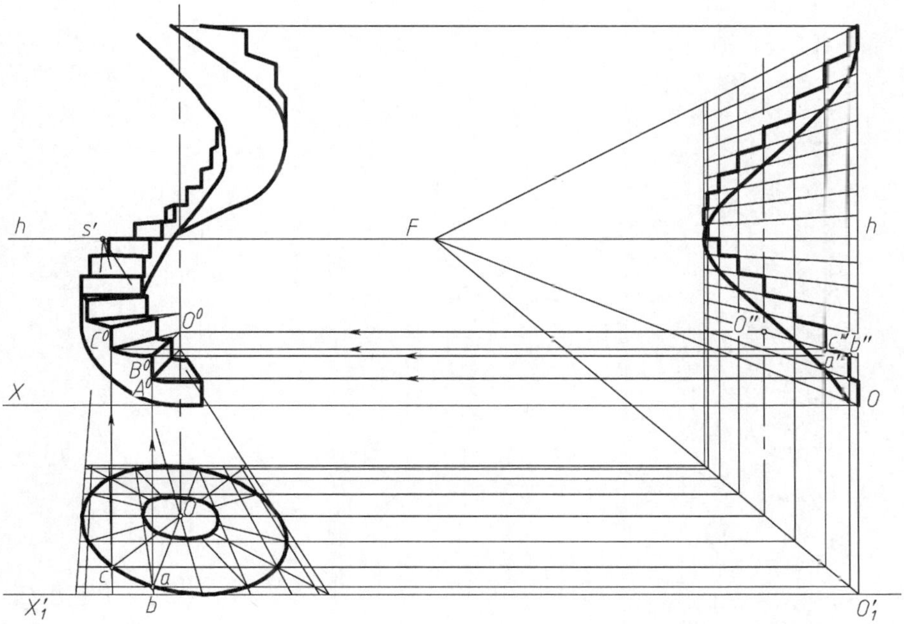

图 14-10 螺旋楼梯的透视

等分得到的宽度；踏板的厚度等于踢面的高度，则连同地面共为 17 级楼梯；视高和主点已知，则螺旋楼梯的作图步骤如下所述。为避免螺旋楼梯的透视图与其基透视重叠在一起，此处采用了降低基线的画法。

1）作出螺旋楼梯的基透视。

2）作出螺旋楼梯侧面投影的透视。在侧面投影的透视中只画出螺旋楼梯外圆柱上的螺旋线和踏步轮廓的透视，内圆柱面上的螺旋线不必画出。

3）作楼梯的透视。过基透视椭圆中心作一竖直线，为螺旋楼梯轴线的透视。将侧面投影透视中的对应轴线（图14-10中用点画线表示）上各点，如点o''同样标记在螺旋楼梯轴线的透视上。每级踢面的透视高度可由螺旋楼梯侧面投影的透视中量得，如图14-10中AB的透视高度为$a''b''$。而每级踏步的透视轮廓，可由透视轮廓线上的端点与轴线上对应点相连得到，如连接B^0O^0、C^0O^0，从而得到踏面OBC的透视轮廓。每级踏面在内外两圆柱面上的透视轮廓则是一段椭圆弧。

4）最后沿每级踢面内外两竖直轮廓线向下延伸同一踢面的透视高度，得两组点，将每一组点各用一条光滑的曲线相连，可得两条螺旋线的透视。结果如图14-10所示。

第15章 透视图的选择

15.1 视点、画面与建筑物的位置关系

视点、物体和画面是形成透视图的三要素。它们之间的相对位置关系决定了透视图的表现效果。所以在画透视图之前，要进行筹划，恰当地安排三者间的相互位置，使所绘的透视图既能反映出设计意图，又能使图面达到最佳效果。

15.1.1 视点位置的选择

视点的位置可由站点和视高决定，而在平面图上确定站点的位置和在画面上确定视平线的高度应从以下几方面去考虑：

1）保证视角大小适宜。人们在观看物体时，其所见是有一定范围的，此范围是以人眼（即视点）为顶点、以主视线为轴线的锥面，此锥面称为视锥，视锥的顶角称为视角。在基面投影上，过站点作的两条最外侧视线间的夹角可近似地看成视角（只有当主视线平分该角时，才是视角的真实大小）。视角通常被控制在60°以内，而以30°~40°左右为佳。在特殊情况下，如画室内透视，由于受到空间的限制，视角可稍大于60°，但也不宜超过90°。

若建筑物与画面的位置已确定，站点的选择是很重要的。如图15-1a中，站点S_1与建筑物距离较近，视角α_1稍大，由于两灭点相距过近，图像变形较大。如果将站点移至S_2处，此时，视角减小，两灭点相距较远，图像看起来较开阔舒展。可见视角的大小，对透视形象的影响甚大。

2）应反映建筑物的全貌。如图15-1b所示，当站点位于S_1处，则透视图不能表达建筑物的全貌。如将站点选在S_2处，则透视图效果较好。

3）站点应尽可能确定在实际环境所允许的位置上，避免选在实际上不能观看的地方。

4）根据视角确定视距。若画面宽为B，视距则以（1.5~2）B为宜，此时的视角在28°~37°之间，如图15-2所示，同时主点宜在画面中部的1/3范围内。

5）视高，即视平线与基线间的距离，一般可按人的身高（1.5~1.8m）确定，如图15-3a所示。但有时为取得透视图的特殊效果，可将视点按需要升高或降低；降低视点可获得仰视的效果，使所绘物体的图形给人以高耸、雄伟的感觉，如图15-3b所示。升高视点可获得俯视的效果，给人以舒展、开阔、居高临下的远眺感

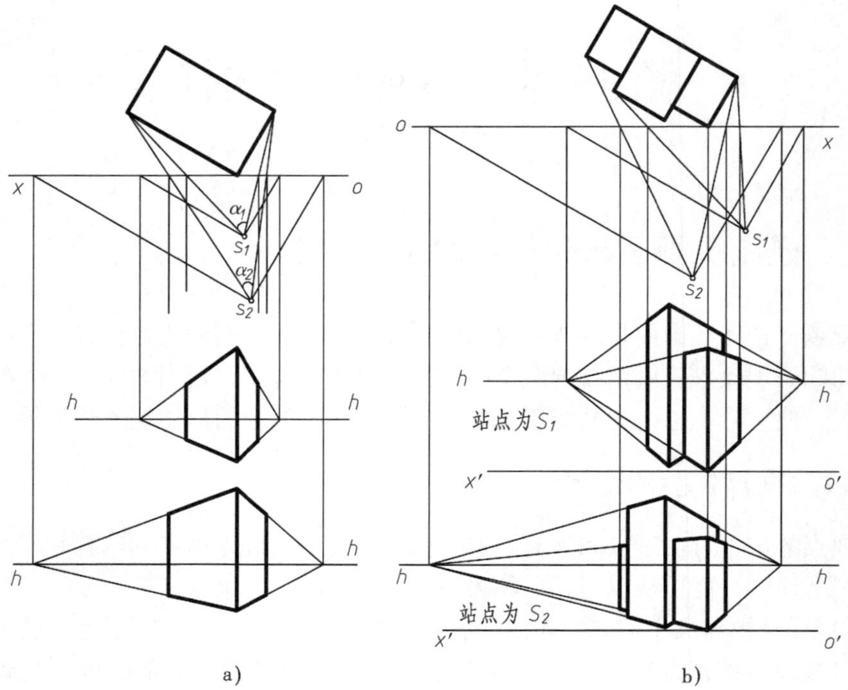

图 15-1 视点位置的选择

a）视角大小应合适 b）应反映建筑物的全貌

觉，如图 15-3c 所示，但视点的升高或降低，应符合上面所述对视角大小的要求。

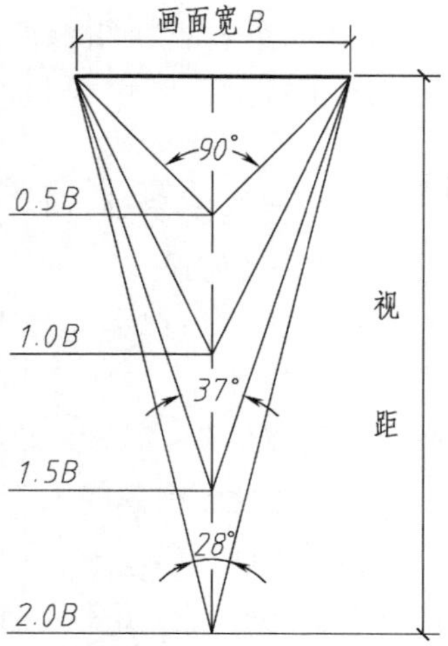

图 15-2 根据视角确定视距

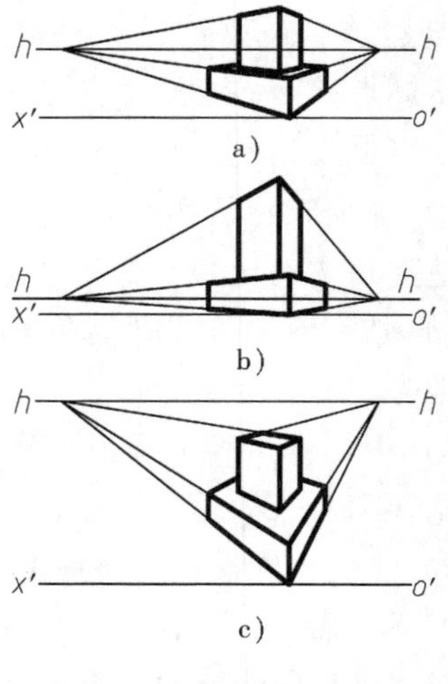

图 15-3 视高的选择

a）正常视高 b）降低视点 c）升高视点

15.1.2 画面位置的选择

画面和建筑物的相对位置，直接影响透视图的表现效果。当建筑物立面和画面的夹角 φ 为 0°时，所得的透视图为一点透视，主要反映建筑物的立面形象。为了作图方便起见，通常选择画面与建筑物的立面上的一个主要墙面重合，如图 15-4a 所示。画建筑物的两点透视时，通常选择画面与建筑物主要立面的倾角 φ 为 20°～40°，如图 15-4b 所示。建筑物的主要立面和画面的倾角 φ 越小，水平线的灭点越远，透视消失平缓，主要立面的透视轮廓越宽阔；反之，倾角越大，透视消失越快，图形变化剧烈。如图 15-4c 所示，主要立面和侧面的透视轮廓大小基本相等，主次不分，作图时应注意避免。

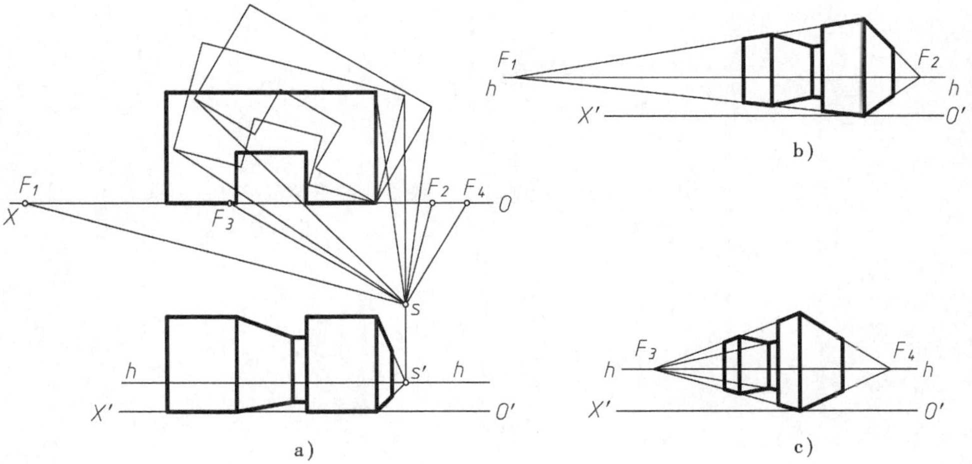

图 15-4 画面位置的选择

15.2 平面图中确定站点、画面的步骤

15.2.1 先确定站点，然后确定画面

1）先确定站点 s，使两边缘视线 sa、sc 间夹角 α 约为 30°～40°。

2）作两边缘视线 sa、sc 的角平分线 ss_X。

3）作画面线 OX 轴垂直于 ss_X，OX 轴最好通过建筑平面图的一角 d，如图 15-5a 所示。

15.2.2 先确定画面，然后确定站点

1）过平面图的一角 d 作画面线 OX 轴，注意倾角 φ 约为 20°～40°。

2）过 a、c 两点作 OX 轴的垂线，得透视图的近似宽度 B。

3）在近似宽度 B 内，选定主点的投影 s_X，由 s_X作 OX 的垂线 ss_X，使其长度约等于画面宽度的1.5～2.0倍，得站点 s，如图15-5b所示。

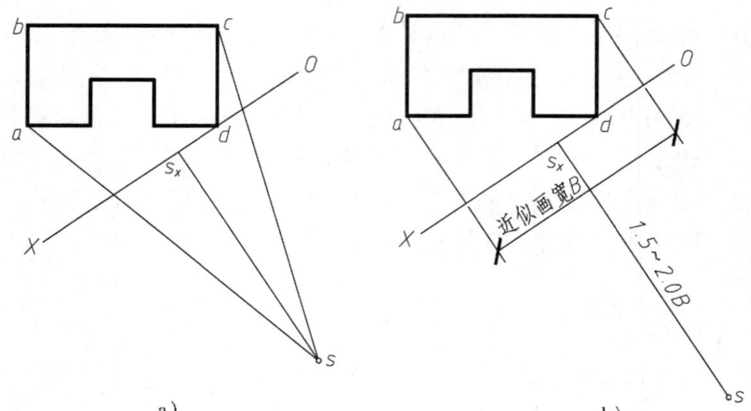

a） b）

图15-5 平面图中站点、画面位置的确定

a）先定站点，后定画面 b）先定画面，后定站点

第 16 章　透视阴影、倒影和镜像

16.1　透视图中的阴影

在建筑物的透视图上，画出光线照射建筑物所产生的阴影，会使透视图更有立体感。在透视图上画阴影，是直接根据光线的透视来作图的，而不是由平面图中的阴影来作阴影的透视。

16.1.1　透视图中的光线

绘制透视阴影的光线一般采用平行光线。根据光线相对于画面的位置不同，将光线分为两类：

1）画面平行光线：光线与画面平行，如图 16-1a 所示。光线 L 平行于画面 V，根据画面平行线的透视特性（第 12.2.3 节），光线的透视 L^0 与空间光线 L 平行，光线的基透视 l^0 平行于 OX 轴；光线可从左上方射向右下方，也可从右上方射向左下方，倾角 α 可任选，但为了统一、方便，本书选定为 45°，图 16-1b 为透视平面图中画面平行光线的表示法。

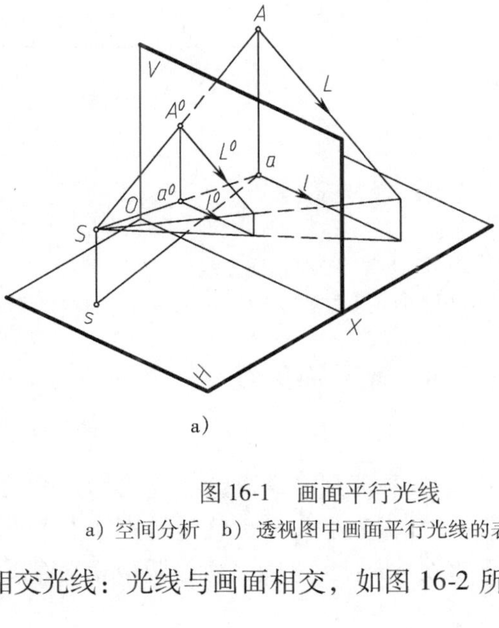

a)

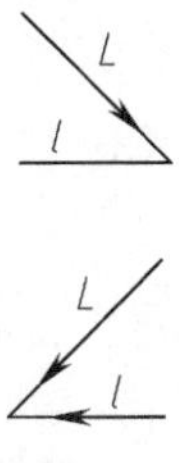

b)

图 16-1　画面平行光线

a）空间分析　b）透视图中画面平行光线的表示法

2）画面相交光线：光线与画面相交，如图 16-2 所示。光线 L 与画面相交，根据画面相交线的透视特性（第12.2.2），光线的基透视有灭点 F_l，光线的透视有灭点 F_L。图16-2a为光线从画面后上方射向画面，其光线灭点 F_L 在视平线上方，基灭点 F_l 在视平线上；图16-2b为光线从画面前上方射向画面，其光线灭点 F_L 在视平线下方，基灭点 F_l 仍在视平线上。从画面后射向画面的光线通常称为逆光；从画面前射向画面的光线通常称为顺光。图16-2c为透视平面图中画面相交光线的表示法。

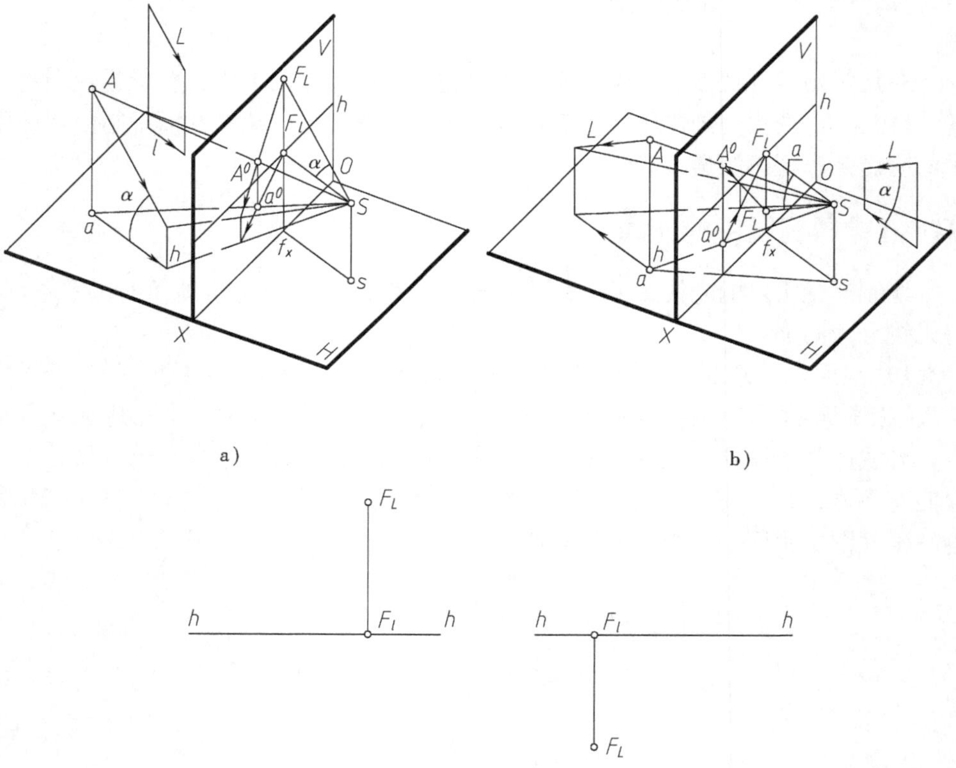

图16-2 画面相交光线

a）从画面后上方射向画面 b）从画面前上方射向画面 c）透视图中画面相交光线的表示法

16.1.2 透视图中的光平面、光平面灭线

1. 光平面

过直线总可以作光平面，在透视图中怎样包含直线作光平面呢？如图16-3所示，已知光线为 L，过直线 AB 作光平面，也就是过直线上各点作光线的平行线，这些平行光就组成包含直线 AB 的光平面；而由两条相交直线就可决定一平

面，故过直线上任意一点作与光线平行的一条线，如图中 AC 线，则 AC、AB 所决定的平面就是所要作的光平面。

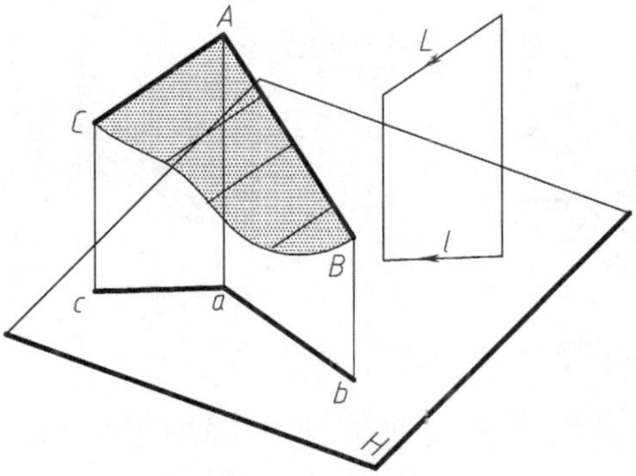

图 16-3 过直线作光平面

在透视图中，只要过直线透视上任意一点作线和光线透视平行即可。根据两平行线的透视性质，如光线是画面平行线，则两线保持平行关系；如光线是画面相交线，两线平行则透视应通过同一灭点。

图 16-4a 中光线平行于画面，故作直线 A^0C^0 平行光线 L，$A^0C^0B^0$ 即为过直线 AB 的光平面；图 16-4b 中光线与画面相交，故作线 A^0C^0 通过光线的灭点 F_L，$A^0C^0B^0$ 即为过直线 AB 的光平面。

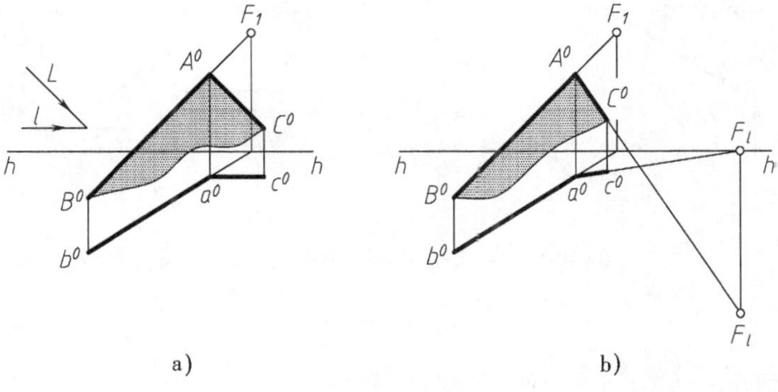

图 16-4 透视图中的光平面

a）画面平行光线下的光平面 b）画面相交光线下的光平面

2. 光平面的灭线

平面上某两条线的灭点的连线就是该平面的灭线，故求光平面的灭线，只要求出平面上两条线的灭点即可。

图 16-5a 中，直线 AB 的灭点为 F_1，光线是画面平行线无灭点，故该光平面

的灭线为过点 F_1 并与光线的透视平行的一条线。

图 16-5b 中，直线 AB 平行画面无灭点，故光平面平行画面而无灭线。

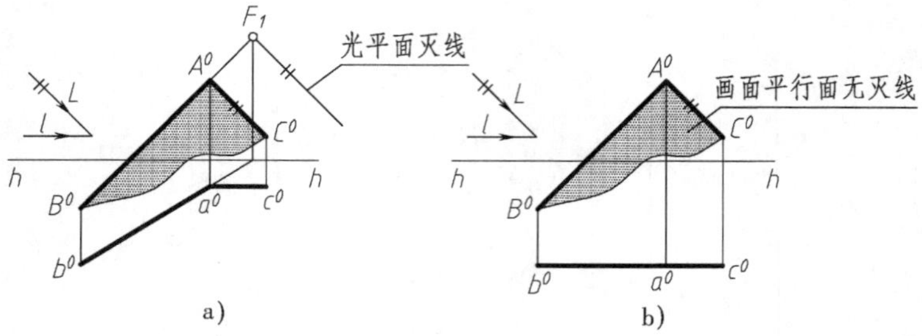

图 16-5　画面平行光线下的光平面灭线

a）直线有灭点　b）直线无灭点

图 16-6a 中直线 AB 的灭点为 F_1，光线是画面相交线，灭点为 F_L，故该光平面的灭线为两灭点的连线。

图 16-6b 中直线 AB 平行画面无灭点，光线灭点为 F_L，故该光平面的灭线为过 F_L 与直线平行的一条线。

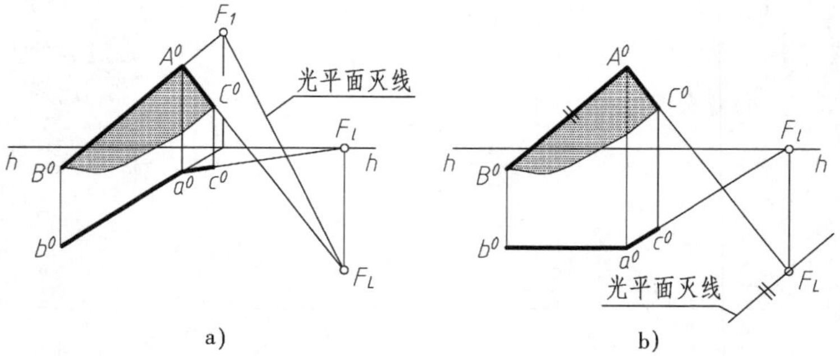

图 16-6　画面相交光线下的光平面灭线

a）直线有灭点　b）直线无灭点

16.1.3　画面平行光线下的透视阴影

1. 点的透视落影

点落在承影面上的影子仍为一点，为过该点的光线延长后与承影面的交点；点在承影面上，其落影与自身重合。在透视图中作点的影子，也就是作点的影子的透视。

如图 16-7a 所示，已知空间点 A 的透视 A^0 及基透视 a^0，求点 A 在基面上的落影 A_0（这里的落影指的是落影的透视，为简明起见，本章用“落影”两字代替“落影的透视”；点的落影在字母右下角加 0 表示）。过空间点 A 的透视 A^0 作光线 L 的平行线 L^0，过基透视 a^0 作光线的基投影的平行线 l^0，两线的交点即为点 A 的落影 A_0；图 16-7b 为在平面透视图中作点的落影。

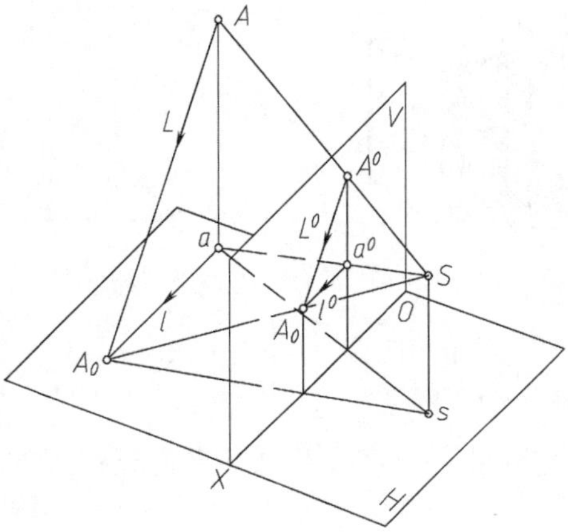

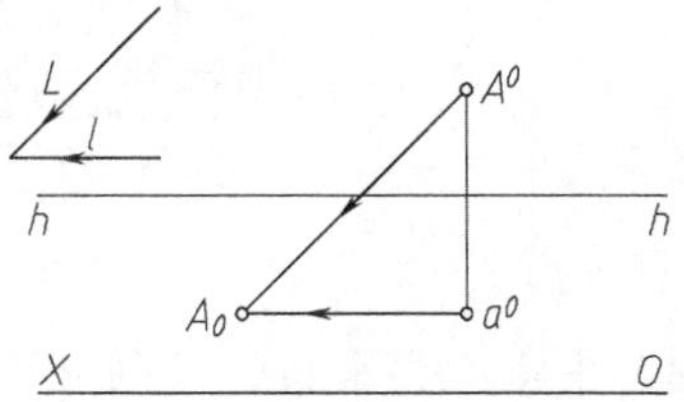

图 16-7　点的透视落影

2. 直线的透视落影

直线的影子为过该直线的光平面与承影面的交线。直线的落影具有以下性质：

（1）直线落影的相交性质

直线与承影面相交时，直线的落影通过交点。这是因为点在承影面上，其落影与自身重合。如图 16-8 所示，直线 Aa 与地面相交于点 a，其 Ca 段的落影 C_0a_0 通过交点 a；直线 AB 与 P 面（扩大后）相交于点 K，直线 AB 的 AN 段在 P 面的落影 A_0N_0 通过点 K。

直线落在两相交的承影面上的两段落影必相交，交点位于两承影面的交线上。如图 16-8 中直线 Aa 落于地面和铅垂面 P 上的影子 a_0C_0、C_0A_0 相交于两面交线上的点 C_0；直线 AB 落于 P 面和 Q 面上的影子 A_0N_0、N_0M_0 相交于两面交线上的点 N_0。

两条相交直线在一个承影面上的落影必相交，落影的交点为两直线交点的落影。如图 16-8 中 Dd 与 DE 的交点 D 的影子为 D_0，是 D_0d_0、D_0E_0 的交点。

（2）直线落影的平行性质

直线与承影面平行，影子与直线本身平行。但在透视图中，该平行的关系只有当它们平行画面时才保持；如不平行画面，则影子和直线相交于同一灭点，如图 16-8 中的 DE 线平行于地面，DE、D_0E_0 相交于同一灭点 F_X。

一组平行直线落于一个平面上的影子互相平行。但只有当影子平行画面时，

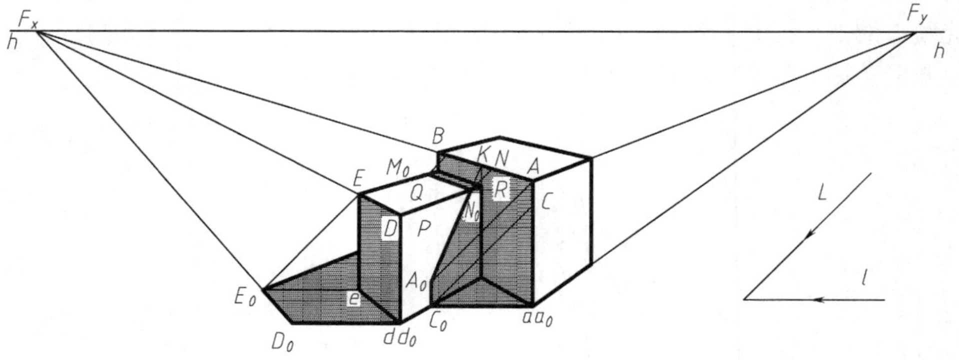

图 16-8 直线的落影性质

它们的透视仍互相平行，否则交于同一灭点。

由于直线相对于画面有平行和相交两种，故直线在画面平行光线下的落影分下面两种情况讨论：

（1）直线与画面平行

过直线所作的光平面平行于画面，该光平面与任何承影面的交线（也就是直线的落影）均应平行于画面，因此，落影与承影面的灭线一定是互相平行的。

图 16-9 表示一条铅垂线落在基面、铅垂面、一般位置面上影子的方向。a 图中承影面的灭线为视平线 h-h；b 图中承影面的灭线为铅垂线；c 图中承影面的灭线为 F_1F_X。

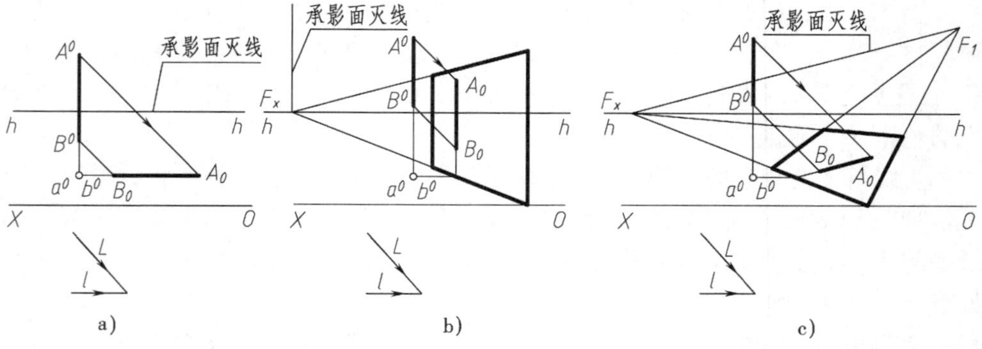

图 16-9 画面平行线落在各种位置面上影子的方向

a）基面 b）铅垂面 c）一般位置面

（2）直线与画面相交

过直线所作的光平面一定与画面相交，该光平面的灭线与承影面灭线的交点即为直线落影的灭点（落影是两面的共有线，其灭点应同时在两面的灭线上）。

图 16-10 表示画面相交线在基面、铅垂面和一般位置面上的落影（图中铅垂面和一般位置面均与基面相交）。a 图中承影面的灭线为视平线 h-h，F_{AB} 为直线落影的灭点；b 图中直线 AB 一部分落在基面上，一部分落在铅垂面上，转折点为 C_0；落在基面上的 BC 段直线落影的灭点为 F_{BC}、AC 段落在铅垂面上，其承影面的灭线为铅垂线，AC 段直线落影的灭点为 F_{AC}；c 图中直线落在一般位置面上的 AC 段，承影面的灭线为 F_2F_X，落影的灭点为 F_{AC}。

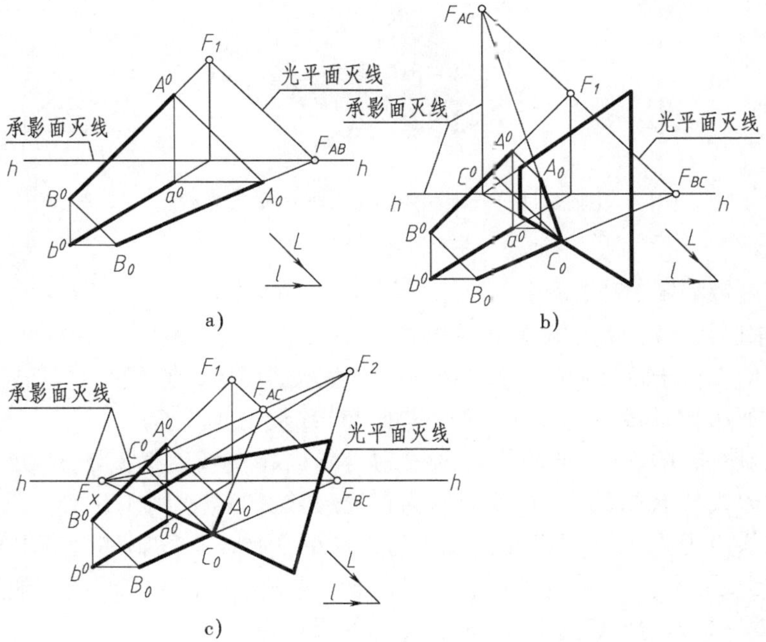

图 16-10 画面相交线落在各种位置面上影子的方向

a）基面 b）铅垂面 c）一般位置面

3. 平面立体的透视阴影

在立体的透视图上求作阴影，主要是判别立体上的阴面、阴线和求阴线的落影。其中判别阴面最为关键，可根据光线的方向来判别。如图 16-8 所示，光线从右上方射向立体，则立体左、后、下方棱面为阴面。光线从左上方射向立体，则立体右、后、下方棱面为阴面，如图 16-11 所示。

【例 16-1】 已知置于基面 H 上的四棱柱的透视，根据所给光线 L 作出透视阴影，如图 16-11 所示。

【解】 分析及作图：

光线从左上方照射到立体上，阴面为 $aADd$、$DdcC$，阴线是 aA、AD、DC、Cc，承影面为基面（地面）。只要求出上述阴线的落影，即可得到四棱柱的透视

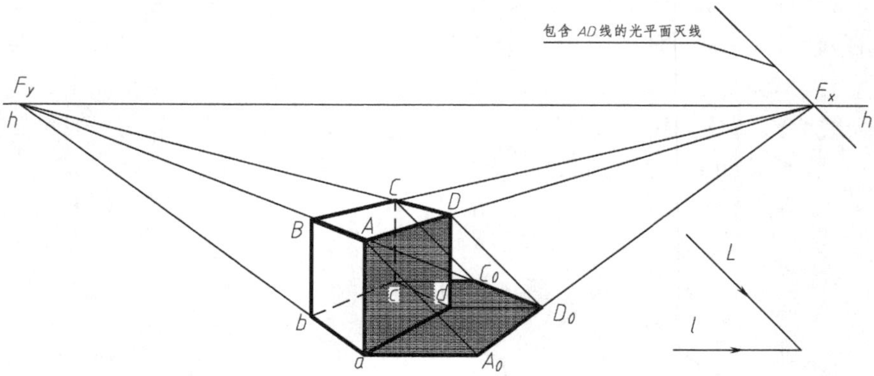

图 16-11 四棱柱的阴影（画面平行光线）

阴影。

作图步骤如图 16-11 所示：

1）求阴线 aA、Cc 的落影：两线均为画面平行线，根据图 16-9 的分析，其影子的方向平行于承影面的灭线 h-h。a、c 在承影面上，影子就是其自身，故过 a、c 作水平方向的线，与过 A、C 所作的 45^0 线交于 A_O、C_O。

2）求阴线 AD、DC 的落影：两线均为画面相交线，根据图 16-10 的分析，光平面的灭线与承影面灭线的交点即为直线落影的灭点，则 A_0D_0线的灭点为 F_X、D_0C_0线的灭点为 F_Y；也可以根据直线与承影面平行，其落影和自身平行的性质来作图：由于 AD、DC 线为画面相交线，故在透视图中落影和直线应通过同一灭点，即 AD、A_0D_0的灭点为 F_X，DC、D_0C_0的灭点为 F_Y。

3）将可见的阴面及影子部分表示出来（图中填充了细密点），完成作图。

注：图中点的透视直接用空间点的字母表示，以便与文字叙述相对应。

【例 16-2】 如图 16-12 所示，求门架的落影、斜屋面的阴影。

【解】 分析及作图：

门架由两条铅垂线和一条水平线组成，其影子落于地面、墙面和屋面上；因光线从右上方射下，则斜屋面左侧和后侧墙面为阴面，其影子落在地面上。

作图步骤如下：

1）求铅垂线 AB、CD 的落影：两线均为画面平行线，其在地面上的落影（A_0B_0、D_04_0）平行于承影面的灭线 h-h；因铅垂线和墙面平行，故在墙面上的落影（4_03_0）和自身平行，仍是铅垂方向；在屋顶面上的落影（3_0C_0）平行于承影面的灭线Ⅲ。

2）求水平线 BC 的落影：该线为画面相交线，其在地面上的落影（B_01_0）和自身平行，落影和直线通过同一灭点 s'；在墙面上的落影（1_02_0）的灭点，为

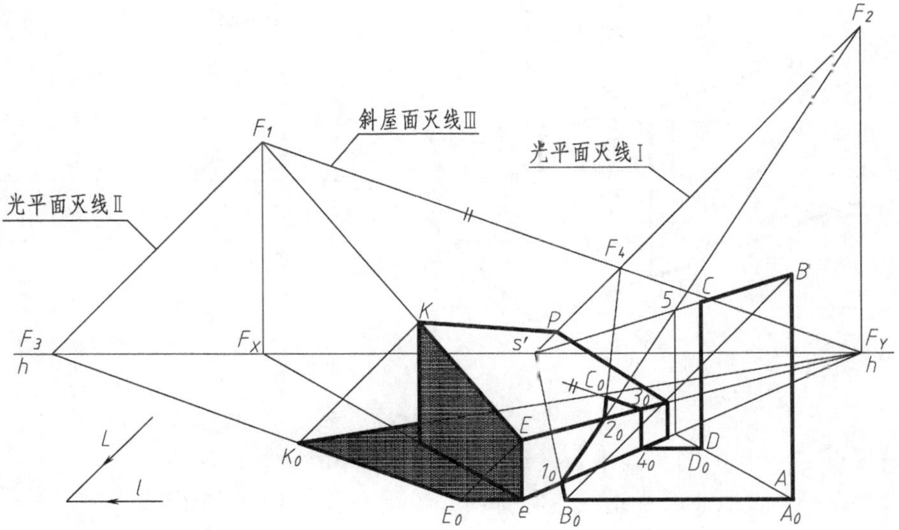

图16-12 门架及房屋的阴影（画面平行光线）

光平面的灭线Ⅰ与承影面灭线 F_YF_2的交点 F_2（也可以利用该线与承影面的交点5确定 1_02_0的方向）；在屋顶面上的落影（$2_0\ C_0$）的灭点，为光平面的灭线Ⅰ与斜屋面灭线Ⅲ的交点 F_4。

3）求斜屋面的阴影：分别求出阴线 eE、EK、KP 的影子。注意斜线 EK 的影子灭点为 F_3，是光平面灭线Ⅱ与承影面灭线 h-h 的交点；KP 落影的灭点为 F_Y。

4）将可见的阴面及影子部分表示出来（图中填充了细密点），如图16-12所示。

16.1.4 画面相交光线下的透视阴影

1. 点的透视落影

如图16-13a所示，已知空间点 A 的透视 A^0 及基透视 a^0，求点 A 在基面上的落影 A_0。将点 A^0 与光线灭点 F_L相连，A^0F_L为过空间点 A 的光线的透视；a^0 与光线基灭点 F_l相连，a^0F_l为过空间点 A 的光线的基透视；两线的交点即为点 A 的落影 A_0；图16-13b为在平面透视图中作点的落影。

2. 直线的透视落影

在画面相交光线下直线的落影分下面两种情况：

（1）直线与画面平行：

根据16.1.2节中的分析，过直线所作的光平面为画面相交面，其灭线为过

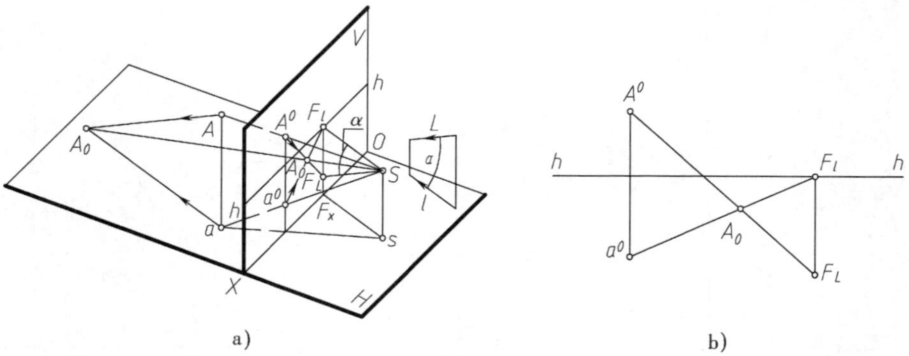

图 16-13　点的透视落影

光线灭点 F_L所作的与直线平行的线（参看图 16-6b）。

图 16-14 表示一条铅垂线落在基面、铅垂面、一般位置面上影子的方向。

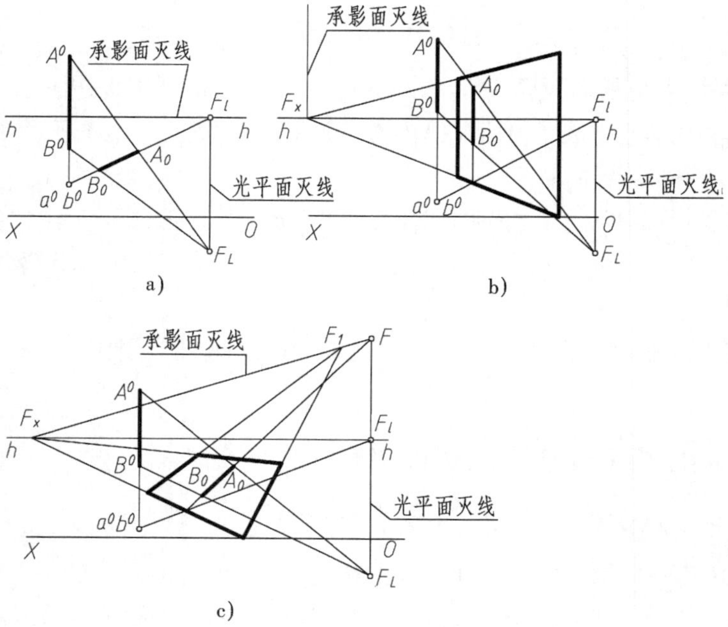

图 16-14　画面平行线落在各种位置面上影子的方向

a）基面　b）铅垂面　c）一般位置面

各图中光平面灭线均为铅垂方向。a 图中承影面的灭线为视平线 h-h，影子灭点为两灭线交点 F_l；b 图中承影面的灭线为铅垂线，光平面灭线与其平行，故影子无灭点，仍是铅垂线；c 图中承影面的灭线为 F_1F_X，影子灭点为两灭线交点 F。

（2）直线与画面相交

根据 16.1.2 节中的分析，过直线所作的光平面为画面相交面，其灭线为直线的灭点与光线的灭点的连线（参看图 16-6a）。

图 16-15 表示画面相交线在基面、铅垂面和一般位置面上的落影（图中铅垂面和一般位置面均与基面相交）。

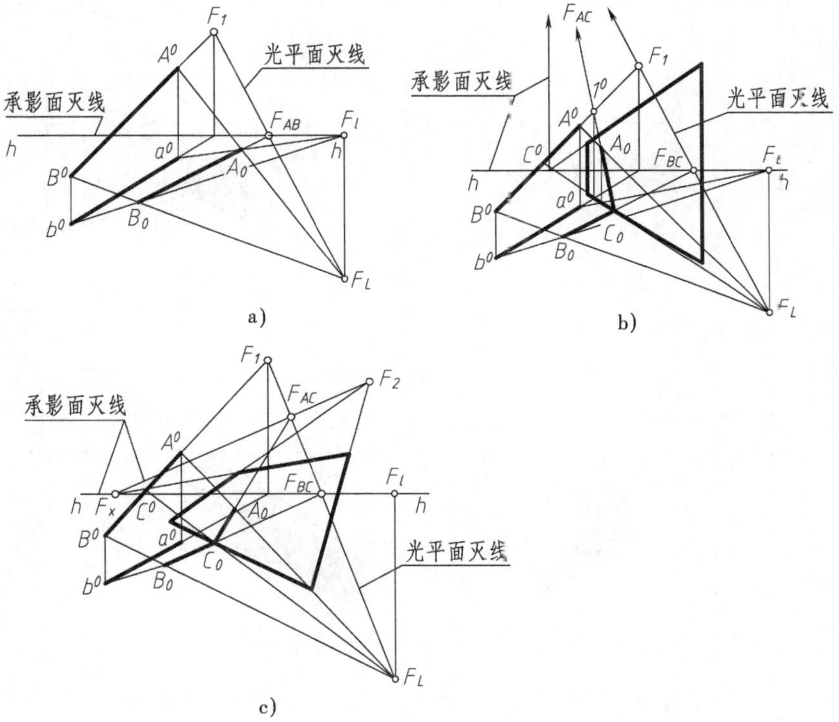

图 16-15　画面相交线落在各种位置面上影子的方向

a）基面　b）铅垂面　c）一般位置面

图中光平面灭线均为 F_1F_L，承影面灭线和 F_1F_L 的交点即为直线在该承影面上影子的灭点。a 图中承影面的灭线为视平线 h-h，F_{AB} 为直线落影的灭点；b 图中直线 AB 一部分落在基面上，一部分落在铅垂面上，转折点为 C_0；落在基面上的 BC 段直线落影的灭点为 F_{BC}；落在铅垂面上，其承影面的灭线为铅垂线，AC 段直线落影的灭点为 F_{AC}，当图中的灭点 F_{AC} 超出图纸范围较远时，也可将直线 AB 与承影面的交点 1° 求出，直线落在铅垂面上的影子的透视应经过该点；c 图中直线落在一般位置面上的 AC 段，承影面的灭线为 F_2F_X，落影的灭点为 F_{AC}。

3. 平面立体的透视阴影

与平行光线下的透视阴影作图类似，根据所给光线，判断立体的阴面、阳面，确定阴线后即可作立体的透视阴影。

图 16-16a、b 光线为顺光的画面相交光线；图 16-16c、d 光线为逆光的画面相交光线；图 a、c 中光线的灭点均在立体的两个主向灭点 F_X、F_Y之间，a 图中立体的两个可见棱面为阳面，c 图中立体的两个可见棱面为阴面；图 b、d 中光线的灭点均在立体的两个主向灭点 F_X、F_Y的外侧，则透视图中立体的两个可见棱面，一为阳面，一为阴面。在作图中，一般采用图 a、b 所示形式，图 d 也可采用，而图 c 则很少采用。

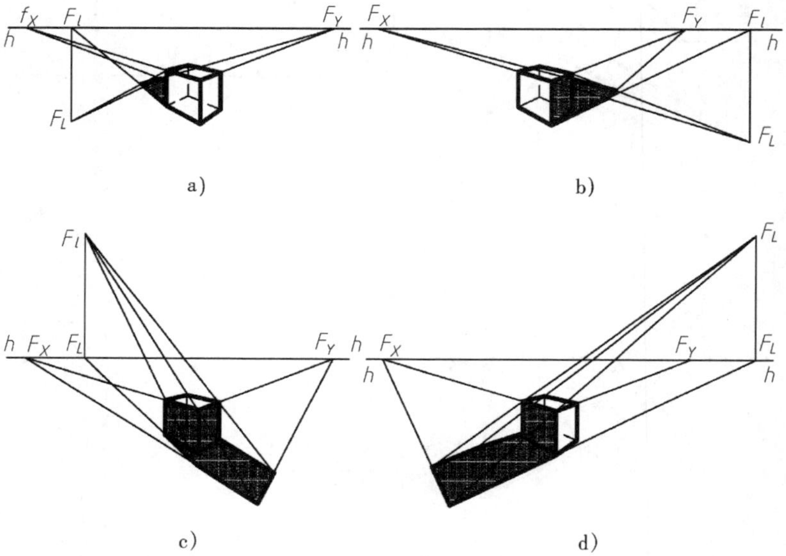

图 16-16 不同方向的画面相交光线下立体的阴面和阳面

【例 16-3】 已知置于基面上的四棱柱的透视，根据所给光线 L 作出透视阴影，如图 16-17 所示。

【解】 分析及作图：

光线从画面后左上方射向画面（逆光），光线的灭点在立体的两个主向灭点 F_X、F_Y的外侧，则透视图中立体的两个可见棱面，$AaDd$ 为阳面，$AaBb$ 为阴面，阴线是 Aa、AB、BC、Cc，承影面为基面（地面）。

作图步骤如图 16-17 所示：

1）求阴线 Aa、Cc 的落影：两线均为画面平行线，根据图 16-14a 的分析，其影子的灭点为 F_l，连 aF_l、AF_L，两线交点为 A_0；连 cF_l、CF_L，两线交点为 C_0。

2）求阴线 AB、BC 的落影：两线均平行于承影面，其落影和自身平行，由于 AB、BC 线为画面相交线，故在透视图中落影和直线应通过同一灭点，即 AB、A_0B_0的灭点为 F_Y，BC、B_0C_0的灭点为 F_X。

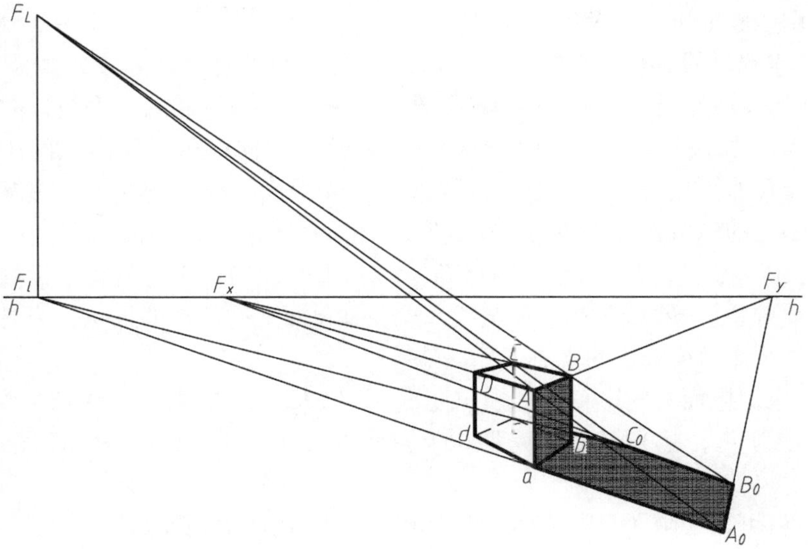

图 16-17 四棱柱的阴影（画面相交光线）

3）将可见的阴面及影子部分表示出来，完成作图。

【例 16-4】 如图 16-18 所示，求门架的落影、斜屋面的阴影。

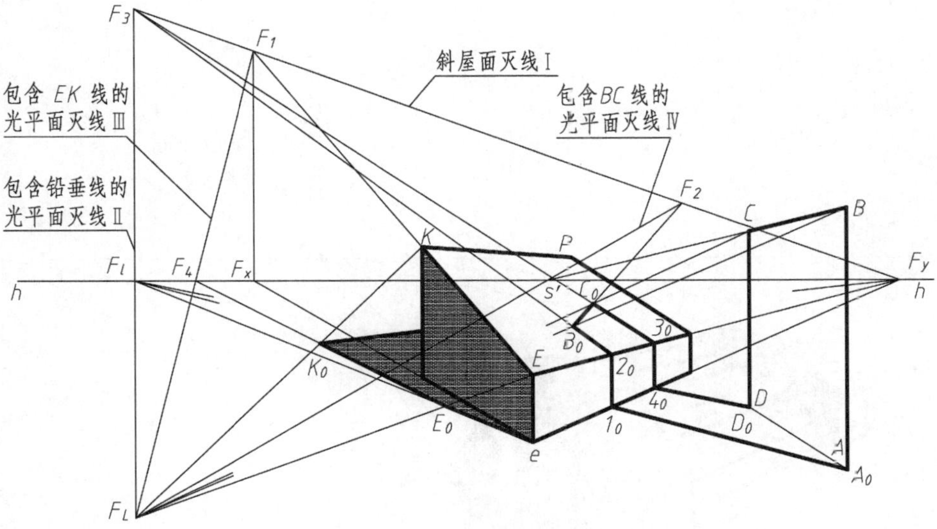

图 16-18 门架及房屋的阴影（画面相交光线）

【解】 分析及作图：

该图与例 16-2 图形相同，但光线是画面相交线，从立体右前上方射向立体，故斜屋面左侧、后侧墙面为阴面，其影子落在地面上。

作图步骤如下：

1）求铅垂线 AB、CD 的落影：两线均为画面平行线，其在地面上的落影（A_01_0、D_04_0）的灭点为 F_l（参看图 16-14a）；因铅垂线和墙面平行，故在墙面上的落影（1_02_0、4_03_0）和自身平行，仍是铅垂方向；在屋顶面上的落影（2_0B_0、3_0C_0）的灭点为 F_3，为承影面灭线Ⅰ与光平面灭线Ⅱ的交点；注意两线落于不同面上的转折点位于两面的交线上，如图中的 1_0、2_0、3_0、4_0 等点。

2）求水平线 BC 的落影：因点 B_0、C_0 在上一步中已求，只要连接两点即可求出该线。注意 BC 线为画面相交线，故在屋顶面上的落影的灭点，为光平面的灭线Ⅳ与承影面灭线Ⅰ的交点 F_2。

3）求斜屋面的阴影：分别求出阴线 eE、EK、KP 的影子。注意斜线 EK 的影子灭点为 F_4，是光平面灭线Ⅲ与承影面灭线 h-h 的交点；KP 落影的灭点为 F_Y。

4）将可见的阴面及影子部分表示出来，如图 16-18 所示。

16.1.5 建筑形体的透视阴影

【例 16-5】 求作台阶在画面平行光线下的阴影，如图 16-19 所示。

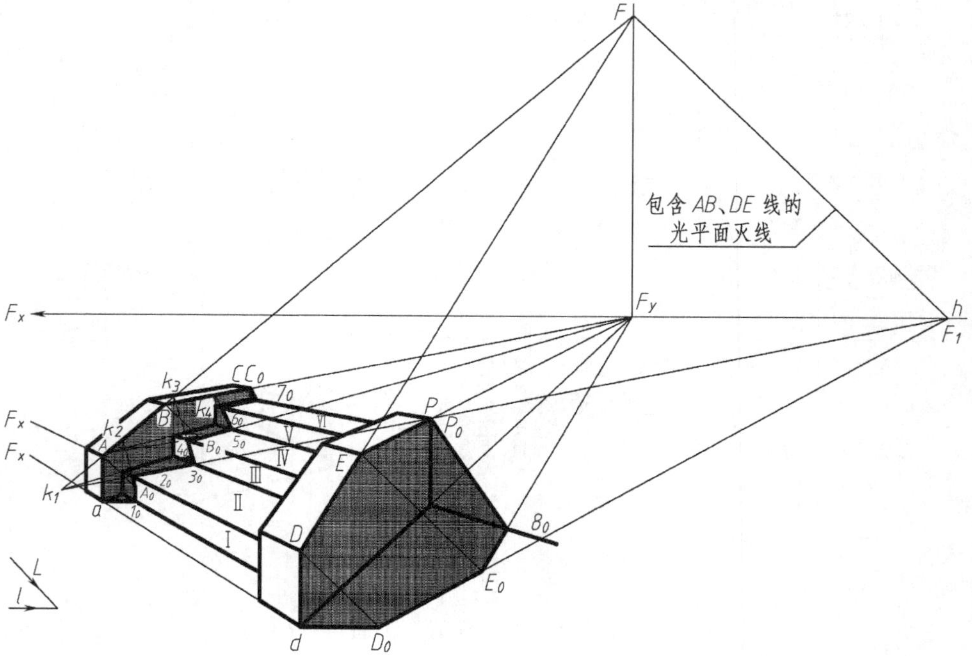

图 16-19 台阶的阴影

【解】 分析及作图：

根据光线的方向，台阶左侧挡墙的阴线为 aA、AB、BC，承影面是地面、台阶的踢面与踏步、墙面；右侧挡墙的阴线为 dD、DE、EP，承影面是地面、墙面。

作图步骤如下：

1）求阴线 aA 的落影：在地面上的影子方向平行于 h-h 线，在踢面Ⅰ上的影子为铅垂方向，对应求出点 A 的影子 A_0。

2）求阴线 AB 的落影：可利用阴线与承影面的交点作图；假设将Ⅰ面扩大，求出其与阴线的交点 K_2（图中Ⅰ面向上扩大，也就是将Ⅰ面与挡墙右面的交线向上延长），连 A_0K_2，得到阴线 AB 在Ⅰ面上的影子 A_02_0；而阴线落在踏步Ⅱ上的影子，也是将承影面Ⅱ扩大后与阴线 AB 交于点 K_1，再将 K_1 与转折点 2_0 相连作出 2_03_0（也可利用该线的灭点 F_1 作出，参看图 16-9a）。阴线 AB 在Ⅲ、Ⅳ面上的落影 3_04_0、4_0B_0 的作图与 A_02_0、2_03_0 的作图相同，在此就不重述。

3）求阴线 BC 的落影：阴线 BC 平行于Ⅳ、Ⅵ面，故在该两面的影子 B_05_0、6_07_0 的灭点为 F_Y。而在踢面Ⅴ上的影子是利用交点 K_4 求得的；点 C 在墙面上，连 $C7_0$ 可得到阴线在墙面上的影子。

4）右侧挡墙的影子是落在地面和墙面上，具体作图就不详述了，读者可自行分析。

【例 16-6】 求作门洞、雨篷在光线 L 下的阴影，如图 16-20 所示。

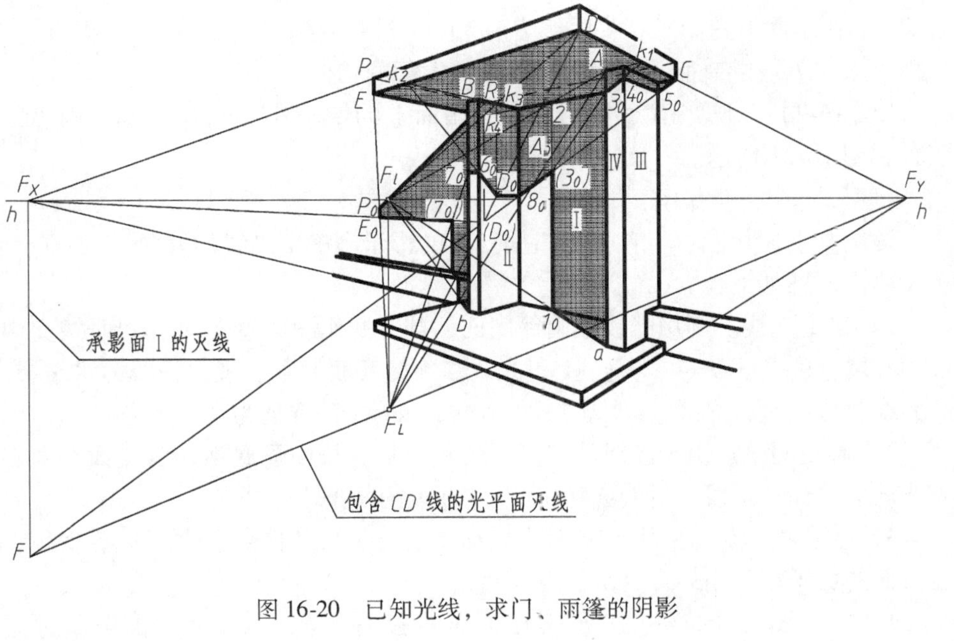

图 16-20 已知光线，求门、雨篷的阴影

【解】 分析及作图：

光线是从右上前方射向该建筑形体的，故雨篷底面、左侧面及两立柱左侧面为阴面。阴线为铅垂线 Aa、Bb 及 CD、DE、EP、PR 等线。

作图步骤如下：

1）求阴线 Aa 的落影：连 aF_l 交墙面Ⅰ于 1_0，$a1_0$ 为 Aa 线在台阶面上的落影；过 1_0 作铅垂线 1_02_0，连 AF_L 与 1_02_0 的交点即为点 A 的影 A_0；1_02_0 线位置的确定，也可利用过 A 的光线在雨篷底面上的投影 AF_l 求得。这是因为过 Aa 所作的光平面也就是 AaF_l，该平面与台阶、雨篷的交线分别为 $a1_0$、$A2_0$，与墙面Ⅰ的交线为 1_02_0，相当于将雨篷底面作为基面作图的。

2）求阴线 CD 的落影：过 D 作光线在雨篷底面上的投影 DF_l，DF_l 交立柱Ⅱ面于 K_3，过 K_3 作铅垂线与 DF_L 相交得点 D_0；D_08_0 为 CD 在Ⅱ面上的落影，因 CD 平行于该面，故落影的灭点为 F_Y；点 C 在墙面上，连 $C8_0$ 得 CD 在墙面Ⅰ的两段落影 8_0（3_0）及 5_0C，4_05_0 为 CD 在立柱Ⅲ面的落影，其灭点为 F_Y；CD 线落在立柱Ⅳ面的一段 3_04_0，可扩大Ⅳ面交阴线 CD 于点 K_1，连 K_14_0 得 3_04_0；注意：Aa 线上的点 3_0 与 1_0A 线上的（3_0）在同一条光线上，其连线经过 F_L；而 $C8$ 的灭点为 F，是过 CD 的光平面灭线与承影面灭线的交点。

3）求阴线 DE 的落影：DE 落在Ⅱ面上的影线 D_06_0，可利用Ⅱ面与 DE 的交点 K_2 作出；6_07_0 的灭点为 F_X；利用 DF_l 与Ⅰ面的交点 K_4，将 D 落在墙面Ⅰ的假影（D_0）求出，连（D_0）F_X 可得 DE 段落在墙面Ⅰ上的影子 E_0（D_0）。

4）其余阴线的落影：阴线 EP 的影落在Ⅰ面上为铅垂方向；连 P_0R_0 可得阴线 PR 落在Ⅰ面上的影子；将阴线 Bb 上的点 7_0 对应到 E_0（D_0）上，得点（7_0）后即可求出 Bb 在墙面上的影子，具体作图不再详述。

【例 16-7】 已知雨篷上点 A 落在墙面上的影子 A_0，求作门洞、雨篷的阴影，如图 16-21 所示。

【解】 分析及作图：

该图与上例相同，但首先要根据点 A 的影子来确定光线的方向。

作图步骤如下：

1）确定光线。利用光线在雨篷底面的基透视作图，过点 A_0 作铅垂线交雨篷底面和墙面的交线于点 1，连 $A1$ 得光线在雨篷底面的基透视，该线为水平方向，故光线为画面平行光线。光线的透视方向为 AA_0，基透视为水平方向。

2）确定阴线。由于光线从左侧射向建筑物，故雨篷底面、右侧面及两立柱右侧面为阴面；阴线为折线 $EABCD$ 及立柱上的两条铅垂线。

3）求阴线 AB 的落影：AB 落在墙面Ⅰ上的影与其自身平行，灭点为 F_X；落在Ⅲ面的影子是利用假影（A_0）求得的。

4）求阴线 AE 的落影：AE 落在Ⅰ面的影是 A_0E；落在Ⅱ面的影是过假影

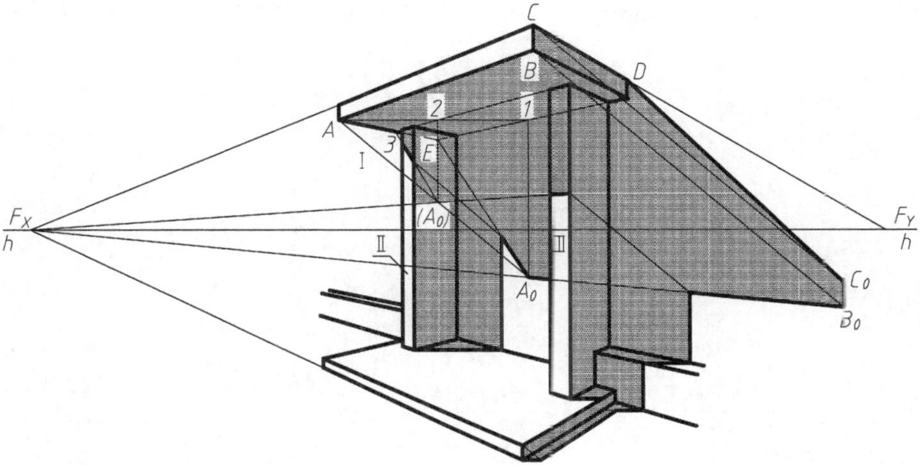

图 16-21　已知一点的落影，求门、雨篷的阴影

(A_0) 与点 3 相连而定的（3 点为阴线与承影面的交点）。

5）其余各阴线的落影不再详述，读者可自行分析之，如图 16-21 所示。

【例 16-8】　已知房屋和烟囱的透视，并知烟囱上一点 A 落在屋面上的影子 A_0，作透视阴影，如图 16-22a 所示。

【解】　分析及作图：

该图中未给出光线的透视，但给出点 A 的影子 A_0，而 AA_0 也就是光线的透视方向，如果能确定光线的基透视方向，则可以定出光线；经过点 A 光线的基透视应该经过点 A 的基透视 a 和影子 A_0 的基透视 a_0。

作图步骤如下：

1）根据透视图作出水平线的灭点 F_X、F_Y；斜檐的灭点 F_1、F_2、F_3、F_4 及屋面 P、Q 的交线（天沟）的灭点 F_5（为屋面 P、Q 灭线的交点）。

2）求光线的灭点 F_L、基灭点 F_l。将点 A 的基透视 a 及影点 A_0 的基透视 a_0 求出。图中作辅助水平线 $1B$（在屋面 P 上）、$a2$（两线灭点为 F_Y），对应求得点 a；作辅助水平线 $4A_0$（在屋面 Q 上）、a_03（两线灭点为 F_X），对应求得点 a_0；连 aa_0 交 h-h 线得 F_l，过 F_l 作铅垂线，与光线 AA_0 相交得 F_L。

3）求烟囱在屋面上的影子。因光线是从左上前方射向房屋的，故烟囱上的阴线为折线 $BACDE$。

阴线 BA 落于 P 面上的影子 $B5$ 的灭点 F_6 为 P 面灭线 F_1F_Y 与过 BA 的光平面灭线的交点；BA 落于 Q 面上的影子 $5A_0$ 的灭点 F_7 为 Q 面灭线 F_3F_X 与过 BA 的光平面灭线的交点，也可直接将 5 与 A_0 相连。

阴线 AC 的影子 A_0C_0 的灭点 F_8 为 Q 面灭线 F_3F_X 与光平面灭线 F_YF_L 的交点。

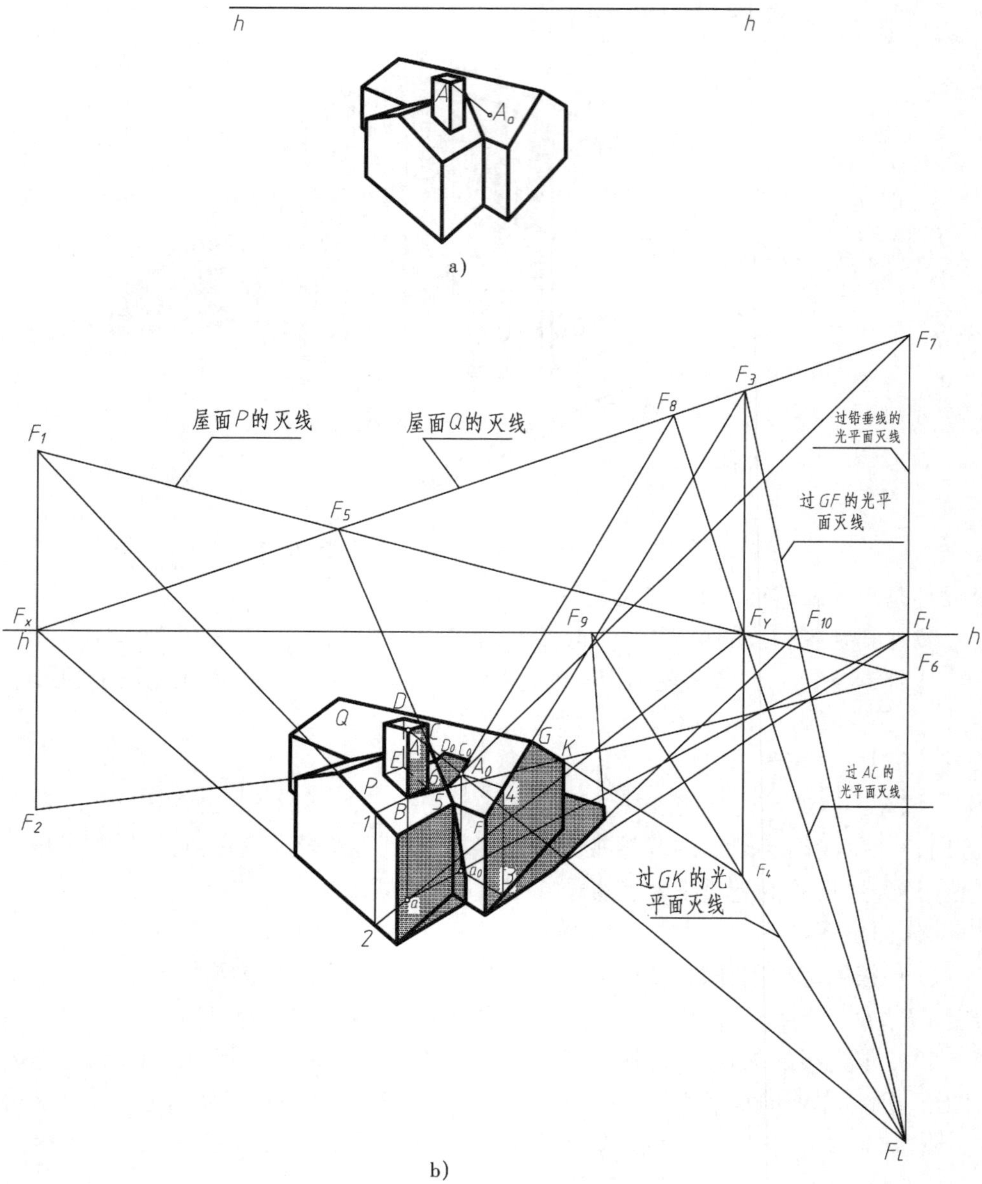

图 16-22 作房屋的透视阴影

阴线 CD 的影子 C_0D_0 平行于 CD，灭点为 F_X。

阴线 DE 与 BA 平行，故落在 Q 面的 D_06 的灭点为 F_7，落于 P 面的 $6E$ 的灭点为 F_6。

4）房屋落于墙面及地面上的影子。斜檐 FG、GK 落于地面上的影子的灭点为 F_{10}、F_9，为过两线的光平面灭线与 h-h 线的交点；其余各线的作图不再详述，如图 16-22 所示。

16.2 倒影和镜像

16.2.1 倒影

在建筑物的周围，如果有平静的水面或光滑的地面，人们就会看到建筑物映在水面或光滑地面上的倒影。图 16-23 是一根立在水边的路灯，当路灯点 A 的影像投射到水面上的点 N 后，由于水面的反射，点 A 的影像进入了对岸观察者的视点 S。即相当于观察者在点 N 处看到对岸路灯的点 A。根据物理光学原理，入射光线与反射光线所构成的平面与反射面垂直，且入射角与反射角相等。因此，投射线 AN 与反射面在点 N 处的法线的夹角等于反射线 NS 与法线的夹角。若延长 SN 与过点 A 的铅垂线交于 A^0，显然 A^0 到水面（反射面）的距离等于点 A 到水面的距离，即相当于观察者在点 N 处看到了对岸路灯的点 A 相对于水面的对称点 A^0。也就是说，物体与其倒影对称于水面（反射面），A^0 就是点 A 在水面上的倒影。因此，在透视图中绘制建筑物在水面或光滑地面上的倒影，实际上就是画出与建筑物对称于反射面的该建筑物映象的透视。

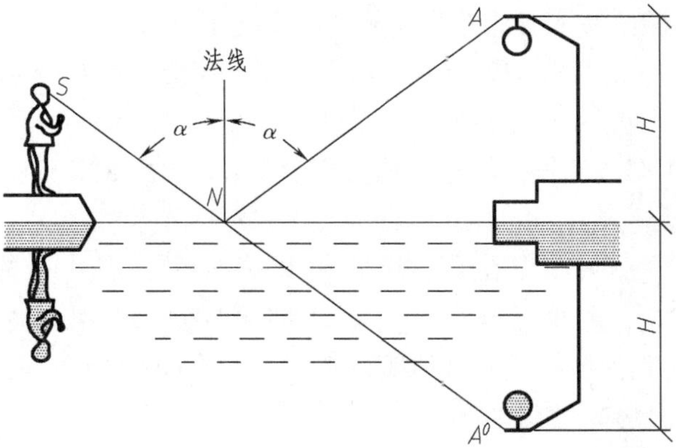

图 16-23 倒影形成的原理

1. 倒影的特点

由于反射面是水平的水面或光滑的地面，所以当画面是基面垂直面时，则空间点和它的倒影连线必与画面平行。又由于空间点到反射面的距离等于它的倒影到反射面的距离，因此它们的透视是等长的。建筑形体上与其自身固有坐标系的三个坐标轴平行的方向为主方向。而由于建筑物与其倒影是以反射面为对称面的，因此构成建筑物同一主方向的平行直线与其倒影的透视具有同一个灭点。

2. 倒影的透视作图

如图16-24所示，岸边有一四棱柱。当画出了四棱柱及岸线等的透视图后，即可在透视图上确定一些特殊点，利用对称的性质求出其在水面下的对称影点。对于建筑形体上与这些特殊点有关联并平行于各坐标轴的轮廓线，则可根据透视作图的规律，分别与相应的灭点相连，即为这些轮廓线的倒影透视。如果轮廓线与各坐标轴不平行，则应求出轮廓线上两点的倒影或利用斜线灭点，求出它们的倒影。重复上述过程，逐步完成倒影的透视。图16-24所示的作图过程如下：

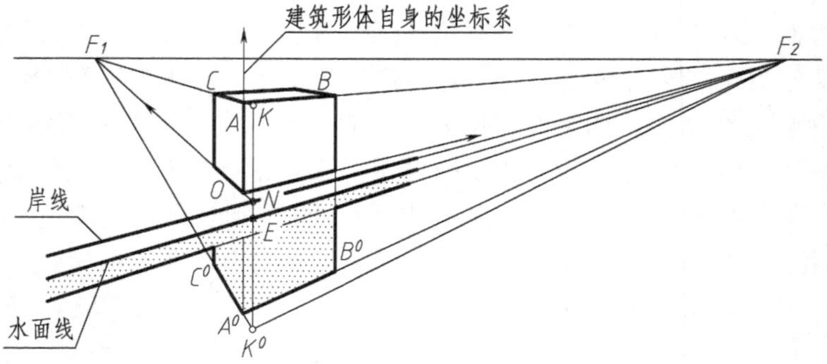

图16-24 倒影的作图法

1）延长四棱柱左下方的轮廓线使与岸线交于点 N。

2）过点 N 作竖直线 NK，NK 与 F_1A 的延长线交于点 K、与水面线交于点 E。在 KE 的延长线上截取 $K^0E=EK$。

3）连接 F_1K^0，延长四棱柱上铅直棱边 AO，交 F_1K^0 于点 A^0，则点 A^0 即为点 A 倒影的透视。

4）连接 A^0F_2，并求出点 B^0，则 A^0B^0 即为四棱柱棱边 AB 的倒影的透视。

5）连接 A^0F_1，并求出点 C^0，则 A^0C^0 即为四棱柱棱边 AC 的倒影的透视。

同理可求出其他各棱边及岸线等的透视，结果如图16-24所示。

3. 建筑物倒影的作图实例

【例16-9】 在图16-25中，已经画出同坡屋顶房屋的透视图，求作它的倒影。

【解】 根据倒影的性质，同坡屋顶房屋与其倒影对称于水面。由于房屋离水面较远，因此作图的关键是如何在透视图中求出房屋上某些特殊点相对于水面的对称点。在下面的作图过程中，1）、2）两步的目的是求出点 E 的对称点 E^0。

1）延长 DE 交岸线于点 N，过点 N 作竖直线 NN_1，交水面线于点 N_1。在 NN_1 的延长线上取 $N^0N_1=NN_1$。

2）连接 F_1N^0，F_1N^0 即为山墙的墙脚线 DE 倒影的透视。延长 BE 并与 F_1N^0

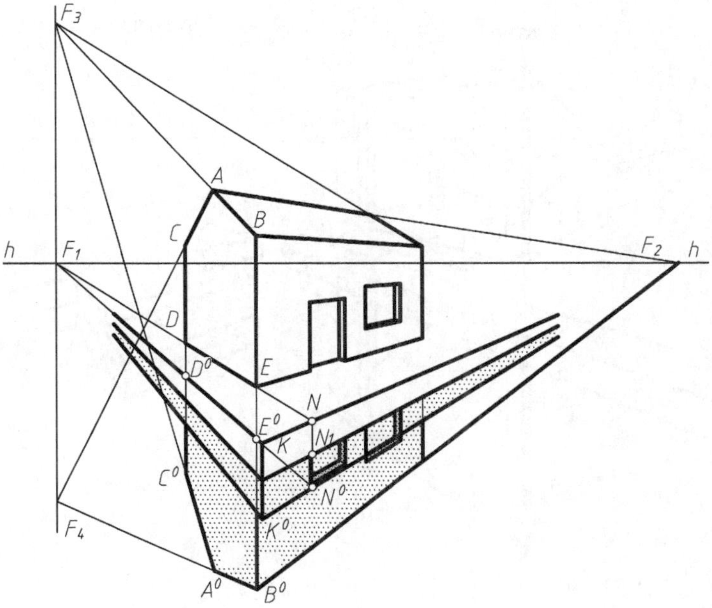

图 16-25 坡屋顶房屋的倒影

交于 E^0，则点 E^0 即为点 E 的倒影。

3）延长 BE^0 并在延长线上量取 $B^0E^0=BE$，则 B^0E^0 即为 BE 的倒影。同理求出 CD 的倒影 C^0D^0。

4）由于是同坡屋顶，且水面平行于基面，所以上行斜线 AB 的倒影必与下行斜线 AC 平行，因此 AB 倒影的透视 A^0B^0 通过斜线 AC 的灭点 F_4；同理 A^0C^0 通过斜线 AB 的灭点 F_3。连接 F_4B^0、F_3C^0，两线交于 A^0，则 A^0 即为点 A 倒影的透视。从而完成左山墙倒影的透视。

5）用相同的方法，根据透视作图的规律画出其余各部分的倒影。如在求岸线的倒影时，首先求出转角处点 K 的倒影 K^0，分别连接 F_1K^0、F_2K^0，即完成岸线倒影的透视。

【例 16-10】 在图 16-26 中已画出单坡顶凉亭等的透视图，求作它们的倒影。

【解】 与例 16-9 一样，本题的关键也是如何在透视图中求出单坡顶凉亭上某些特殊点相对于水面的对称点。

1）延长 F_1B 交岸线于点 C。过点 C 作竖直线 CK，交水面线于点 K，在 CK 的延长线上量取 $KC^0=KC$，则 C^0 为点 C 的倒影。

2）连接 F_1C^0 并与 AB 的延长线交于点 B^0，则 B^0 为点 B 的倒影。

3）延长 BB^0，并在延长线上量取 $B^0A^0=AB$、$A^0E^0=AE$，则 A^0B^0 即为 AB 的倒影，A^0E^0 为 AE 的倒影。

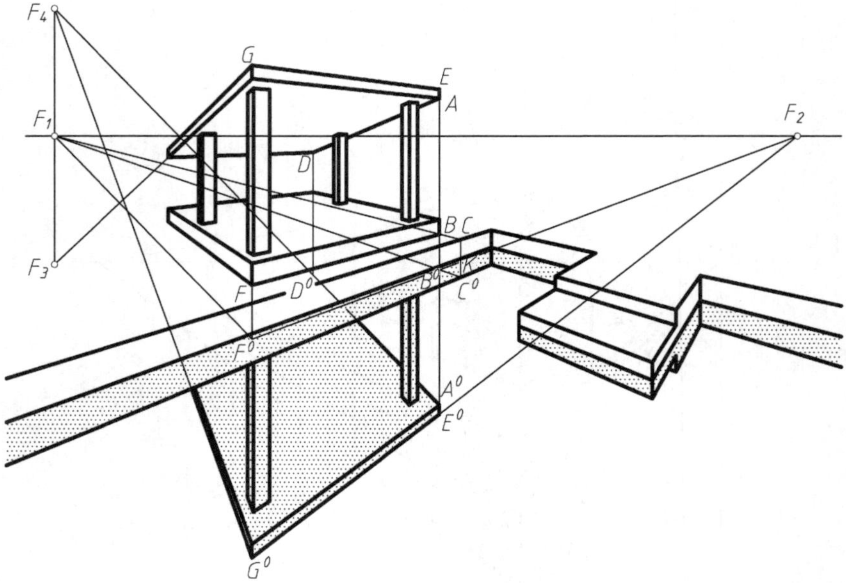

图 16-26 单坡顶凉亭及台阶的倒影

4）连接 F_2B^0，并延长 F_2B^0 交过点 F 所作的竖直线于 F^0，则 B^0F^0 为凉亭地脚线 BF 的倒影。连接 F_2C^0，并延长，则 F_2C^0 为岸线的倒影。

5）延长 F_3F_1并量取 $F_1F_4 = F_3F_1$，则点 F_4为顶棚所有斜线倒影的透视灭点。

6）连接 A^0F_4，过 D 作竖直线与 A_0F_4 交于点 D^0，则 A^0D^0 即为斜边 AD 的倒影。

7）连接 F_2E^0，并延长交过点 G 的竖直线于 G^0（该竖直线没有保留），则 G^0E^0 为凉亭顶棚边线 GE 的倒影。

8）根据透视作图的规律画出其余各部分的倒影。

9）在倒影处加绘细密点完成单坡顶凉亭、台阶等的倒影。

由图 16-26 可知，单坡顶凉亭只有靠近水面的两根立柱及部分顶棚有倒影。其余的部分由于离水面较远，而没有倒影。

16.2.2 镜像

镜像的形成原理和倒影完全相同。不同的是倒影的反射面为水平面，而形成镜像的反射面则为垂直于地面的镜面或倾斜于地面的镜面。因此，在透视图中求作镜像与倒影的作图方法基本一致，首先在透视图确定形体上的一些特殊点，利用对称的性质求出其与镜面对称的影点。然后再根据透视作图的规律，求出构成该形体所有轮廓线的镜像，从而完成镜像的透视。由于镜面与画面的相对位置不同，所形成的镜像的特点有所区别，因此，求特殊点的镜像方法也有所不同。

1. 镜面垂直于画面

空间一点与其镜像的连线必与画面平行，因此空间点到镜面的距离等于它的镜像到镜面的距离。且在透视图中仍然是等长的。

【例16-11】 图16-27为某走廊的一点透视，试完成侧面墙上挂的镜子中所反映的镜像。

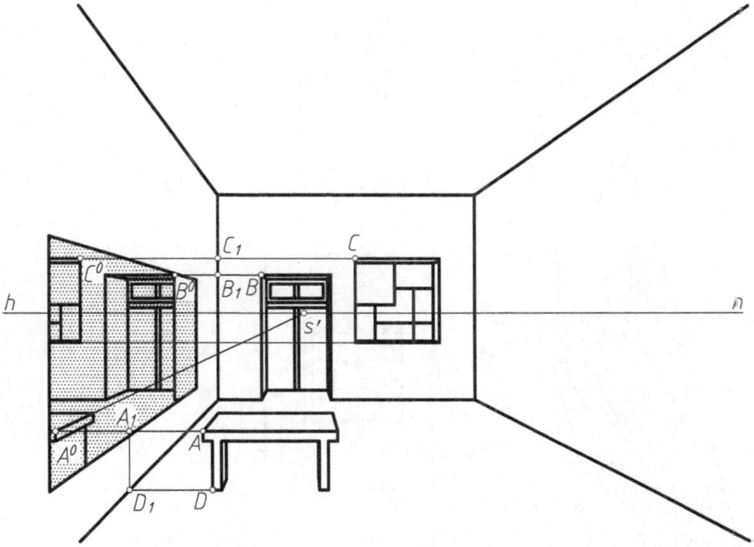

图16-27 走廊一点透视的镜像作图（一）

【解】 本题的关键也是如何在透视图中求出物体及门窗上某些特殊点相对于镜面的对称点。本题中的镜子挂在左侧墙面且与地面垂直，所以左侧墙面为对称面。

1）A、D两点属于同一个平行于画面的平面，该平面与地面的交线为DD_1、与墙面的交线为D_1A_1。过点A作水平线AA_1，交D_1A_1于点A_1，在其延长线上量取$A_1A^0 = AA_1$，则A^0为点A的镜像。

2）连接$s'A^0$完成条凳左侧上方轮廓线的镜像。

3）根据透视作图的规律，完成条凳的镜像。

4）由于左侧墙面为对称面，故门窗的镜像是以左侧墙面和门窗所在墙面的交线为镜像对称轴。分别过B、C两点作水平方向线与镜像轴交于B_1、C_1两点。并在$B B_1$、CC_1的延长线上分别量取$B_1B^0 = BB_1$、$C_1C^0 = CC_1$，则B^0、C^0即为B、C的镜像。

5）根据透视作图的规律和物像与镜像关于镜像轴对称的关系，完成门窗的镜像作图。

6）根据透视作图的规律画出墙脚线的镜像。

7）在镜像处加绘细密点完成走廊一点透视的镜像作图。

由图16-27可知，在镜中只反映了条凳、窗户靠近镜面的小部分。其余的部分由于离镜面较远，而没有镜像。

【例16-12】 图16-28为某走廊的一点透视，试完成在侧面墙上斜挂镜子中所反映的镜像。

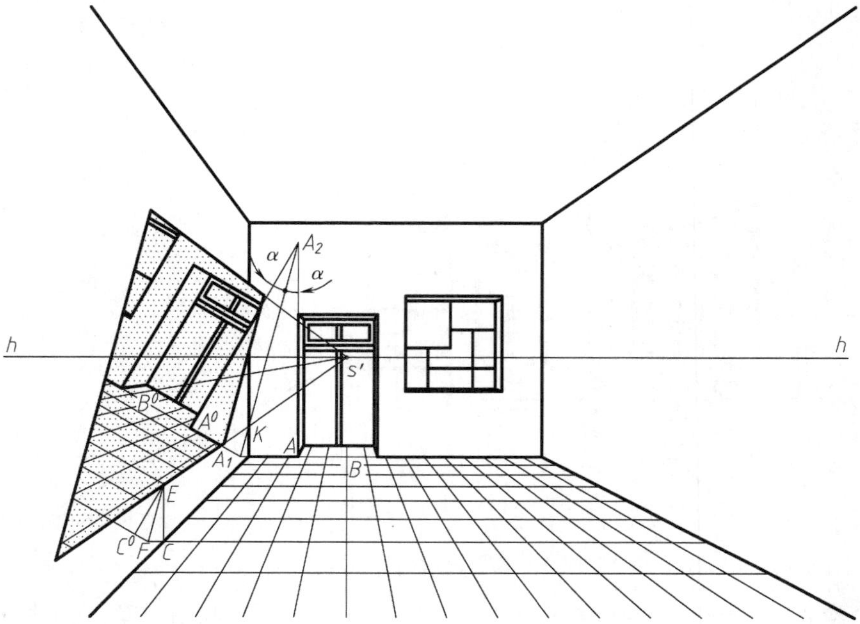

图16-28 走廊一点透视的镜像作图（二）

【解】 在图16-28中镜子是斜挂在墙上，物像与镜像对称于镜面。由于镜面与画面垂直，因此空间点和它的镜像连线平行于画面，所以空间点到镜面的距离和它的镜像到镜面的距离是透视等长的。

1）延长镜子的下边线，交正面墙与左侧墙面的交线于点K，过点K作平行于镜子边线的直线A_1A_2，直线A_1A_2为镜面与正面墙面的交线，所以必为正面墙与其镜像的对称轴线。

2）过点A作水平方向线与A_1A_2交于点A_1。过点A作竖直线AA_2与A_1A_2交于点A_2。

3）作$\triangle A_1A_2A^0 \cong \triangle A_1A_2A$，则$A^0$即为点$A$的镜像、$A^0A_2$为门的左边线$AA_2$的镜像。

4）用相同的方法求出正面墙上所有细部结构的镜像。

5）地面方格网的竖向线与其镜像平行，因此它们的镜像必通过灭点 s'。求出各竖向线与正面墙脚线交点的镜像，并分别与 s' 相连，即为各竖向线的镜像。如求出点 B 的镜像 B^0 后，连接 B^0s' 并延长，即为地面方格网中过点 B 竖向线的镜像。

6）地面方格网的横向线平行于画面，它们的镜像也互相平行且平行于画面。所以只要求出每条横向线上某一点的镜像，再过该点的镜像作正面墙脚线镜像的平行线即可。如求出点 C 的镜像 C^0 后，过 C^0 作直线平行于 A^0B^0，则所作的直线即为过点 C 的横向线的镜像。

7）在镜像处加绘细密点完成走廊一点透视的镜像作图。

2. 镜面平行于画面

由于空间点与其镜像的连线垂直于画面，虽然空间点到镜面的距离等于它的镜像到镜面的距离，但它们的透视是不等长的。因此，要利用在一条透视直线上截取等长线段的作图方法。

【例 16-13】 图 16-29 为某室内的一点透视，在正面墙上有一面镜子，试完成镜像的透视。

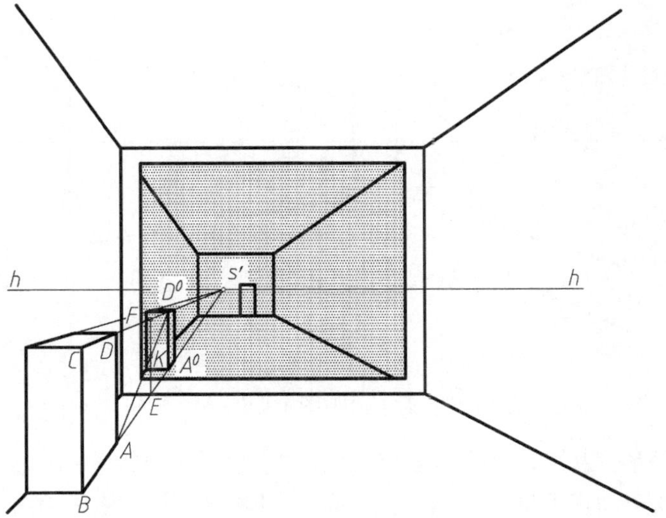

图 16-29 正面镜子中的镜像作图

【解】 在图 16-29 中镜子挂在正面墙上，因此空间点和它的镜像连线垂直画面，所以空间点和其镜像的连线必通过灭点 s'。为保证空间点到镜面的距离与其镜像到镜面的距离相等的透视效果，本题采用了矩形延续的作图方法。

1）延长 AB，交正面墙的地脚线于点 E，过点 E 作竖直线 EF，直线 EF 交 CD 的延长线于点 F，则 EF 为 $ABCD$ 与其镜像的对称轴线。

2）把点 A 与 EF 的中点 K 相连，并延长交 $s'D$ 于点 D^0，则点 D^0 即为点 D 的镜像。

3）过点 D^0 作竖直线交 $s'A$ 于点 A^0，则 A^0 即为点 A 的镜像。

4）用相同的方法求出 CB 的镜像。

5）根据透视规律作出其余部分的镜像。

6）在镜像处加绘细密点完成正面墙上所挂镜子中的镜像作图。

3. 镜面倾斜于画面

图 16-30 所示为室内的两点透视。在侧面墙上所挂的镜子虽然垂直于基面但与画面是倾斜的，此时的镜像透视投影符合两点透视的投影规律。如已知空间点 A 的透视及其基透视，要求点 A 的镜像，则可过 A、a 分别向 F_2 连线。F_2A、F_2a 即为过 A、a 且与镜面垂直的直线。F_2A、F_2a 所构成的平面与墙面的交线 CD 即为点 A 与其镜像的对称轴线，而矩形 $AaCD$ 的透视则为梯形。由于 AD、DA^0 为等长线段的透视，可利用矩形延续的作图方法，求出点 A 的镜像 A^0，图中点 K 为 CD 的中点。

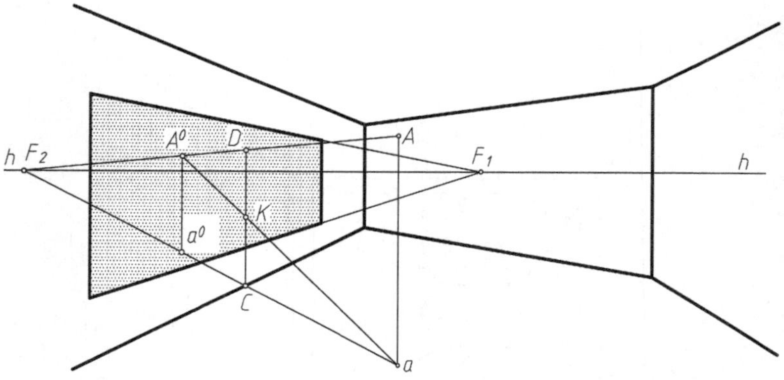

图 16-30 两点透视图中点的镜像作图

图 16-31 所示为某室内的两点透视图，左侧面墙上挂了一面镜子，镜中反映了右侧的杂物架和正面墙上圆窗洞的镜像。圆窗洞与其镜像的对称轴线是正面墙与左侧墙面的交线，圆窗洞与其镜像对应点连线的灭点为 F_2。杂物架水平方向轮廓线的灭点也为 F_2，前后方向轮廓线的灭点为 F_1。杂物架的边框轮廓线 AB 的对称轴线为 CD。图中保留了杂物架边框 AB 对应镜像 A^0B^0 的作图线，点 K 为对称轴 CD 的中点。杂物架镜像的其余轮廓线均可根据透视规律作出，此处就不再重复。

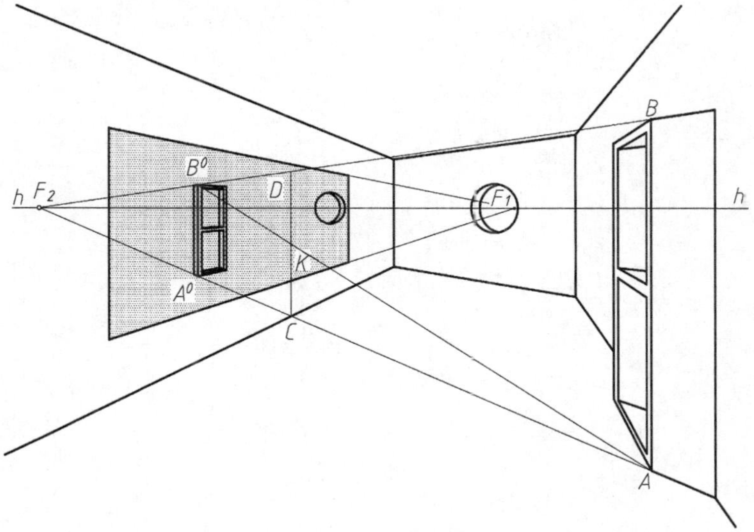

图 16-31 两点透视的镜像作图实例